Angewandte Geophysik

Herausgegeben von
H. Militzer und F. Weber

Band 2

Geoelektrik – Geothermik – Radiometrie – Aerogeophysik

Mit Beiträgen von
H. Aigner, H. Janschek, K. Köhler,
H. Mauritsch, H. Militzer, Ch. Oelsner,
G. Porstendorfer, R. Rösler, R. Schmöller,
W. Seiberl, P. Steinhauser und F. Weber

Springer-Verlag   Akademie-Verlag
Wien New York   Berlin

Dr. rer. nat. habil. HEINZ MILITZER
ordentlicher Professor für Geophysik
an der Bergakademie Freiberg, Deutsche Demokratische Republik

Dr. phil. FRANZ WEBER
ordentlicher Professor für Erdölgeologie und angewandte Geophysik
an der Montanuniversität Leoben, Österreich

Mit 208 Abbildungen und 44 Tabellen

CIP-Kurztitelaufnahme der Deutschen Bibliothek

Angewandte Geophysik / hrsg. von H. Militzer u. F.
Weber. — Wien ; New York : Springer ; Berlin :
Akademie-Verlag
NE: Militzer, Heinz [Hrsg.]
Bd. 2 → Geoelektrik — Geothermik — Radiometrie —
Aerogeophysik

Geoelektrik — Geothermik — Radiometrie — Aerogeophysik /
hrsg. von H. Militzer u. F. Weber. Mit Beitr. von H.
Aigner ... — Wien ; New York : Springer ; Berlin :
Akademie-Verlag, 1985.
  (Angewandte Geophysik ; Bd. 2)
  ISBN 978-3-7091-7469-2

NE: Militzer, Heinz [Hrsg.] ; Aigner, H. [Mitverf.]

Gesamtherstellung: VEB Druckhaus „Maxim Gorki", DDR - 7400 Altenburg

ISBN 978-3-7091-7469-2

Angewandte Geophysik

Band 2

Vorwort zum Band II

Mit Befriedigung darf festgestellt werden, daß der vorliegende zweite Teil des Lehrwerkes Angewandte Geophysik der Fachwelt etwa ein Jahr nach der Herausgabe der vorangegangenen monographischen Darstellung von Gravimetrie und Magnetik übergeben werden kann. Dies ist in erster Linie das Verdienst des gesamten Autorenkollektivs, der Mitarbeiter sowie der Verlage in Berlin und Wien. Es ist deshalb ein vordringliches Anliegen der Herausgeber, das Vorwort mit einem herzlichen Dank an alle Beteiligten für die allseitig zeitdisziplinierte, verständnisvolle und kollegiale Zusammenarbeit einzuleiten. Möge das gemeinsame Bemühen seinen Lohn dadurch finden, daß der Band II — Angewandte Geophysik — Geoelektrik/ Geothermik/Radiometrie und Kerngeophysik/Ausgewählte Kapitel der Aerogeophysik — zu einem geschätzten und oft benutzten Informator und Ratgeber für Studierende und Anwender der Geophysik in den Geowissenschaften, der Geotechnik oder den montanistischen Nachbardisziplinen wird. — Gewiß wäre in Anbetracht des Stoffumfanges in theoretischer und methodischer Hinsicht sowie in Bezug auf die praktische Bedeutung für jedes der behandelten Teilgebiete ein Einzelband gerechtfertigt gewesen, wofür es in der internationalen Literatur durchaus gelungene Vorbilder gibt. Die Vorteile eines mehrere Fachgebiete umfassenden Bandes dürften jedoch in Anbetracht des Kreises, an den sich das Buch wendet, überwiegen, zumal in einführenden Lehrbüchern wesentliche Aspekte unberücksichtigt bleiben müssen.

Speziell im Kapitel Geoelektrik haben eine Reihe erfahrener Mitarbeiter und Spezialisten durch Konsultation und Zuarbeit in sehr dankenswerter Weise ihre wertvollen Erfahrungen zur Verfügung gestellt. Dies gilt für die Herren Dr. mont. CH. SCHMIDT und Dipl.-Ing. R. MEYER, wissenschaftliche Mitarbeiter am Institut für Angewandte Geophysik der Forschungsgesellschaft Joanneum, Leoben, sowie Herrn Dr. A. WELLER, ehem. Forschungsstudent am Wissenschaftsbereich Angewandte Geophysik der Bergakademie Freiberg, für die Mitarbeit am Teilkapitel 1.2.2.1.2. (Darstellung der Meßergebnisse und Grundlagen der Auswertung von Widerstands-Tiefensondierungen), für die Herren Dr. W. GÖTHE und Dr. B. FORKMANN — wissenschaftliche Oberassistenten am Wissenschaftsbereich Angewandte Geophysik der Bergakademie Freiberg — für ihre Unterstützung bei der Erarbeitung der Teilkapitel 1.4.2. (VLF-Methode) und 1.4.4. (Radarmessungen).

Um die Übersicht zu erleichtern, wurde auch im vorliegenden Band II versucht, sofern es sinnvoll war, Aufbau und Gliederung der Teilkapitel weitgehend einheitlich zu gestalten. Großer Wert wurde auf die jeweils am Anfang stehende konzentrierte Darstellung der physikalischen Grundlagen der Verfahren gelegt. Bei der Behandlung der Meßgeräte und Meßmethoden war eine Beschränkung auf das Grundsätzliche der Prinzipien unter bewußter Hinnahme von Unvollständigkeit eine Notwendigkeit, die vom raschen Fortschritt auf diesen Gebieten diktiert wird. Ähnliches gilt auch für Aussagen zur Auswertung, Datenbe- und -verarbeitung sowie Interpretation, die z. T. aus einer Vielzahl von Veröffentlichungen in verschiedenen Zeitschriften abgeleitet wurden. Das dazu erforderliche Sichten und Wichten zur Gewinnung eines Überblicks über den heutigen Stand der Forschung und gesicherter Kenntnisse schien vor allem für den Anwender geophysikalischer Ergebnisse sowie den Auftraggeber entsprechender Arbeiten zweckmäßig. Bei der Auswahl der Anwendungsbeispiele wurde verständlicherweise solchen aus dem Wirkungsbereich der Autoren der Vorzug gegeben. Es zeigte sich aber auch, daß es unter der Vielzahl publizierter „Lehrbuchbeispiele" durchaus nicht zu zahlreich solche gibt, die sowohl das Aussagevermögen der jeweiligen Methode bzw. des Methodenkomplexes zum Ausdruck bringen als auch gleichzeitig durch petrophysikalische, geologische und bohrtechnische Arbeitsergebnisse untermauert werden.

Auch den vorliegenden Band betreffend sind die Herausgeber und Autoren zahlreichen Institutionen, Firmen und Fachkollegen für zur Verfügung gestellte Unterlagen sowie die Genehmigung zum Abdruck zu größtem Dank verpflichtet. — Herzlicher Dank gilt einer Reihe von Mitarbeitern der Herausgeberinstitute für die technische Unterstützung bei der Anfertigung des Manuskripts und insbesondere Herrn Dr. R. KÄPPLER vom Wissenschaftsbereich Angewandte Geophysik der Bergakademie Freiberg für die Zusammenstellung.

HEINZ MILITZER   FRANZ WEBER

Inhaltsverzeichnis

            Dr. rer. nat. habil. GOTTFRIED PORSTENDORFER, ordentlicher Professor
            für Geophysik an der Bergakademie Freiberg
            Dr. rer. nat. habil. ROLF RÖSLER, ordentlicher Professor für Geophysik
            an der Bergakademie Freiberg
            Dr. mont. habil. RUPERT SCHMÖLLER, Universitätsdozent am Institut
            für Geophysik der Montanuniversität Leoben

Dr. mont. HEINRICH JANSCHEK, a. o. Professor für Gerätekunde in der Geophysik an der Montanuniversität Leoben

Dr. mont. HERMANN MAURITSCH, a. o. Professor für angewandte Geophysik und Paläomagnetik an der Montanuniversität Leoben

Dr. rer. nat. habil. ROLF RÖSLER, ordentlicher Professor für Geophysik an der Bergakademie Freiberg

Dr. phil. PETER STEINHAUSER, a. o. Professor für Geophysik an der Universität Wien

Dr. mont. HEINZ AIGNER, wissenschaftlicher Mitarbeiter am Institut für Angewandte Geophysik der Forschungsgesellschaft Joanneum, Leoben

Dr. rer. nat. habil. HEINZ MILITZER, ordentlicher Professor für Geophysik an der Bergakademie Freiberg

Berichtigungen

Seite 20, Tabelle 1.2: statt A_m lies A

statt A_e lies A^*

Seite 125, 10. Zeile: statt GELDART lies GELDERT

Seite 126, Abb. 1.69, Annahmen, 4. Anstrich:

$$\text{statt} \quad \frac{4\pi}{\mu_0} = 1/3 \quad \text{lies} \quad \frac{4\pi}{\mu_0} L/l = 1/3$$

Seite 133, Gleichung (3.136): statt τ^2 lies r^2

Seite 134: Zeile 12 bis Mitte Zeile 19 (... sind.)

gehört auf Seite 122 vor den letzten Absatz

Seite 192, Unterschrift zur Abb. 1.119, letzte Zeile:

statt Vm lies mV

Seite 198, Unterschrift zur Abb. 1.123:

statt GRISSMANN lies GRISSEMANN

1. Geoelektrik

1.1. Allgemeine Grundlagen

R. Rösler

1.1.1. Physikalische Gesetze

1.1.1.1. Vorbemerkungen

Mittels elektromagnetischer Verfahren werden elektrische und/oder magnetische Felder gemessen und die Daten in geologische Strukturaussagen bzw. in Aussagen über die räumliche Verteilung relevanter physikalischer Eigenschaften umgesetzt. Die elektromagnetischen Felder können natürlichen oder künstlichen (vom Menschen hervorgerufenen) Ursprungs sein. Die künstlich hervorgerufenen werden entweder durch Elektroden galvanisch oder durch in Spulen fließende Wechselströme induktiv — seltener durch kapazitive Kopplung — in den Boden eingespeist. Sie stellen die Ursache der beobachteten Felder dar und werden im folgenden *eingeprägte* (oft auch *primäre*) Ströme bzw. Felder genannt. Für natürliche Felder lassen sich die entsprechenden Ursachen angeben. Diese eingeprägten Ströme breiten sich entsprechend den physikalischen Grundgesetzen der MAXWELLschen Theorie des elektromagnetischen Feldes und beeinflußt durch die räumliche Verteilung der physikalischen Eigenschaften (spezifischer elektrischer Widerstand ϱ, Dielektrizitätskonstante ε, magnetische Permeabilität μ) aus. Es ist die Aufgabe des ersten Kapitels dieses Buches, die theoretischen Grundlagen der Berechnung der elektromagnetischen Felder für verschiedene Spezialfälle darzustellen.

1.1.1.2. Die Feldgrößen und ihre Verknüpfungen

Die MAXWELLschen Gleichungen sind die grundlegenden physikalischen Verknüpfungen zwischen elektrischen und magnetischen Feldern. Mit den üblichen Bezeichnungen lauten sie

$$\nabla \times \boldsymbol{H} = \boldsymbol{j} + \frac{\partial}{\partial t} \boldsymbol{D}, \tag{1.1}$$

$$\nabla \times \boldsymbol{E} = -\frac{\partial}{\partial t} \boldsymbol{B}, \tag{1.2}$$

$$\nabla \cdot \boldsymbol{B} = 0, \tag{1.3}$$

$$\nabla \cdot \boldsymbol{D} = q. \tag{1.4}$$

$\boldsymbol{H}$ — magnetische Feldstärke, $\boldsymbol{B}$ — magnetische Induktion, $\boldsymbol{E}$ — elektrische Feldstärke, $\boldsymbol{D}$ — dielektrische Verschiebung, q — elektrische Raumladungsdichte, $\boldsymbol{j}$ — elektrische Stromdichte.

Die erste und zweite MAXWELLsche Gleichung (1.1) und (1.2) sind die differentielle Fassung des Durchflutungs- und des Induktionsgesetzes (z. B. SOMMERFELD, 1961; SIMONYI, 1966; LENK, 1976).

Zwischen den Feldgrößen bestehen folgende Materialgleichungen:

$$D = \varepsilon E, \qquad \varepsilon = \varepsilon_0 \varepsilon_r, \tag{1.5}$$

$$B = \mu H, \qquad \mu = \mu_0 \mu_r, \tag{1.6}$$

$$\mu_0 = 4\pi \cdot 10^{-7} \, \text{V} \cdot \text{s} \cdot \text{A}^{-1} \cdot \text{m}^{-1}, \tag{1.6a}$$

$$\varepsilon_0 = 1/\mu_0 c_0^2; \tag{1.6b}$$

ε_r, μ_r — relative Dielektrizitätskonstante bzw. Permeabilität, ε_0 — Vakuum-Dielektrizitätskonstante (elektrische Feldkonstante), μ_0 — Vakuum-Permeabilität (magnetische Feldkonstante), c_0 — Vakuum-Lichtgeschwindigkeit.

Hinzu kommt die spezifische elektrische Leitfähigkeit σ bzw. der spezifische elektrische Widerstand $\varrho = 1/\sigma$

$$j = j^{(P)} + \sigma E = \sigma(E^{(P)} + E), \tag{1.7}$$

wobei $j^{(P)}$ und $E^{(P)}$ *primäre* oder *eingeprägte* Stromdichten bzw. elektrische Felder charakterisieren.

In (1.5), (1.6), (1.7) wurde isotropes Materialverhalten angenommen. Bei anisotropem Verhalten hängen die Materialeigenschaften von der Richtung der Felder ab; die skalaren Größen ε, μ, σ und ϱ sind durch symmetrische Tensoren zu ersetzen, und (1.5), (1.6), (1.7) gehen in lineare Vektorfunktionen über.

Durch diese Größen werden die Elektrodensysteme bzw. Sendespulen beschrieben, die dem Erdboden das elektromagnetische Feld aufprägen (vgl. 2.2).

Wird von (1.1) die Divergenz gebildet

$$\nabla \cdot (\nabla \times H) = \nabla \cdot j + \frac{\partial}{\partial t} \nabla \cdot D = 0, \tag{1.8}$$

so ergibt die Verknüpfung mit (1.4), (1.5) und (1.7) eine Differentialgleichung für die Raumladungsdichte

$$\frac{\partial}{\partial t} q + \frac{\sigma}{\varepsilon} q = -\nabla \cdot j^{(P)}. \tag{1.9}$$

Die Lösung von (1.9) lautet

$$q(t) = q_0 \exp\left[-\sigma(t - t_0)/\varepsilon\right] - \int\limits_{t=t_0}^{t} \exp\left[-\sigma(t' - t_0)/\varepsilon\right] \nabla \cdot j^{(P)}(t') \, dt'. \tag{1.10}$$

q_0 ist die im Zeitpunkt $t = t_0$ vorhandene Raumladungsdichte. Ihre Wirkung nimmt sehr rasch (exponentiell) ab; die Zeitkonstante ε/σ beträgt für nahezu alle Gesteine (vgl. Tab. 1.6 und 1.7) nur Bruchteile von Millisekunden. Der zweite Term von (1.10) zeigt, daß die Quellen und Senken der primären Stromdichte wie negative und positive Raumladungen wirken; auch hier nimmt der Einfluß zeitlich zurückliegender Werte sehr rasch ab. Aus diesem Grunde brauchen bei der Berechnung elektromagnetischer Felder in Gesteinen und Böden nur die durch die Quellen und Senken der Primärstromdichte hervorgerufenen Raumladungen betrachtet zu werden. Rein statische Felder haben folglich keine Bedeutung, so daß man in (1.10) $q_0 = 0$ setzen kann; dadurch läßt sich (1.4) unter Verwendung von (1.5) für homogen-isotropes Material und geerdete Elektroden wie folgt ausdrücken

$$\nabla \cdot \boldsymbol{E} = \frac{1}{\varepsilon}\, q(t) = -\frac{1}{\varepsilon} \int\limits_{t'=t_0}^{t} \mathrm{e}^{-\frac{\sigma(t-t')}{\varepsilon}}\, \nabla \cdot \boldsymbol{j}^{(\mathrm{P})}(t')\, \mathrm{d}t'. \tag{1.11}$$

Außerhalb der Elektroden gilt unter den gleichen Bedingungen

$$\nabla \cdot \boldsymbol{E} = 0. \tag{1.12}$$

1.1.1.3.   Skalar- und Vektorpotentiale und die Wellengleichung

Die Einführung von Skalar- und Vektorpotentialen für die elektromagnetischen Felder $\boldsymbol{E}$ und $\boldsymbol{H}$ führt zu einfacheren und voneinander unabhängigen Darstellungen der Felder.

1.1.1.3.1.   Magnetisches Vektorpotential und elektrisches Skalarpotential

Die Gleichung (1.3) wird durch den Ansatz

$$\boldsymbol{B} = \nabla \times \boldsymbol{A} \tag{1.13}$$

erfüllt. $\boldsymbol{A}$ — magnetisches Vektorpotential.

Die Beziehung

$$\boldsymbol{E} = -\frac{\partial}{\partial t}\, \boldsymbol{A} - \nabla U \tag{1.14}$$

erfüllt die zweite MAXWELLsche Gleichung (1.2); U — elektrisches Skalarpotential.

Wird (1.14) unter Beachtung von (1.5), (1.6), (1.7) in die erste MAXWELLsche Gleichung (1.1) eingesetzt, so folgt

$$\nabla \times (\nabla \times \boldsymbol{A}) = \mu j^{(\mathrm{P})} - \mu \left(\sigma + \varepsilon\, \frac{\partial}{\partial t}\right)\left(\frac{\partial}{\partial t}\, \boldsymbol{A} + \nabla U\right)$$

$$= \nabla\nabla \cdot \boldsymbol{A} - \Delta \boldsymbol{A}. \tag{1.15}$$

Das Skalarpotential U wird durch die LORENTZ-Konvention (Eichbedingung) mit dem Vektorpotential verknüpft

$$\nabla \cdot \boldsymbol{A} = -\mu \left(\sigma + \varepsilon\, \frac{\partial}{\partial t}\right) U, \tag{1.16}$$

und es erfüllt A die inhomogene Wellengleichung

$$\square\, A = -\mu j^{(P)}; \tag{1.17}$$

$$\square = \Delta - \left(\sigma + \varepsilon\frac{\partial}{\partial t}\right)\mu\frac{\partial}{\partial t} - \text{LORENTZ-Operator.} \tag{1.18}$$

Aus (1.16) folgt eine Wellengleichung für U:

$$\square\left(\sigma + \varepsilon\frac{\partial}{\partial t}\right)U = \nabla\cdot j^{(P)}. \tag{1.19}$$

Das elektrische Skalarpotential U wird also allein durch die Quellen und Senken der eingeprägten Stromdichte bestimmt (geerdete Elektroden, elektrische Dipole).

1.1.1.3.2. Elektrisches Vektorpotential und magnetisches Skalarpotential

Die Gleichung (1.12) wird durch

$$E = \nabla\times A^* \tag{1.20}$$

erfüllt. Analog zu Kap. 1.1.1.3.1 folgt

$$H = \left(\sigma + \varepsilon\frac{\partial}{\partial t}\right)A^* + H^{(P)} - \nabla V, \tag{1.21}$$

A^* — elektrisches Vektorpotential, V — magnetisches Skalarpotential. (1.21) gilt für das Magnetfeld $H^{(P)}$ der primären (eingeprägten) Ströme.

$$\nabla\times H^{(P)} = j^{(P)}. \tag{1.22}$$

Mit der LORENTZschen Eichbedingung für das Vektorpotential

$$\nabla\cdot A^* = \mu\frac{\partial}{\partial t}\,V \tag{1.23}$$

entsteht für A^* die inhomogene Wellengleichung

$$\square\, A^* = \mu\frac{\partial}{\partial t}\,H^{(P)} \tag{1.24}$$

mit (1.20) und (1.22) für E

$$\square\, E = \mu\frac{\partial}{\partial t}\,j^{(P)} \tag{1.25}$$

und mit (1.2) für H:

$$\square\, H = -\nabla\times j^{(P)}. \tag{1.26}$$

Die Wirbel der Primärströme bestimmen das Magnetfeld H (wechselstromgespeiste Spulen zur induktiven Ankopplung, magnetische Dipole).

1.1.1.4. Periodische Vorgänge, harmonische Felder

Mit Hilfe des FOURIERschen Integraltheorems können alle praktisch interessierenden zeitabhängigen Felder in ihre harmonischen Bestandteile zerlegt und aus diesen wieder zusammengesetzt werden durch

$$E(r, t) = \frac{1}{2\pi} \int\limits_{-\infty}^{\infty} E(r, \omega)e^{i\omega t}\, d\omega, \qquad (1.27)$$

dabei genügt es, die harmonischen Komponenten $E(r, \omega)$ usw. zu betrachten. In den Ausdrücken der vorangegangenen Kapitel sind die zeitlichen
Differentialquotienten $\partial/\partial t$ durch den Faktor $i\omega$ zu ersetzen. Insbesondere
geht der Differentialoperator (1.18) über in

$$\Box = \Delta - \mu\, \frac{\partial}{\partial t}\left(\sigma + \varepsilon\, \frac{\partial}{\partial t}\right) \to \Delta + k^2 \qquad (1.28)$$

mit

$$k^2 = -i\omega\mu(\sigma + i\omega\varepsilon) = \varepsilon\mu\omega^2 - i\mu\sigma\omega, \qquad (1.29)$$

k — komplexe Wellenzahl.

Real- und Imaginärteil von k lauten

$$\mathrm{Re}\,(k) = \pm\left\{\frac{\varepsilon\mu}{2}\left[\left(1 + \frac{\sigma^2}{\varepsilon^2\omega^2}\right)^{1/2} + 1\right]\right\}^{1/2}, \qquad (1.30)$$

$$\mathrm{Im}\,(k) = \pm\left\{\frac{\varepsilon\mu}{2}\left[\left(1 + \frac{\sigma^2}{\varepsilon^2\omega^2}\right)^{1/2} - 1\right]\right\}^{1/2}. \qquad (1.31)$$

Neben dieser Definition der Wellenzahl (1.29) gibt es in der Literatur
noch drei weitere; sie ergeben sich, wenn ω durch $-\omega$ in (1.29) und/oder
k^2 durch $-k^2$ in (1.28) ersetzt werden.

Die Wellengleichungen des Kap. 1.1.1.3. gehen in die HELMHOLTZ-
Gleichungen über; z. B. gilt an den Elektroden

$$(\Delta + k^2)\, U = \frac{1}{\sigma + i\omega\varepsilon}\, \nabla \cdot j^{(P)} \qquad (1.32)$$

und außerhalb von ihnen

$$(\Delta + k^2)\, U = 0. \qquad (1.33)$$

Besonders anschaulich sind *ebene* Felder. Darunter werden solche verstanden, die nur von einer Koordinate des kartesischen Koordinatensystems abhängen. Wird sie mit x bezeichnet, dann geht (1.33) in eine
gewöhnliche Differentialgleichung über:

$$\frac{d^2}{dx^2}\, U = -k^2 U. \qquad (1.34)$$

Die Lösung von (1.34) lautet bei Beachtung von (1.27)

$$U(x, t) = \frac{1}{2\pi} \int\limits_{-\infty}^{\infty} \left(f_1(\omega)\, e^{-ikx} + f_2(\omega)\, e^{ikx} \right) e^{i\omega t}\, d\omega. \tag{1.35}$$

Gl. (1.35) stellt in $+x$- bzw. $-x$-Richtung laufende Wellen mit den Amplituden $f_1(\omega)$ bzw. $f_2(\omega)$ der harmonischen Anteile dar.
  Wegen

$$k = \mathrm{Re}\,(k) + i\,\mathrm{Im}\,(k) \tag{1.36}$$

ruft $\mathrm{Im}\,(k)$ eine exponentielle Amplitudenabnahme in Ausbreitungsrichtung hervor; die elektromagnetische Eindringtiefe beträgt

$$\tau(\omega) = \frac{1}{|\mathrm{Im}\,(k)|}, \tag{1.37}$$

d. h., nach Durchlaufen dieser Strecke nimmt die Amplitude jeweils auf den e-ten Teil ab; für die Phasengeschwindigkeit gilt

$$c(\omega) = \frac{\omega}{|\mathrm{Re}\,(k)|}. \tag{1.38}$$

Das Produkt

$$c(\omega)\, \tau(\omega) = \frac{2\varrho}{\mu} \tag{1.39}$$

ist frequenzunabhängig.

1.1.1.5.   Hertzsche Vektoren

Für manche Berechnungen werden die elektrischen bzw. magnetischen Hertzschen Vektoren $\varPi_{\mathrm{e,m}}$ bevorzugt; sie besitzen eine leichter zu erkennende, anschauliche physikalische Bedeutung. Sie sind definiert durch

$$\varPi_{\mathrm{e}} = \frac{-i\omega}{k^2}\, \boldsymbol{A}, \tag{1.40}$$

$$\varPi_{\mathrm{m}} = \frac{i}{\mu\omega}\, \boldsymbol{A}^* \tag{1.41}$$

und erfüllen die Differentialgleichungen (Helmholtz-Gleichungen)

$$(\Delta + k^2)\, \varPi_{\mathrm{e}} = -\frac{1}{\sigma + i\omega\varepsilon}\, \boldsymbol{j}^{(\mathrm{P})}, \tag{1.42}$$

$$(\Delta + k^2)\, \varPi_{\mathrm{m}} = -\boldsymbol{H}^{(\mathrm{P})}. \tag{1.43}$$

Die Eichbedingungen für die Skalarpotentiale (1.16) und (1.23) gehen über in

$$U = -\nabla \cdot \boldsymbol{\Pi}_e, \tag{1.44}$$

$$V = -\nabla \cdot \boldsymbol{\Pi}_m; \tag{1.45}$$

die elektrische und die magnetische Feldstärke lassen sich in folgender Weise darstellen:

$$\boldsymbol{E} = \nabla\nabla \cdot \boldsymbol{\Pi}_e + k^2\,\boldsymbol{\Pi}_e - i\omega\mu\,\nabla \times \boldsymbol{\Pi}_m, \tag{1.46}$$

$$\boldsymbol{E} = \nabla \times (\nabla \times \boldsymbol{\Pi}_e) - \frac{1}{\sigma + i\omega\varepsilon}\,\boldsymbol{j}^{(P)} - i\omega\mu\,\nabla \times \boldsymbol{\Pi}_m, \tag{1.47}$$

$$\boldsymbol{H} = (\sigma + i\omega\varepsilon)\,\nabla \times \boldsymbol{\Pi}_e + \nabla\nabla \cdot \boldsymbol{\Pi}_m + k^2\,\boldsymbol{\Pi}_m + \boldsymbol{H}^{(P)}, \tag{1.48}$$

$$\boldsymbol{H} = (\sigma + i\omega\varepsilon)\,\nabla \times \boldsymbol{\Pi}_e + \nabla \times (\nabla \times \boldsymbol{\Pi}_m). \tag{1.49}$$

Ein besonderer Vorteil der HERTZschen Vektoren liegt darin, daß bei den meisten Problemen nur ein Vektor — $\boldsymbol{\Pi}_e$ *oder* $\boldsymbol{\Pi}_m$ — auftritt. Außerhalb der Gebiete, wo sich die primären Ströme auswirken (Stromsysteme geerdeter Elektroden, wechselstromdurchflossene Spulen), erfüllen *alle* Feldgrößen und Potentiale die *homogene* HELMHOLTZ-Gleichung:

$$(\Delta + k^2)\,\boldsymbol{E}, \boldsymbol{H}, \boldsymbol{A}, \boldsymbol{A}^*, U, V, \boldsymbol{\Pi}_e, \boldsymbol{\Pi}_m = 0. \tag{1.50}$$

1.1.1.6. Stetigkeitsbedingungen

Zur Berechnung elektromagnetischer Felder für geophysikalische Problemstellungen werden endliche Gebiete $Q \subset R^3$ räumlich ausgedehnter Leiter und Isolatoren als Modell des Untersuchungsobjektes (meist eine geologische Struktur) betrachtet. Die Annahme stetig veränderlicher Materialeigenschaften (ε, μ, σ) führt zu wesentlich komplizierteren Differentialgleichungen als im Kap. 1.1.1.3. dargestellt. Deshalb wird, von wenigen Ausnahmen abgesehen, das Gebiet Q in Teilgebiete $Q_i \subset Q$ mit konstanten physikalischen Eigenschaften zerlegt.

$$Q = \bigcup_{i=1}^{N} Q_i; \qquad Q_i \cap Q_k = \varnothing, \qquad i \neq k; \tag{1.51}$$

$$Q_i = \left\{ P \in Q \subset R^3, \left| \begin{array}{l} \sigma(P) = \sigma_i = \text{const} \\ \varepsilon(P) = \varepsilon_i = \text{const} \\ \mu(P) = \mu_i = \text{const} \end{array} \right. \right\}.$$

Der gemeinsame Rand benachbarter Gebiete Q_i und Q_k sei

$$\Gamma_{ik} = \bar{Q}_i \cap \bar{Q}_k, \qquad i \neq k. \tag{1.52}$$

Die in den einzelnen Teilgebieten Q_i gültigen Gleichungen müssen die in Tabelle 1.1 angegebenen Stetigkeitsbedingungen erfüllen.

Die aus Tabelle 1.1 ersichtlichen Stetigkeitsbedingungen für die Normalbzw. Tangentialkomponenten der Felder lassen sich auch auf die Vektor- und Skalarpotentiale sowie die HERTZschen Vektoren übertragen. In einem kartesischen x-, y-, z-Koordinatensystem sei die Ebene $z = 0$ eine Grenzfläche Γ_{ik}; die Normalenrichtung ist die z-Richtung. An der Grenze $z = 0$ verhalten sich die in Tabelle 1.2 angegebenen Größen stetig.

Tabelle 1.1. Stetigkeitsbedingungen für die Tangential- und Normalkomponenten der elektrischen und magnetischen Felder

Stetigkeit der	Für $P \in \Gamma_{ik} = \bar{Q}_i \cap \bar{Q}_k$ gilt:	
Tangentialkomponenten	$n \times E_i = n \times E_k$	(1.53)
	$n \times H_i = n \times H_k$	(1.54)
Normalkomponenten	$n \cdot \left(j_i + \dfrac{\partial}{\partial t}\, D_i \right) = n \cdot \left(j_k + \dfrac{\partial}{\partial t}\, D_k \right)$	(1.55)
	$n \cdot B_i = n \cdot B_k$	(1.56)

n — Normalenvektor auf Γ_{ik}

Tabelle 1.2. Stetigkeitsbedingungen für Vektorpotentiale und HERTZsche Vektoren in kartesischen Koordinaten

Mit den Faktoren a und b

für:	A_m und Π_e	A_e und Π_m
$a =$	$-i\omega\mu_0\mu$	$\sigma + i\omega\varepsilon_0\varepsilon$
$b =$	$\sigma + i\omega\varepsilon_0\varepsilon$	$-i\omega\mu_0\mu$
$ab =$	k^2	k^2

sind die folgenden Größen an der Grenzfläche $z = $ const stetig:

aA_x	$\dfrac{\partial A_x}{\partial z}$	$ab\Pi_x$	$b\dfrac{\partial \Pi_x}{\partial z}$
aA_y	$\dfrac{\partial A_y}{\partial z}$	$ab\Pi_y$	$b\dfrac{\partial \Pi_y}{\partial z}$
A_z	$\dfrac{1}{b}\nabla \cdot A$	$b\Pi_z$	$\nabla \cdot \Pi$

1.1.1.7.   Berechnungsmethoden für elektromagnetische Felder

Die allgemeine Lösung der Wellengleichung setzt sich additiv aus der Lösung der inhomogenen Wellengleichung (z. B. 1.32) und einer regulären Lösung der homogenen Wellengleichung (1.33) zusammen. Die Konstanten in der Lösung der homogenen Gleichungen werden durch die in Kap. 1.1.1.6. angegebenen Stetigkeitsbedingungen (Randbedingungen) und das Verhalten im Unendlichen bestimmt.

1.1.1.7.1.   Analytische Lösungen

Für nicht zu komplizierte Modelle sind analytische Lösungen angebbar. Bei geeigneter Wahl des verwendeten Koordinatensystems lassen sich die Randbedingungen (Kap. 1.1.1.6) leicht erfüllen. Häufig verwendete Koordinatensysteme sind kartesische, Zylinder- und Kugelkoordinaten. Für diese Koordinatensysteme ermöglicht ein Lösungsansatz in Form eines Produktes aus drei Funktionen, z. B.

$$U(x, y, z) = F_1(x)\, F_2(y)\, F_3(z)\,, \tag{1.57}$$

die Zerlegung der (partiellen) HELMHOLTZschen Differentialgleichung in drei gewöhnliche; dabei hängen F_1, F_2, F_3 jeweils nur von einer Koordinate ab.

Außer den Skalarpotentialen U und V besitzen auch die *kartesischen* Komponenten der Vektorfelder und -potentiale für diese Koordinatensysteme die in Tabelle 1.3 angegebenen allgemeinen Lösungen der Differentialgleichung (1.33).

Die in der allgemeinen Lösung auftretenden Funktionen $A(u, v)$, $B_m(\lambda)$ und die Konstanten $C_{n,m}$ werden aus den Randbedingungen bestimmt, so daß die Lösungen als Integraldarstellungen oder Reihenentwicklungen vorliegen.

1.1.1.7.2. Primär- oder Normalfelder

Primär- oder Normalfelder werden sowohl für analytische als auch für numerische Näherungslösungen (Kap. 1.1.1.7.3) benötigt. Das sind die von den eingeprägten Strömen (Elektroden, Spulen …) im *homogenen* Raum (z. B. im Halbraum) hervorgerufenen Felder. Ihre Berechnung erfolgt mit Hilfe der GREENschen Funktion $G(\boldsymbol{r}, t)$ und führt auf die Lösung der inhomogenen HELMHOLTZ-Gleichung (1.42) für den homogenen Raum; dabei wird die rechte Seite durch die räumliche DIRICHLET-Deltafunktion ersetzt.

$$(\Delta + k^2)\, G(\boldsymbol{r}) = -4\pi\delta(\boldsymbol{r})\,. \tag{1.79}$$

Für eine beliebige rechte Seite von (1.42) folgt die Lösung mittels

$$\Pi_e(\boldsymbol{r}) = \frac{1}{\sigma + i\omega\varepsilon}\, \int G(|\boldsymbol{r} - \boldsymbol{r}'|)\, j^{(\mathrm{P})}(\boldsymbol{r}')\, \mathrm{d}\tau\,, \tag{1.80}$$

G — Einflußfunktion, $j^{(\mathrm{P})}$ — Quellenfunktion.

1.1.1.7.3. Numerische Näherungsverfahren

Diese Modelle lassen sich nur bei wenigen Aufgabenstellungen zur Feldberechnung so weit idealisieren, daß analytische Lösungen gefunden werden können. In den anderen Fällen sind Näherungslösungen notwendig; dabei haben zwei Methoden große Verbreitung gefunden

— Methode der endlichen Differenzen,
— Methode der endlichen Elemente.

Bei der Methode der endlichen Differenzen (finite difference method — FDM) wird das räumliche Gebiet in ein regelmäßiges Gitter zerlegt. Den Gitterpunkten werden die in ihrer Umgebung gültigen Materialeigenschaf-

Tabelle 1.3. Allgemeine Lösungen der Wellengleichung (1.33) in verschiedenen Koordinatensystemen

Kartesische Koordinaten (x, y, z)		Zylinderkoordinaten (r, φ, z)		Kugelkoordinaten (r, ϑ, φ)	
$\dfrac{d^2 F_1}{dx^2} + u^2 F_1 = 0$	(1.58)	$\dfrac{d^2 F_1}{dr^2} + \dfrac{1}{r}\dfrac{dF_1}{dr} + \left(\lambda^2 - \dfrac{m^2}{r^2}\right) F_1 = 0$	(1.65)	$\dfrac{d^2 F_1}{dr^2} + \dfrac{2}{r}\dfrac{dF_1}{dr} + \left(k^2 - \dfrac{n(n+1)}{r^2}\right) F_1 = 0$	(1.72)
$\dfrac{d^2 F_2}{dy^2} + v^2 F_2 = 0$	(1.59)	$\dfrac{d^2 F_2}{d\varphi^2} + m^2 F_2 = 0$	(1.66)	$(1-\xi^2)\dfrac{d^2 F_2}{d\xi^2} - 2\xi\dfrac{dF_2}{d\xi} + \left(n(n+1) - \dfrac{m^2}{1-\xi^2}\right) F_2 = 0$	(1.73)
$\dfrac{d^2 F_3}{dz^2} + (k^2 - u^2 - v^2) F_3 = 0$	(1.60)	$\dfrac{d^2 F_3}{dz^2} + (k^2 - \lambda^2) F_3 = 0$	(1.67)	$\dfrac{d^2 F_3}{d\varphi^2} + m^2 F_3 = 0, \quad \xi = \cos\vartheta$	(1.74)
$F_1(x, u) = e^{\pm iux}$	(1.61)	$F_1(r, m, \lambda) = \begin{cases} J_m(\lambda r), & r \leqq r_0 \\ H_m^{(2)}(\lambda r), & r_0 \leqq r \end{cases}$	(1.68)	$F_1(r, n) = \begin{cases} r^{-1/2} J_{n+1/2}(kr), & r \leqq r_0 \\ r^{-1/2} H_{n+1/2}^{(2)}(kr), & r_0 \leqq r \end{cases}$	(1.75)
$F_2(y, v) = e^{\pm ivy}$	(1.62)	$F_2(\varphi, m) = e^{\pm im\varphi}$	(1.69)	$F_2(\vartheta, n, m) = P_n^m(\cos\vartheta)$	(1.76)
$F_3(z, u, v) = e^{\pm\sqrt{u^2+v^2-k^2}\,z}$	(1.63)	$F_3(z, \lambda) = e^{\pm\sqrt{\lambda^2-k^2}\,z}$	(1.70)	$F_3(\varphi, m) = e^{\pm im\varphi}$	(1.77)
$\displaystyle\int\!\!\int_{-\infty}^{\infty} A(u,v)\, F_1(x,u)\, F_2(y,v)\, F_3(z,u,v)\, du\, dv$	(1.64)	$\displaystyle\sum_{m=0}^{\infty}\int_0^{\infty} B_m(\lambda)\, F_1(r,m,\lambda)\, F_2(\varphi,m)\, F_3(z,\lambda)\, d\lambda$	(1.71)	$\displaystyle\sum_{n=0}^{\infty}\sum_{m=0}^{n} C_{n,m}\, F_1(r,n)\, F_2(\vartheta,n,m)\, F_3(\varphi,m)$	(1.78)

Zeitabhängigkeit: $e^{i\omega t}$

Bemerkung: Es bedeuten J_m BESSEL-Funktionen der Ordnung m,
     $H_m^{(2)}$ HANKEL-Funktionen 2. Art,
     P_n^m zugeordnete LEGENDRESCHE Funktionen.

ten (σ, ε, μ) zugeordnet. In den Differentialgleichungen werden die Differentialquotienten durch Differenzenquotienten ersetzt, gebildet aus Differenzen der Felder bzw. Potentiale in benachbarten Punkten. Bei räumlichen Problemen wird dadurch jeder Punkt unmittelbar mit mindestens sechs Nachbarpunkten verknüpft, und es entsteht ein sehr großes lineares Gleichungssystem mit soviel Gleichungen wie Gitterpunkten. Randbedingungen, Elektroden zur Stromzuführung usw., werden entsprechend berücksichtigt. Die Unbekannten des Gleichungssystems sind die Feld- bzw. Potentialwerte in den Gitterpunkten.

Zur Lösung des Gleichungssystems werden Iterationsverfahren benutzt, deren Konvergenz man durch besondere Maßnahmen (Relaxations-Verfahren, sukzessive Überrelaxation) zu beschleunigen versucht. Dennoch sind oft viele Iterationen notwendig. Nichtiterative (direkte) Lösungen des Gleichungssystems werden kaum benutzt, überdies werden meist nur zweidimensionale Probleme bearbeitet, da dreidimensionale Probleme Rechner mit sehr großen Speichern voraussetzen.

Die Methode der endlichen Elemente (finite element method — FEM) beruht darauf, daß sich in jedem physikalischen System die Felder so einstellen, daß die Gesamtenergie ein Minimum annimmt. Das führt auf eine Variationsaufgabe für die Lösungsfunktion. Es erfolgt eine Zerlegung des Systems in Elemente, z. B. bei räumlichen Aufgaben in Tetraeder, bei ebenen in Dreiecke; innerhalb dieser Elemente werden Linearkombinationen von Koordinatenfunktionen angesetzt (Methode von RITZ-GALERKIN) und an ausgewählten Randpunkten mit den Nachbarelementen verknüpft. Es entsteht auch hier ein (sehr großes) lineares Gleichungssystem, dessen Unbekannte die freien Koeffizienten der Linearkombinationen sind. Die Potential- bzw. Feldwerte können nun für jeden beliebigen Punkt berechnet werden.

1.1.2. Die Einteilung der Geoelektrik

1.1.2.1. Einteilung nach den Ursachen der Felder

Nach den Ursachen lassen sich die Felder einteilen in

— natürliche Felder, z. B.
  — Felder des natürlichen Eigenpotentials,
  — magnetotellurische Felder;
— künstliche Felder, z. B.
  — Felder vagabundierender Ströme,
  — elektromagnetische Strahlungsfelder von Rundfunksendern,
  — gezielt erzeugte elektromagnetische Felder zur Lösung geophysikalischer Aufgaben.

Dieses Einteilungsprinzip kann gelegentlich nützlich sein; für eine geschlossene Behandlung der theoretischen Grundlagen aber ist es nicht zweckmäßig. Es wird deshalb das folgende Prinzip bevorzugt.

1.1.2.2.   Einteilung nach den wesentlichen Merkmalen der Felder

Aus den MAXWELLschen Gleichungen (1.1) und (1.2) ergibt sich eine naheliegende Einteilung, an die zugleich verschiedene Berechnungsmethoden für die Felder geknüpft sind. Sie bezieht sich auf die unterschiedliche zeitliche Veränderlichkeit der Felder verschiedener geoelektrischer Verfahren und eine daraus resultierende Vernachlässigung einzelner Glieder der MAXWELLschen Gleichungen. Wie bereits erläutert, spielen wegen des endlichen spezifischen elektrischen Widerstandes aller Gesteine statische elektrische Felder (d. h. solche, die ohne Ladungstransport (Ströme) aufrechterhalten werden können) in der angewandten Geophysik keine Rolle. Folglich ist die Leitungsstromdichte j in (1.1) stets zu berücksichtigen. Der zweite Term auf der rechten Seite dieser Gleichung ist die Verschiebungsstromdichte; sie lautet für periodische Vorgänge ($e^{i\omega t}$)

$$j_V = \frac{\partial}{\partial t}\, \boldsymbol{D} = i\varepsilon\boldsymbol{E}, \tag{1.81}$$

die Leitungsstromdichte beträgt mit $j^{(P)} = 0$ nach (1.7)

$$j_L = \sigma\boldsymbol{E}. \tag{1.82}$$

Das Verhältnis der Beträge dieser beiden Stromdichten ist

$$f = \frac{|j_L|}{|j_V|} = \frac{\sigma}{\varepsilon\omega}. \tag{1.83}$$

Für niedrige Frequenzen wird dieses Verhältnis sehr groß, und man kann j_V gegenüber j_L vernachlässigen. Das ist die Abgrenzung von dynamischen oder Wellen-Vorgängen (auch HF-Methoden, hohe Frequenzen) einerseits von quasistationären und stationären Vorgängen andererseits. Für $f = 1$ haben beide Stromdichten den gleichen Betrag; bei $f \gg 1$ verhält sich das Material wie ein Leiter und bei $f \ll 1$ wie ein Isolator. Für die meisten

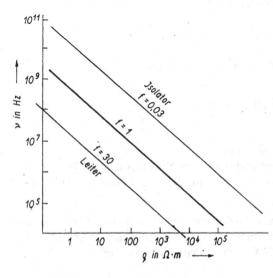

Abb. 1.1. Abhängigkeit der Größe f vom spezifischen Widerstand ϱ und der Dielektrizitätskonstante ε_r im Frequenzbereich von $\nu = 10^4 \ldots 10^{11}$ Hz

Gesteine beträgt die Dielektrizitätskonstante $\varepsilon_r = 3\ldots12$. Unter Annahme eines mittleren Wertes von $\varepsilon_r = 6$ zeigt Abb. 1.1 für verschiedene spezifische Widerstände $\varrho = 1/\sigma$ und Frequenzen ν den Zusammenhang mit f für $f = 0{,}03$; 1 und 30.

Die Abgrenzung zwischen stationären und quasistationären Feldern erfolgt an Hand der 2. MAXWELLschen Gleichung (1.2), und zwar handelt es sich um stationäre Felder, wenn Induktionsvorgänge vernachlässigt und $\partial B/\partial t = 0$ gesetzt werden können. Tabelle 1.4 zeigt die Einteilung in einer Übersicht und die Zuordnung zu den Teilgebieten der Geoelektrik. Dabei ist zu bemerken, daß auch die Methoden mit zeitlich langsam veränderlichen Strömen zu den Gleichstrommethoden gerechnet werden, bei denen die Induktionswirkungen (z. B. Skin-Effekt) keine Rolle spielen.

Tabelle 1.4. Einteilung der Geoelektrik nach den wesentlichen Merkmalen der Felder

	$\nabla \times H$	$\nabla \times E$		
Wellen-vorgänge	$j + \dfrac{\partial D}{\partial t}$	$-\dfrac{\partial B}{\partial t}$	Radiowellen-methoden, VLF, Durchstrahlung	Hochfrequenz-methoden
Quasi-stationäre Vorgänge	j	$-\dfrac{\partial B}{\partial t}$	Induktions-methoden, Turam, Slingram, Magneto-Tellurik, AFMAG, Frequenz-sondierung	Niederfrequenz-methoden
Stationäre Felder	j	0	Widerstands-geoelektrik, Auf-ladungsmethode, Tellurik	Gleichstrom-methoden
statische Felder	0	0	—	

1.1.3.   Physikalische Eigenschaften der Gesteine

1.1.3.1.   Übersicht

Die elektromagnetischen Felder werden von den Materialeigenschaften μ, ε und ϱ bzw. $1/\varrho = \sigma$ beeinflußt. Die Tabelle 1.5 zeigt ihre Bedeutung für die verschiedenen Gruppen geoelektrischer Verfahren.

Die magnetische Permeabilität μ_r ist nur in besonderen Fällen nennenswert von 1 verschieden; für die meisten geoelektrischen Anwendungen ist $\mu_r \approx 1$ zulässig.

Tabelle 1.5. Elektrische Materialparameter für die verschiedenen geoelektrischen Verfahren

Methode mit	Gleichstrom und Wechselstrom niedriger Frequenz	NF	HF
ϱ	×	×	×
ε			×
μ		(×)	(×)

Die relative Dielektrizitätskonstante ε_r trockener Gesteine liegt zwischen 3,5 und 19; nur vereinzelt treten größere Werte auf (vgl. Tab. 1.6). Eine starke Beeinflussung entsteht durch Poren- und Kluftwasser infolge der hohen Dielektrizitätskonstanten des Wassers ($\varepsilon_r = 81$); mit zunehmendem Wassergehalt wird ε_r vergrößert. Ebenso wirkt eine Druckbelastung des Gesteins.

Tabelle 1.6. Dielektrizitätskonstante der Gesteine

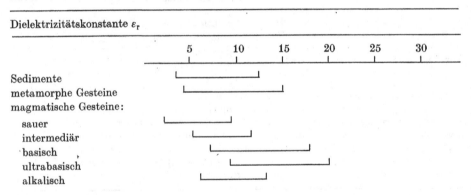

Dielektrizitätskonstante ε_r

Der spezifische elektrische Widerstand ϱ ist in Tabelle 1.7 für einige Gesteine, Erze, Wasser und zum Vergleich für einige Metalle zusammengestellt. Er überstreicht den Bereich von etwa 10^{-8} bis $10^{15}\ \Omega \cdot m$. Auch die Variationsbreite für spezielle Gesteine ist beträchtlich; eine eindeutigere Zuordnung ist nur selten möglich.

Eine Erhöhung des Wassergehaltes der Gesteine bewirkt eine Abnahme des spezifischen elektrischen Widerstandes infolge der elektrolytischen Leitfähigkeit des Poren- bzw. Kluftwassers. Für die Belange der Bohrlochgeophysik wird der Zusammenhang zwischen Porosität Φ, spezifischem elektrischem Widerstand der Porenfüllung ϱ_W und dem des Gesteins ϱ_G bei der Auswertung der Messungen benutzt; er ist unter der Bezeichnung ARCHIE-Gleichung bekannt

$$\varrho_G = F \varrho_W S^{-n}. \tag{1.84}$$

Eine Druckbelastung bewirkt bei feuchten Gesteinen eine Erhöhung (infolge der Verringerung des Porenraumes), bei trockenen Gesteinen eine Verringerung des spezifischen elektrischen Widerstandes. Bei Temperaturerhöhung tritt eine Abnahme des spezifischen Widerstandes auf.

Infolge der großen Streuung experimentell bestimmter Werte von ϱ und ε_r an verschiedenen Proben der gleichen Gesteinsart ist es in praxi kaum möglich, die Beeinflussung der Meßwerte durch Druck, Temperatur und Wassergehalt voneinander sowie von Einflüssen unterschiedlicher Zusammensetzung und Struktur zu trennen.

Tabelle 1.7. Spezifische elektrische Widerstände von ausgewählten Materialien

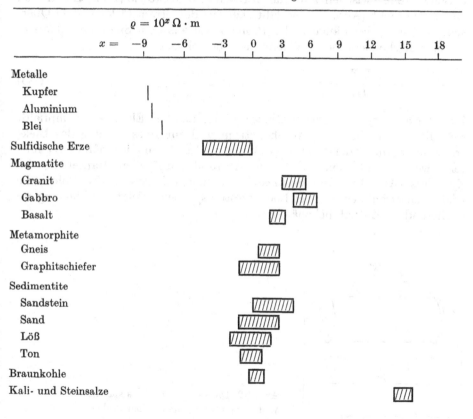

1.1.3.2. *Meßprinzipien zur Bestimmung des spezifischen elektrischen Widerstandes*

1.1.3.2.1. Messungen im Labor

Messungen an Gesteinsproben im Labor erlauben zwar eine hohe Genauigkeit, jedoch können durch veränderten Wassergehalt und Druck gegenüber den in situ-Bedingungen sowie durch Veränderung der natürlichen Lagerung bei der Probenahme und beim Transport große systematische Fehler

auftreten. Diese zu vermeiden, wurden Probenahme- und -transportgefäße
entwickelt (RÖSLER, 1966).

Bei Messungen an Proben werden unterschieden

— Messungen an Proben einfacher geometrischer Gestalt (Zylinder, Qua-
der, Würfel),
— Messungen an Proben unregelmäßiger Gestalt (Handstücke).

Die Messungen erfolgen durch Einspeisung eines Gleichstromes oder
niederfrequenten Wechselstromes. Bei Proben einfacher geometrischer Gestalt können die Stromdichte und Potentialverteilung in der Probe und
damit der spezifische Widerstand berechnet werden. Wird z. B. eine zylindrische Probe zwischen zwei die Stirnseiten bedeckende (Blei-) Elektroden
(A, B) gebracht (Abb. 1.2), so läßt sich aus der Stromstärke I, dem Querschnitt F und der Länge L der Probe sowie aus dem Spannungsabfall U
der spezifische elektrische Widerstand ϱ berechnen.

$$\varrho = \frac{UF}{IL}. \tag{1.85}$$

Zur Vermeidung von Polarisationseffekten an den Elektroden empfiehlt
sich die Verwendung von Wechselstrom und zur Ausschaltung des Elek-
trodenübergangswiderstandes die Messung des Spannungsabfalles U_1 mittels zweier Elektroden (M, N) im Abstand l auf einer Mantellinie des
Zylinders (Abb. 1.2). Bei Festgestein können auf diese Weise Bohrkerne
leicht gemessen werden; bei Lockergesteinsproben erfolgt die Messung im
(isolierenden) Entnahmebehälter.

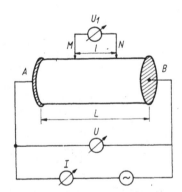

Abb. 1.2. Die Bestimmung des spezifischen
Widerstandes an zylindrischen Proben

An Proben unregelmäßiger Gestalt (Handstücken) genügend großer Abmessungen und einer ebenen Begrenzungsfläche kann die Messung mit einer
hinreichend kleinen Vier-Elektroden-Anordnung nach gleichem Prinzip wie
bei Widerstandskartierungen (s. Kap. 1.2.1.2.3.) erfolgen. Eine andere Möglichkeit besteht darin, an einer unregelmäßigen Probe zunächst Vier-
Elektroden-Messungen durchzuführen und danach (bei Fixierung der Elektroden) einen (hohlen) Paraffinabdruck anzufertigen, diesen mit einem

Elektrolyten bekannten spezifischen Widerstandes zu füllen und die Messung zu wiederholen. Mit dieser Vergleichsmessung kann der spezifische Widerstand der Probe berechnet werden.

Für scheibenförmige Proben der Dicke h schlägt van der Pauw (1959) Messungen mit vier Kontakten am Rand vor, von denen jeweils zwei benachbarte zur Stromzuführung bzw. zur Spannungsmessung genutzt werden. Die Scheiben dürfen keine Löcher enthalten.

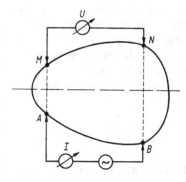

Abb. 1.3. Die Bestimmung des spezifischen Widerstandes an scheibenförmigen Proben

Bei Spiegelsymmetrie der Scheibe (besonders einfach im Falle der Kreisscheibe) und mit zwei Kontakten auf der Symmetrielinie — zu den beiden anderen symmetrisch gelegen (Abb. 1.3) — kann ϱ nach folgender Formel berechnet werden

$$\varrho = \frac{\pi h}{\ln 2} \frac{U}{I}. \tag{1.86}$$

1.1.3.2.2. Messungen in situ

Messungen in situ sollten nach Möglichkeit bevorzugt werden; sie können am Anstehenden oder in Bohrungen mit Vier-Elektroden-Anordnungen wie bei der Widerstandskartierung (s. Abb. 1.6) erfolgen, lediglich die Abmessungen sind kleiner zu wählen, um auch nur ein kleines Volumen durch die Messung zu erfassen.

1.1.3.3. *Meßprinzipien zur Bestimmung der Dielektrizitätskonstante*

Die Messung der Dielektrizitätskonstante erfolgt (meist) an Proben, die das Dielektrikum eines Kondensators bilden. Die Kapazität des Kondensators wird entweder in einer Wechselstrom-Brückenschaltung (z. B. Scheringsche Brücke) oder durch Verstimmung der Resonanzfrequenz eines Schwingkreises gemessen. Die meist nicht vernachlässigbare Leitfähigkeit der Proben wird in einer komplexen Dielektrizitätskonstante ε^* berücksichtigt. Sie lautet bei Wechselstrom der Kreisfrequenz ω

$$\varepsilon^* = \varepsilon' - i\varepsilon''. \tag{1.87}$$

Im Imaginärteil werden die dielektrischen und Ohmschen Verluste zusammengefaßt

$$\varepsilon'' = \varepsilon_d'' + \frac{\sigma}{\omega}. \tag{1.88}$$

Als Ersatzschaltbild einer Probe dient die Parallelschaltung einer Kapazität C — gekennzeichnet durch ε' — mit zwei Widerständen, welche durch dielektrische und die Ohmschen Verluste bestimmt werden.

Die Dielektrizitätskonstante ist frequenzabhängig. Für die in der angewandten Geophysik interessierenden Frequenzen tritt nur eine geringe Abnahme mit wachsender Frequenz auf. Bedeutender ist die Zunahme mit steigendem Wassergehalt der Proben und dem Salzgehalt des Porenwassers. Dabei treten sehr hohe Werte von ε_r' und ε_r'' (bis zu 1000) auf.

Bei Bohrlochmessungen dienen Dielektrizitätsbestimmungen zur Ermittlung des Wassergehaltes (Pooley et al., 1978).

1.2.   Gleichstrommethoden

H. Militzer, G. Porstendorfer, R. Rösler, F. Weber

1.2.1.   Theoretische Grundlagen

1.2.1.1.   Kennzeichnung der Gleichstrommethoden

Unter Gleichstrommethoden werden die geoelektrischen Methoden zusammengefaßt, die — im Sinne der Tabelle 1.4 — mit stationären Feldern und Strömen arbeiten; dabei werden nicht nur Gleichströme im eigentlichen Sinne verwendet, sondern auch (hinreichend) langsam veränderliche Wechselströme. Dies ist zulässig, solange die bei den Niederfrequenzmethoden bedeutsamen Induktionseffekte (charakterisiert durch $\partial B/\partial t$) und damit der Skin-Effekt vernachlässigt werden können. Die Verwendung von Wechselströmen niedriger Frequenz (etwa 1···100 Hz) an Stelle von Gleichstrom ist oft aus meßtechnischen Gründen zweckmäßig, weil dadurch keine unerwünschten Polarisationseffekte an den Elektroden auftreten, die sich sonst nur durch unpolarisierbare Elektroden (vgl. Kap. 1.5.1.2) vermeiden lassen. Außerdem wird durch diese Maßnahme der Einfluß natürlicher Erdströme (tellurischer Ströme) auf das Meßergebnis unwirksam; andernfalls müßten sie vor der eigentlichen Messung kompensiert werden.

Die theoretischen Grundbeziehungen der Gleichstrommethoden sind dadurch gekennzeichnet, daß in den Maxwellschen und den daraus abgeleiteten Gleichungen sämtliche partiellen Ableitungen nach der Zeit verschwinden; alle Feldgrößen usw. sind zeitunabhängig. Der Lorentz-Operator (1.18) geht für $\omega \to 0$ in den Laplaceschen über, die Wellengleichungen in die Poissonsche bzw. Laplacesche Gleichung.

Elektrische und magnetische Felder sind nur noch durch das Durchflutungsgesetz (1. Maxwellsche Gleichung) gekoppelt; infolge zu vernachlässigender elektromagnetischer Induktion tritt keine Rückwirkung auf. Aus (1.14) folgt, daß die elektrische Feldstärke als Gradientenfeld eines

Skalarpotentials dargestellt werden kann:

$$E = -\nabla U. \tag{2.1}$$

Das Skalarpotential erfüllt entsprechend (1.19) die POISSON-Gleichung

$$\Delta U = \varrho \nabla \cdot \boldsymbol{j}^{(\mathrm{P})}. \tag{2.2}$$

Außerhalb der Stromquellen und -senken ist $\nabla \cdot \boldsymbol{j}^{(\mathrm{P})} = 0$, und es gilt die LAPLACE-Gleichung

$$\Delta U = 0. \tag{2.3}$$

Damit ist bewiesen, daß die in der Geoelektrik stationärer Ströme auftretenden Feldberechnungen mit Hilfe der Potentialtheorie behandelt werden können. Die elektrische Feldstärke (2.1) in (1.7) eingesetzt, ergibt die Stromdichte. In räumlichen Leitern (das sind räumlich ausgedehnte geologische Strukturen), die aus Teilgebieten unterschiedlicher spezifischer Widerstände zusammengesetzt sind, müssen die in Tab. 1.1 angegebenen Stetigkeitsbedingungen (1.59) und (1.55) beachtet werden.

1.2.1.2. Stromzuführung mittels Elektroden und Messung des spezifischen Widerstandes

1.2.1.2.1. Punktelektroden

Bei den Gleichstrommethoden wird der Strom dem Boden mittels Elektroden (Erder) zugeführt. Das sind Metallstäbe; ihre Länge ist meist — relativ zu den gegenseitigen Abständen und der Untersuchungstiefe — vernachlässigbar, so daß sie als Punktelektroden betrachtet werden können. Der mit einer solchen Punktelektrode dem Boden zugeführte Strom breitet sich im homogenen räumlichen Leiter gleichmäßig nach allen Seiten aus, wenn die Gegenelektrode hinreichend weit entfernt ist. Die Stromdichte beträgt im Abstand r von der Elektrode im Vollraum

$$|\boldsymbol{j}| = I/4\pi r^2 \tag{2.4}$$

bzw., wenn sich die Elektrode an der Oberfläche des Halbraumes (Erdoberfläche) befindet[1])

$$|\boldsymbol{j}| = I/2\pi r^2. \tag{2.5}$$

Die Stromdichte ist radial gerichtet; ihr Vektor lautet

$$\boldsymbol{j} = \frac{I\boldsymbol{r}}{2\pi r^3}. \tag{2.6}$$

Für die elektrische Feldstärke gilt

$$\boldsymbol{E} = \varrho \boldsymbol{j} = \frac{\varrho I \boldsymbol{r}}{2\pi r^3}. \tag{2.7}$$

---

[1] Bekanntlich ist $4\pi r^2$ die Oberfläche einer Kugel und $2\pi r^2$ die einer Halbkugel.

Sie ist der Gradient des Skalarpotentials

$$U = \frac{\varrho I}{2\pi r},$$
(2.8)

$$\boldsymbol{E} = -\nabla U.$$
(2.9)

Mit Ausnahme der Singularität bei $r = 0$ (Punktelektrode) erfüllt (2.8) die LaPLACEsche Gleichung (2.3).

1.2.1.2.2. Erdungswiderstand von Elektroden

Bei der Berechnung des Erdungswiderstandes realer Elektroden müssen ihre Abmessungen berücksichtigt werden. Dazu geht man von einer Linienelektrode der Länge e mit verschwindendem Durchmesser aus, die senkrecht im Erdboden steckt. Das Potential in ihrer Umgebung (Sommerfeld, 1961) lautet in Zylinderkoordinaten (Abb. 1.4)

$$U(r, z) = -\frac{\varrho I}{4\pi e} \ln \left| \frac{z - e + \sqrt{r^2 + (z - e)^2}}{z + e + \sqrt{r^2 + (z + e)^2}} \right|$$
(2.10)

mit $r^2 = x^2 + y^2$. Die Äquipotentialflächen $U(r, z) = $ const sind gestreckte Rotationsellipsoide mit den Halbachsen a und $b < a$ sowie dem Brennpunktabstand $e = \sqrt{a^2 - b^2}$.

Die als Elektroden verwendeten Metallspieße der Länge a und mit dem Radius $b \ll a$ können näherungsweise als Rotationsellipsoide betrachtet werden (Abb. 1.4). Die Spannung auf diesen beträgt nach (2.10) mit $r = 0$ und $z = a$

$$U(0, a) = -\frac{\varrho I}{4\pi e} \ln \frac{|a - e|}{a + e}.$$
(2.11)

Daraus ergibt sich der Erdungswiderstand zu

$$R_E = \frac{U}{I} = \frac{\varrho}{4\pi e} \ln \frac{a + e}{|a - e|}.$$
(2.12)

Wegen $b \ll a$ geht (2.12) über in

$$R_E \approx \frac{\varrho}{2\pi a} \ln \frac{2a}{b}.$$
(2.13)

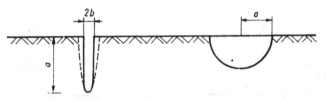

Abb. 1.4. Dünne stabförmige (links) und halbkugelförmige Elektrode (rechts)

Für eine Halbkugel als Elektrode folgt mit dem Spannungswert der Kugel-oberfläche aus (2.8) der Erdungswiderstand zu

$$R_{E_K} = \frac{\varrho}{2\pi a_K}.$$ (2.14)

Tabelle 1.8 gibt die Erdungswiderstände nach (2.13) einer Stabelektrode mit dem Durchmesser b und verschiedener Länge a (im Erdboden) sowie die entsprechenden Kugelradien a_K nach (2.15) an, wenn $\varrho = 100\ \Omega\cdot\text{m}$ beträgt.

Tabelle 1.8. Erdungswiderstände R_E von Stabelektroden (Durchmesser $b = 2$ cm) verschiedener Länge a für $\varrho = 100\ \Omega\cdot\text{m}$ und äquivalente Radien a_K einer Halb-kugelelektrode

a	R_E	a_K
0,40 m	174 Ω	0,09 m
0,80 m	101 Ω	0,16 m
1,20 m	73 Ω	0,22 m

Diese Erdungswiderstände sind untere Grenzwerte; sie werden bei schlechter Ankopplung an den Boden durch vergrößerte Übergangswider-stände erhöht. In solchen Fällen ist es nützlich, die Umgebung der Elek-troden anzufeuchten.

Aus praktischen Erwägungen werden Stabelektroden bevorzugt, obwohl offensichtlich Halbkugeln kleiner sind. Die Gründe hierfür sind, daß durch das Einschlagen von Metallstäben in den Boden ein inniger Kontakt und damit geringere Übergangswiderstände erzielt werden können und daß die Stäbe auch in tiefere, weniger ausgetrocknete Bereiche eindringen.

Eine Erniedrigung des Erdungswiderstandes läßt sich durch Gruppierung von Elektroden erreichen; allerdings tritt dabei auch eine gegenseitige Be-einflussung auf. Dazu werden drei linear angeordnete, gleiche Elektroden mit dem gegenseitigen Abstand l betrachtet (Abb. 1.5). Sie seien leitend miteinander verbunden, so daß sie sich auf gleichem Spannungswert $U = U_1 = U_2 = U_3$ befinden, und sollen mit dem Gesamtstrom I gespeist werden. Der Erdungswiderstand der Anordnung beträgt

$$R_{E3} = \frac{U}{I}.$$ (2.15)

Mit

$$R(\lambda) = \frac{\varrho}{4\pi e} \ln \frac{\sqrt{1 + \lambda^2} + 1}{\sqrt{1 + \lambda^2} - 1}$$ (2.16)

folgt für den Erdungswiderstand der Anordnung

$$R_{E3} = \frac{R_E(R_E + R(\lambda)) - 2(R(\lambda))^2}{3R_E - R(\lambda) - 4R(2\lambda)},\tag{2.17}$$

$$\lambda = l/e.\tag{2.18}$$

Bei sehr großen Abständen zwischen den Elektroden ($l \to \infty$) beeinflussen sie sich nicht gegenseitig, und es wird

$$R_{E3} = R_E/3.\tag{2.19}$$

Abb. 1.5 zeigt die Abnahme des relativen Erdungswiderstandes R_{E3}/R_E der beschriebenen Anordnung für $a = 40$ cm, $b = 1$ cm in Abhängigkeit von l. Bereits für $l = a$ ist der Erdungswiderstand $R_{E3} < R_E/2$; er nimmt für größere l dann nur noch sehr langsam ab.

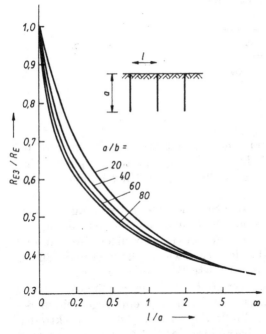

Abb. 1.5. Normierter Erdungswiderstand von drei Elektroden in Abhängigkeit von l/a für verschiedene Verhältnisse Elektrodenlänge/ Elektrodenradius $= a/b$

Erdungswiderstände spielen auch bei Blitzschutzanlagen, Erdungen elektrotechnischer Anlagen und Korrosionsschutzanlagen eine große Rolle. Rohrleitungen sind bei spezifischen Widerständen unter 20 $\Omega\cdot$m erhöhter Korrosion ausgesetzt.

1.2.1.2.3. Scheinbarer spezifischer elektrischer Widerstand

Außer den in Kap. 1.2.1.2.2. berechneten Erdungswiderständen der Elektroden treten zusätzlich nicht reproduzierbare Übergangswiderstände auf. Sie lassen sich eliminieren, wenn zur Messung des spezifischen Widerstandes Vier-Elektroden-Anordnungen verwendet werden. Dabei dienen zwei Elektroden A, B der Stromzuführung und zwei weitere M, N (oft auch Sonden genannt) der Spannungsmessung. Nach (2.8) lautet das Potential einer (Punkt-) Elektrode A an der Erdoberfläche, wenn der Strom I zugeführt und der Erdhalbraum als homogen mit dem spezifischen Widerstand ϱ angenommen werden

$$U_A(P) = \frac{\varrho I_A}{2\pi r_{AP}}, \qquad (2.20)$$

r_{AP} — Abstand $\overline{AP}$.

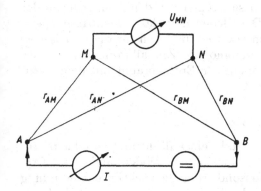

Abb. 1.6. Schematische Darstellung einer Vier-Elektroden-Anordnung

Für die in Abb. 1.6 gezeigte Vier-Elektroden-Anordnung ergibt sich zwischen den Sonden M und N die Spannungsdifferenz

$$U_{MN} = U_A(M) - U_A(N) + U_B(M) - U_B(N). \qquad (2.21)$$

Mit (2.20) wird daraus wegen $I_B = -I_A$

$$U_{MN} = \frac{\varrho I_A}{2\pi} \left(\frac{1}{r_{AM}} - \frac{1}{r_{AN}} - \frac{1}{r_{BM}} + \frac{1}{r_{BN}} \right). \qquad (2.22)$$

Demnach läßt sich der spezifische Widerstand des homogenen Halbraumes aus einer Strom- und Spannungsmessung sowie den in (2.22) auftretenden Abständen wie folgt berechnen:

$$\varrho = K \frac{U_{MN}}{I_A}, \qquad (2.23)$$

$$K = \frac{2\pi}{\dfrac{1}{r_{AM}} - \dfrac{1}{r_{AN}} - \dfrac{1}{r_{BM}} + \dfrac{1}{r_{BN}}} \qquad (2.24)$$

wird Konfigurations- oder Geometriefaktor genannt. Er ist für die verwendete Elektrodenanordnung charakteristisch.

Spezielle Anordnungen und deren Konfigurationsfaktoren werden in Kap. 1.2.2. behandelt.

Unter natürlichen Bedingungen ist der Erdhalbraum nicht homogen. Die vertikale Gliederung in horizontale Schichten unterschiedlichen spezifischen

Widerstandes beeinflußt die Ausbreitung des Stromes von der Elektrode A nach der Elektrode B. Das hat eine Veränderung der Potentialverteilung gegenüber (2.20) zur Folge. Gleiches tritt ein, wenn sich in der Nähe der Elektrodenanordnung z. B. muldenförmige Strukturen, Verwerfungen, Erzkörper oder andere Inhomogenitäten befinden. In diesen Fällen folgt bei Anwendung von (2.23) als berechnete Größe der scheinbare spezifische Widerstand

$$\varrho_{\mathrm{s}}(a) = K(a)\,\frac{U_{MN}}{I_A}. \tag{2.25}$$

Das a in ϱ_{s} und K deutet an, daß diese Größen von den Abmessungen der Elektrodenanordnung abhängen. Die Bedeutung des scheinbaren spezifischen Widerstandes ist dadurch zu erklären, daß sich für die jeweils verwendete Elektrodenanordnung der inhomogene Erdhalbraum am Ort der Messung genauso verhält wie ein homogener Erdhalbraum mit dem spezifischen Widerstand $\varrho = \varrho_{\mathrm{s}}(a) = \mathrm{const.}$

1.2.1.3. Widerstands-Tiefensondierung

Neben der Widerstandskartierung — d. h. einer flächenhaften oder profilmäßigen Aufnahme des scheinbaren spezifischen Widerstandes (s. Kap. 1.2.2.2.) — ist die Widerstands-Tiefensondierung die wichtigste Anwendung der Gleichstrommethoden. Sie dient der Bestimmung vertikaler Schichtenfolgen insbesondere bei horizontaler Lagerung von Schichten unterschiedlicher Mächtigkeiten und spezifischer Widerstände.

1.2.1.3.1. Potentialverteilung im geschichteten Halbraum

Eine Voraussetzung zur Auswertung von Tiefensondierungen ist die Berechnung des scheinbaren spezifischen Widerstandes für den geschichteten Halbraum. Dazu wird die räumliche Verteilung des Potentials U einer Punktelektrode im Koordinatenursprung benötigt. Werden Zylinderkoordinaten (r, φ, z) und horizontal gelagerte Schichten angenommen (s. Abb. 1.7), so ist das Potential nur eine Funktion von r und z. In der Schicht i wird das Potential mit $U_i(r, z)$ bezeichnet $(i = 1, 2 \ldots n)$. Die n-te Schicht

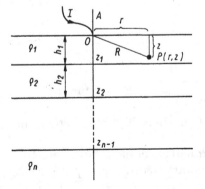

Abb. 1.7. Horizontalgeschichteter Halbraum mit Punktelektrode im Koordinatenursprung

ist ein homogener Halbraum mit dem spezifischen Widerstand ϱ_n, der von $n-1$ Schichten überlagert ist. Die spezifischen Widerstände bzw. Mächtigkeiten dieser Schichten werden mit ϱ_i bzw. h_i $(i = 1, 2 \ldots n-1)$ bezeichnet. Die Tiefe z_i der Unterkanten dieser Schichten beträgt

$$z_i = \sum_{l=1}^{i} h_l \qquad (i = 1, 2 \ldots n-1).$$ (2.26)

Die zu bestimmenden Potentialfunktionen U_i müssen für $i = 1, 2 \ldots n$ folgende Bedingungen erfüllen:

$$\triangle U_i(r, z) = 0 \quad \text{für} \quad r^2 + z^2 \neq 0,$$ (2.27)

$$U_i(r, z) \to 0 \quad \text{für} \quad r^2 + z^2 \to \infty.$$ (2.28)

In der 1. Schicht soll sich das Potential U_1 im Nullpunkt (Elektrode A) wie (2.20) verhalten. In den Schichtgrenzen $z = z_i$ mit $i = 1, 2 \ldots n-1$ gilt

$$U_i = U_{i+1} \quad \text{für} \quad z = z_i,$$ (2.29)

$$\frac{1}{\varrho_i} \frac{\partial U_i}{\partial z} = \frac{1}{\varrho_{i+1}} \frac{\partial U_{i+1}}{\partial z} \quad \text{für} \quad z = z_i;$$ (2.30)

an der Erdoberfläche gilt

$$\frac{\partial U_1}{\partial z} = 0 \quad \text{für} \quad z = 0.$$ (2.31)

Durch die Gl. (2.20) und (2.27) bis (2.31) ist das Potential eindeutig bestimmt. Für den Zweischicht-Fall $(n = 2)$ führt die Spiegelungs- oder Bildquellenmethode zu einer Lösung dieser Aufgabe (z. B. HUMMEL, 1929; KRAJEV, 1957); im Falle $n > 2$ wird diese Methode aber unübersichtlich. Einen übersichtlichen Lösungsweg liefert die von STEFANESCU et al. (1930) angegebene Integraldarstellung; sie ist bis heute Grundlage für die Potentialberechnung im planparallelgeschichteten Halbraum.

Die von φ unabhängige Lösung von (2.27) ist in der allgemeinen Lösung in Zylinderkoordinaten in Tab. 1.3 enthalten. Mit $k = 0$ gilt folgende Integraldarstellung

$$U_1(r, z) = C \int_{\lambda=0}^{\infty} [A_1(\lambda)\, \mathrm{e}^{-\lambda z} + B_1(\lambda)\, \mathrm{e}^{\lambda z}]\, J_0(\lambda r)\, \mathrm{d}\lambda$$ (2.32)

mit

$$C = \frac{\varrho_1 I}{2\pi},$$

wobei sich der Index 1 auf die Schicht 1 bezieht. In dieser Form kann auch das Potential der Punktelektrode gem. (2.20) dargestellt werden.

$$U_A(r, z) = \frac{\varrho_1 I}{2\pi} \frac{1}{\sqrt{r^2 + z^2}} = \frac{\varrho_1 I}{2\pi} \int_{\lambda=0}^{\infty} \mathrm{e}^{-\lambda z}\, J_0(\lambda r)\, \mathrm{d}\lambda.$$ (2.33)

Diese Integraldarstellung wird WEBER-LIPSCHITZ-Integral genannt. Die Bedingungen (2.27) und (2.29) werden erfüllt von

$$U_1(r, z) = C \int\limits_{\lambda=0}^{\infty} \left[(1 + A_1(\lambda)) \, e^{-\lambda z} + B_1(\lambda) \, e^{\lambda z} \right] J_0(\lambda r) \, d\lambda, \qquad (2.34)$$

$$U_i(r, z) = C \int\limits_{\lambda=0}^{\infty} \left[A_i(\lambda) \, e^{-\lambda z} + B_i(\lambda) \, e^{\lambda z} \right] J_0(\lambda r) \, d\lambda, \qquad (2.35)$$

$$i = 2, 3, \ldots, n - 1,$$

$$U_n(r, z) = C \int\limits_{\lambda=0}^{\infty} A_n(\lambda) \, e^{-\lambda z} \, J_0(\lambda r) \, d\lambda. \qquad (2.36)$$

Wegen (2.28) ist $B_n(\lambda) = 0$. Die $(2n - 1)$ unbekannten Funktionen $A_i(\lambda)$ und $B_i(\lambda)$ $(i = 1, 2, \ldots, n - 1)$ werden aus den $(2n - 1)$ Bedingungen (2.29) bis (2.31) bestimmt. Dies führt auf ein lineares Gleichungssystem. Zunächst folgt aus (2.34)

$$A_1(\lambda) = B_1(\lambda), \qquad (2.37)$$

$$A_1(1 + e^{-2\lambda z_1}) - A_2 \, e^{-2\lambda z_1} - B_2 = -e^{-2\lambda z_1},$$

$$\frac{1}{\varrho_1} A_1(-1 + e^{-2\lambda z_1}) - \frac{1}{\varrho_2} A_2 \, e^{-2\lambda z_1} + \frac{1}{\varrho_2} B_2 = -\frac{1}{\varrho_1} e^{-2\lambda z_1},$$

$$A_i \, e^{-2\lambda z_i} + B_i - A_{i+1} \, e^{-2\lambda z_i} - B_{i+1} = 0,$$

$$\frac{1}{\varrho_i} A_i \, e^{-2\lambda z_i} - \frac{1}{\varrho_i} B_i - \frac{1}{\varrho_{i+1}} A_{i+1} \, e^{-2\lambda z_i} + \frac{1}{\varrho_{i+1}} B_{i+1} = 0, \qquad (2.38)$$

$$(i = 2, 3 \ldots n - 2),$$

$$A_{n-1} \, e^{-2\lambda z_{n-1}} + B_{n-1} - A_n \, e^{-2\lambda z_{n-1}} = 0,$$

$$\frac{1}{\varrho_{n-1}} A_{n-1} \, e^{-2\lambda z_{n-1}} - \frac{1}{\varrho_{n-1}} B_{n-1} - \frac{1}{\varrho_n} A_n \, e^{-2\lambda z_{n-1}} = 0.$$

Dieses System besteht aus $2(n - 1)$ Gleichungen für ebensoviele Unbekannte.

Es sei h_0 der größte gemeinsame Teiler aller Schichtmächtigkeiten. Dann können die Tiefen der Schichtgrenzen wie folgt dargestellt werden:

$$z_i = z_{i-1} + \nu_i h_0, \qquad z_0 = 0. \qquad (2.39)$$

Die ν_i sind ganzzahlig; die Mächtigkeit der i-ten Schicht beträgt $h_i = \nu_i h_0$. Mit

$$u = e^{-2\lambda h_0} \qquad (2.40)$$

werden die Unbekannten A_i, B_i des Gleichungssystems (2.38) gebrochenrationale Funktionen von u. Für $n = 3$ (Dreischicht-Fall) ist beispielsweise

$$A_1^{(3)}(u) = \frac{k_1 u^{\nu_1} + k_2 u^{\nu_1 + \nu_2}}{1 - k_1 u^{\nu_1} - k_2 u^{\nu_1 + \nu_2} + k_1 k_2 u^{\nu_2}} \qquad (2.41)$$

mit[1])

$$k_i = \frac{\varrho_{i+1} - \varrho_i}{\varrho_{i+1} + \varrho_i}. \tag{2.42}$$

Allgemein gilt für den n-Schicht-Fall

$$A_1^{(n)}(u) = \frac{P_n(u)}{H_n(u) - P_n(u)}, \tag{2.43}$$

wobei $P_n(u)$ und $H_n(u)$ Polynome von u sind; sie können durch folgende Rekursionsgleichungen bestimmt werden:

$$P_{i+1}(u) = P_i(u) + H_i\left(\frac{1}{u}\right) k_i w^{\sum\limits_{i=1}^{i} \nu_i}, \tag{2.44}$$

$$H_{n+1}(u) = H_i(u) + P_i\left(\frac{1}{u}\right) k_i w^{\sum\limits_{i=1}^{i} \nu_i} \tag{2.45}$$

mit

$$P_1(u) = 0, \qquad H_1(u) = 1. \tag{2.46}$$

Nach (2.25) kann aus der Potentialfunktion U in der obersten Schicht der scheinbare spezifische Widerstand ϱ_s für spezielle Elektrodenanordnungen berechnet werden. Für eine lineare symmetrische Anordnung mit $r = AB/2$, $b = MN/2$, $r_{AM} = r_{BN} = r - b$ gilt

$$\varrho_s(r) = \varrho_1\left\{1 + \left(\frac{r^2}{b} - b\right) \int\limits_{\lambda=0}^{\infty} A_1(\lambda)\left[J_0\big(\lambda(r - b)\big) - J_0\big(\lambda(r + b)\big)\right] d\lambda\right\}. \tag{2.47}$$

Mit $AB = 3a$, $MN = a$ und $AM = a$ ensteht die WENNER-Anordnung; für diese gilt

$$\varrho_s(a) = \varrho_1\left\{1 + 4a \int\limits_{\lambda=0}^{\infty} A_1(\lambda)[J_0(\lambda a) - J_0(2\lambda a)] d\lambda\right\}. \tag{2.48}$$

Es ist in der Praxis üblich, bei der SCHLUMBERGER-Anordnung den Fall $b \ll r$ zu betrachten. — Aus (2.47) folgt für $b \to 0$

$$\varrho_s(r) = \varrho_1\left\{1 + 2r^2 \int\limits_{\lambda=0}^{\infty} A_1(\lambda) J_1(\lambda r) \lambda d\lambda\right\}. \tag{2.49}$$

A_1 hängt außer von λ noch von den Schichtmächtigkeiten $h_1, h_2 \ldots h_{n-1}$ und den Koeffizienten $k_1, k_2 \ldots k_n$ ab. Diese werden zweckmäßigerweise zu Vektoren zusammengefaßt.

$$v = (v_1, v_2 \ldots v_{n-1}) = \frac{1}{h_0}(h_1, h_2, \ldots, h_{n-1}), \tag{2.50}$$

$$k = (k_1, k_2 \ldots k_n). \tag{2.51}$$

---

[1] oft auch mit $k_{i,i+1}$ bezeichnet und Reflexionskoeffizient genannt.

Somit läßt sich für A_1 schreiben

$$A_1 = A_1(v, k, \lambda).$$ (2.52)

Die numerische Berechnung des Integrals in (2.49) ist ziemlich aufwendig und kann in verschiedener Weise gelöst werden.

1.2.1.3.2. Numerische Berechnung durch Reihenentwicklung

Wegen $h_0 > 0$ ist stets $0 < u < 1$ (s. 2.40); folglich kann $A_1(u)$ in eine Potenzreihe entwickelt werden, die für $u < 1$ absolut und gleichmäßig konvergiert

$$A_1(u) = \sum_{m=1}^{\infty} q_m u^m.$$ (2.53)

Die Koeffizienten q_m hängen von den Reflexionskoeffizienten k_i und den Schichtmächtigkeiten h_i ab

$$q_m = q_m(k_1, k_2 \ldots k_n; v_1, v_2 \ldots v_n).$$ (2.54)

Speziell beim Zweischicht-Fall ($n = 2$) ist mit $v_1 = 1$, $h_1 = h_0$:

$$q_m = \left(\frac{\varrho_2 - \varrho_1}{\varrho_2 + \varrho_1}\right)^m.$$ (2.54 a)

Werden z. B. in (2.48) und (2.53) Summation und Integration vertauscht, so kann das WEBER-LIPSCHITZ-Integral (2.33) angewandt werden, und es folgt

$$\varrho_s(a)/\varrho_1 = 1 + 4a \sum_{m=1}^{\infty} q_m \left[\frac{1}{\sqrt{a^2 + 4m^2 h_0^2}} - \frac{1}{\sqrt{4a^2 + 4m^2 h_0^2}}\right].$$ (2.55)

Dieses Resultat entspricht vollkommen der Darstellung mit Hilfe der Bildquellenmethode. Die beiden Wurzeln sind die Abstände der Elektroden M und N von den an der fiktiven Grenzfläche bei $z = h_0$ und auf der Erdoberfläche mehrfach gespiegelten Elektroden A und B. q_m bedeutet die relative Quellstärke der Bildquellen. ARGELO (1967) und VAN DAM (1965) haben diese Methode ausführlich beschrieben und ein ALGOL-Programm zur Berechnung von ϱ_s nach (2.49) für die SCHLUMBERGER-Anordnung veröffentlicht. Es sind nur minimale Änderungen erforderlich, um nach diesem Programm ϱ_s für die WENNER-Anordnung nach (2.55) zu berechnen (RÖSLER; SHALLAR, 1978).

Abb. 1.8 zeigt eine Kurvenschar ϱ_s für verschiedene Verhältnisse ϱ_2/ϱ_1 beim Zweischicht-Fall.

1.2.1.3.3. Numerische Berechnung mittels Filterkoeffizienten

Wegen

$$\int_0^\infty J_1(\lambda r) \, \lambda \, d\lambda = \frac{1}{r^2}$$ (2.56)

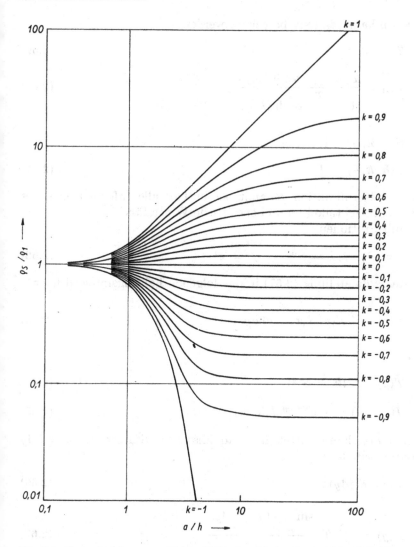

Abb. 1.8. Der scheinbare spezifische Widerstand beim Zweischicht-Fall (WENNER-Anordnung), Kurvenparameter $k = \dfrac{\varrho_2 - \varrho_1}{\varrho_2 + \varrho_1}$

läßt sich für (2.49) auch schreiben

$$\varrho_s(r) = r^2 \int\limits_0^\infty T(\boldsymbol{h}, \boldsymbol{k}, \lambda)\, J_1(\lambda r)\, \lambda\, \mathrm{d}\lambda. \tag{2.57}$$

Dabei ist

$$T(\boldsymbol{h}, \boldsymbol{k}, \lambda) = [1 + 2A_1(\boldsymbol{h}, \boldsymbol{k}, \lambda)]\, \varrho_1. \tag{2.58}$$

Diese Funktion kann rekursiv berechnet werden:

$$T_n = \varrho_n \tag{2.59}$$

$$T_{i-1} = \frac{T_i + \varrho_{i-1} \tanh(\lambda h_{i-1})}{1 + \dfrac{T_i}{\varrho_{i-1}} \tanh(\lambda h_{i-1})}, \tag{2.60}$$

$$(i = n, n - 1, \ldots, 2),$$

$$T(\boldsymbol{h}, \boldsymbol{k}, \lambda) = T_1. \tag{2.61}$$

$T(\boldsymbol{h}, \boldsymbol{k}, \lambda)$ wird Kernfunktion genannt; sie enthält alle Informationen des Modells (Schichtmächtigkeiten und spezifische Widerstände).

Mit den Substitutionen

$$r = e^x, \qquad \lambda = e^{-y}, \qquad \lambda r = e^{x-y} \tag{2.62}$$

geht die Integraldarstellung (2.57) in das folgende Faltungsintegral über

$$\varrho_s(x) = \int\limits_{-\infty}^{\infty} \tilde{T}(y)\, \tilde{J}(x - y)\, \mathrm{d}y. \tag{2.63}$$

Dabei sind

$$\tilde{T}(y) = T(\boldsymbol{h}, \boldsymbol{k}, e^{-y}) \tag{2.64}$$

$$\tilde{J}(x - y) = -e^{2(x-y)}\, J_1(e^{x-y}). \tag{2.65}$$

Die Funktion $\tilde{T}(y)$ kann mittels ihrer äquidistanten Stützstellen $y = j\,\Delta y$ wie folgt dargestellt werden:

$$T_j = \tilde{T}(j\Delta y), \tag{2.66}$$

$$\tilde{T}(y) = \sum_{j=-\infty}^{\infty} T_j \frac{\sin\dfrac{\pi}{\Delta y}(y - j\Delta y)}{\dfrac{\pi}{\Delta y}(x - j\Delta y)}. \tag{2.67}$$

Dadurch geht (2.63) in eine Faltungssumme über

$$\varrho_s(k\Delta y) = \varrho_{s,k} = \sum_{j=-\infty}^{\infty} T_j a_{k-j} = \sum_{j=-\infty}^{\infty} a_j T_{k-j} \tag{2.68}$$

mit $x = k\Delta y$ und

$$a_m = \int\limits_{-\infty}^{\infty} \frac{\sin\dfrac{\pi}{\Delta y}y}{\dfrac{\pi}{\Delta y}y}\, J(m\Delta y - y)\, \mathrm{d}y. \tag{2.69}$$

Die Filterkoeffizienten a_m werden für $m < -n_1$ und $m > n_2$ vernachlässigbar klein (n_1, $n_2 \in N$) (natürliche Zahlen), wenn Δy geeignet gewählt wird. Mit hinreichender Genauigkeit kann aus

$$\varrho_{s,k} = \sum_{j=-n_1}^{n_2} a_j T_{k-j} \qquad (2.70)$$

der scheinbare spezifische Widerstand bei erheblich geringerem Rechenaufwand als z. B. nach (2.55) berechnet werden. Wegen der Substitutionen (2.62) ergeben sich die Werte für logarithmisch äquidistante Argumente r, wie dies auch für die übliche Darstellung logarithmisch geteilter Koordinatenachsen zweckmäßig ist. Δy wird den praktischen Anforderungen angepaßt. Von GHOSH (1971) und JOHANNSEN (1975) wurden Tabellen der Filterkoeffizienten für $n_1 + n_2 = 8$, 12 und 30, d. h. für 9-, 13- und 31-Punkte-Filter, veröffentlicht.

1.2.1.3.4. Inverse Aufgabe der Widerstandsgeoelektrik

Die inverse Aufgabe der Widerstandsgeoelektrik besteht in der Bestimmung der Mächtigkeiten h_i und der spezifischen Widerstände ϱ_i aus der gemessenen Sondierungskurve $\varrho_s(r)$. Zu ihrer Lösung wurden verschiedene Methoden entwickelt; genannt seien

— die Auswahl durch Vergleich mit einer Vielzahl berechneter Modellkurven aus entsprechenden Kurvenatlanten,

— die näherungsweise Berechnung einer Sondierungskurve für ein angenommenes Modell; Vergleich mit der gemessenen Kurve und evtl. Veränderung der Parameter des Modells,

— die klassische Auswertemethode unter Verwendung eines Satzes von Hilfskurven entsprechend dem Typ der Sondierungskurve (zunehmende oder abnehmende Widerstände); dadurch wird der Mehrschicht-Fall — von oben beginnend — stets als Zweischicht-Fall betrachtet, wobei es die Hilfskurven gestatten, die jeweils ermittelten oberen Schichten zu einer äquivalenten Schicht zusammenzufassen. Eine nach unten zunehmende Schichtmächtigkeit der einzelnen Schichten ist notwendige Voraussetzung für die Anwendbarkeit dieses Hilfspunkteverfahrens.

Da diese Methoden an anderer Stelle beschrieben werden (Kap. 1.2.2.1.2.), wird auf sie hier nicht eingegangen. Modern ist die automatische Anpassung theoretischer Sondierungskurven an die gemessenen durch geeignete numerische Verfahren mittels Kleinrechnern. In einem oft in der Praxis angewandten Verfahren (s. Kap. 1.2.2.1.2.) wird die Sondierungskurve näherungsweise durch die DAR-ZARROUK-Kurve ersetzt und eine iterative Berechnung der Schichtmächtigkeiten und -widerstände vorgenommen (ZOHDY, 1974). Nachteilig ist, daß das Ergebnis sehr viele Schichten enthält, die erst nachträglich vom Interpreten nach geologischen Gesichtspunkten zusammengefaßt werden müssen. Als vorteilhaft erweist sich die Vorgabe eines Näherungsmodells, gegeben durch die Schichtmächtigkeiten h_i und die spezifischen Widerstände ϱ_i sowie deren Veränderung, bis eine optimale Anpassung an die Meßkurve erreicht wird. Dabei können die Parameter ϱ_i und/oder h_i festgehalten werden, die bereits aus anderen Angaben hinreichend genau bekannt sind, was bei dem Verfahren von ZOHDY (1974) nicht möglich ist.

Die Sondierungskurve $\varrho_s(r)$ sei für N Werte der Aufstellungsweite $r_i = AB/2$ $(i = 1, 2 \ldots N)$ gemessen worden; die Meßwerte werden zu einem Vektor ϱ zusammengefaßt

$$\varrho = \big(\varrho_s(r_1), \varrho_s(r_2) \ldots \varrho_s(r_N)\big)^\mathrm{T}. \tag{2.71}$$

Das Symbol T bedeutet die Transponierung des Vektors.

Aus (2.42), (2.50), (2.51), (2.57) und (2.58) folgt, daß der scheinbare spezifische Widerstand ϱ_s außer von der Aufstellungsweite $r = AB/2$ auch von den Schichtparametern $h_1, h_2 \ldots h_{n-1}$ und $\varrho_1, \varrho_2 \ldots \varrho_n$ abhängt. Von diesen $2n - 1$ Parametern seien n_1 $(0 \leqq n_1 \leqq 2n - 2)$ bereits bekannt; z. B. können ϱ_1 und evtl. auch ϱ_n aus dem asymptotischen Verlauf von ϱ_s ermittelt werden, andere Werte können aus Bohrungen bekannt sein. Dann sind $m = 2n - 1 - n_1$ Parameter p_i zu bestimmen, die sich zu einem Parametervektor $\boldsymbol{p}$ zusammenfassen lassen

$$\boldsymbol{p} = (p_1, p_2 \ldots p_m)^\mathrm{T}, \qquad m \leqq 2n - 1. \tag{2.72}$$

Schließlich werden für jeden Wert r_i, in dem ϱ_s gemessen wurde (s. 2.71), die theoretischen ϱ_s-Werte zu den Parametern (2.72) berechnet und zu einem Vektor ϱ' zusammengefaßt

$$\varrho'(\boldsymbol{p}) = \big(\varrho_s(\boldsymbol{p}, r_1), \varrho_s(\boldsymbol{p}, r_2) \ldots \varrho_s(\boldsymbol{p}, r_N)\big)^\mathrm{T}. \tag{2.73}$$

Die Abweichungen zwischen gemessenen und berechneten ϱ_s-Werten bilden den Differenzvektor e

$$e = e(\boldsymbol{p}) = \varrho - \varrho'(\boldsymbol{p}). \tag{2.74}$$

Die Quadratsumme der Abweichungen kann wie folgt dargestellt werden:

$$f(\boldsymbol{p}) = e^\mathrm{T} e = \sum_{k=1}^{N} \big(\varrho_s(r_k) - \varrho_s'(\boldsymbol{p}, r_k)\big)^2. \tag{2.75}$$

Die Methode der kleinsten Quadrate

$$f(\boldsymbol{p}) \to \min,$$

$$\frac{\partial f(\boldsymbol{p})}{\partial p_l} = 0, \qquad l = 1, 2 \ldots m \tag{2.76}$$

führt auf schlecht konditionierte Gleichungssysteme; dies kann mit der von TICHONOV (1963) theoretisch begründeten Regularisierungsmethode umgangen werden. Dazu wird (2.75) durch ein regularisierendes (glättendes) Funktional $\Omega(\boldsymbol{p})$ ergänzt zu

$$F(\alpha, \boldsymbol{p}) = f(\boldsymbol{p}) + \alpha \Omega(\boldsymbol{p}). \tag{2.77}$$

Dabei ist $\alpha > 0$ ein Regularisierungsfaktor, der in einem Iterationsprozeß so lange verringert wird, bis das Minimum

$$\min_{\alpha, p} F(\alpha, p) \tag{2.78}$$

erreicht wird. Für $\Omega(p)$ eignet sich $(p - p^{(0)})^{\mathrm{T}} (p - p^{(0)})$. Dabei kann für $p^{(0)}$ z. B. der im vorangegangenen Iterationsschritt berechnete Parametervektor gewählt werden. Mit einer Anfangsnäherung $p^{(0)}$ beginnend wird gesetzt

$$p = p^{(0)} + q. \tag{2.79}$$

Der Vektor q bedeutet die an $p^{(0)}$ anzubringenden Verbesserungen. Für $\min F(p)$ gelten die notwendigen Bedingungen

$$\frac{\partial F(p)}{\partial p_l} = 0, \qquad l = 1, 2 \ldots m. \tag{2.80}$$

Die Linearisierung von $\varrho'(p)$ führt auf

$$\varrho'(p) = \varrho'(p^{(0)}) + \sum_{k=1}^{m} \frac{\partial}{\partial p_k} \varrho'(p^{(0)}) q_k = \varrho'(p^{(0)}) - Aq. \tag{2.81}$$

Die Matrix A besitzt die Komponenten

$$A_{ik} = \frac{\partial}{\partial p_k} \varrho_s'(p, r_i) \tag{2.82}$$

$$(i = 1, 2 \ldots N, \quad k = 1, 2 \ldots m).$$

Sie wird Empfindlichkeitsmatrix genannt.

Die Bedingung (2.80) führt auf ein lineares Gleichungssystem für q:

$$(A^{\mathrm{T}}A + \alpha I) q = A^{\mathrm{T}}e(p^{(0)}). \tag{2.83}$$

Der Regularisierungsfaktor $\alpha > 0$ wirkt durch die Vergrößerung der Diagonalelemente der Matrix $A^{\mathrm{T}}A$ stabilisierend auf das Gleichungssystem.

Zur Lösung des Gleichungssystems empfiehlt sich eine Singularwertzerlegung der $N \times m$-Matrix A (SVD-Methode):

$$A = USV^{\mathrm{T}}. \tag{2.84}$$

S ist eine Diagonalmatrix mit den Quadratwurzeln S_i der Eigenwerte von $A^{\mathrm{T}}A$, und es gilt $U^{\mathrm{T}}U = I$, $V^{\mathrm{T}}V = I$. Die Matrixen U bzw. V enthalten die Eigenvektoren von $A^{\mathrm{T}}A$ bzw. AA^{T}; Programme zu ihrer Berechnung wurden publiziert (z. B. GOLUB; REINSCH, 1970). Damit läßt sich die generalisierte Inverse D^{-1} der Rechteckmatrix A angeben zu

$$D^{-1} = VS^{-1}U^{\mathrm{T}}. \tag{2.85}$$

Nach einigen Umformungen folgt für den Lösungsvektor q der Gleichung (2.83):

$$q = V(S^2 + \alpha I)^{-1} SU^{\mathrm{T}}e(p^{(0)}) \tag{2.86}$$

bzw.

$$q_j = \sum_{i=1}^{N} \sum_{l=1}^{m} \frac{V_{jl} S_l U_{il} e_i}{S_l^2 + \alpha}. \tag{2.87}$$

An dieser Lösung läßt sich die Wirkung des regularisierenden Faktors α erkennen, der den Einfluß kleiner Eigenwerte mit $S_l \ll \alpha$ unterdrückt. Durch α wird ein Schwellwert zur Beseitigung der Wirkung *unwesentlicher* *Parameter* des Modells eingeführt, wie es von JUPP; VOZOFF (1975) formuliert wurde. Abb. 1.9 zeigt ein Beispiel einer automatischen Auswertung nach dem beschriebenen Verfahren.

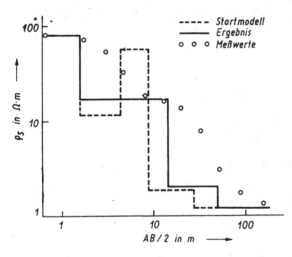

Abb. 1.9. Beispiel der automatischen Anpassung einer Widerstandssondierungskurve

1.2.1.4. Beeinflussung der Potential- und Stromdichteverteilung im Boden durch besser oder schlechter leitende Einlagerungen

1.2.1.4.1. Einlagerung (Störkörper) im homogenen Feld

Der durch Leitfähigkeitsunterschiede im Boden beeinflußte Stromlinienverlauf läßt sich am einfachsten deutlich machen, wenn in einem homogenen Medium (ϱ_1) als Störkörper (ϱ_2) eine Kugel oder ein Rotations-

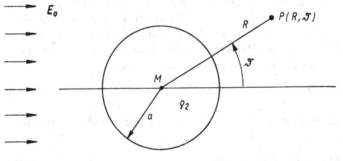

Abb. 1.10. Kugel im homogenen Feld $\boldsymbol{E_0}$

ellipsoid in einem homogenen elektrischen Feld betrachtet wird. Der Einfluß der Erdoberfläche wird zunächst nicht berücksichtigt. Die Richtung von E_0 sei die z-Achse (in Abb. 1.10 parallel der Erdoberfläche), der Koordinatenursprung im Kugelmittelpunkt. Es ist

$$\dot{E}_0 = E_0 \boldsymbol{k} = -\nabla U_0 = -\boldsymbol{k} \frac{\partial U_0}{\partial z}, \qquad (2.88)$$

also

$$U_0 = -zE_0 + C, \qquad (2.89)$$

C − Integrationskonstante.

(2.89) erfüllt die Gleichung (2.3). Es ist zweckmäßig, Kugelkoordinaten r, ϑ, φ einzuführen:

$$z = r \cos \vartheta, \qquad (2.90)$$

$$U_0 = -r \cos \vartheta E_0 + C. \qquad (2.91)$$

Da E_0 die z-Richtung besitzt, tritt die Winkelkoordinate φ nicht auf. Das ist eine spezielle Lösung zur 3. Spalte von Tabelle 1.3 mit $k = 0$, $n = 1$ und $m = 0$.

An Stelle der Lösung (1.75) ergibt sich aus der Differentialgleichung (1.72)

$$F_1(r, n) = r^n \quad \text{bzw.} \quad r^{-n-1}. \qquad (2.92)$$

Um die Randbedingungen auf der Kugeloberfläche $r = a$ (1.53) und (1.55) erfüllen zu können, ist für die Potentiale innerhalb bzw. außerhalb der Kugel folgender Ansatz ($n = 1$) gebräuchlich

$$U_i(r, \vartheta) = Ar \cos \vartheta + C, \qquad (r \leqq a), \qquad (2.93)$$

$$U_a(r, \vartheta) = U_0 + B \frac{\cos \vartheta}{r^2}, \qquad (r \geqq a). \qquad (2.94)$$

Die hier eingeführten Potentiale sind im Definitionsbereich regulär und beschränkt. Mit dem Ansatz (2.93), der im Kugelinneren ein homogenes Feld darstellt, und (2.94) für ein Dipolfeld im Außenraum (dem Feld E_0 überlagert) lassen sich die Randbedingungen für $r = a$ erfüllen:

$$\frac{\partial U_a}{\partial \vartheta} = \frac{\partial U_i}{\partial \vartheta}, \qquad (2.95)$$

$$\frac{1}{\varrho_1} \frac{\partial U_a}{\partial r} = \frac{1}{\varrho_2} \frac{\partial U_i}{\partial r}. \qquad (2.96)$$

Sie ergeben zwei Gleichungen für die Unbekannten A und B mit der Lösung

$$A = -\frac{3\varrho_1}{2\varrho_1 + \varrho_2} E_0, \qquad (2.97)$$

$$B = \frac{\varrho_2 - \varrho_1}{2\varrho_1 + \varrho_2} a^3 E_0. \qquad (2.98)$$

Die Konstante C ist beliebig.

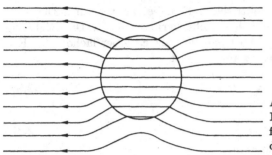

Abb. 1.11. Stromlinien in einer
Ebene durch den Kugelmittelpunkt
für eine gutleitende Kugel in
der Tiefe $t > a$ (schematisch)

Der resultierende Stromdichteverlauf zeigt das Hineinziehen der Feldlinien in einen guten Leiter (Abb. 1.11).

Befindet sich der Störkörper (Kugel) in der Nähe der Erdoberfläche, so bereitet die zu erfüllende Randbedingung $\partial U/\partial n = 0$ gewisse Schwierigkeiten. In vielen Fällen läßt sich näherungsweise die Spiegelungsmethode anwenden und der Störkörper an der Erdoberfläche gespiegelt denken. Dann ist nämlich aus Symmetriegründen an der Erdoberfläche $\partial U/\partial n = 0$, und die Potentialwerte sowie Feldstärken an der Erdoberfläche ergeben sich aus (2.94), wenn das Zusatzglied verdoppelt wird. Der Näherungscharakter beruht darin, daß das Zusatzpotential der einen Kugel an der Oberfläche der anderen in den Randbedingungen nicht berücksichtigt wird. Die exakte Behandlung führt auf Reihenentwicklungen; ihr praktischer Wert für die Geoelektrik ist jedoch gering, zumal bereits das Kugelmodell eine sehr weitgehende Idealisierung der Realität darstellt.

Abb. 1.12 zeigt die mit der soeben beschriebenen Näherung berechnete Potentiallinienverzerrung an der Erdoberfläche für eine Kugel der Mittelpunktstiefe $t = 2a$ und $\varrho_2 = \varrho_1/10$.

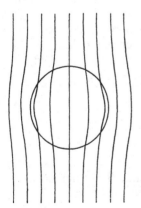

Abb. 1.12. Äquipotentiallinien an der Erdoberfläche für eine
gutleitende Kugel in der Tiefe $t > a$ (schematisch)

Die Behandlung eines Rotationsellipsoids mit den Halbachsen $a = b > c$ (abgeplattetes Rotationsellipsoid als Modell eines scheiben- oder linsenförmigen Erzkörpers) ist ebenfalls elementar möglich, jedoch mit größerem Aufwand verbunden. Auch hier ist (bei homogenem Außenfeld) das Innenfeld homogen; jedoch besitzt es i. allg. eine andere Richtung. Das Problem wird durch Transformation in das Koordinatensystem des abgeplatteten Rotationsellipsoids gelöst, in dem eine Koordinatenfläche das Ellipsoid repräsentiert. Probleme dieser Art wurden von KOLBENHEYER (1956) und RÖSLER (1959) behandelt.

1.2.1.4.2. Einlagerung im Feld einer Punktelektrode

Befindet sich ein Störkörper in der Nähe einer Elektrode, dann kann das Feld nicht annäherungsweise als homogen betrachtet werden. Dennoch läßt sich eine analytische Lösung für geometrisch einfache Körper (Kugel, Ellipsoid) in Form einer Reihenentwicklung angeben. Bei einer Kugel ist das Potential der Punktelektrode in eine Reihe nach Kugelflächenfunktionen — bezogen auf den Kugelmittelpunkt als Koordinatenursprung — zu entwickeln. Entsprechende Reihenentwicklungen sind für das Zusatzpotential im Außenraum und im Innern der Kugel notwendig, deren Koeffizienten so festzulegen sind, daß die Stetigkeitsbedingungen (2.95) und (2.96) an der Kugeloberfläche erfüllt werden. Gleiches gilt für ellipsoidische Störkörper. Auf diese Weise wurde der Verlauf des scheinbaren spezifischen Widerstandes über Mulden von der Form einer Halbkugel oder eines halben Ellipsoids berechnet (z. B. KOLBENHEYER, 1956).

Bei komplizierteren Strukturen als durch solche einfachen Körper beschreibbar, versagen analytische Berechnungsmethoden; in solchen Fällen muß auf numerische Näherungen mit Hilfe der endlichen Differenzen oder finiten Elemente zurückgegriffen werden (z. B. COGGON, (1971).

1.2.2. Allgemeine apparative und methodische Voraussetzungen

Im Kap. 1.2.1.2. wurde gezeigt, daß der scheinbare spezifische Widerstand ϱ_s mittels verschiedener Elektroden-Sonden-Kombinationen bestimmt werden kann; ihre Wahl erfolgt teils aus Gründen einer einfachen Meßtechnik, teils aus Gründen einer besonderen Auflösung.

Für Messungen an der Erdoberfläche sind die in Abb. 1.13 angegebenen Anordnungen gebräuchlich.

Zuweilen werden zur Erzielung einer besonderen Fokussierung bei der Einspeisung auch Elektroden gleicher Polarität verwendet (Abb. 1.13e). Eine Formel für die Berechnung scheinbarer spezifischer Widerstände läßt sich in diesem Fall nicht angeben. Über horizontal-inhomogenen Medien werden dann *Anomalie-Effekte* der Spannung zwischen *MN* gemessen. Grundsätzlich lassen sich bei Vorhandensein von Bohrungen, bergmännischen oder geotechnischen Auffahrungen auch Stromeinspeisungen und Spannungsmessungen im Erdinneren durchführen (MILITZER; RÖSLER u. a., 1979). Der jeweilige Konfigurationsfaktor K kann dann unter Beachtung des Potentials U einer Vollraumelektrode (Kap. 1.2.1.2.3.)

$$U = \frac{\varrho I}{4\pi} \frac{1}{r}.$$

(2.99)

abgeleitet werden.

Abb. 1.13. Anordnungen zur Messung des scheinbaren spezifischen Widerstandes

a) SCHLUMBERGER-Anordnung

$$r_{MN} \leqq \frac{r_{AB}}{3}; \quad K = \pi \frac{r_{AM} r_{AN}}{r_{MN}},$$

b) WENNER-Anordnung

$$r_{AM} = r_{MN} = r_{NB} = a; \quad K = 2\pi a,$$

c) Dreielektroden-Anordnung

Elektrode $B \to \infty$; $K_{AMN} = 2\pi \dfrac{r_{AM} r_{AN}}{r_{MN}}$; $r_{BN} > 15 r_{AM}$,

d) axiale Dipol-Anordnung

$$r \gg r_{AB} \quad \text{bzw.} \quad r_{MN}; \quad K = \frac{K_{BMN} K_{AMN}}{K_{BMN} - K_{AMN}},$$

e) fokussierte Anordnung

Es ist eine wichtige Besonderheit der geschilderten Anordnungen, daß sich Elektroden und Sonden vertauschen lassen, ohne daß dabei der gemessene scheinbare spezifische Widerstand geändert wird. Das ist wie folgt zu erklären:

Befinden sich n Elektroden im Boden, über welche die Ströme I_k' ($k = 1 \ldots n$) eingespeist werden, so stellen sich an den Elektroden die Potentialverteilungen U_k' ein. Wird an den gleichen Elektroden eine andere Stromeinspeisung I_k'' verwirklicht, so ergibt sich auch eine andere Potentialverteilung U_k''. Nach ALPIN (1971) gilt

$$\sum_k U_k' I_k'' = \sum_k U_k'' I_k', \qquad k = 1 \ldots n. \tag{2.100}$$

Bei der SCHLUMBERGER-Anordnung z. B. gilt bei Stromeinspeisung über die Elektroden AB (rechte Seite der Gleichung) bzw. Stromeinspeisung über MN (linke Seite der Gleichung)

$$U_A \cdot 0 + U_B \cdot 0 + U_M(+I) + U_N(-I)$$

$$= U_A(+I) + U_B(-I) + U_N \cdot 0 + U_M \cdot 0, \tag{2.101}$$

d. h.

$$U_M - U_N = U_A - U_B. \tag{2.102}$$

Beim Vertauschen der Elektroden und Sonden bleibt auch der Konfigurationsfaktor erhalten, so daß die Gleichheit des scheinbaren spezifischen Widerstandes bei Einspeisung derselben Stromstärke gegeben ist. Als Anwendungsbeispiel soll dieses Wechselwirkungsprinzip bei der fokussierten Anordnung untersucht werden (PORSTENDORFER, 1980). Nach Vertauschen von Elektroden und Sonden gilt

$$U_A \cdot 0 + U_{A'} \cdot 0 + U_{B_\infty} \cdot 0 + U_M(+I) + U_N(-I)$$

$$= U_A\left(\frac{I}{2}\right) + U_{A'}\left(\frac{I}{2}\right) + U_{B_\infty}(-I) + U_M \cdot 0 + U_N \cdot 0. \tag{2.103}$$

Daraus folgt

$$U_M - U_N = U_A \frac{1}{2} + U_{A'} \frac{1}{2} - U_{B_\infty}$$

$$= -(U_A - U_{A'}) \frac{1}{2} + (U_A - U_{B_\infty}). \tag{2.104}$$

Die linke Seite der Gleichung entspricht der Spannung zwischen M und N bei Stromeinspeisung in $A(I/2)$, $A'(I/2)$ und $B_\infty(-I)$, die rechte Seite der Spannungsverteilung bei Stromeinspeisung in $M(I)$ und $N(-I)$.

Es ergeben sich drei Potentialdifferenzen und bei Division von (2.104) durch die Stromstärke I auch drei Widerstandswerte, die mit drei verschiedenen Anordnungen des konstant gehaltenen Elektroden-Sonden-Systems gemessen werden.

$$R_F = R_3 - \frac{1}{2} R_s. \tag{2.105}$$

Dabei ist

$$R_F = \frac{U_M - U_N}{I} \tag{2.106}$$

Widerstandswert der fokussierten Anordnung bei Stromeinspeisung in $A(+I/2)$, $A'(+I/2)$, $B_\infty(-I)$,

$$R_s = \frac{U_A - U_{A'}}{I} \tag{2.107}$$

Widerstandswert der symmetrischen Anordnung mit Stromeinspeisung in
$M(+I)$ und $N(-I)$ (äquivalent der Stromeinspeisung in $A(+I)$, $A'(-I)$
und der Spannungsmessung in MN),

$$R_3 = \frac{U_A - U_{B\infty}}{I} \qquad (2.108)$$

Widerstandswert der unsymmetrischen Dreielektroden-Anordnung bei
Stromeinspeisung in $M(+I)$ und $N(-I)$ (äquivalent der Stromeinspeisung
in $A(+I)$, $B_\infty(-I)$ und der Spannungsmessung in MN).

Eine rechnerische Ermittlung des Widerstandswertes der fokussierten
Anordnung mittels Differenzbildung aus den Ergebnissen der Dreielektro-
den- und symmetrischen Anordnung kann erhebliche Vorteile bieten, weil
dadurch das notwendige, aber problematische Konstanthalten der Ströme
in A und A' bei der direkten fokussierten Messung entfällt (Abb. 1.14).

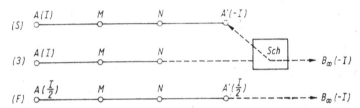

Abb. 1.14. Fokussierte Anordnung (F) (berechnet nach der Formel 2.105) aus zwei Grund-
anordnungen der Abb. 2.10, wobei lediglich mittels des Schalters Sch der Elektroden-
Anschluß A' durch B_∞ zu ersetzen ist, wenn in den Anordnungen (S) und (3) gemessen
wird

Zum Einspeisen des Stromes und für den Spannungsabgriff werden Elektroden und Sonden benutzt, wie sie im Kap. 1.2.1.2. beschrieben wurden.
Somit läßt sich das einfachste Schaltschema für eine Vier-Punkt-Wider-
standsanordnung wie in Abb. 1.15 darstellen.

Als Stromquelle dient ein Handdynamo oder Frequenzgenerator G. Der
damit erzeugte Strom I wird den Elektroden A und B zugeführt. Zugleich
wird über den Transformator T_1 im Kompensationskreis ein Strom I_k er-

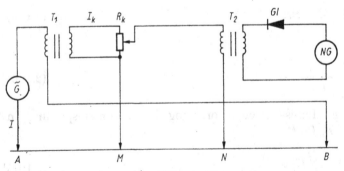

Abb. 1.15. Schaltschema einer Widerstandsapparatur

zeugt, der im Potentiometer R_k zur Kompensationsspannung führt. Stromlosigkeit im Kompensationskreis wird über den Transformator T_2 durch das Nullgalvanometer NG angezeigt, nachdem der Strom vorher durch den Gleichrichter GL gleichgerichtet wurde. In diesem abgeglichenen Zustand gilt $U_{MN} = I_k R_k$ bzw. für den Widerstand R des Gesamtkreises

$$R = \frac{I_k}{I} R_k. \tag{2.109}$$

Da I_k/I nur vom Übersetzungsverhältnis des Transformators T_1 abhängt, ist über den Widerstand R_k eine direkte Ablesung von R möglich. – In Kap. 1.2.1.1. wurde gezeigt, daß es die Verwendung von niederfrequentem Wechselstrom erlaubt, die eingespeisten Felder als quasistationär anzusehen. Entwicklungen der Mikroelektronik gestatten es, bei digitaler Meßtechnik vom bewährten Kompensationsprinzip abzugehen. Das Schaltschema einer solchen Apparatur zeigt Abb. 1.16.

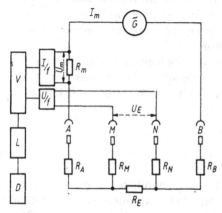

Abb. 1.16. Meßprinzip eines digitalen Widerstandsmeßgerätes (nach Gossen, 1981)

Die Erdungswiderstände der Speiseelektroden sind R_A und R_B, die der Sonden R_M und R_N. R_E ist der zwischen den Äquipotentiallinien durch die Sonden M und N anliegende Widerstand, den es zu messen gilt. Ein im Generator G erzeugter Wechselstrom I_m wird über A und B in den Boden eingespeist und ruft am Widerstand R_E einen Spannungsabfall U_E hervor. Die von einem Quarzgenerator erzeugte Wechselspannung mit einer Frequenz von 108 Hz wird durch den Wandler U/f in eine Impulsfolge umgeformt. Der Strom wird durch den Spannungsabfall U_m über den Widerstand R_m von 1 kΩ gemessen und über den Wandler I/f ebenfalls in eine Impulsfolge umgewandelt. Es gelten folgende Zusammenhänge

$$U_m = I_m R_m, \tag{2.110}$$

$$I_m = \frac{U_m}{R_m}, \tag{2.111}$$

$$U_E = I_m R_E, \tag{2.112}$$

$$R_E = \frac{U_E}{I_m} = R_m \frac{U_E}{U_m} = K \frac{U_E}{U_m}. \qquad (2.113)$$

Im Verhältniszähler V erfolgt die Division der Signale U_E und U_m. In der Logik L läuft eine weitere Bearbeitung ab, wobei die Empfindlichkeitsbereiche automatisch gewählt werden.

Nach einer Meßzeit von ca. 1...2 s erscheint der Widerstandswert R_E kommarichtig im Anzeigefeld D.

Die moderne Entwicklung ist durch mehrspurige digitale Meßgeräte mit eingebauten Mikroprozessoren gekennzeichnet. Mit Genauigkeiten von $\pm 1\ \mu$V bei Spannungsmessungen und $\pm 10^{-2}\%$ bei Widerstandsmessungen werden sie zugleich auch zur Aufnahme des Eigenpotentials und der induzierten Polarisation eingesetzt. Geoelektrische Untersuchungen mit sehr großen Erkundungstiefen, wie sie z. B. in der Kohlenwasserstofferkundung typisch sind, erfordern den Einsatz geoelektrischer Stationen. Das sind auf Lastkraftwagen montierte Generatoreinheiten mit Leistungen bis zu 30 kW; sie erlauben es, Impulse großer Stromstärke in den Boden einzuspeisen. Die über Fernschalter gesteuerte Aufnahmeeinheit registriert die Impulse digital auf Magnetband, so daß sie für weitere Bearbeitungen direkt einem Rechner zugeführt werden können.

Magneto-hydrodynamische Generatoren eröffnen neue Möglichkeiten für die Anwendung hoher Speiseströme bis zu 50 000 A für Widerstandsmessungen mit extrem großen Eindringtiefen. (Akad. d. Wiss. d. UdSSR, 1982)

1.2.2.1. Widerstands-Tiefensondierung

1.2.2.1.1. Prinzip

Bezug nehmend auf die im Kap. 1.2.1.3.1. behandelte räumliche Verteilung des Potentials einer Punktelektrode bei horizontal geschichtetem Halbraum folgt aus dem Verlauf des elektrischen Normalfeldes einer Quelle, daß mit zunehmendem Abstand auch die relative Stromdichte j_{rel} mit der Tiefe zunimmt (Abb. 1.17)

$$j_{\text{rel}} = \frac{j_{(z=h)}}{j_{(z=0)}} = \frac{1}{1 + \left(\dfrac{h}{r}\right)^2}. \qquad (2.114)$$

Aus dem in Abb. 1.17 dargestellten Verlauf von j_{rel} läßt sich der Schluß ziehen, daß eine Vergrößerung des Abstandes zwischen der Quelle des Feldes und dem Punkt seiner Beobachtung mit einer Erhöhung der Erkundungstiefe verbunden ist. Dies ist eine der methodischen Grundlagen von Widerstands-Tiefensondierungen und wird experimentell dazu benutzt, um den scheinbaren spezifischen Widerstand des Bodens bei zunehmendem Abstand zwischen Elektroden und Sonden zu bestimmen. Über horizontal geschichteten Medien lassen sich entsprechend den in Kap. 1.2.1. behandelten theoretischen Grundlagen zwischen diesem Abstand, den spezifischen Widerständen und Mächtigkeiten der Schichten sowie dem in der jeweiligen

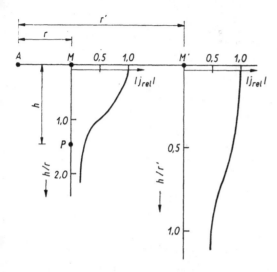

Abb. 1.17. Verlauf der relativen Stromdichte $|j_{rel}|$ nach der Tiefe für unterschiedliche Entfernungen von der Punktquelle ($r' = 3r$) (nach JAKUBOVSKIJ, 1973)

Anordnung gemessenen scheinbaren spezifischen Widerstand quantitative Beziehungen herstellen. Im Ergebnis führt dies dazu, daß eine Widerstands-Tiefensondierung aus den aufgenommenen scheinbaren spezifischen Widerständen einen Rückschluß auf das geoelektrische Vertikalprofil unter dem jeweiligen Meßpunkt zuläßt.

Sondierungen können mit jeder beliebigen Anordnung der Abb. 1.13a—d durchgeführt werden. Am häufigsten wird die SCHLUMBERGER-Anordnung gewählt. Für sehr große Eindringtiefen ist es günstiger, Dipol-Anordnungen zu verwenden. Dabei wird häufig die äquatoriale Dipol-Anordnung (Abb. 1.18) bevorzugt. Der mit einer solchen Anordnung aufgenommene Sondierungsverlauf ist mit zunehmendem Abstandsparameter r dem gleich, der sich unter Verwendung symmetrischer Aufstellungen ergibt; dabei gilt für

— die SCHLUMBERGER-Anordnung $r = AB/2$,

— die äquatoriale Dipolanordnung $r = \sqrt{\left(\dfrac{AB}{2}\right)^2 + r_D{}^2}$.

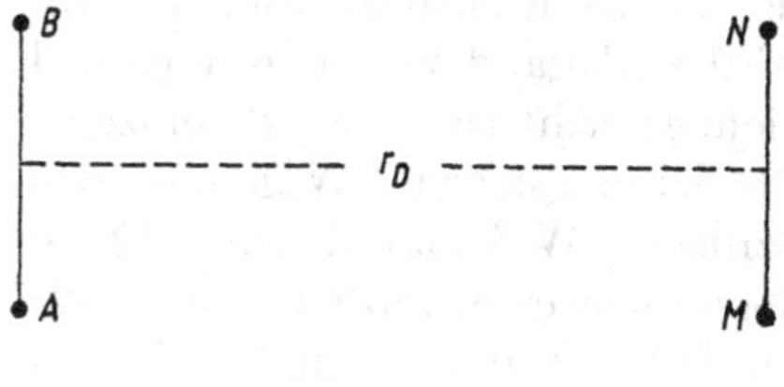

Abb. 1.18. Äquatoriale Dipol-Anordnung;

$$K = \frac{2\pi r_D{}^3}{r_{AB} r_{MN}}$$

1.2.2.1.2. Darstellung der Meßergebnisse und Grundlagen der Auswertung

In der Praxis hängt die Aufnahme einer Sondierungskurve wesentlich mit von der gewählten Elektroden-Sonden-Konfiguration ab. Abb. 1.19 zeigt das Prinzip der Durchführung einer Widerstands-Tiefensondierung nach

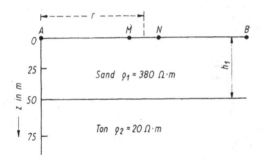

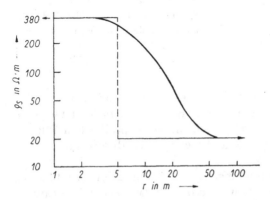

Abb. 1.19. Prinzip der Durchführung
einer Widerstands-Tiefensondierung

der Schlumberger-Anordnung am Beispiel eines zweischichtigen Untergrundes Sand (Deckschicht) — Ton (Liegendes). Dabei werden unter Beibehaltung des Sondenabstandes MN lediglich die Elektrodenabstände AB
schrittweise vergrößert. Eine Veränderung des Sondenabstandes erfolgt
erst dann, wenn der zwischen MN anliegende Spannungsabfall so klein ist,
daß er meßtechnisch nicht mehr sicher erfaßt werden kann. Bei Verwendung der Wenner-Anordnung werden — ebenfalls unter Beibehaltung des
Mittelpunktes der Anordnung — Elektroden- und Sondenabstände schrittweise so vergrößert, daß die Beziehung $AM = MN = NB = a$ erhalten
bleibt. Zu Beginn der Sondierung werden kleine Elektroden-Sonden-Ab-
stände (etwa 0,5 ... einige m) gewählt und die Abstandsvergrößerung wird
beendet, wenn die gewünschte Wirkungstiefe erreicht ist. Für jede einzelne
Elektroden-Sonden-Konfiguration folgt aus dem zwischen MN gemessenen
Potentialabfall U_{MN} der scheinbare spezifische Widerstand nach (2.25)
(Kap. 1.2.1.2.3.). Die so berechneten Widerstandswerte werden in doppelt-
logarithmischem Maßstab aufgetragen, wobei auf der Ordinate die ϱ_s-
Werte und auf der Abszisse die Entfernungen $AB/2$ (im Falle der Schlumberger-Anordnung) bzw. $AB/3$ (im Falle der Wenner-Anordnung) stehen.
   In Abb. 1.19 ist der wahre Tiefenverlauf des spezifischen Widerstandes
stufenförmig eingetragen. Für kleine Elektrodenentfernungen schmiegt sich
die dick ausgezogene ϱ_s-Kurve asymptotisch an den Widerstandswert der
ersten Schicht an. Bei Erhöhung des Elektrodenabstandes und damit der

Eindringtiefe wird zunehmend die liegende Schicht mit erfaßt, und der Widerstand sinkt kontinuierlich, bis er sich bei großen Elektrodenabständen asymptotisch dem wahren spezifischen Widerstand der liegenden Schicht nähert. Dabei tritt die in 50 m Tiefe liegende Schichtgrenze nicht durch einen Sprung, sondern durch eine allmähliche Widerstandsänderung hervor. Die Interpretation solcher Sondierungskurven erfolgt

— durch visuellen Vergleich mit berechneten Musterkurven,
— mittels rechnergestützter Anpassung an eine vorgegebene Sondierungskurve,
— unter Verwendung statistischer Beziehungen zwischen verallgemeinerten Charakteristiken des geoelektrischen Profils und Parametern, die durch die Sondierungskurven zu bestimmen sind.

Musterkurven sind z. T. bis zu Vierschicht-Fällen in Kurvenatlanten zusammengefaßt SCHLUMBERGER, 1955; MOONEY; ORELLANA, 1966; VAN DAM; MEULENCAMP, 1969). Zweischicht-Musterkurven erfassen alle in der Natur vorkommenden Zweischicht-Fälle; Mehrschicht-Musterkurven dagegen gelten nur für die jeweils angegebenen Parameterkombinationen im Verhältnis zur ersten Schicht. Generell werden die Musterkurven auch im doppeltlogarithmischen Maßstab und mit demselben Modul (meist 6,25 cm) aufgetragen wie die experimentell ermittelten (Abb. 1.20c und d). Dabei kommt auf der Ordinate das spezifische Widerstandsverhältnis ϱ_s/ϱ_1 und auf der Abszisse das Längenverhältnis $(AB/2)/h_1$ (für die SCHLUMBERGER-Anordnung) zur Darstellung. Nach der Form des experimentell ermittelten Kurvenverlaufes muß die Entscheidung für einen bestimmten Schichtenfall getroffen werden; anschließend wird versucht, eine (evtl. interpolierte) Musterkurve mit der aus Meßwerten gewonnenen Kurve zur Deckung zu bringen. Die auf den Musterkurven besonders markierte Linie $(AB/2)/h_1 = 1$ schneidet die Abszisse dieser Kurve im Wert h_1. Abb. 1.20 soll den Auswertegang an einem Beispiel aus der Braunkohlenerkundung verdeutlichen.

An den mit $S_1 - S_6$ (Abb. 1.20a) gekennzeichneten Punkten seien die Widerstands-Tiefensondierungen durchgeführt worden; die entsprechenden Sondierungskurven sind in Abb. 1.20b dargestellt. — Im speziellen deutet die Sondierungskurve S_3 auf einen Dreischichten-Fall hin. Der Abb. 1.20d ist zu entnehmen, daß diese Kurve auf dem Blatt des Dreischicht-Atlas von SCHLUMBERGER $(\varrho_2 = 1/9\,\varrho_1; \varrho_3 = \varrho_1)$ bestmöglich mit der für die Parameter $h_2/h_1 = 5$ interpolierten Kurve (gestrichelt gezeichnet) in Übereinstimmung gebracht werden kann. Die Schnittpunkte des Achsenkreuzes der Musterkurven mit der Ordinate und Abszisse der experimentell gewonnenen Kurve führen zu den Werten für ϱ_1 und h_1 (in Abb. 2.17d ist $\varrho_1 = 420\,\Omega\cdot\mathrm{m}$; $h_1 = 3$ m). Damit liegen alle anderen strukturellen und petrophysikalischen Parameter fest (Abb. 1.20e). Entsprechend wurde mit den Sondierungspunkten S_1 bis S_6 verfahren; dadurch entstand der in Abb. 1.20a gezeichnete geoelektrische Schnitt. Er stellt aber nur eine *mögliche* Interpretationsvariante dar. Da auch in der Gleichstromgeoelektrik das Äquivalenzprinzip Gültigkeit besitzt, existieren im Grunde genommen noch beliebig viele andere Lösungsmöglichkeiten. So gilt z. B. für eine zwischen

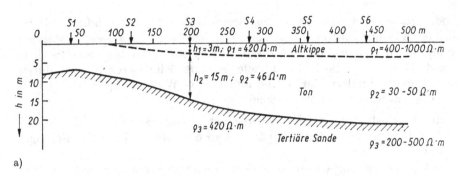

a)

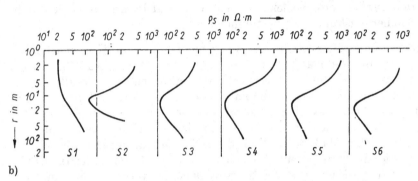

b)

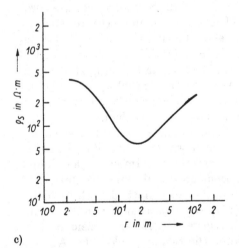

c)

Abb. 1.20. Beispiel einer Messung des scheinbaren spezifischen Widerstandes in der SCHLUM-BERGER-Anordnung und Interpretation

a) Interpretation der Sondierungskurven S_1-S_6
b) Sondierungskurven S_1-S_6
c) Sondierungskurve S_3
d) Dreischicht-Musterkurven und Feldkurve
    — — — Feldkurve,   Kurvenparameter: h_2/h_1,
    „Linkskreuz“-LK;   LK($\varrho_s/\varrho_1 = 1$; $r/h_1 = 1$); $\varrho_3 = \varrho_1$

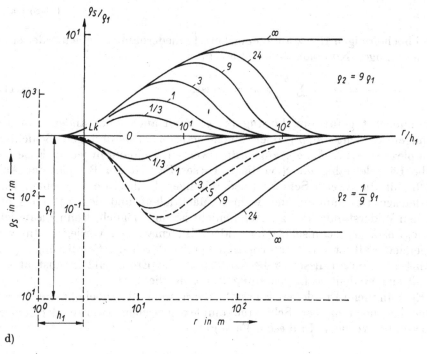

d)

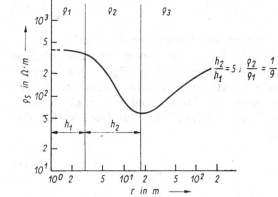

$$\frac{h_2}{h_1} = 5 \; ; \; \frac{\varrho_2}{\varrho_1} = \frac{1}{9}$$

e)

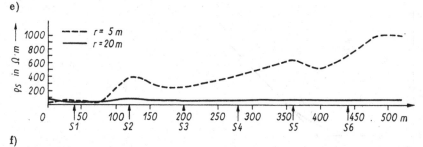

f)

e) Berechnung der wahren spezifischen Widerstände und Schichtmächtigkeiten

$\varrho_1 = 420 \; \Omega \cdot m$ $\varrho_2 = 46 \; \Omega \cdot m$ $\varrho_3 = 420 \; \Omega \cdot m$

$h_1 = 3 \; m$ $h_2 = 15 \; m$

f) Widerstandskartierung

zwei hochohmigen Horizonten eingebettete niederohmige Schicht oder einen niederohmigen Komplex dünner Schichten

$$\frac{h}{\varrho} = \frac{h'}{\varrho'} = \sum_{i=1}^{n} \frac{h_i}{\varrho_i} = S = \text{const.} \tag{2.115}$$

Die zunächst gefundene Lösung $(h; \varrho)$ kann auch einer anderen niederohmigen Schicht (h', ϱ') oder einem ganzen niederohmigen Schichtenkomplex $(h_1; \varrho_1; \ldots h_n; \varrho_n;)$ zugeordnet werden, wenn nur in jedem Falle dieselbe Längsleitfähigkeit S vorliegt. Dieser Fall ist am Beispiel der Abb. 1.20e für die zweite Schicht (niederohmiger Tonhorizont) gegeben. Eine eindeutige Bestimmung der wahren Mächtigkeit und des wahren spezifischen Widerstandes der zweiten Schicht ist nur möglich, wenn zusätzliche geologische, geotechnische oder andere Informationen vorliegen. Im vorliegenden Fall ist diese Information bereits durch die Sondierung S_1 gewährleistet, da an dieser Stelle der Ton an der Erdoberfläche ansteht und somit eine eindeutige Bestimmung von ϱ_2 möglich ist.

Eine ähnliche Problematik besteht dann, wenn eine hochohmige Schicht oder ein hochohmiger Schichtenkomplex zwischen zwei niederohmigen Horizonten vorliegt. In diesem Falle gilt

$$h\varrho = h'\varrho' = \sum_{i=1}^{n} h_i \varrho_i = T = \text{const.} \tag{2.116}$$

Charakteristisch für eine solche Situation ist der Querwiderstand T.

Steht eine Widerstands-Schichten-Folge über einer sehr hochohmigen Basis mit $\varrho_n \to \infty$ an (z. B. Sedimente über Grundgebirge), so nähert sich die Sondierungskurve für große Elektrodenabstände asymptotisch einer Geraden, die bei doppeltlogarithmischer Darstellung unter 45° ansteigt. Ihr Schnittpunkt mit der Geraden $\varrho_s = 1\ \Omega{\cdot}\mathrm{m}$ führt zur Längsleitfähigkeit S aller Deckschichten (Abb. 1.21)

$$S = \sum_{i=1}^{n-1} \frac{h_i}{\varrho_i}. \tag{2.117}$$

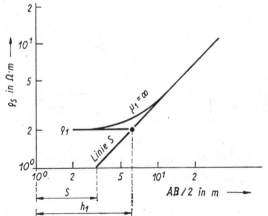

Abb. 1.21. Interpretation einer Zweischicht-Sondierungskurve bei $\mu_1 = \varrho_2/\varrho_1 \to \infty$; μ_1 — Modul (nach JAKUBOVSKIJ, 1973)

Die Auswertung von geoelektrischen Sondierungskurven mitteis Kurvenatlanten oder Hilfspunktverfahren wird bei größerer Schichtenanzahl oder
bei geringmächtigen Widerstandshorizonten sowie bei kleinen Widerstands-
kontrasten teilweise sehr ungenau oder überhaupt unmöglich. Es wurden
in den letzten Jahren an verschiedenen Einrichtungen Rechenprogramme
erarbeitet, die es ermöglichen, gemessene Sondierungskurven mit hoher
Genauigkeit auszuwerten. Die Grundlage dafür war mit dem Filterverfahren nach GHOSH (1971) gegeben; es gestattet, Sondierungskurven von
komplizierten Mehrschicht-Fällen mit großer Geschwindigkeit zu berechnen
(s. Kap. 1.2.1.3.3.).

Die Grundlage der Programme zur *automatischen Anpassung* bildet in
einer ersten Gruppe die vorhandene Ähnlichkeit von Sondierungskurve und
DAR-ZARROUK-Kurve (ZOHDY, 1975; Kap. 1.2.1.3.4.). In einer zweiten
Gruppe von Programmen wird die Lösung dieser Aufgabe auf ein Opti-
mierungsproblem zurückgeführt.

Als DAR-ZARROUK-Funktion wird die Abhängigkeit des effektiven Widerstandes $\varrho_m(z_n)$ von der effektiven Mächtigkeit des Schichtpaketes $l_m(z_n)$ bezeichnet, die von der Erdoberfläche $z = 0$ in die Tiefe $z = z_n$ reicht.

Die effektive Mächtigkeit $l_m(z_n)$ und der effektive elektrische Widerstand
$\varrho_m(z_n)$ lassen sich aus den entsprechenden Werten der Längsleitfähigkeit
des Schichtpaketes

$$S(z_n) = \sum_{i=1}^{n} h_i/\varrho_i = \sum_{i=1}^{n} S_i \qquad (2.118)$$

und seines Querwiderstandes

$$T(z_n) = \sum_{i=1}^{n} h_i\varrho_i = \sum_{i=1}^{n} T_i \qquad (2.119)$$

berechnen:

$$\varrho_m(z_n) = \sqrt{T(z_n)/S(z_n)}, \qquad (2.120)$$

$$l_m(z_n) = \sqrt{T(z_n)\,S(z_n)}. \qquad (2.121)$$

Mit Hilfe dieser Methode ist es möglich, n obere Schichten durch einen
einzigen homogenen Block mit der effektiven Mächtigkeit l_m und dem
effektiven Widerstand ϱ_m zu ersetzen, der sowohl in horizontaler als auch
in vertikaler Richtung den gleichen Widerstand aufweist wie das Schicht-
paket aus n Schichten.

Betrachtet man an einem Mehrschicht-Modell die Darstellung des spezifischen elektrischen Schichtwiderstandes in Abhängigkeit von der Teufe,
so ergibt sich eine Treppenfunktion. Die dazugehörige DAR-ZARROUK-
Funktion, welche die gleichen Informationen enthält, ist stetig, aber an
den Stellen, die den Schichtgrenzen entsprechen, nicht differenzierbar. Damit nimmt die DAR-ZARROUK-Funktion eine Mittelstellung zwischen der
Widerstands-Sondierungskurve und der Widerstands-Tiefenfunktion ein.
Die DAR-ZARROUK-Funktionen haben in ihrem Verhalten bereits große
Ähnlichkeit mit den zugehörigen Sondierungskurven.

Da es darüber hinaus möglich ist, aus jeweils zwei Punkten der DZ-(DAR-ZARROUK-) Kurve einen Schichtwiderstand und eine Schichtmächtigkeit abzuleiten, liegt folgendes Iterationsverfahren nahe:

I.   Die zu interpretierende Sondierungskurve wird als zugehörige DZ-Kurve betrachtet und in der logarithmischen Darstellung in äquidistanten Abszissenwerten abgetastet, so daß n Wertepaare vorliegen.

II. Aus jeweils zwei benachbarten Werten werden insgesamt $n - 1$ Schichtmächtigkeiten und $n - 1$ spezifische elektrische Widerstandswerte bestimmt. Bei Anstiegen der Kurve betragsmäßig kleiner als 1 gilt:

$$\varrho_j = \sqrt[4]{\frac{l_{m,j}\,\varrho_{m,j} - l_{m,j}\,\varrho_{m,j-1}}{l_{m,j}/\varrho_{m,j} - l_{m,j-1}/\varrho_{m,j-1}}}, \qquad (2.222)$$

$$h_j = \varrho_j(l_{m,j}/\varrho_{m,j} - l_{m,j-1}/\varrho_{m,j-1}), \qquad (2.223)$$

$\varrho_{m,j}$ — Wert der DZ-Funktion an der Stelle $AB/2 = l_{m,j}$,
ϱ_j — spezifischer elektrischer Widerstand der Schicht j,
h_j — Mächtigkeit der Schicht j.

Für Anstiege betragsmäßig größer als 1 kommen *modifizierte DZ-Kurven* zum Einsatz.

III. Mit den ermittelten Parametern wird die direkte Aufgabe gelöst. Hierbei wird eine Rekursionsformel zur Berechnung der totalen Kernfunktion benutzt und das Filterverfahren nach GHOSH angewandt.

IV. Anhand des Vergleichs von vorgegebener und errechneter Sondierungskurve wird eine neue DZ-Kurve berechnet nach:

$$\varrho_{m,j}^{i+1} = \frac{\varrho_{s,j}^{0}}{\varrho_{s,j}^{i}}\,\varrho_{m,j}^{i}, \qquad (2.224)$$

$\varrho_{s,j}^{0}$ — scheinbarer spezifischer elektrischer Widerstand der zu interpretierenden Sondierungskurven an der Stelle $AB/2 = l_{m,j}$;

$\varrho_{s,j}^{i}$ — im i-ten Iterationsschritt errechneter scheinbarer spezifischer elektrischer Widerstand an der Stelle $AB/2 = l_{m,j}$.

Mit dieser neuen DZ-Kurve wird bei II. die Iteration fortgesetzt.

Die Rechnung bricht ab, wenn eine genügend genaue Übereinstimmung von errechneter und vorgegebener Sondierungskurve besteht. Der mittlere Fehler wird nach folgender Formel berechnet:

$$F = \frac{l}{n}\sum_{j=i}^{n}\frac{\varrho_{s}^{0}(l_{m,j}) - \varrho_{s}(a, l_{m,j})}{\varrho_{s}^{0}(l_{m,j}) + \varrho_{s}(a, l_{m,j})}\cdot 200\%, \qquad (2.225)$$

$a = a(\varrho_1, ..., \varrho_{n-1}; h_1, ..., h_{n-1})$ — Parametervektor.

Mit diesem Verfahren ist es möglich, ohne irgendeine Vorstellung über das Widerstands-Tiefenprofil die automatische Auswertung zu beginnen. Das Ergebnis liefert entsprechend der Anzahl n der digitalisierten Punkte $n - 1$ spezifische elektrische Widerstände der Schichten und $n - 1$ Mächtigkeiten.

Dieses Verfahren zeichnet sich durch eine große Einfachheit und damit auch durch geringe Rechenzeiten aus. Es liefert dem Interpreten in kurzer Zeit Angaben über das zu erwartende Widerstands-Tiefenprofil. Jedoch läßt die Vielzahl von Schichten vorerst keine geologische Interpretation zu. Eine weitere Bearbeitung unter Ausnutzung der Schichtenzusammenfassung und der Schichtäquivalenz ist erforderlich.

Der Vorteil, daß für die Bearbeitung keine a-priori-Informationen benötigt werden, wird sofort zum Nachteil, wenn bereits genauere Vorstellungen über die Tiefe oder die spezifischen elektrischen Widerstände bestimmter Schichten bekannt sind. Bei der oben vorgestellten Variante fällt es schwer, diese Vorstellungen bei einer nachfolgenden Schichtenzusammenfassung mit einfließen zu lassen.

Der Abb. 1.22 ist das Ergebnis der automatischen Interpretation einer Sondierungskurve an der Untersuchungsbohrung St. Georgen ob Judenburg (Österreich) zu entnehmen. Man sieht, daß die geglättete Kurve eine gute Übereinstimmung mit den geologischen Schichtgrenzen ergibt. Die stärkere Aufgliederung der spezifischen elektrischen Widerstände gegenüber dem Auswerteergebnis der Originalkurve ist durch die vorgegebene Schichtenanzahl zustandegekommen; sie beeinträchtigt jedoch die Interpretation kaum, da die Widerstandsänderungen sehr signifikant sind und die Widerstandsgruppen nach Erfahrungswerten für das jeweilige Meßgebiet bzw. nach einer statistischen Widerstandsanalyse geologischen Horizonten zugeordnet werden.

Bei der Lösung von Erkundungsaufgaben werden die elektrischen Widerstands-Tiefensondierungen oftmals an Bohrungen angeschlossen. Aus den Bohrungen ist die genaue Tiefenlage der Schichtgrenzen bekannt, so daß nur die spezifischen elektrischen Widerstände ermittelt zu werden brauchen. Andererseits sind bei vielen Aufgabenstellungen die spezifischen elektrischen Widerstände bestimmter Horizonte bekannt, und deren Tiefe und Mächtigkeit soll bestimmt werden.

Besitzt man hinreichend genaue Angaben über das geoelektrische Verhalten des Untergrundes, kann die inverse Aufgabe als nichtlineares Ausgleichsproblem behandelt werden. Voraussetzungen dafür sind, daß bekannt ist, aus wievielen Schichten der Untergrund aufgebaut ist, und es müssen Startwerte für die Parameter angegeben werden. Mit einem Iterationsverfahren auf der Grundlage der diskreten nichtlinearen L_2-Approximation wird der Parametervektor so lange verändert, bis eine hinreichende Anpassung von gemessener und theoretisch berechneter Sondierungskurve erreicht ist. Mit

$$g(a, x) = y(x) - f(a, x) \qquad (2.226)$$

wird die Differenz zwischen gemessener $y(x)$ und errechneter $f(a, x)$ Sondierungskurve bezeichnet, wobei $x = x_i$ $(i = 1, 2 \ldots m)$ die Abszissenwerte der Sondierungskurve bedeuten. Die Aufgabe besteht darin, das Funktional

$$F(a) = \|g(a, x)\|^2 + \alpha \|a - a_0\|^2 \qquad (2.227)$$

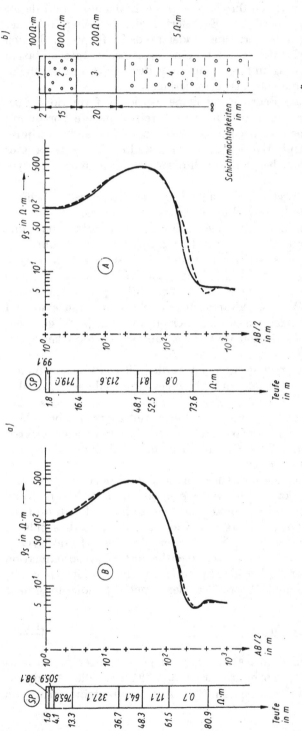

Abb. 1.22. Automatische Interpretation einer Sondierungskurve an der Untersuchungsbohrung St. Georgen ob Judenburg (Österreich) (bearbeitet von CH. SCHMIDT 1983)

a) Ergebnis der automatischen Interpretation einer Sondierungskurve

SP — Schichtenprofil,
A — originale Sondierungskurve,
B — geglättete Sondierungskurve,
— gemessen,
— — — berechnet

b) Geologisches Profil der Grundwasserbohrung

1 — Lehm,
2 — trockene Kristallinschotter,
3 — grundwasserführende Schotter,
4 — tertiäre Tone

zu minimieren. Die Funktion $f(a, x)$ wird an der Stelle a_0 in eine TAYLOR-Reihe entwickelt

$$f(a, x) = f(a_0, x) + A(a - a_0) \ldots, \tag{2.228}$$

wobei die Glieder höherer Ordnung vernachlässigt werden. $f(a_0, x)$ stellt die Widerstands-Sondierungskurve dar, die mit dem Startparametervektor a_0 berechnet wurde. Die Matrix A wird durch die partiellen Ableitungen der Funktion $f(a, x)$ nach den variablen Parametern der Modelle gebildet:

$$A = (a_{ij}) \quad \text{mit} \quad a_{ij} = \frac{\partial f(a, x_i)}{\partial a_j}$$

$$(i = 1, 2, \ldots, m; \quad j = 1, 2, \ldots, n). \tag{2.229}$$

Bei der numerischen Berechnung werden die partiellen Ableitungen durch die entsprechenden Differenzenquotienten ersetzt. Die Korrektur im i-ten Iterationsschritt berechnet sich nach

$$\Delta a^{(i)} = (A^{\mathrm{T}}A + \alpha I)^{-i} A^{\mathrm{T}} g(a). \tag{2.230}$$

Der Lösungsparameter ergibt sich iterativ aus

$$a^{(i)} = a^{(i-1)} + \Delta a^{(i)}. \tag{2.231}$$

Der Term $\alpha\|a - a_0\|$ aus Gleichung (2.227) dient der Regularisierung. Sie wird notwendig, da die Matrix $A^{\mathrm{T}}A$ außer bei recht einfachen Widerstandsstrukturen singulär wird, und damit ist die Gleichung (2.230) bei $\alpha = 0$ nicht lösbar. Bei diesem Algorithmus ist die Möglichkeit gegeben, einzelne Parameter während der Rechnung festzuhalten. Damit lassen sich be-

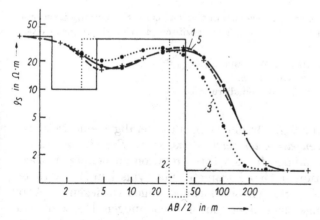

Abb. 1.23. Automatische Anpassung mit nichtlinearer Approximation (nach RÖSLER; WELLER, 1982)

1 — Sondierungskurve,
2 — gewähltes Startmodell,
3 — mit dem Startmodell berechnete Sondierungskurve,
4 — Ergebnis der automatischen Kurvenanpassung,
5 — aus dem Ergebnis berechnete Sondierungskurve

kannte Informationen über den Aufbau des Untergrundes mit berücksichtigen. Die Lösung ist daher für den Interpreten ohne weitere Verarbeitung verwendbar.

Der Abb. 1.23 ist die Auswertung einer weiteren tatsächlich gemessenen Kurve mittels automatischer Anpassung bei nichtlinearer Approximation zu entnehmen (RÖSLER; WELLER, 1982). Nach einer Vorauswertung mit dem Verfahren auf der Grundlage der DZ-Funktionen und durch Schichtenzusammenfassung wurde zunächst eine Startlösung gesucht. Gewählt wurde ein Fünfschicht-Fall. Von den neun Parametern wurden sechs variiert. Die Startlösung führte zu einer Anpassung mit einem mittleren Fehler von 13,7%. Bereits im zweiten Iterationsschritt wurde die Mächtigkeit der dritten Schicht zu Null. Nach fünf Iterationsschritten konnte bei einem mittleren Fehler von 3,8% keine weitere Verbesserung in der Anpassung erreicht werden. Die maximale Abweichung liegt bei 10,8%. Das Ergebnis stellt einen Vierschicht-Fall dar.

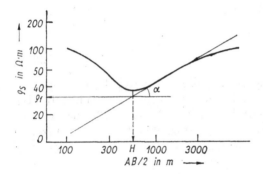

Abb. 1.24. Bestimmung typischer ϱ_s-Kurvenparameter aus einer Sondierungskurve über einem hochohmigen Stützhorizont mit endlichem spezifischem Widerstand (nach JAKUBOVSKIJ, 1973)

ϱ_f — mittlerer spezifischer elektrischer Widerstand (für $\varrho_3 \neq \infty$),

H — Summenmächtigkeit der Deckschichten,

α — Neigungswinkel des Endzweiges der Sondierungskurve

Zuweilen ist es zweckmäßig, für ein Meßgebiet verallgemeinerte Merkmale markanter ϱ_s-*Kurvenparameter nach statistischen Prinzipien* zusammenzustellen und als Grundlage für die Interpretation zu benutzen. Dazu gehört auch die Korrelation solcher Parameter mit typischen Kenngrößen von Profilen, die aus geoelektrischen Bohrlochmessungen vorliegen. — Abb. 1.24 zeigt die Sondierungskurve über einem hochohmigen Horizont mit endlichem spezifischen Widerstand. Ihr lassen sich als typische Kurvenparameter $\varrho_{s_{min}}$, ϱ_f, α und H entnehmen.

Bei Kenntnis von H und ϱ_l folgt für die Summenlängsleitfähigkeit der Deckschichten

$$S = \frac{H}{\varrho_l}.$$ \hfill (2.232)

Wurden Bohrlochmessungen durchgeführt, so läßt sich der mittlere spezifische Längswiderstand ϱ_l bis zum Stützhorizont n bestimmen

$$\varrho_l = \sum_{i=1}^{n-1} h_i \bigg/ \sum_{i=1}^{n-1} \frac{h_i}{\varrho_i}. \tag{2.233}$$

Abb. 1.25 zeigt solche Korrelationen typischer Kurvenparameter untereinander und Korrelationen mit dem aus Bohrungen gewonnenen mittleren spezifischen Längswiderstand.

Oft wird an Hand aufgenommener ϱ_s-Sondierungskurven-Typen eine qualitative Interpretation angestrebt; Grundlage kann eine Karte von Kurventypen sein, wie sie als Beispiel Abb. 1.26 zeigt. Weiterhin sind

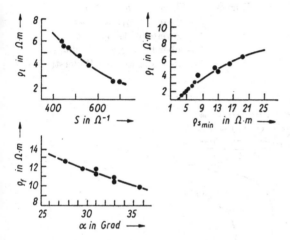

Abb. 1.25. Beispiele statistischer Beziehungen zwischen typischen Kurvenparametern untereinander und zu Parametern des geoelektrischen Schnittes, die aus Bohrlochmessungen bestimmt wurden (nach JAKUBOVSKIJ, 1973)

ϱ_l — mittlerer spezifischer Längswiderstand,

S — Summenlängsleitfähigkeit,

α — Neigungswinkel des Endzweiges der Sondierungskurve,

ϱ_f — mittlerer spezifischer elektrischer Widerstand (für $\varrho_3 \neq \infty$)

Karten der Isolinien der Längsleitfähigkeit bis zu einem hochohmigen Stützhorizont, Karten mit Linien gleicher $\varrho_{s_{max}}$- bzw. $\varrho_{s_{min}}$-Werte bzw. deren Abszissenwerte gebräuchlich. Besonders verbreitet sind vertikale Isoohmenschnitte längs bestimmter Profile. Zu ihrer Konstruktion werden an den durch die einzelnen Sondierungspunkte verlaufenden Vertikalachsen die ϱ_s-Werte aufgetragen, die der jeweiligen Vertikalkoordinate zuzuordnen sind; im Falle der SCHLUMBERGER-Anordnung entspricht sie $AB/2$. Wegen des oft großen Wertebereiches ist es üblich, für die Vertikale einen logarithmischen Maßstab zu wählen. — Das so erhaltene Zahlenfeld ist die Grundlage zur Konstruktion der Isoohmen mittels Interpolation.

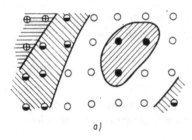

a)

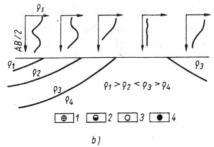

b)

Abb. 1.26. Karte der Kurventypen (a) und
das geologische Profil des Untersuchungsgebietes (b) (nach JAKUBOVSKIJ, 1973)

Kurven *1* — Typ $\varrho_2 < \varrho_1$; $\varrho_3 > \varrho_2$;
       2 — Typ $\varrho_2 > \varrho_1$; $\varrho_3 < \varrho_2$;
       3 — Zweischicht-Typ $\varrho_2 < \varrho_1$,
       4 — über homogenem Medium mit
          dem spezifischen Widerstand ϱ_4

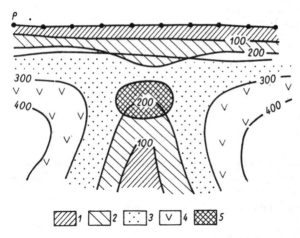

Abb. 1.27. Vertikaler Isoohmenschnitt über einem gutleitenden Erzkörper (nach JAKUBOV-
SKIJ, 1973)

1 — $\varrho_s < 100\,\Omega \cdot \text{m}$,
2 — $100\,\Omega \cdot \text{m} < \varrho_s < 200\,\Omega \cdot \text{m}$,
3 — $200\,\Omega \cdot \text{m} < \varrho_s < 300\,\Omega \cdot \text{m}$,
4 — $300\,\Omega \cdot \text{m} < \varrho_s < 400\,\Omega \cdot \text{m}$,
5 — Erzkörper (in diesem Fall entpricht die Vertikalkoordinate der Tiefe),
P — Sondierungspunkte

    In Abb. 1.27 wird so z. B. ein gutleitender Erzkörper durch eine Zone
deutlicher Abnahme des scheinbaren spezifischen Widerstandes mit der
Teufe markiert. Dennoch ist darauf hinzuweisen, daß solche Schnitte
keineswegs ein Abbild der wahren Widerstandsverhältnisse im Profil sind.

1.2.2.1.3. Anwendungen

Die Bedeutung von Widerstands-Tiefensondierungen bei der inneralpinen Grundwasserprospektion soll am nachstehenden Beispiel (Abb. 1.28) verdeutlicht werden.

Für die Wasserversorgung der großen Siedlungen im Murtal (Steiermark/Österreich) wird seit langem Grundwasser herangezogen. Dementsprechend laufen schon seit längerer Zeit Untersuchungen über die hydrologischen Verhältnisse dieser inneralpinen Tallandschaft. Während dieses Zeitraumes wurden auch zahlreiche Bohrungen abgeteuft. Die Auswertung und zusammenfassende Komplexinterpretation durch ZETINIGG (1978; 1983) führte auf extrem unterschiedliche Ergebnisse. So gab es vor allem innerhalb der quartären Talfüllung Bohrungen, die nur wenige 100 m voneinander entfernt abgeteuft waren und die auf völlig unterschiedliche geologische Verhältnisse hinwiesen; die Porositäts-Permeabilitäts-Werte änderten sich von einer Bohrung zur anderen sehr stark, so daß eine Permeabilitäts-(K-)Wert-Bestimmung sehr erschwert war.

Aus diesen Gründen wurde versucht, mittels geoelektrischer Tiefensondierungen die quartäre Talfüllung auf Mächtigkeiten und Tiefen der einzelnen sedimentologischen Einheiten zu untersuchen. Außerdem sollten auf Grund der Widerstandsverteilung innerhalb der einzelnen Schichtglieder Informationen über die Homogenität der Sedimente beigebracht werden.

Um die Kosten zu optimieren, wurden Tallängsprofile mit einem Meßpunktabstand von 150 m und Talquerprofile mit 100 m Meßpunktabstand aufgenommen. Bei einer maximalen Elektrodenentfernung von $AB = 430$ m (SCHLUMBERGER-Anordnung) ergab dies ein mehrfaches Überlappen der Untergrundschichten, so daß mit einem guten Erfassen auch kleinräumiger lateraler Inhomogenitäten der einzelnen Sedimentpakete gerechnet werden konnte.

Die Auswertung dieser geoelektrischen Tiefensondierungen ergab im oberen Murtalabschnitt bis in eine Tiefe von etwa 25 m generell einen geoelektrischen Vierschicht-Fall. Tiefer liegende Sedimentstockwerke wurden zwar geoelektrisch mit der verwendeten Elektrodenkonfiguration erfaßt, waren aber, wie aus den Vorergebnissen bekannt, hydrologisch unbedeutend und wurden daher bei der profilmäßigen Darstellung vernachlässigt. Der präquartäre Taluntergrund wurde mittels Geoelektrik nur teilweise erfaßt. Die dabei erzielten Strukturinformationen scheinen jedoch infolge großer Übertiefung dieses zum Teil eiszeitlich nachgeräumten Tales vor allem in seinen Randbereichen problematisch zu sein.

Eine hydrogeologische Auswertung der einzelnen Meßprofile ergab für die oberflächennahe Verwitterungsschicht, die zum großen Teil aus Humus sowie Sand-Lehm-Gemischen besteht, Durchschnittswerte von etwa 300 $\Omega \cdot$m. Die als ϱ_2-Horizont folgenden Sande und Schotter zeigten erhebliche Schwankungen in ihren Widerstandswerten. So gab es Bereiche innerhalb dieses Horizontes, wo Werte von nur 500 $\Omega \cdot$m ausgewiesen wurden, an anderen Stellen des Meßgebietes stiegen hingegen die Widerstände inner-

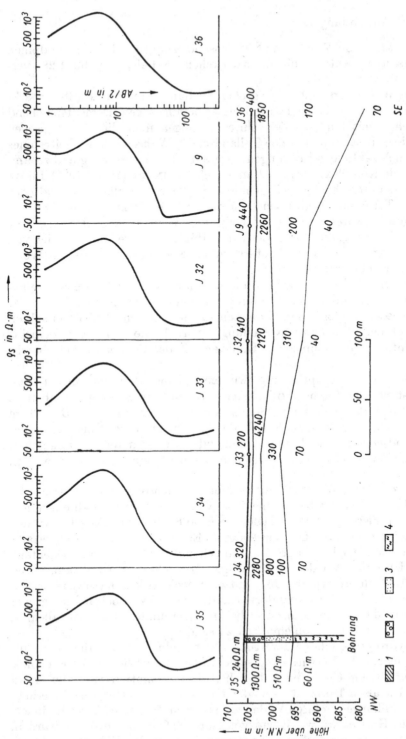

Abb. 1.28. Widerstands-Tiefensondierungskurven und geoelektrisches Talquerprofil im Gebiet von St. Georgen ob Judenburg, Murtal (Steiermark) (bearbeitet von Ch. Schmidt, 1983)

1 — Verwitterungsschicht,   *2* — trockene Schotter,   *3* — wasserführende Sande und Schotter,   *4* — sandige Tone

halb des selben Horizontes bis über 5000 Ω·m an. Da es sich bei diesem Horizont um nicht wasserführende Sedimente handelt, muß angenommen werden, daß die Schwankungen der Widerstände auf lithologische Änderungen der quartären Sande und Schotter zurückzuführen sind. Ein höherer Feinfraktionsanteil kann in diesem Fall den elektrischen Schichtwiderstand erheblich vermindern.

Beim ϱ_3-Horizont handelt es sich um das eigentliche Grundwasserstockwerk. Der mittlere Widerstand von 300 Ω·m weist auf sehr günstige Speicherverhältnisse hin. Allerdings schwanken auch innerhalb dieser Einheit die Widerstandswerte beträchtlich. Da diese Schwankungen mit Änderungen der Schichtwiderstände innerhalb der darüberliegenden trockenen Sedimente konform gehen, wird die Vermutung erhärtet, daß diese Effekte auf Schwankungen des Feinfraktionsanteiles innerhalb der teilweise trockenen bzw. teilweise wasserführenden Sande und Schotter des Murtales zurückzuführen sind.

Der ϱ_4-Horizont mit mittleren Schichtwiderständen von 60 Ω·m ist sandigen Tonen zuzuordnen, die im Bereich des oberen Murtales den Wasserstauer bilden. Auf Grund der Widerstandsverteilung scheint diese Schicht sehr homogen zu sein.

Generell ergab die geoelektrische Tiefensondierung sehr gut verwertbare Ergebnisse. Bezüglich der Tiefen- und Mächtigkeitswerte lag der Fehler bei diesen verhältnismäßig geringen Untersuchungstiefen unter 5%. Die lithologischen Aussagen, die aus der Widerstandsverteilung innerhalb ein und desselben Horizontes gewonnen wurden, ergaben Übereinstimmung mit den an den Bohrkernen vorgenommenen Sedimentanalysen. Zwar könnte auch mittels empirisch begründeter Zusammenhänge über den Formationswiderstandsfaktor direkt auf die Porosität geschlossen werden (s. Kap. 1.1.3.1.), dennoch hat die Praxis gezeigt, daß diese berechneten Werte meist nicht absolut gelten, sondern nur relative Änderungen der Porosität eines Grundwasserkörpers erkennen lassen.

1.2.2.2. *Widerstandsprofilierung(-kartierung)*

1.2.2.2.1. Prinzip

Die Widerstandsprofilierung wird zur Suche und Erkundung lateral angeordneter Verteilungen des scheinbaren spezifischen Widerstandes bzw. daraus ableitbarer geologischer, geotechnischer u. a. Situationen eingesetzt. Dazu werden die beiden Elektroden (A, B) und Sonden (M, N) einer Vierpunkt-Anordnung bei unverändertem gegenseitigem Abstand längs des Meßprofils von Meßpunkt zu Meßpunkt versetzt. Die Geometrie der Anordnung wird durch die geologische Situation und durch die gewünschte Eindringtiefe bestimmt. Der Meßwert bezieht sich jeweils auf die Mitte des Sondenabstandes.

Für Profilierungen in Gebieten verdeckter, relativ homogener Schichtbildungen mit unterschiedlicher Neigung werden vorrangig die WENNER- oder SCHLUMBERGER-Anordnung eingesetzt. Am Beispiel der Abb. 1.20f

wird deutlich, welch wichtige Rolle die Wahl der richtigen Eindringtiefe
für den Erkundungserfolg spielt. So würde z. B. eine zum Zwecke der Aufnahme von Mächtigkeitsschwankungen der hochohmigen Altkippe an-
gesetzte Profilierung mit $AB/2 = 5$ m (gestrichelte Kurve) die vermutete
Mächtigkeitserhöhung gut widerspiegeln. Eine Profilierung mit zu hoch
gewähltem Elektrodenabstand, z. B. $AB/2 = 20$ m, dagegen spiegelt im
wesentlichen nur den spezifischen Widerstand des niederohmigen Tones
wider, und es läßt sich keine Aussage im Sinne der Aufgabenstellung
machen. Bei der Profilierung eines einfachen Zweischicht-Falles sollte als
Eindringtiefe etwa das mittlere Tiefenniveau des zu erkundenden Horizontes festgelegt werden. — Oft ist es zweckmäßig, die Profilierung
mit zwei verschiedenen Elektrodenabständen und damit verschiedenen
Eindringtiefen auszuführen. Aus technischer Sicht haben sich dabei Anordnungen mit zwei weiteren Speiseelektroden (A', B') bewährt, deren
Abstände sich nur wenig von denen der Elektroden A und B unterscheiden. ϱ_s wird bei jeder Lage der Anordnung $AA'MNB'B$ auf dem
Profil nacheinander je einmal mit $AMNB$ und $A'MNB'$ gemessen. Das
ermöglicht, die wahrscheinlichste Deutungsvariante eines qualitativen
Verlaufes der Kartierung $AMNB$ herauszufinden (Abb. 1.29).

Für die Kartierung von steilstehenden horizontalen Inhomogenitäten,
wie Verwerfungen, Gängen u. a., ist es günstiger, kombinierte Profilierungen oder Profilierungen mit Dipol-Anordnungen durchzuführen, wie sie
Abb. 1.30 zeigt.

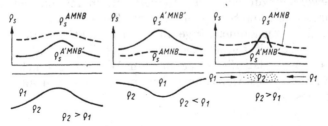

Abb. 1.29. Kartierungsverläufe mit zwei verschiedenen Elektrodenabständen $\overline{AB} > \overline{A'B'}$
über drei geologischen Strukturtypen (nach JAKUBOVSKIJ, 1973)

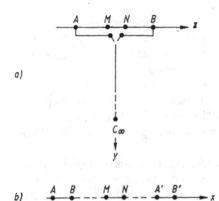

Abb. 1.30. Aufstellungen zur Profilierung
steilstehender horizontaler Inhomogenitäten
a) kombinierte Drei-Elektroden-Anordnung
b) Profilierungsanordnungen unter
Verwendung axialer Dipole

Bei der kombinierten Profilierung werden unsymmetrische, entgegengesetzte Aufstellungen AMN und BMN mit einer gemeinsamen Speiseelektrode C verwendet, die sich in großer Entfernung zum Meßprofil befindet (C_∞). Die Elektroden A und B liegen symmetrisch zum Empfangsdipol MN; er wird von beiden Aufstellungen gemeinsam genutzt. Die Mitte zwischen MN ist der eigentliche Meßpunkt O; ihm wird der jeweilige Meßwert zugeordnet. C_∞ bedeutet, daß OC etwa 10...15mal so groß ist wie AO bzw. BO. — Die Ergebnisse, die mit den Anordnungen $AMNC_\infty$ und $BMNC_\infty$ über einem saiger einfallenden, gut leitenden Gang erzielt werden, sind der Abb. 1.31 zu entnehmen. Sie zeigen, daß die Lage des Ganges mit dem Schnittpunkt der beiden Profilierungskurven übereinstimmt. Das arithmetische Mittel beider Kurven entspricht dem Profilierungsergebnis nach der SCHLUMBERGER-Anordnung.

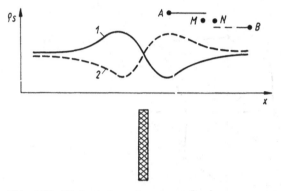

Abb. 1.31. Verlauf des scheinbaren spezifischen Widerstandes über einem gutleitenden saiger einfallenden Gang nach der kombinierten Drei-Elektroden-Profilierung (nach JAKUBOVSKIJ, 1973) $1 - \varrho_s{}^{AMN}$; $2 - \varrho_s{}^{BMN}$

Einseitige oder auch zweiseitige Dipol-Profilierungen — speziell in axialer Anordnung $AB-MN$ — erfordern wegen des Fehlens von C_∞ einen geringeren ökonomischen Aufwand als kombinierte Profilierungen und sichern eine höhere Arbeitseffektivität. So läßt sich der scheinbare spezifische Widerstand unter Verwendung der Anordnungen $AB-MN$ und $MN-A'B'$ an jedem Punkt mit zwei verschiedenen Eindringtiefen und den damit bereits beschriebenen Vorteilen für die Interpretation ohne wesentlichen technischen Mehraufwand ermitteln. Der Meßwert wird gewöhnlich der Mitte O des Meßdipols MN zugeordnet; der Abstand von O bis zur Mitte des Speisedipols AB bzw. $A'B'$ ist ein Maß für die Eindringtiefe. Die aus zweiseitigen, dipol-axialen Profilierungen und aus kombinierten Drei-Elektroden-Profilierungen erhaltenen ϱ_s-Kurven sind einander ähnlich.

Zuweilen kann es auch nützlich sein, fokussierte Anordnungen für die Profilierung zu benutzen. Bei Verwendung solcher Konfigurationen stellt sich immer der Spannungsmeßwert Null ein, so lange keine horizontal angeordneten, geoelektrisch wirksamen Inhomogenitäten vorhanden sind.

Wie im Falle von Dipol-Profilierungen sind auch fokussierte Anordnungen empfindlich gegenüber oberflächennahen Leitfähigkeitsinhomogenitäten in der Deckschicht.

Eine weitere spezielle Variante ist die symmetrische Kreisprofilierung (Drehsondierung). Sie wird besonders bei der Untersuchung elektrisch anisotroper Gesteinsschichten (Kluftgesteine, Schiefer) sowie zum Nachweis und Verfolgen der Streichrichtung geologischer Einheiten verwendet. Bei symmetrischer Meßanordnung $AMNB$ werden Elektroden und Sonden meist in Intervallen von 45° um den Mittelpunkt der Aufstellung versetzt (Abb. 1.32a), und in jeder Position wird der azimutabhängige scheinbare spezifische Widerstand gemessen. Die Zusammenstellung der Beobachtungsergebnisse erfolgt in ϱ_s-Kreisdiagrammen, deren Konstruktion der Abb. 1.32b entnommen werden kann.

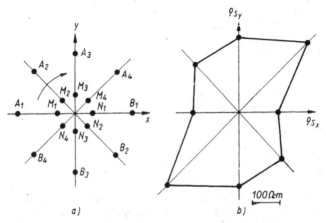

Abb. 1.32. Kreisprofilierung mit symmetrischer Anordnung (nach JAKUBOVSKIJ, 1973)
a) versetzte Elektroden und Sonden um den Profilierungspunkt,
b) Kreisdiagramm von ϱ_s

Die Auswertung der Ergebnisse von Kreisprofilierungen bringt besondere Probleme bei Arbeiten in anisotropem Material — in geschichtetem und geschiefertem Gebirge — mit sich. — In geoelektrischer Hinsicht ist anisotropes Verhalten dadurch gekennzeichnet, daß die Leitfähigkeit in drei zueinander senkrechten Richtungen im allgemeinen verschieden ist (Hauptachsen der Leitfähigkeit). Unter Verzicht auf den Beweis gilt für die drei Hauptrichtungen

$$\varrho_{s_1} = \sqrt{\varrho_2\varrho_3}; \qquad \varrho_{s_2} = \sqrt{\varrho_1\varrho_3}; \qquad \varrho_{s_3} = \sqrt{\varrho_1\varrho_2}; \tag{2.234}$$

$$\varrho_1 : \varrho_2 : \varrho_3 = \frac{1}{\varrho_{s_1}^2} : \frac{1}{\varrho_{s_2}^2} : \frac{1}{\varrho_{s_3}^2}; \tag{2.235}$$

$$\varrho_{s_1} : \varrho_{s_2} : \varrho_{s_3} = \frac{1}{\sqrt{\varrho_1}} : \frac{1}{\sqrt{\varrho_2}} : \frac{1}{\sqrt{\varrho_3}}. \tag{2.236}$$

(Mit „1" sei die Hauptrichtung gekennzeichnet, die für homogenen Untergrund parallel zur Erdoberfläche liegt und in der sich die Richtung der Basis $AMNB$ befindet.)

Dieses überraschende Ergebnis wird als *Anisotropie-Paradoxon* bezeichnet; es besagt, daß sich die scheinbaren spezifischen Widerstände — parallel zu den Hauptrichtungen des wahren spezifischen Widerstandes gemessen — umgekehrt verhalten wie die Quadratwurzeln aus den wahren spezifischen Widerständen. — Es ist leicht einzusehen, daß ein Nichtbeachten dieses Paradoxons bei stark anisotropem Gestein zu völlig falschen Ergebnissen führt. Das Maximum von ϱ_s in Abb. 1.32b z. B. stimmt über anisotropem Material mit der Richtung des geringsten spezifischen Widerstandes überein.

Kreisprofilierungen mit unsymmetrischen Anordnungen dienen der Bestimmung der Einfallsrichtung von Schichten und zur Abschätzung des Einfallswinkels (Abb. 1.33).

Automatische Kreisprofilierungen lassen sich unter Einsatz von Vektorschreibern realisieren (PORSTENDORFER, 1960).

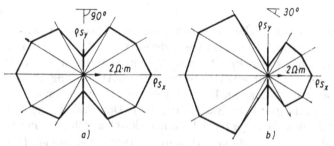

Abb. 1.33. Kreisdiagramme für ϱ_s mit der Anordnung $AMNB_\infty$ bei vertikaler (a) und leicht geneigter Lage (b) schlechtleitender Schichten (nach JAKUBOVSKIJ, 1973)

1.2.2.2.2. Darstellung der Meßergebnisse und Grundlagen der Auswertung

Die Ergebnisse von Profilierungen werden im Normalfall auf Profilen dargestellt, wobei für die ϱ_s-Ordinate meist ein logarithmischer Maßstab verwendet wird. Liegt ein dichtvermessenes Parallel-Profil-System vor, so läßt sich eine Karte der ϱ_s-Graphiken anfertigen (Abb. 1.34). Eine solche flächenhafte Profildarstellung erleichtert, über die Verbindung der Extremwerte lineare Strukturelemente zu verfolgen.

Liegt ein quadratisches Netz von Meßpunkten vor, so lassen sich Linien gleicher ϱ_s-Werte (Isolinien) für die jeweilige Eindringtiefe konstruieren; sie ermöglichen, hoch- und niederohmige Zonen voneinander abzugrenzen. Für eine quantitative Interpretation sind Modell-Rechnungen bzw. Modell-Untersuchungen erforderlich; ihre Ergebnisse wurden z. T. in Form von Störkörper-Atlanten für bestimmte Elektroden-Sonden-Kombinationen veröffentlicht (z. B. BLOCH, 1962; KUNETZ, 1966; MILITZER u. a., 1977; 1979). Dabei lassen sich analytisch meist nur relativ einfache Störkörper wie

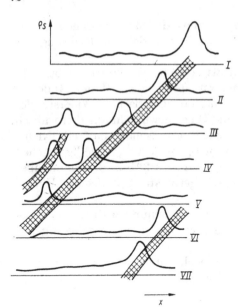

Abb. 1.34. Karte mit ϱ_s-Graphiken zur Verfolgung hochohmiger Quarzkörper (nach JAKUBOVSKIJ, 1973) I—VII — Profile

Kugel, Zylinder und vertikaler oder geneigter zweidimensionaler Kontakt erfassen. Als Beispiele solcher Berechnungen, deren Grundlagen in Kap. 1.2.1. gegeben worden sind, sollen Profilierungsergebnisse miteinander verglichen werden, wie sie sich mit einer SCHLUMBERGER-Anordnung großer Eindringtiefe über einer hochohmigen Kugel (Hohlraum) und über einem hochohmigen Zylinder mit gleichem Radius ergeben. Der Fall der Kugel im homogenen elektrischen Feld (entspricht einer SCHLUMBERGER-Anordnung $\overline{AB} \gg R$ und $\overline{MN} \ll R$) wurde von HVOŽDARA (1973) berechnet. Der Fall des Zylinders im Feld einer SCHLUMBERGER-Anordnung und Linien-

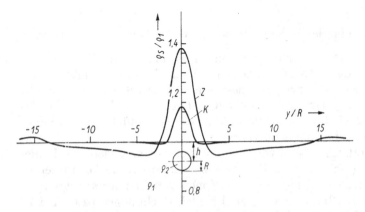

Abb. 1.35. Ergebnisse von analytischen Berechnungen von SCHLUMBERGER-Profilierungen großer Eindringtiefe über einer hochohmigen Kugel (K) nach HVOŽDARA (1973) und einem hochohmigen Zylinder (Z) nach MILITZER, RÖSLER u. a. (1977). $\dfrac{h}{R} = 2$; $\varrho_2 \to \infty$

elektroden parallel zur Zylinderachse $(\overline{AB} = 15R,\ \overline{MN} = 1{,}5R)$ wurde von
MILITZER, RÖSLER u. a. (1977) dargestellt (Abb. 1.35).

Über dem gleichen Zylinder sind im Vergleich zur SCHLUMBERGER-Anordnung aus Abb. 1.36 die Profilierungsergebnisse zu entnehmen, wie sie
sich unter Verwendung der WENNER-Anordnung, der Drei-Elektroden-
Anordnung und der fokussierten Anordnung ergeben. Bei den verschiedenen
Elektroden-Sonden-Kombinationen treten deutlich unterschiedliche Anomalie-Effekte hervor, die mit ihren Extremalwerten z. T. sogar *Scheinanomalien* vortäuschen. Als Beispiel einer Profilierung über einem zweidimensionalen Kontakt sollen die Profilierungsdiagramme der Abb. 1.37
dienen. Zahlreiche weitere Beispiele finden sich bei KUNETZ (1966); er
behandelt zugleich die Wirkung lateral-veränderlicher Strukturen (Lateral-
Effekte) auf Sondierungskurven.

Neben den klassischen analytischen Berechnungsmethoden gewinnen
numerische Näherungsverfahren in Form der Methode der endlichen Elemente (finite-element-Methode) und der Methode der endlichen Differenzen
(finite-difference-Methode) immer mehr an Bedeutung. Dabei wird der
Untergrund in diskrete Teile zerlegt, so daß sich auch kompliziertere
Strukturgebilde auf EDV-Anlagen modellieren lassen (s. Kap. 1.1.1.7.3.).

Weitere Möglichkeiten zur Modellierung zweidimensionaler Strukturen
ergeben sich aus der Verwendung elektrisch leitenden Papiers (BUSCH;
LUCKNER, 1973). Dabei werden die zu modellierenden Strukturen aus elektrisch leitendem Papier ausgeschnitten und unterschiedliche Widerstandsverhältnisse durch unterschiedliche Perforierung simuliert.

Dreidimensionale Modellierungen lassen sich im elektrolytischen Trog
durchführen. Als Baumaterial für Seiten- und Bodenwände dienen isolierende Stoffe wie Glas oder Vinidur. Über dem Trog befindet sich eine
verschiebbare Brücke, welche die Elektroden und Sonden trägt. Zur Modellierung hochohmiger Strukturen werden für ebene Oberflächen Glas,
Schiefer und Hartgummi, für geneigte Oberflächen Plexiglas benutzt;
kompliziertere Gebilde lassen sich aus Paraffin formen. Zur Abdichtung
eignet sich Teer. Unterschiedlich gutleitende Schichten werden durch
Wasser verwirklicht, dem je nach dem gewünschten spezifischen Widerstand Salze, Säuren oder Basen zugesetzt werden können. Leitungswasser
mit einem spezifischen Widerstand von ca. 50 $\Omega \cdot$m dient meist zur Überdeckung der zu untersuchenden Strukturen. Das Problem besteht in der
Trennung der verschieden leitenden Flüssigkeiten, ohne daß eine Mischung
eintritt. Dazu werden kleine leitende Röhrchen verwendet, die möglichst
zahlreich eine als Trennfläche dienende Platte durchsetzen. Sie bewirken
eine Transformation des Grenzflächenpotentials von der einen Flüssigkeit
zur anderen. Besser ist es, solche Platten als Trennflächen zu benutzen,
welche die Leitfähigkeit einer der Flüssigkeiten besitzen. Sie lassen sich
durch Mischung von pulverisierter Kohle, Paraffin und Talk, durch leitenden Kautschuk, leitendes Papier oder durch Spezialzement herstellen (UTZ
MANN, 1959). Polarisationseffekte werden vermieden, wenn für die Widerstandsmessung Erdungsmesser zur Anwendung kommen; sie arbeiten
meist mit niederfrequentem Wechselstrom oder mit Frequenzgeneratoren für

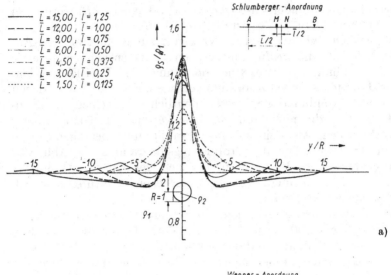

a)

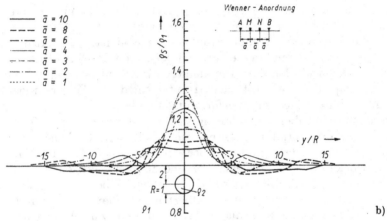

b)

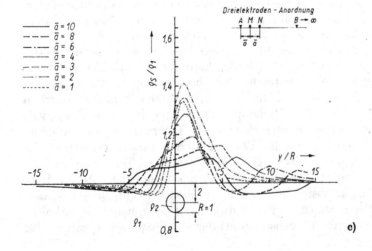

c)

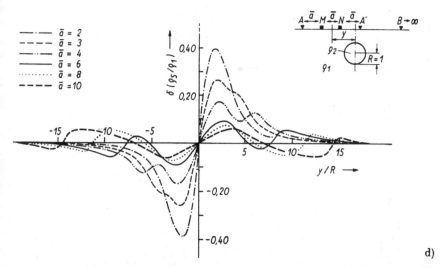

Abb. 1.36. Ergebnisse von analytischen Berechnungen von Profilierungen über einem hochohmigen Zylinder (nach MILITZER, RÖSLER u. a., 1977)

a) für die SCHLUMBERGER-Anordnung,
b) für die WENNER-Anordnung,
c) für die Drei-Elektroden-Anordnung,
d) für die fokussierte Anordnung

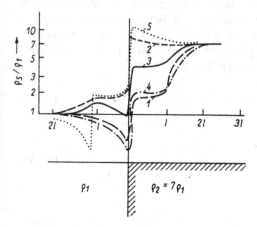

Abb. 1.37. Profilierungsdiagramme über einem vertikalen Kontakt nach BLOCH (1962)

Anordnungen
1 — $AMNC_\infty$, $l = AO$,
2 — $BMNC_\infty$, $l = BO$,
3 — SCHLUMBERGER-Anordnung $l = \overline{AB}/2$,
4, 5 — zweiseitige axiale Dipol-Anordnung,
l = Abstand der Dipol-Mittelpunkte

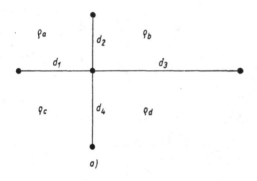

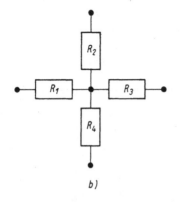

Abb. 1.38. Modellierung mittels Widerstandsnetzwerk

a) „geologisches Situationselement",
b) „Widerstandsnetzelement",
ϱ — spezifischer Widerstand,
d — Entfernung der Gitterpunkte,
R — OHMscher Widerstand

$200\ldots1\,000$ Hz. In einem Trog von 0,5 m Tiefe ist der Skineffekt zu vernachlässigen.

Eine weitere Möglichkeit ist die Modellierung mit Widerstandsnetzwerken. Sie stellt das Analogon zur numerischen Modellierungstechnik mit diskreter Zerlegung des Untergrundes dar. Dabei wird ein *geologisches Situationselement* durch ein *Widerstandsnetzelement* nach folgendem Schema modelliert (BUSCH; LUCKNER, 1973) (Abb. 1.38).

$$\frac{1}{R_4} = \frac{1}{\varrho_c \dfrac{d_4}{d_1/2}} + \frac{1}{\varrho_a \dfrac{d_4}{d_3/2}}, \tag{2.237}$$

$$\frac{1}{R_1} = \frac{1}{\varrho_a \dfrac{d_1}{d_2/2}} + \frac{1}{\varrho_c \dfrac{d_1}{d_4/2}}, \tag{2.238}$$

$$\frac{1}{R_2} = \frac{1}{\varrho_a \dfrac{d_2}{d_1/2}} + \frac{1}{\varrho_b \dfrac{d_2}{d_3/2}}, \tag{2.239}$$

$$\frac{1}{R_3} = \frac{1}{\varrho_b \dfrac{d_3}{d_2/2}} + \frac{1}{\varrho_a \dfrac{d_3}{d_4/2}}. \tag{2.240}$$

An bestimmten Knotenpunkten erfolgen Stromzuführungen; die entsprechenden Potentialverteilungen können an anderen beliebigen Knotenpunkten abgegriffen werden.

Als Beispiel einer solchen Netzwerkmodellierung soll die Potentialverteilung eines primär homogenen elektrischen Feldes in unmittelbarer Nachbarschaft einer zylindrischen hochohmigen Stufe untersucht werden (Abb. 1.39). Die Gitterabstände wurden variabel gehalten und speziell im Gebiet zu erwartender starker Potentialinhomogenität verdichtet. Die zu wählenden Netzwerkwiderstände wurden nur für ein (dick ausgezogenes) Netzelement angeschrieben. An den Knotenpunkten ergaben sich die in einer Matrix zusammengefaßten Potentialwerte, die eine Konstruktion von Äquipotentiallinien ermöglichen. Mit Hilfe dieser experimentell gewonnenen Daten kann man die unterschiedlichen in der Literatur genannten Näherungsformeln für die finite-difference-Modellierung überprüfen (PORSTENDORFER, 1978).

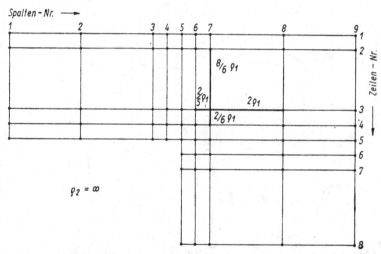

Abb. 1.39. Beispiel einer Widerstandsnetzwerkmodellierung (nach PORSTENDORFER, 1978)
Dick ausgezogen: Beispiel für die Berechnung eines Netzelementes

Matrix der Potentialwerte der Widerstandsnetzwerkmodellierung der Abb. 1.39

Zeilen-Nr.	Spalten-Nr.								
	1	2	3	4	5	6	7	8	9
1	0	254	500	545	589	630	668	649	1000
2	0	254	500	545	589	630	669	852	1000
3	0	257	515	564	612	653	683	856	1000
4	0	257	510	576	636	686	740	864	1000
5	0	257	522	586	670	714	752	870	1000
6					733	748	770	877	1000
7					768	774	780	882	1000
8					799	806	830	899	1000

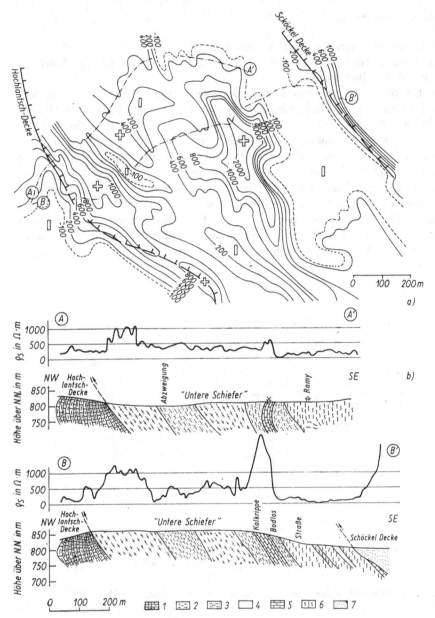

Abb. 1.40. Widerstandsprofilierung (WENNER-Anordnung; $a = 10$ m) Arzwaldgraben/Steiermark (nach SCHMID; SCHMÖLLER u. a.; 1979)

a) Linien gleicher Widerstandswerte in $\Omega \cdot$ m

b) Verlauf des scheinbaren spezifischen elektrischen Widerstandes ϱ_s entlang der Profile

    Ⓐ $-$ Ⓐ′ und

    Ⓑ $-$ Ⓑ′ (Geologie nach WEBER, 1974)

1 — Kalkschiefer,

2 — Grüngesteine,

3 — Karbonatphyllit, gelbbraun,

4 — Karbonatphyllit, grau,

5 — „Bänderkalkrippe",

    gebänderter Schöckelkalk,

6 — Schwarzschiefer,

7 — Quarzite

1.2.2.2.3. Anwendungen

Als Beispiel einer geoelektrischen Widerstandsprofilierung (WENNER $a = 10$ m) sei auf eine Untersuchung im Grazer Paläozoikum (Arzwaldgraben/Steiermark) hingewiesen (Abb. 1.40). Sie wurde als Teil eines geophysikalischen Übersichtsmeßprogramms durchgeführt, das der Untersuchung von Erzvorkommen diente. Besonders nützliche Aussagen konnten hinsichtlich der lithologischen Gliederung und der Angabe von Schichtgrenzen — vor allem im aufschlußarmen Gelände — getroffen werden. Leitgesteine sind einerseits dichte Kalke („Schöckelkalk"), Quarzite sowie Teile der Grünschiefer als hochohmige Gesteine sowie andererseits elektrisch gut leitende graphitische Schwarzschiefer ($\varrho < 20$ Ω·m). Äußerlich gleichartige Grünschieferzüge lassen sich auf Grund ihrer unterschiedlichen Widerstände trennen; die Widerstandsmaxima und -minima folgen dem geologischen Streichen. Bei detaillierter Auswertung aller Merkmale des Isolinienbildes können auch strukturelle Aussagen (Verlauf der Faltenachsen, Querstörungen, Deckengrenzen) getroffen werden. Die schichtparallelen Vererzungen treten zumeist in unmittelbarer Nähe von markanten Schichtgrenzen auf und sind wegen des Dominierens von Zinkblende mit elektromagnetischen Verfahren schwierig nachzuweisen, so daß solche indirekten Hinweise auch für die Prospektion nützlich sind. Damit hat die Widerstandsprofilierung ihre Anwendbarkeit in einem tektonisch komplizierten Gebiet (Deckenbau) bewiesen; geringe Meßpunktabstände und eine Verbindung mit anderen Verfahren tragen zur Sicherheit der Aussage bei.

Ein Beispiel aus dem südlichen Österreich soll den Wert geoelektrischer Profilierungen im Komplex mit anderen Untersuchungsverfahren unterstreichen. In einem schmalen alpinen Tal wurde für die Suche nach Thermalwasser ein komplexes geophysikalisches Meßprogramm ausgeführt (Widerstandsprofilierung, Refraktionsseismik, Geothermie). Aufgrund der Geologie war anzunehmen, daß der Aufstieg der Thermalwässer an einem Bruch erfolgt, durch den die Gesteine des Untergrundes (Glimmerschiefer, Marmor) mylonitisiert wurden. Durch die Widerstandsprofilierung (WENNER; $a = 10$ m) sollten der Verlauf der Mylonitzone, die aufgrund der guten Wasserwegsamkeiten relativ niederohmig anzunehmen war, eingegrenzt und eine Planungsgrundlage für weitere Untersuchungen (Geothermie, Bohrungen) geschaffen werden.

Der Verlauf der generell N—NNE streichenden Mylonitzone wird durch die 60-Ω·m-Isolinie gut wiedergegeben (Abb. 1.41); lediglich im SW-Teil des Meßgebietes erfolgt durch eine Hangrutschung eine Verzerrung. Der Isolinienverlauf deutet auch darauf hin, daß eine weitere NW-streichende Störung auftritt, wobei im Kreuzungsbereich die scheinbaren Widerstände auf Werte unter 40 Ω·m absinken. Dieser Verlauf der Störungszone weist unter Berücksichtigung des wesentlich weitmaschigeren Meßnetzes eine befriedigende Übereinstimmung mit den Resultaten der Refraktionsseismik auf. In der Mylonitzone sinken die Geschwindigkeiten auf $1\,000\ldots1\,100$ m/s ab; dies entspricht einem Lockergestein. Auch im angrenzenden Gestein sind die Geschwindigkeiten mit Werten von $2\,000\ldots3\,000$ m/s für Kristallin

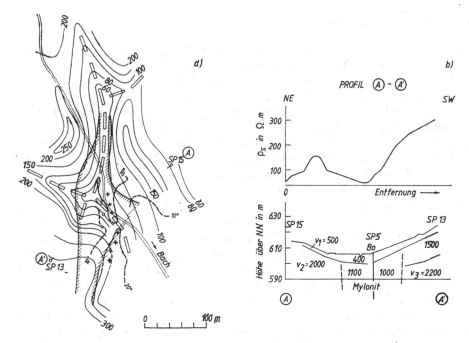

Abb. 1.41. Widerstandsprofilierung (Wenner-Anordnung; $a = 10$ m) in Verbindung mit refraktionsseismischen und geothermischen Untersuchungen im südlichen Österreich (nach Janschek, 1980)

a) ——— Linien gleicher Widerstandswerte in $\Omega \cdot$m,

   -------- Linien gleicher Temperatur (Isothermen) in °C in 3 m Tiefe,

   //////// Geschwindigkeitsminimum aus refraktionsseismischen Messungen,

   ○ Schußpunkt der Refraktionsseismik, (SP),

   Bo — Bohrung

b) Verlauf des scheinbaren spezifischen elektrischen Widerstandes ϱ_s in $\Omega \cdot$m (oben) und refraktionsseismisch ermitteltes Geschwindigkeitsprofil entlang $\widehat{A} - \widehat{A'}$ (v in m/s)

zu niedrig und deuten auf tektonisch beanspruchtes Material hin. Das mehrere Meter mächtige Talalluvium zeigt Geschwindigkeiten von 300 bis 400 m/s, der Hangschutt 1 200…1 500 m/s. Die Temperaturmessungen in 3 m tiefen Bohrlöchern ergaben ein Temperaturmaximum mit Werten von über 20 °C im Bereich der durch das Widerstandsminimum ausgewiesenen Mylonitzone. Bohrungen bestätigten deren Existenz, da innerhalb derselben ein völlig zertrümmerter Marmor angetroffen wurde, in dem der Thermalwasseraufstieg erfolgt.

   Geoelektrische Widerstandsprofilierungen eignen sich auch, mit elektrisch gut leitenden Sedimenten gefüllte Muldenzonen oder Gräben abzugrenzen, wenn das Liegende aus hochohmigen Gesteinen besteht. Solche Verhältnisse liegen bei der Bauxitprospektion in der VR Ungarn vor, wo die Vorkommen an verkarstete, lokal oft engbegrenzte Hohlräume im Dachsteinkalk gebunden und von pliozänen Schichten überdeckt sind.

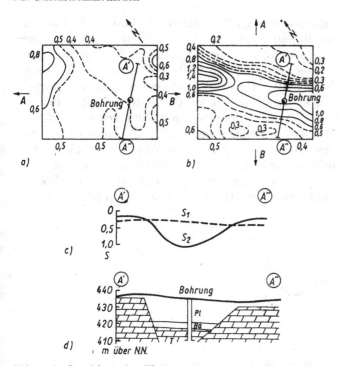

Abb. 1.42. Geoelektrische Widerstandskartierung über einem Bauxitvorkommen in einer Grabenstruktur. Pl — Pliozän; Ba — Bauxit; T — Trias (Dachsteinkalk) (nach Csathó, Elgi, VR Ungarn).

a) Leitfähigkeitskarte (S_1)
   Meßprofile in Richtung NW/SE,
b) Leitfähigkeitskarte (S_2)
   Meßprofile in Richtung NE/SW,
c) Profil der spezifischen Leitfähigkeit entlang $A'A''$,
d) geologische Interpretation

Für die Auswertung wichtig ist dabei die Erfahrung, daß neben einem optimalen Elektrodenabstand die Profile in zwei aufeinander senkrecht stehenden Richtungen gemessen werden müssen (Abb. 1.42). Bei der Messung in Streichrichtung des Grabens (NW—SE) wird er nicht erkannt (Abb. 1.42a). Dagegen tritt er deutlich einschließlich der Asymmetrie der Grabenränder hervor, wenn die Profile senkrecht zum Streichen angelegt werden (Abb. 1.42b und c).

1.2.2.3. Aufladungsmethode (*Methode mise à la masse*)

1.2.2.3.1. Prinzip

Die Aufladungsmethode ist eine spezielle Form der Widerstandskartierung. Sie kann oft dann mit Erfolg angewendet werden, wenn durch eine bergmännische Auffahrung oder einen Bohraufschluß ein gegenüber der Um-

gebung gut leitender Körper angetroffen wurde. Sodann wird die eine
Elektrode einer Vierpunkt-Anordnung in diesem Körper bzw. in seiner
unmittelbaren Umgebung geerdet und die Gegenelektrode in großer Entfernung in den Boden eingebracht. Dabei sollte der Abstand der beiden
Elektroden A, B mindestens 10...15mal so groß sein wie die Störkörper-
ausmaße. Infolge der guten Leitfähigkeit ist der Potentialabfall in dem
geerdeten (geladenen) Körper zu vernachlässigen, und seine Oberfläche
kann als Äquipotentialfläche angenommen werden. Die Äquipotentialflächen
in der Nachbarschaft dieses Körpers zeichnen seine Form nach (Abb. 1.43b).
Wird eine Äquipotentiallinie verfolgt, die an irgendeiner Stelle mit einer
bekannten Begrenzung des Störkörpers übereinstimmt, so lassen sich seine
horizontalen Ausmaße mit recht guter Genauigkeit festlegen (Abb. 1.43c).

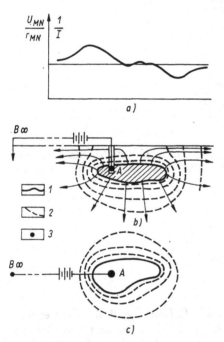

Abb. 1.43. Äquipotentiallinien und elektrisches Feld in der Umgebung eines gutleitenden,
geladenen Körpers (nach JAKUBOVSKIJ, 1973)

a) Graphik des Potentialgradienten entlang eines Profils über dem geladenen Körper
b) Strom- und Äquipotentiallinien in der Umgebung des geladenen Körpers
c) Äquipotentiallinien an der Erdoberfläche
   1 − Stromlinie; *2* − Äquipotentiallinie; *3* − Punktladung

Die Berandung des Störkörpers tritt auch dann besonders deutlich hervor,
wenn der Potentialgradient U_{MN}/r_{MN} nach der Art einer Widerstandsprofilierung aufgenommen wird; in diesem Fall kennzeichnen die gemessenen Extremwerte die Störkörperbegrenzung (Abb. 1.43a). Für den Fall, daß der
Störkörper nur eine bedingt gute Leitfähigkeit gegenüber seiner Umgebung

besitzt, hängt der Potentialverlauf wesentlich vom Verhalten des spezifischen Widerstandes ϱ_0 des Störkörpers zum spezifischen Widerstand der Umgebung ϱ ab. Petrophysikalische und strukturelle Parameter werden dann zweckmäßig in der folgenden Größe $\lambda*$ zusammengefaßt:

$$\lambda* = 0{,}93 \, \frac{2l}{a} \, \sqrt{\frac{\varrho_0}{\varrho} \, \frac{1}{\lg \dfrac{2l}{a}}}, \qquad (2.241)$$

$2l$ — Länge eines linearen Leiters; a — Radius eines linearen Leiters.

Abb. 1.44 zeigt die Potentialverläufe über einem linearen Leiter, der entweder in der Mitte (Abb. 1.44a) oder am Rande (Abb. 1.44b) geerdet wurde. Bei $\lambda* < 0{,}2$ ist der Potentialverlauf praktisch wieder identisch mit dem des idealleitenden Körpers.

Die Aufnahme von Äquipotentiallinien erfolgt besonders vorteilhaft bei Einspeisung eines tonfrequenten Wechselstromes. Während eine Spannungssonde auf der zu markierenden Äquipotentiallinie belassen wird, werden

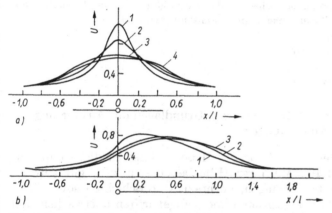

Abb. 1.44. Graphik des Potentialverlaufs über einem linienförmigen Leiter endlicher Leitfähigkeit (nichtäquipotentialer Leiter) (nach JAKUBOVSKIJ, 1973)

a) Aufladung im Zentrum des Leiters, $1 - \lambda* = 20{,}8$; $2 - \lambda* = 6{,}59$; $3 - \lambda* = 2{,}08$; $4 - \lambda* = 0$; $0{,}208$; $0{,}66$

b) Aufladung am Ende des Leiters, $1 - \lambda* = 2{,}08$; $2 - \lambda* = 0{,}66$; $3 - \lambda* = 0$

mit der zweiten Spannungssonde im Gelände die Punkte gesucht und jeweils verpflockt, bei denen im Kopfhörer des Spannungskreises ein Tonminimum auftritt. Die so markierten Äquipotentialpunkte lassen sich leicht in Karten übertragen und durch Isolinien verbinden.

Werden niederfrequente Wechselfelder verwendet, läßt sich zusätzlich das Magnetfeld der im Störkörper konzentrierten Ströme mittels Induktionsspulen erfassen; so markiert sich z. B. die horizontale Achse eines zylinderförmigen Störkörpers durch ein Maximum in der magnetischen

Horizontalkomponente. Die exakte analytische Lösung für ein idealleitendes zylindrisches Ellipsoid führt zu einem Potentialgradientenverlauf, wie er in der Abb. 1.45 dargestellt ist.

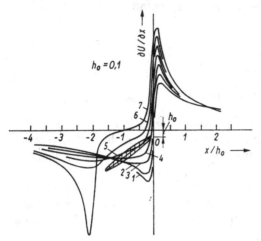

Abb. 1.45. Graphiken der Potentialgradienten über einem geladenen, idealleitenden elliptischen Zylinder mit dem Einfallswinkel α (nach JAKUBOVSKIJ, 1973)

$1 - \alpha = 90°$, $4 - \alpha = 45°$,

$2 - \alpha = 75°$, $5 - \alpha = 30°$,

$3 - \alpha = 60°$, $6 - \alpha = 15°$,

          $7 - \alpha = \ 0°$

1.2.2.3.2. Darstellung der Meßergebnisse, Grundlagen der Auswertung und einige Anwendungen

Die häufigste Form der Darstellung der Meßergebnisse ist die Äquipotentiallinienkarte (Abb. 1.46). Mit ihrer Hilfe lassen sich z. B. gut leitende Erzkörper, graphitisierte Störungen, anthrazitische Schichten sowie Salzlaugen-Nester angenähert konturieren und Laugendriften überwachen. Bei Tracer-Untersuchungen mittels eingepreßter Salzlösungen kann die bevorzugte Drift-Richtung bestimmt werden (Abb. 1.47). Dies erfolgt über zeitlich wiederholte Aufnahmen und Darstellung derjenigen Äquipotentiallinien, deren Radius etwa das 1,5...3fache der Tiefe des Tracerhorizontes beträgt. Die Zeitabstände werden der Fließgeschwindigkeit angepaßt.

Weitere Anwendungsmöglichkeiten ergeben sich bei der Verfolgung dünnschichtiger stratiformer Vererzungen und bei der Verfolgung gutleitender poröser Schichten (z. B. Paläo-Flußläufe, Karstwässer) im Rahmen der Kohlenwasserstoff-Erkundung durch die Aufnahme von Magnetfeldern der eingespeisten Ströme auch unter hochohmigen salinaren Horizonten. Mit Vorteil läßt sich dabei die Stromeinspeisung über eine Tiefbohrung nutzen (PORSTENDORFER, 1979). Abb. 1.48 zeigt ein Beispiel der Compagnie Générale de Géophysique (CGG) Paris, in dem durch Stromeinspeisung über zwei Tiefbohrungen in einem gutleitenden Komplex durch Bildung von Widerstandsresiduen gegenüber dem homogenen Feld ein schlechtleitender Körper

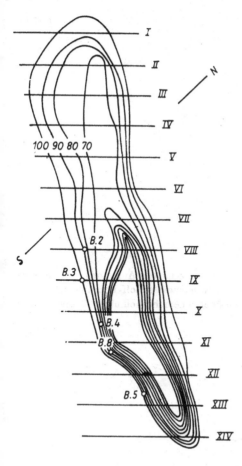

Abb. 1.46. Äquipotentiallinienkarte über einem geladenen Erzvorkommen in Effusiva der Kola-Halbinsel (nach Jakubovskij, 1973) Ladung in einem Schurf auf Profil X, I—XIV — Profile, B — Bohrung

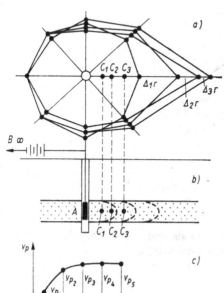

Abb. 1.47. Bestimmung der Bewegungsgeschwindigkeit v unterirdischer Wässer mit der Methode des geladenen Körpers (nach Jakubovskij, 1973)

a) Schema der Äquipotentiallinien-Verschiebung,
b) Lage der Salzaureolen,
c) Abhängigkeit $v = v(t)$

C_i — Schnittpunkte der Hauptachsen der Äquipotentiallinien mit der Profilachse

$v_{p_i} = \dfrac{\Delta_i r}{\Delta_i t}$ — Geschwindigkeit der Wanderung der Punkte C (entspricht etwa der Hälfte der Fließgeschwingigkeit)

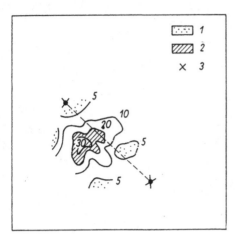

Abb. 1.48. Zur Verfolgung eines hochohmigen Reservoirs mittels Aufladung eines nieder-
ohmigen Mediums über die Bohrgestänge von zwei Kohlenwasserstoff-Bohrungen.
Kartiert wurden die Widerstandsresiduen gegenüber einem hochohmigen Medium (nach
CGG-Technical summary, 1982)

$1 - \Delta R < 5\,\Omega,$
$2 - \Delta R > 20\,\Omega,$
$3 -$ Bohrung

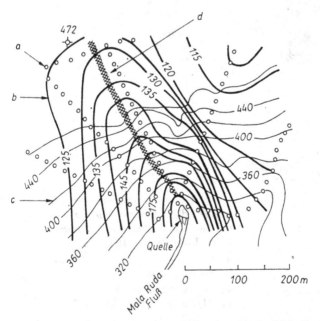

Abb. 1.49. Verfolgung des unterirdischen Laufes des Mala-Ruda-Flusses (SFRJ) vor seinem
Quellaustritt (nach KOVAČEVIĆ; KRULĆ, 1967; aus ASTIER, 1971).

$a\ -$ Meßpunkt,
$b\ -$ Linie gleichen Potentials in mV,
$c\ -$ Linie gleicher Geländehöhe in m,
$d\ -$ wahrscheinliche Achse des unterirdischen Flußlaufes

(Öl-Reservoir) $\Delta R > 20\,\Omega$ gegenüber dem salzwasserführenden Reservoir abgegrenzt werden konnte. Für ingenieurgeologische Aufgaben (Hohlraumnachweis) haben solche Fälle auch MILITZER, RÖSLER u. a. (1979) untersucht, wobei die enge Äquivalenz zwischen Aufladungsmethode und Widerstandsprofilierung deutlich wird.

Ein Beispiel zur Verfolgung eines Karstgewässers mit der Aufladungsmethode wurde von KOVAČEVIĆ; KRULĆ (1967) veröffentlicht. Das Ziel der Untersuchungen war es, den unterirdischen Verlauf des Mala-Ruda-Flusses (SFRJ) vor seinem Austritt an die Oberfläche zu ermitteln. Für die Messung wurde eine Stromelektrode in der Quelle des Flusses angeordnet. Die Äquipotentiallinien haben die Gestalt von ineinanderliegenden Halbellipsen, deren große Achsen die Richtung des unterirdischen Flußlaufes nachzeichnen (Abb. 1.49).

1.3. Niederfrequenzmethoden

G. PORSTENDORFER, R. RÖSLER, R. SCHMÖLLER

1.3.1. Theoretische Grundlagen

1.3.1.1. *Charakterisierung der Niederfrequenzmethoden*

Die Niederfrequenzmethoden beruhen entsprechend Tab. 1.4 auf quasistationären Vorgängen, bei denen die Induktionswirkung berücksichtigt und die Verschiebungsströme vernachlässigt werden. Das bedeutet, daß das in (1.83) definierte Verhältnis $f = \sigma/\varepsilon\omega \gg 1$ ist. Neben einer galvanischen Stromeinspeisung durch Elektroden A und B (bzw. durch *elektrische Dipole* **P** bei kleinem Elektrodenabstand $\overline{AB}$) ist hier die induktive Stromeinspeisung mittels zeitlich veränderlicher Primärströme in langen (linearen) Kabeln und durch Spulen (bzw. *magnetische Dipole* **M** bei hinreichend kleinen Abmessungen) interessant.

Wegen $f \gg 1$ folgt aus (1.29) bis (1.31):

$$k^2 = -\mathrm{i}\mu\sigma\omega, \tag{3.1}$$

$$k = (1 - \mathrm{i})\sqrt{\frac{\mu\sigma\omega}{2}}. \tag{3.2}$$

Ferner vereinfacht sich der LORENTZ-Operator (1.18) zu

$$\square = \Delta - \mu\sigma\,\frac{\partial}{\partial t}. \tag{3.3}$$

Mit der GREENschen Funktion harmonischer Felder im unbegrenzten Raum

$$G(r, t) = \frac{1}{4\pi r}\,\mathrm{e}^{\mathrm{i}(\omega t - kr)} \tag{3.4}$$

(s. auch 1.1.1.7.2.) lautet die Lösung der Wellengleichung (1.17):

$$A = \frac{e^{i\omega t}}{4\pi} \int \mu j^{(P)} \frac{e^{-ikr}}{r} \, d\tau \tag{3.5}$$

bzw. für den HERTzschen Vektor gemäß (1.40)

$$\Pi_e = \frac{-i\omega}{4\pi} e^{i\omega t} \int \frac{\mu}{k^2} j^{(P)} \frac{e^{-ikr}}{r} \, d\tau. \tag{3.6}$$

Die Lösungen (3.5) und (3.6) beschreiben rotationsfreie elektrische Stromquellen. Entsprechend lauten die Lösungen von (1.25) und (1.26) für divergenzfreie Primärströme zur Darstellung der Felder räumlich verteilter harmonischer magnetischer Dipole

$$E = -\frac{e^{i\omega t}}{4\pi} \int i\omega\mu j^{(P)} \frac{e^{-ikr}}{r} \, d\tau, \tag{3.7}$$

$$H = \frac{e^{i\omega t}}{4\pi} \int \nabla \times j^{(P)} \frac{e^{-ikr}}{r} \, d\tau. \tag{3.8}$$

In (3.5) bis (3.8) bedeutet r stets den Abstand zwischen der Quelle (Integrationspunkt) und dem Punkt der Beobachtung. Für die elektromagnetische Eindringtiefe τ nach (1.37) und die Phasengeschwindigkeit $c(\omega)$ nach (1.38) gelten bei niederfrequenten Feldern mit der Frequenz $\nu = \omega/2\pi$ die Näherungsausdrücke

$$\tau(\omega) = \sqrt{\frac{2\varrho}{\mu\omega}} = 504 \sqrt{\frac{\varrho}{\mu_r\nu}}, \tag{3.9}$$

$$c(\omega) = \sqrt{\frac{2\varrho\omega}{\mu}} = 3160 \sqrt{\frac{\varrho\nu}{\mu_r}}. \tag{3.10}$$

1.3.1.2.   Spezielle Primärfelder

1.3.1.2.1.   Homogene magnetische Wechselfelder

Wie bei den Gleichstrommethoden liefert die Untersuchung der Beeinflussung homogener Felder durch leitende Störkörper auch bei niederfrequenten Wechselfeldern Angaben über zu erwartende Anomalien. Ein homogenes Magnetfeld in x-Richtung

$$H = H_0 e^{i\omega t} e_x \tag{3.11}$$

kann durch den magnetischen HERTzschen Vektor Π_m entsprechend (1.48) durch

$$H = \nabla\nabla \cdot \Pi_m + k^2 \Pi_m \tag{3.12}$$

dargestellt werden. Wegen $H_0 = $ const gilt offenbar

$$H = k^2 \Pi_m, \tag{3.13}$$

und der HERTzsche Vektor für das homogene Magnetfeld besitzt die gleiche Komponente wie dieses und ist ebenfalls konstant.

1.3.1.2.2. Das Feld eines Dipols

Ein infinitesimales stromdurchflossenes Linienelement ds kann als elektrischer Dipol betrachtet werden. Ersetzt man $j^{(P)}$ dτ in (3.5) durch I ds, wobei I die Stromstärke im Dipol ist, so erhält man das im unendlich ausgedehnten Medium gültige Vektorpotential des Dipols, der allein das Integrationsvolumen ausfüllt

$$A = \frac{\mu}{4\pi r}\, e^{\mathrm{i}(\omega t - kr)}\, P.$$

(3.14)

Dabei ist $P = I\,ds$ das Dipolmoment und $\mu = \mu_0\mu_r$. Für Dipole endlicher Länge ist längs des stromdurchflossenen Leiters zu integrieren. Aus (1.40) ergeben sich der HERTZsche Vektor Π_e und aus (1.46) bis (1.49) E und H.

1.3.1.2.3. Das Feld eines magnetischen Dipols

Eine kleine stromdurchflossene Spule kann in Entfernungen, die hinreichend groß gegenüber ihren Abmessungen sind, als magnetischer Dipol betrachtet werden. Im folgenden wird gezeigt, wie der dazugehörige HERTZsche Vektor Π_m lautet.

Bei einer gleichstromdurchflossenen Spule (Radius a, Stromstärke I, in der x-y-Ebene gelegen) besitzt auf der z-Achse die Feldstärke nur eine z-Komponente:

$$H_z = \frac{Ia^2}{2\sqrt{a^2 + z^2}^3} \approx \frac{Ia^2}{2z^3} \quad \text{für} \quad z \gg a.$$

(3.15)

Aus (1.48) folgt für Gleichstrom ($k = 0$ wegen $\omega = 0$)

$$H_z = \frac{\partial}{\partial z}\, \nabla \cdot \Pi_m,$$

(3.16)

also ist

$$\nabla \cdot \Pi_m = -\frac{Ia^2}{4z^2} = \frac{\partial \Pi_{m,z}}{\partial z},$$

(3.17)

da (3.17) nur von z abhängig ist, und es gilt ferner

$$\Pi_{m,z} = \frac{Ia^2}{4z}$$

(3.18)

auf der z-Achse mit $z \gg a$.

Für $k = 0$ entsteht aus der Wellengleichung (1.33) die LAPLACEsche Gleichung. Sie besitzt in Kugelkoordinaten die Lösung (s. auch Tab. 1.3 mit $n = 0$)

$$\Pi_{m,z}(x, y, z) = \frac{Ia^2}{4r}.$$

(3.19)

(3.18) ist davon der Spezialfall $x = y = 0$. Man *definiert* als magnetisches Dipolmoment

$$M = \pi a^2 I e_z,\tag{3.20}$$

und der HERTZsche Vektor lautet

$$\Pi_{\mathrm{m}}(x, y, z) = \frac{M}{4\pi r}.\tag{3.21}$$

Der Übergang von Gleichstrom zu Wechselströmen ist einfach. Man macht den Ansatz

$$\Pi_{\mathrm{m}}(r) = \frac{M}{4\pi r}\, f(r)\tag{3.22}$$

und findet, daß die homogene Wellengleichung

$$(\Delta + k^2)\, \Pi_{\mathrm{m}}(r) = 0\tag{3.23}$$

mit $f(r) = \mathrm{e}^{-\mathrm{i}kr}$ erfüllt wird; also ist

$$\Pi_{\mathrm{m}}(r, t) = \frac{M}{4\pi r}\, \mathrm{e}^{\mathrm{i}(\omega t - kr)}\tag{3.24}$$

der HERTZsche Vektor eines magnetischen Dipols mit dem Dipolmoment (3.20). Das Magnetfeld folgt aus (1.46). Es ist

$$H = \frac{\mathrm{e}^{\mathrm{i}(\omega t - kr)}}{4\pi r^3}\left\{\frac{M \cdot r}{r^2}\, r[3 + 3\mathrm{i}kr - k^2r^2] - M[1 + \mathrm{i}kr - k^2r^2]\right\}.\tag{3.25}$$

1.3.1.2.4. Der Linienstrom im freien Raum

Zur Berechnung des Magnetfeldes eines sehr langen linearen Kabels wird (3.5) verwendet. Für Abstände von einem Kabel in Richtung der x-Achse, die sehr groß gegenüber dem Kabelradius sind, kann in (3.5)

$$j^{(\mathrm{P})}\, \mathrm{d}\tau = I\, \mathrm{d}s\, e_x\tag{3.26}$$

gesetzt werden. Wird der Einfluß der Rückleitung des Stromes außer Betracht gelassen, dann zeigt (3.5), daß das Vektorpotential A und damit auch Π_{e} parallel zum Kabel gerichtet sind und in jeder Ebene rechtwinklig zum Kabel gleiche Werte besitzen (ebenes Problem). Es genügt also, $A(0, y, z)$ zu berechnen (Abb. 1.50). Mit

$$r = \sqrt{s^2 + y^2 + z^2}$$

und (3.26) wird

$$A(0, y, z) = \frac{\mu I\, \mathrm{e}^{\mathrm{i}\omega t}}{4\pi}\, e_x \int\limits_{s=-\infty}^{\infty} \frac{\mathrm{e}^{-\mathrm{i}k\sqrt{s^2+y^2+z^2}}}{\sqrt{s^2 + y^2 + z^2}}\, \mathrm{d}s.\tag{3.27}$$

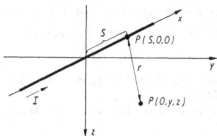

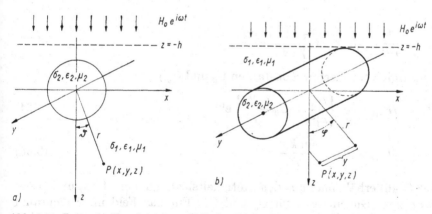

Abb. 1.50. Ein wechselstromdurchflossenes lineares Kabel in x-Richtung zur Berechnung des Vektorpotentials A in der y-z-Ebene

Mit Hilfe der Integraldarstellung der HANKEL-Funktionen (MAGNUS; OBER-HETTINGER, 1948; GRADŠTEIN; RYŠIK, 1962) erhält man

$$A(0, y, z) = -\frac{\mu}{4\pi}\, iI e_x e^{i\omega t} H_0^{(2)} \left(k\sqrt{y^2 + z^2}\right). \tag{3.28}$$

1.3.1.3.   Beeinflussung homogener Felder durch leitende Einlagerungen

1.3.1.3.1.   Leitende Kugel im homogenen niederfrequenten Magnetfeld

Es wird eine Kugel mit den Parametern σ_2, μ_2 und ε_2 betrachtet, die sich in einem unendlich ausgedehnten Medium mit den Parametern σ_1, μ_1 und ε_1 befindet und einem homogenen Magnetfeld ausgesetzt ist (WARD, 1967). Der Einfluß der Erdoberfläche wird nicht berücksichtigt. Mit $\sigma_2 \gg \sigma_1$ kann durch ein solches Modell z. B. das Verhalten eines kompakten Erzkörpers aus gutleitenden sulfidischen Erzen untersucht werden.

Abb. 1.51. Leitende Kugel (a) bzw. Zylinder (b) im homogenen niederfrequenten Magnetfeld in z-Richtung

Die quasistationäre Näherung besteht darin, daß innerhalb der inter-essierenden Umgebung der Kugel $|k_1 r| \ll 1$ ist, wobei k_1 die komplexe Wellenzahl des Außenraumes ist. Nach (3.13) kann das homogene Magnet-feld durch den HERTZschen Vektor Π_m mit gleicher Richtung dargestellt werden. Es gilt nun, Lösungen der Wellengleichung für Π_{m} zu finden, die

- im Unendlichen in den HERTZschen Vektor des homogenen Feldes übergehen,
- im Kugelinneren regulär sind,
- an der Kugeloberfläche die Stetigkeitsbedingungen für Π_{m} gem. Tab. 1.2 bzw. für H nach (1.54) und (1.56) erfüllen,
- gem. Abb. 1.51 invariant gegenüber einer Drehung um die z-Achse sind.

Dazu ist die von φ unabhängige Lösung in Kugelkoordinaten aus Tab. 1.3 geeignet:

$$\Pi_{\mathrm{m},1} = e_z \left\{ \frac{H_0}{k_1{}^2} + \sum_{n=0}^{\infty} C_n \, \frac{1}{r^{1/2}} \, H^{(2)}_{n+(1/2)}(k_1 r) \, P_n(\cos\vartheta) \right\} \mathrm{e}^{\mathrm{i}\omega t}, \qquad (3.29)$$

$$\Pi_{\mathrm{m},2} = e_z \sum_{n=0}^{\infty} C_n{}' \, \frac{1}{r^{1/2}} \, J_{n+(1/2)}(k_2 r) \, P_n(\cos\vartheta) \, \mathrm{e}^{\mathrm{i}\omega t}. \qquad (3.30)$$

Da im homogenen Magnetfeld nur die LEGENDREschen Polynome nullter Ordnung $P_0(\cos\vartheta) = 1$ auftreten, folgt aus den Stetigkeitsbedingungen und der Orthogonalität der $P_n(\cos\vartheta)$

$$C_n = C_n{}' = 0 \quad \text{für} \quad n > 0. \qquad (3.31)$$

Wegen

$$\frac{1}{r^{1/2}} \, H^{(2)}_{1/2}(k_1 r) = \sqrt{\frac{2}{\pi k_1}} \, \frac{\mathrm{e}^{-\mathrm{i}k_1 r}}{r} \qquad (3.32)$$

und

$$\frac{1}{r^{1/2}} \, J_{1/2}(k_2 r) = \sqrt{\frac{2}{\pi k_2}} \, \frac{\sin k_2 r}{r} \qquad (3.33)$$

wird nun (mit veränderten Konstanten C_0 und $C_0{}'$):

$$\Pi_{\mathrm{m},1} = e_z \left\{ \frac{H_0}{k_1{}^2} + C_0 \, \frac{\mathrm{e}^{-\mathrm{i}k_1 r}}{r} \right\} \mathrm{e}^{\mathrm{i}\omega t}, \qquad (3.34)$$

$$\Pi_{\mathrm{m},2} = e_z C_0{}' \, \frac{\sin k_2 r}{r} \, \mathrm{e}^{\mathrm{i}\omega t} \qquad (3.35)$$

und mit (1.46) erhält man aus den Stetigkeitsbedingungen (1.54) und (1.56) für $r = a$ zwei Gleichungen für C_0 und $C_0{}'$. Für das Feld im Außenraum $r > a$ wird C_0 benötigt; unter Beachtung der eingangs gemachten niederfrequenten quasistationären Näherung $|k_1 a| \ll 1$ und

$$\alpha = k_2 a \approx \sqrt{-\mathrm{i}\mu_2\sigma_2\omega a} \qquad (3.36)$$

folgt nach einigen Umformungen in Anlehnung an WAIT (1951) und WARD (1967)

$$C_0 = -a^3 H_0(S + \mathrm{i}T) \qquad (3.37)$$

mit

$$S + iT = - \frac{2\mu_2 - \mu_1 f(\alpha)}{2(\mu_2 + \mu_1 f(\alpha))} \tag{3.38}$$

$$f(\alpha) = \frac{\alpha^2 \sin \alpha}{\sin \alpha - \alpha \cos \alpha} - 1. \tag{3.39}$$

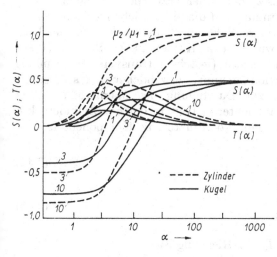

Abb. 1.52. Die Funktionen $S(\alpha)$ und $T(\alpha)$ für Kugel und Zylinder nach (3.38) bzw. (3.51) als Funktion des normierten Kugel- bzw. Zylinderradius α; Kurvenparameter: μ_2/μ_1

Für $\omega \to 0$ wird $f(0) = 2$ und $S + iT = - \frac{\mu_2 - \mu_1}{\mu_2 + 2\mu_1}$. Die drei kartesischen Komponenten des Magnetfeldes vom Außenraum ergeben sich für $|k_1 r| \ll 1$ zu

$$H_x = C_0 \frac{3xz}{r^5} e^{i\omega t}, \tag{3.40}$$

$$H_y = C_0 \frac{3yz}{r^5} e^{i\omega t}, \tag{3.41}$$

$$H_z = \left(C_0 \frac{2z^2 - x^2 - y^2}{r^5} + H_0\right) e^{i\omega t}. \tag{3.42}$$

Das ist das Feld eines in z-Richtung orientierten Dipols im Kugelmittelpunkt mit dem Dipolmoment

$$M = -4\pi a^3 H_0 (S + iT) e_z = 4\pi C_0 e_z. \tag{3.43}$$

S und T bestimmen den Real- und Imaginärteil (Abb. 1.52) des Feldes; das sind die mit dem induzierenden Magnetfeld in Phase befindlichen bzw. um 90° phasenverschobenen Anteile.

(3.40) bis (3.42) stellen eine praktisch brauchbare Näherung dar. Die exakte Behandlung einer Kugel im Feld einer ebenen elektromagnetischen Welle findet man bei KAMENEZKIJ; SVETOV (1980).

1.3.1.3.2. Leitender Zylinder im homogenen niederfrequenten Magnetfeld

Es wird ein unendlicher Kreiszylinder mit den Parametern σ_2, ε_2, μ_2 betrachtet, der sich in einem Medium σ_1, ε_1, μ_1 befindet und einem homogenen niederfrequenten Magnetfeld ausgesetzt ist. Dieses Problem wurde von GEIER (1962), NEGI (1962), MEYER (1963), KAMENEZKIJ; SVETOV (1980) zur Untersuchung des Verhaltens zylindrischer Erzkörper behandelt.

Auch hier erfolgt eine Beschränkung auf die in hinreichender Entfernung vom Zylinder gültige quasistationäre Näherung bei schlecht leitender Umgebung. Die exakte Lösung wurde von KAMENEZKIJ; SVETOV (1980) angegeben. Für ein zur Zylinderachse (y-Achse) transversales primäres Magnetfeld H_0, auch E-Polarisation genannt, verwendet man das magnetische Vektorpotential $A = A\overset{\bullet}{e}_y$ zur Darstellung des Magnetfeldes. Das Magnetfeld besitzt keine y-Komponente, es liegt in der zur Zylinderachse rechtwinkligen Ebene und hat in Polarkoordinaten die Komponenten

$$H_r = \frac{1}{\mu r}\, \frac{\partial A}{\partial \varphi}, \tag{3.44}$$

$$H_\varphi = -\frac{1}{\mu}\, \frac{\partial A}{\partial r}. \tag{3.45}$$

Für ein homogenes Primärfeld H_0 in z-Richtung ist

$$A_0 = \mu_1 H_0 r \sin \varphi \; \mathrm{e}^{\mathrm{i}\omega t} e_y. \tag{3.46}$$

Aus der Wellengleichung folgt entsprechend Tab. 1.3 für das Vektorpotential im Innern des Zylinders

$$A_i(r, \varphi) = \mu_2 \sum_{m=1}^{\infty} a_m \sin m\varphi \mathrm{J}_n(k_2 r) \; \mathrm{e}^{\mathrm{i}\omega t} e_y, \tag{3.47}$$

und außerhalb des Zylinders überlagert sich A_0 ein Zusatzpotential; dieses lautet wegen $|k_1 a| \ll 1$

$$A_a(r, \varphi) = A_0 + \mu_1 \sum_{m=1}^{\infty} b_m \frac{1}{r^m} \sin m\varphi \; \mathrm{e}^{\mathrm{i}\omega t} e_y. \tag{3.48}$$

Aus den Stetigkeitsbedingungen für die Normalkomponenten von B und die Tangentialkomponenten von H an der Zylinderoberfläche $r = a$ (s. (1.54) und (1.56)) folgt

$$a_m = b_m = 0 \quad \text{für} \quad m > 1 \tag{3.49}$$

und

$$b_1 = -a^2 \mu_1 H_0 (S + \mathrm{i}T) \tag{3.50}$$

mit

$$S + \mathrm{i}T = -\frac{\mu_2 J_1(\alpha) - \mu_1[\alpha J_0(\alpha) - J_1(\alpha)]}{\mu_2 J_1(\alpha) + \mu_1[\alpha J_0(\alpha) - J_1(\alpha)]}. \tag{3.51}$$

Den Realteil S und den Imaginärteil T zeigt Abb. 1.52 für einige Werte des Parameters μ_2/μ_1. Für $\omega \to 0$ wird $\alpha = 0$ und

$$S + iT = -\frac{\mu_2 - \mu_1}{\mu_2 + \mu_1}. \tag{3.52}$$

In Polarkoordinaten ergeben sich folgende Komponenten der magnetischen Induktion aus (3.44), (3.45) und (3.48) für $r \geq a$:

$$H_r = \left(H_0 + \frac{b_1}{r^2}\right) \cos \varphi \; e^{i\omega t}, \tag{3.53}$$

$$H_\varphi = \left(-H_0 + \frac{b_1}{r^2}\right) \sin \varphi \; e^{i\omega t}, \tag{3.54}$$

oder nach Transformation in kartesische Koordinaten

$$H_z = \left(H_0 + b_1 \frac{z^2 - x^2}{r^4}\right) e^{i\omega t}, \tag{3.55}$$

$$H_x = 2b_1 \frac{xz}{r^4} e^{i\omega t}. \tag{3.56}$$

Im Außenraum überlagert sich bei der hier betrachteten Näherung dem primären Magnetfeld das Magnetfeld einer Dipollinie.

Abb. 1.53 zeigt den Feldverlauf für eine Kugel und für einen Zylinder als Funktion von x/h an der Erdoberfläche $z = -h$ (Abb. 1.51). Dabei bedeuten die Funktionen $f(x/h)$

a) bei der Kugel

$$(H_z - H_0) \frac{h^3}{2C_0} \quad \text{bzw.} \quad H_x \frac{h^3}{3C_0}, \tag{3.57}$$

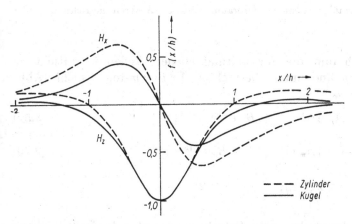

Abb. 1.53. Schematischer Verlauf der anomalen Felder H_x und H_z über einer Kugel und einem Kreiszylinder bei einer Tiefe h des Mittelpunktes unter dem Nullpunkt der x-Achse im homogenen Magnetfeld

7*

b) beim Zylinder

$$(H_z - H_0) \frac{h^2}{b_1} \quad \text{bzw.} \quad H_x \frac{h^2}{b_1}. \tag{3.58}$$

1.3.1.4. Beeinflussung elektromagnetischer Felder durch den geschichteten Halbraum

1.3.1.4.1. Ebene Wellen

Lösungen der Wellengleichung, die nur von einer Koordinate abhängen, werden ebene Wellen genannt (1.35). Ihre Untersuchung ist für die magnetotellurische Methode von besonderem Interesse, bei der das natürliche, langsam veränderliche elektromagnetische Feld der Erde verwendet wird (Kap. 1.3.2.1.). Die Ursache dieses Feldes sind zeitlich veränderliche Stromsysteme in der Hochatmosphäre; es wird durch die elektrische Leitfähigkeit der Erde beeinflußt. An der Erdoberfläche werden die elektrischen und die magnetischen Horizontalkomponenten gemessen. Dazu wird im horizontal-

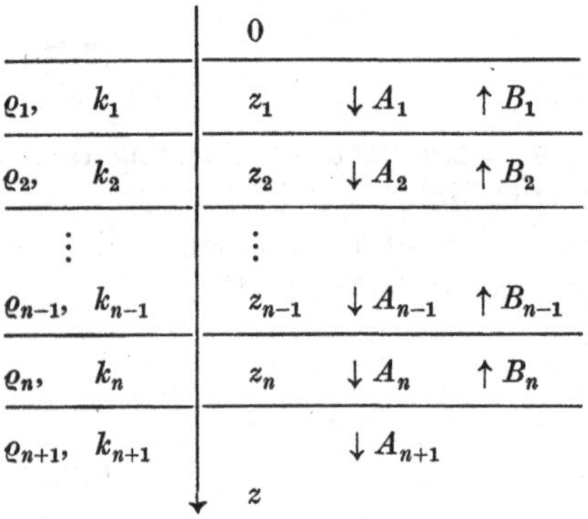

		0		
$\varrho_1,$	k_1	z_1	$\downarrow A_1$	$\uparrow B_1$
$\varrho_2,$	k_2	z_2	$\downarrow A_2$	$\uparrow B_2$
$\vdots$		$\vdots$		
$\varrho_{n-1},$	k_{n-1}	z_{n-1}	$\downarrow A_{n-1}$	$\uparrow B_{n-1}$
$\varrho_n,$	k_n	z_n	$\downarrow A_n$	$\uparrow B_n$
$\varrho_{n+1},$	k_{n+1}		$\downarrow A_{n+1}$	
		z		

Abb. 1.54. Der horizontalgeschichtete Halbraum mit den Ausbreitungsrichtungen der ebenen Wellen

geschichteten Halbraum die Ausbreitung ebener Wellen in z-Richtung (vertikal nach oben und unten) betrachtet. In der m-ten Schicht (Abb. 1.54) gilt mit $\mu_m = \mu_0$

$$E_{y,m} = [A_m \, e^{ik_m(z_m-z)} + B_m \, e^{-ik_m(z_m-z)}] \, e^{i\omega t}, \tag{3.59}$$

$$H_{x,m} = \frac{k_m}{\omega\mu_0} [A_m \, e^{ik_m(z_m-z)} - B_m \, e^{-ik_m(z_m-z)}] \, e^{i\omega t}, \tag{3.60}$$

für $\quad z_{m-1} \leqq z \leqq z_m; \quad m = 1, 2 \dots, n+1$

und mit $B_{n+1} = 0$.

A_m — Amplitude der in der m-ten Schicht nach unten laufenden Welle;
B_m — Amplitude der in der m-ten Schicht nach oben laufenden Welle, durch Reflexion an den Schichtgrenzen entstanden.

Die Verhältnisse

$$Z_{yx} = -\frac{E_y}{H_x},$$ (3.61)

$$Z_{xy} = \frac{E_x}{H_y},$$ (3.62)

werden Impedanz der ebenen elektromagnetischen Welle genannt. Wir beschäftigen uns hier nur mit dem erstgenannten und schreiben $Z_{yx} = Z$.

Im homogenen Medium gibt es keine reflektierten Wellen; es ist $B_m = 0$, und die Impedanz ist nach (3.59) und (3.60)

$$Z^{(m)} = -\frac{E_y}{H_x} = \frac{\omega\mu_0}{k_m}.$$ (3.63)

Das ist eine für das betreffende Medium charakteristische Konstante; mit (3.1) entsteht

$$Z^{(m)} = \sqrt{i\omega\mu_0\varrho_m};$$

daraus folgt für den spezifischen Widerstand

$$\varrho_m = \frac{1}{\omega\mu_0} |Z^{(m)}|^2 = \frac{10^7}{8\pi^2} T|Z^{(m)'}|$$ (3.64)

in SI-Einheiten (T—Periode).

Komplizierter jedoch ist die aus (3.59) und (3.60) für die Kombination dieser beiden Wellen berechnete Impedanz; sie ist eine Funktion von z. Speziell gilt

$$Z_m(z_m) = Z^{(m)} \frac{A_m + B_m}{A_m - B_m} = \hat{Z}_m.$$ (3.65)

Wegen der Stetigkeit von E_y und H_x an den Schichtgrenzen gilt $Z_{m-1}(z_{m-1})$ $= Z_m(z_{m-1})$, und es folgt aus (3.59) und (3.60)

$$Z_m(z_{m-1}) = Z^{(m)} \frac{A_m\,e^{ik_mh_m} + B_m\,e^{-ik_mh_m}}{A_m\,e^{ik_mh_m} - B_m\,e^{-ik_mh_m}} = \hat{Z}_{m-1},$$ (3.66)

wobei $h_m = z_m - z_{m-1}$ die Mächtigkeit der m-ten Schicht bedeutet. Aus (3.65) erhält man das Verhältnis

$$Q_m = \frac{B_m}{A_m} = \frac{\hat{Z}_m - Z^{(m)}}{\hat{Z}_m + Z^{(m)}};$$ (3.67)

dadurch können in (3.66) A_m und B_m eliminiert werden, und es ergibt sich aus (3.65) mit $m \to m - 1$ und (3.66) wegen $Z^{(m-1)} = \sqrt{i\omega\mu_0\varrho_{m-1}}$:

$$R_m = \frac{1 + Q_m\,e^{-2ik_mh_m}}{1 - Q_m\,e^{-2ik_mh_m}} = \sqrt{\frac{\varrho_{m-1}}{\varrho_m}} \frac{1 + Q_{m-1}}{1 - Q_{m-1}}.$$ (3.68)

Einige einfache Umformungen führen auf folgende Rekursionsbeziehung

$$R_m = \frac{1 - e^{-2ik_m h_m} + \sqrt{\frac{\varrho_{m+1}}{\varrho_m}}\,(1 + e^{-2ik_m h_m})\,R_{m+1}}{1 + e^{-2k_m h_m} + \sqrt{\frac{\varrho_{m+1}}{\varrho_m}}\,(1 - e^{-2ik_m h_m})\,R_{m+1}}. \tag{3.69}$$

Wegen $B_{n+1} = 0$ wird $R_{n+1} = 1$, und mit (3.69) kann für ein vorgegebenes Schichtenmodell $(h_1, h_2, \ldots, h_n,\ \varrho_1, \varrho_2, \ldots, \varrho_{n+1})$ die Größe R_1 rekursiv berechnet werden. Ferner ergibt sich

$$Z_1(0) = \hat{Z}_0 = Z^{(1)} R_1 = \sqrt{i \omega \mu_0 \varrho_1}\, R_1. \tag{3.70}$$

Man *definiert* als scheinbaren spezifischen Widerstand des geschichteten Halbraumes für die Magneto-Tellurik

$$\varrho_s = \varrho_1\, |R_1|^2. \tag{3.71}$$

Diese für ein Modell *berechnete* Größe kann mit dem aus Messungen von E_y und H_x ermittelten scheinbaren spezifischen Widerstand

$$\varrho_s = \frac{1}{\omega \mu_0}\, |Z|^2 \tag{3.72}$$

verglichen werden. Da R_1 und Z komplex sind, enthält die *Phasenverschiebung* zwischen E_y und H_x eine zusätzliche Information. Es gilt

$$\varphi = \varphi_{E_y} - \varphi_{H_x} + \pi = \varphi_{E_x} - \varphi_{H_y} \tag{3.73}$$

$$= \arctan \frac{\mathrm{Im}\,(R_1)}{\mathrm{Re}\,(R_1)} - \frac{\pi}{4}. \tag{3.74}$$

Der scheinbare spezifische Widerstand ϱ_s und die Phasenverschiebung φ sind Funktionen der Kreisfrequenz ω bzw. der Periode T (s. Abb. 1.55).

Statt (3.69) schreibt man oft auch

$$R_m = \mathrm{th}\left\{ ik_m h_m + \mathrm{arth}\left[\sqrt{\frac{\varrho_{n+1}}{\varrho_m}}\, R_{m+1} \right] \right\} \tag{3.75}$$

und verwendet diese Beziehung zur rekursiven Berechnung des scheinbaren spezifischen Widerstandes.

1.3.1.4.2. Vertikaler magnetischer Dipol

Zur Berechnung des Feldes eines vertikalen magnetischen Dipols über dem geschichteten Halbraum ist es notwendig, für den HERTZschen Vektor (3.24) mit $\boldsymbol{M} = M \boldsymbol{e}_z$ eine Integraldarstellung in Zylinderkoordinaten gem. Tab. 1.3 zu finden. Dazu eignet sich das SOMMERFELD-Integral

$$\frac{e^{-ik \sqrt{x^2 + y^2 + (z+h)^2}}}{\sqrt{x^2 + y^2 + (z+h)^2}} = \int\limits_{\lambda=0}^{\infty} J_0(\lambda r)\, e^{-|z+h|\sqrt{\lambda^2 - k^2}}\, \frac{\lambda\, d\lambda}{\sqrt{\lambda^2 - k^2}}, \tag{3.76}$$

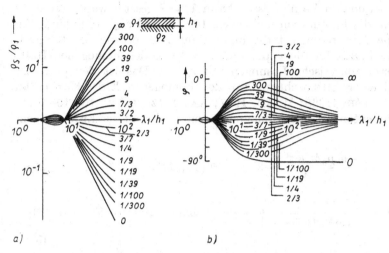

a)   *b)*

Abb. 1.55. Der scheinbare spezifische Widerstand (a) und die Phasenverschiebung (b) für den Zweischicht-Fall der Magneto-Tellurik

dabei bedeuten r in (3.76) die Zylinderkoordinate $r = \sqrt{x^2 + y^2}$ (in (3.24) dagegen $r = \sqrt{x^2 + y^2 + z^2}$) und h die Höhe des Dipols über der Erdoberfläche. Diesem primären Vektorpotential sind zusätzliche Glieder in der in Tab. 1.3 angegebenen Form für jede Schicht hinzuzufügen und die dort auftretenden Funktionen $B_m(\lambda)$ aus den Stetigkeitsbedingungen an den Grenzflächen $z = 0$, $z = z_1$ usw. zu bestimmen. Aus Symmetriegründen sind alle $B_m(\lambda) = 0$ für $m > 0$.

Für $z \leqq 0$ (oberhalb der Erdoberfläche) erhält man folgenden HERTZschen Vektor:

$$\Pi_m(r, z, t) = \frac{M}{4\pi}\, e^{i\omega t} e_z \int\limits_{\lambda=0}^{\infty} J_0(\lambda r) \left\{ e^{-(z+h)\lambda_0} + \frac{\lambda_0 - \lambda_1/R^*}{\lambda_0 + \lambda_1 R^*}\, e^{(z-h)\lambda_0} \right\} \frac{\lambda}{\lambda_0}\, d\lambda \quad (3.77)$$

mit

$$\lambda_m = \sqrt{\lambda^2 - k_m{}^2}, \quad (3.78)$$

$$R^* = \coth\left\{ \lambda_1 h_1 + \text{ar coth}\left[\frac{\lambda_1}{\lambda_2} \coth\left(\lambda_2 h_2 + \cdots + \text{ar coth}\, \frac{\lambda_n}{\lambda_{n+1}} \right) \right] \right\}. \quad (3.79)$$

Daraus folgt

$$E_\varphi = -i\omega\mu_0\, \frac{\partial \Pi_m}{\partial r}, \quad (3.80)$$

$$H_z = \frac{1}{i\mu_0\omega r}\, \frac{\partial}{\partial r}\, (rE_\varphi), \quad (3.81)$$

$$H_r = -\frac{1}{i\mu_0\omega}\, \frac{\partial}{\partial z}\, E_\varphi. \quad (3.82)$$

Unter quasistationären Verhältnissen kann $\lambda_0 = \lambda$ gesetzt werden. Das ist zulässig, wenn die Frequenzen kleiner als 10 kHz und r $\leq 10^3$ m sind. Für die praktische Anwendung ist die numerische Auswertung der Integrale notwendig. Lediglich für die Dipolhöhe $h = 0$ und den homogenen Halbraum existieren analytische Lösungen mit $\lambda_0 \approx \lambda$. Das ist der praktisch wichtige Fall einer Stromschleife auf der homogenen Erde. Man erhält (WAIT, 1955; VEŠEV, 1965; WARD, 1967; KAMENEZKIJ; SVETOV, 1980) folgende Komponenten des elektromagnetischen Feldes an der Erdoberfläche $z = 0$:

$$E_\varphi = \frac{-i\omega\mu_0 M\, e^{i\omega t}}{2\pi k_1{}^2 r^4} \{-3 + e^{-ik_1 r}(3 + 3ik_1 r - k_1{}^2 r^2)\}, \qquad (3.83)$$

$$H_z = \frac{M\, e^{i\omega t}}{4\pi r^2} \left\{\frac{2}{k_1{}^2 r^2}[-9 + (9 + 9ik_1 r - 4k_1{}^2 r^2 - ik_1{}^3 r^3)\, e^{-ik_1 r}]\right\}, \qquad (3.84)$$

$$H_r = \frac{M\, e^{i\omega t}}{4\pi r^2} \left\{\frac{i\pi}{2} k_1{}^2 r^2 \left[J_2\left(\frac{k_1 r}{2}\right) H_2{}^{(2)}\left(\frac{k_1 r}{2}\right) - J_1\left(\frac{k_1 r}{2}\right) H_1{}^{(2)}\left(\frac{k_1 r}{2}\right)\right]\right\}. \qquad (3.85)$$

Eine Näherungslösung für den geschichteten Halbraum folgt aus (3.83) bis (3.85), indem k_1 durch k_1/R^* (s. (3.79)) ersetzt wird.

Von praktischem Interesse ist ferner die niederfrequente Näherung in Dipolnähe. Nach Einführung eines normierten (dimensionslosen) Abstandes $\xi = |k_1|\, r$ entsteht für $\xi \ll 1$

$$E_\varphi = \frac{-i\omega\mu_0 M\, e^{i\omega t}}{2\pi k_1{}^2 r^4} \left\{-\xi^4\left(1 - \frac{4\sqrt{2}}{15}\,\xi\right) - i\frac{\xi^2}{2}\left(1 - \frac{\sqrt{2}}{15}\,\xi\right)\right\}, \qquad (3.86)$$

$$H_z = -\frac{M\, e^{i\omega t}}{4\pi r^3} \left\{1 + \frac{2\sqrt{2}}{15}\,\xi^2 + i\frac{\xi^2}{4}\left(1 - \frac{8\sqrt{2}}{15}\,\xi\right)\right\}, \qquad (3.87)$$

$$H_r = \frac{M\, e^{i\omega t}}{4\pi r^3} \left\{\frac{\xi^4}{16}\left(\ln\frac{\gamma\xi}{4} - \frac{1}{12}\right) - i\frac{\xi^2}{4}\left(1 - \frac{\pi}{16}\,\xi^2\right)\right\}, \qquad (3.88)$$

$(\ln \gamma = 0{,}577\,215\ldots).$

1.3.1.4.3. Horizontaler magnetischer Dipol

Beim horizontalen magnetischen Dipol ist für das zusätzliche magnetische Vektorpotential $\mathit{\Pi}_m$ außer der zum Dipol parallelen Komponente auch die z-Komponente erforderlich, um die Stetigkeitsbedingungen an den Schichtgrenzen erfüllen zu können.

Ist der magnetische Dipol an der Erdoberfläche ($h = 0$) in x-Richtung orientiert, dann treten an der Oberfläche des homogenen Halbraumes folgende Feldstärkekomponenten auf:

$$H_x = \frac{M\,\mathrm{e}^{\mathrm{i}\omega t}}{4\pi k_1{}^2 r_1{}^5} \{-6 - 2k_1{}^2 r^2 + \mathrm{e}^{-\mathrm{i}k_1 r}(6 + 6\mathrm{i}k_1 r - 2k_1{}^2 r^2)$$
$$- k_1{}^2 x^2 [15 + 3k_1{}^2 r^2 - \mathrm{e}^{-\mathrm{i}k_1 r}(15 + 15\mathrm{i}k_1 r - 6k_1{}^2 r^2 - \mathrm{i}k_1{}^3 r^3)]\},$$
(3.89)

$$H_y = \frac{M\,\mathrm{e}^{\mathrm{i}\omega t}}{4\pi r^3} \left\{ \frac{2xy}{r^4 k_1{}^2} [15 + 3k_1{}^2 r^2 - \mathrm{e}^{-\mathrm{i}k_1 r}(15 + 15\mathrm{i}k_1 r \right.$$
$$\left. - 6k_1{}^2 r^2 - \mathrm{i}k_1{}^3 r^3)] \right\},$$
(3.90)

$$H_z = \frac{M\,\mathrm{e}^{\mathrm{i}\omega t}}{4\pi r^3} \left\{ \frac{-\mathrm{i}\pi x}{r} \frac{k_1{}^2 r^2}{2} \left[J_2\left(\frac{k_1 r}{2}\right) H_2{}^{(2)}\left(\frac{k_1 r}{2}\right) \right.\right.$$
$$\left.\left. - J_1\left(\frac{k_1 r}{2}\right) H_1{}^{(2)}\left(\frac{k_1 r}{2}\right) \right] \right\},$$
(3.91)

$$E_x = \frac{-\mathrm{i}\omega\mu_0 M\,\mathrm{e}^{\mathrm{i}\omega t}}{4\pi k_1{}^2 r^4} \left\{ \frac{-xy}{r^2} \mathrm{i}\pi \frac{k_1{}^3 r^3}{2} \left[J_1\left(\frac{k_1 r}{2}\right) H_2{}^{(2)}\left(\frac{k_1 r}{2}\right) \right.\right.$$
$$\left.\left. + J_2\left(\frac{k_1 r}{2}\right) H_1{}^{(2)}\left(\frac{k_1 r}{2}\right) \right] \right\},$$
(3.92)

$$E_y = \frac{-\mathrm{i}\omega\mu_0 M\,\mathrm{e}^{\mathrm{i}\omega t}}{4\pi k_1{}^2 r^4} \left\{ -\mathrm{i}\pi k_1{}^2 r^2 J_1\left(\frac{k_1 r}{2}\right) H_1{}^{(2)}\left(\frac{k_1 r}{2}\right) + \mathrm{i}\pi \frac{x^2}{r^2} \frac{k_1{}^3 r^3}{2} \right.$$
$$\left. \times \left[J_1\left(\frac{k_1 r}{2}\right) H_2{}^{(2)}\left(\frac{k_1 r}{2}\right) - J_2\left(\frac{k_1 r}{2}\right) H_2{}^{(2)}\left(\frac{k_1 r}{2}\right) \right] \right\}.$$
(3.93)

Die für praktische Anwendungen interessante Näherung in Dipolnähe lautet mit $\xi = |k_1|\,r \ll 1$ nach KAMENEZKIJ; SVETOV (1980):

$$H_x = \frac{M\,\mathrm{e}^{\mathrm{i}\omega t}}{4\pi r^3} \left\{ -1 + 3\frac{x^2}{r^2} - \frac{\sqrt{2}}{15}\xi^3 - \mathrm{i}\frac{\xi^2}{4}\left[1 - \frac{x^2}{r^2} - \frac{4\sqrt{2}}{15}\xi\right] \right\},$$
(3.94)

$$H_y = \frac{M\,\mathrm{e}^{\mathrm{i}\omega t}}{4\pi r^3} \left\{ \frac{xy}{r^3}\left(3 + \frac{\xi^4}{24} + \mathrm{i}\frac{\xi^2}{4}\right) \right\},$$
(3.95)

$$H_z = \frac{M\,\mathrm{e}^{\mathrm{i}\omega t}}{4\pi r^3} \left\{ -\frac{x}{r}\left[\frac{\xi^4}{16}\left(\ln\frac{\gamma\xi}{4} - \frac{1}{12}\right) - \frac{\mathrm{i}\xi^2}{4}\left(1 - \pi\frac{\xi^2}{16}\right) \right] \right\},$$
(3.96)

$$E_x = \frac{M\,\mathrm{e}^{\mathrm{i}\omega t}}{4\pi\sigma r^4} \left\{ \frac{xy}{r^2}\left[-\frac{\xi^4}{8}\left(1 - \pi\frac{\xi^2}{32}\right) - 2\mathrm{i}\xi^2 \right] \right\},$$
(3.97)

$$E_y = \frac{M\,\mathrm{e}^{\mathrm{i}\omega t}}{4\pi\sigma r^4} \left\{ \frac{\xi^4}{8}\left(\ln\frac{\gamma\xi}{4} - \frac{1}{4}\right) - \mathrm{i}\xi^2\left(1 - \pi\frac{\xi^2}{32}\right) \right.$$
$$\left. + \frac{x^2}{r^2}\left[\frac{\xi^4}{8}\left(1 - \pi\frac{\xi^2}{32}\right) + 2\mathrm{i}\xi^2 \right] \right\}.$$
(3.98)

1.3.1.4.4. Das Feld des elektrischen Dipols

Der elektrische Dipol spielt in der angewandten Geophysik eine geringere Rolle als der magnetische Dipol. Zur Darstellung seines Feldes wird der elektrische HERTZsche Vektor in gleicher Weise wie der magnetische beim magnetischen Dipol verwendet. Dementsprechend entstehen analoge Ausdrücke wie beim magnetischen Dipol mit entsprechender Vertauschung der elektrischen und magnetischen Feldstärkekomponenten.

1.3.1.5. Das Feld eines Linienstromes

Einige elektromagnetische Verfahren (z. B. Turam-Methode; s. Kap. 1.3.2.2.) benutzen zur Erzeugung des niederfrequenten elektromagnetischen Feldes einen sehr langen wechselstromdurchflossenen geradlinigen Leiter (Stromstärke $I\,\mathrm{e}^{\mathrm{i}\omega t}$). Zur Beschreibung eignet sich der elektrische HERTZsche Vektor bzw. das Vektorpotential A. Für einen unendlich langen Leiter wurde dieses bereits in Kap. 1.3.1.2.4. angegeben. Der Einfluß des Erdhalbraumes wurde z. B. von POLLACZEK (1926), BUCHHEIM (1953), WAIT (1962) untersucht.

An der Erdoberfläche $z = 0$ (Abb. 1.50) treten nach KAMENEZKIJ; SVETOV (1980) folgende Vertikal- und Horizontalkomponenten des Magnetfeldes auf:

$$H_z = \frac{I}{2\pi y}\,F_z\,\mathrm{e}^{\mathrm{i}\omega t}, \tag{3.99}$$

$$H_y = \frac{I}{2\pi y}\,F_y\,\mathrm{e}^{\mathrm{i}\omega t}. \tag{3.100}$$

Die komplexen Funktionen F_y und F_z charakterisieren den Einfluß des leitenden Halbraumes; sie lauten

$$F_z = F_z{}^{(r)} + \mathrm{i}F_z{}^{(i)} = -\frac{4}{k^2 y^2} - \mathrm{i}\pi\left[H_0{}^{(2)}(ky) + \frac{2}{ky}\,H_1{}^{(2)}(ky)\right], \tag{3.101}$$

$$F_y = F_y{}^{(1)} + \mathrm{i}F_y{}^{(i)} = H_0(ky) - \frac{2}{ky}\,H_1(ky) + \mathrm{i}J_0(ky) + \frac{2\mathrm{i}}{ky}\,J_1(ky). \tag{3.102}$$

Die Funktionen H_p ($p = 0{,}1$) sind die STRUVEschen Funktionen (Tabellen bei JAHNKE; EMDE, 1952; ABRAMOWITZ; STEGUN, 1964; 1979). In der Nahzone gilt mit $s = |k|\,y \ll 1$

$$F_z = 1 - \frac{\pi}{16}\,s^2 + \frac{\mathrm{i}s^2}{4}\left[\ln\frac{\gamma s}{2} - \frac{3}{4}\right]. \tag{3.103}$$

$$F_y = \frac{\sqrt{2}}{3}\,s\left[1 - \frac{s^2}{5} + \mathrm{i}\left(1 - \frac{3\pi}{8\sqrt{2}}\,s\right)\right]. \tag{3.104}$$

Da F_z und F_y komplex sind, tritt zwischen H_z und H_y eine Phasenverschiebung auf. Das Magnetfeld an der Oberfläche des homogenen Halbraumes ist elliptisch polarisiert. Mit wachsendem Abstand vom Kabel verkleinert sich die Ellipse, die Neigung ihrer großen Halbachse nimmt zu (Abb. 1.56).

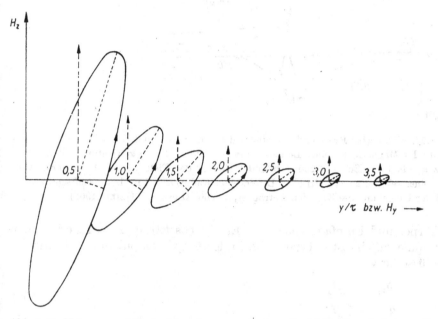

Abb. 1.56. Neigung und Umlaufsinn der magnetischen Drehfeldellipse bei einem lineare Kabel an der Erdoberfläche (nach BUCHHEIM, 1953)

τ — elektromagnetische Eindringtiefe

Aus der Abnahme des Magnetfeldes mit dem Abstand vom Kabel kann der spezifische Widerstand des Halbraumes bestimmt werden. Abweichungen vom Verlauf des Normalfeldes charakterisieren Inhomogenitäten im Halbraum.

WARD (1967) betrachtet das Magnetfeld eines linearen Leiters an der Oberfläche des geschichteten Halbraumes.

Die Störung des Normalfeldverlaufs an der Erdoberfläche durch einen guten Leiter zeigt Abb. 1.57 nach GEIER (1962).

1.3.1.6. *Beschreibung der Wirkung einer leitenden Einlagerung im magnetischen Wechselfeld mit der Leiterkreistheorie*

Ein leitender Störkörper in nichtleitender Umgebung kann als geschlossener Leiterkreis mit dem OHMschen Widerstand R_e und der Induktivität L_2 betrachtet werden. Zwischen der Sendespule (Leiterkreis 1) und dem Störkörper (Leiterkreis 2) beträgt die Gegeninduktivität L_{12}, zwischen Sendespule und Empfangsspule (Leiterkreis 3) L_{13} und entsprechend zwischen

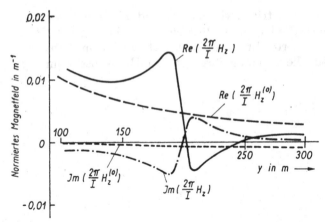

Abb. 1.57. Normierter Real- und Imaginärteil der normalen und anomalen Vertikalkomponente des Magnetfeldes eines Linienstromes der Stärke 1 A in x-Richtung mit der Frequenz $\nu = 500$ Hz. Bei $y = 200$ m befindet sich in der Tiefe $z_m = -10$ m der Mittelpunkt eines sehr guten zylindrischen Leiters vom Radius $a = 1$ m. Der spezifische Widerstand der Umgebung des Zylinders beträgt $\varrho_0 = 1\,000$ $\Omega\cdot$m (nach GEIER, 1962)

Störkörper und Empfangsspule L_{23}. Ein Wechselstrom $I_1 = I_{10}\,e^{i\omega t}$ in der Sendespule ruft im Störkörper bzw. in der Empfangsspule folgende Induktionsflüsse hervor

$$\Phi_{12} = L_{12}I_1,$$
$$\Phi_{13} = L_{13}I_1. \tag{3.105}$$

Nach dem FARADAYschen Induktionsgesetz wird im Störkörper die Spannung

$$U_{12} = -\frac{\mathrm{d}}{\mathrm{d}t}\,\Phi_{12} = -\mathrm{i}\omega L_{12}I_1 \tag{3.106}$$

induziert, die ihrerseits einen Strom

$$I_2 = \frac{U_{12}}{R_2 + \mathrm{i}\omega L_2} = \frac{-\mathrm{i}\omega L_{12}}{R_2 + \mathrm{i}\omega L_2}\,I_1 \tag{3.107}$$

hervorruft. Dieser Strom verursacht in der Empfangsspule den Induktionsfluß

$$\Phi_{23} = L_{23}I_2 \tag{3.108}$$

und induziert die Spannung

$$U_{23} = -\frac{\mathrm{d}}{\mathrm{d}t}\,\Phi_{23} = \frac{-\omega^2 L_{23}L_{12}}{R_2 + \mathrm{i}\omega L_2}\,I_1. \tag{3.109}$$

Durch die direkte Kopplung zwischen Sende- und Empfangsspule wird die Spannung

$$U_{13} = -\frac{\mathrm{d}}{\mathrm{d}t}\,\Phi_{13} = -\mathrm{i}\omega L_{13}I_1 \tag{3.110}$$

induziert. Als Maß für die Wirkung des Störkörpers wird das folgende Spannungsverhältnis verwendet:

$$\frac{U_{23}}{U_{13}} = -i\omega \frac{L_{23}L_{12}}{L_{13}(R_2 + i\omega L_2)}. \tag{3.111}$$

Zweckmäßig ist die Einführung der Kopplungsfaktoren

$$K_{12} = \frac{L_{12}}{\sqrt{L_1L_2}}, \qquad K_{23} = \frac{L_{23}}{\sqrt{L_2L_3}}, \qquad K_{13} = \frac{L_{13}}{\sqrt{L_1L_3}} \tag{3.112}$$

und des dimensionslosen Responseparameters:

$$Q = \frac{\omega L}{R_2}, \tag{3.113}$$

der den Störkörper charakterisiert. Man erhält

$$\frac{U_{23}}{U_{13}} = -\frac{K_{12}K_{23}}{K_{13}} \frac{Q^2 + iQ}{1 + Q^2}, \tag{3.114}$$

Die von Q abhängige komplexe Funktion

$$f(Q) = \frac{Q^2 + iQ}{1 + Q^2} \tag{3.115}$$

wird als Responsefunktion bezeichnet.

Abb. 1.58 zeigt den Verlauf von Real- und Imaginärteil von $f(Q)$ als Funktion von Q. Ein ähnliches Verhalten wurde für das Verhalten einer leitenden Kugel oder eines leitenden Zylinders im Magnetfeld abgeleitet (Kap. 1.3.1.3; Abb. 1.52).

Für niedrige Frequenzen ($Q < 1$) überwiegt der Imaginärteil, bei hohen Frequenzen ($Q > 1$) überwiegt der Realteil. Vor allem bei Messungen mit mehreren Frequenzen liefert das Verhältnis von Real- und Imaginärteil wertvolle Hinweise für die Leitfähigkeit des Störkörpers. Mit dem Slingram-Verfahren werden die relativen Intensitäten der Real- und Imaginärteile des Sekundärfeldes gemessen (Tab. 1.13).

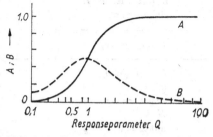

Abb. 1.58. Responsefunktion für einen leitenden Körper in einem elektromagnetischen Feld; berechnet nach der Leiterkreistheorie

A — Realteil B — Imaginärteil

$$A = \frac{Q^2}{1 + Q^2} \qquad B = -\frac{Q}{1 + Q^2}$$

Bei den Wechselstrom-Induktionsverfahren wird stets das Gesamtfeld gemessen, das sich aus dem Primärfeld der Sendespule und dem Sekundärfeld des Störkörpers zusammensetzt. Die unterschiedliche Orientierung von Sekundärfeld und Primärfeld und die Phasenverschiebung zwischen beiden bewirken, daß das resultierende Magnetfeld elliptisch polarisiert ist. Die Neigung der Ellipse gegen die Horizontale wird mit den Kippwinkelmethoden gemessen (Tab. 1.12).

1.3.1.7. Die Kopplung zweier Spulen an der Erdoberfläche

Die Kopplung zweier Spulen an der Erdoberfläche wird durch die Widerstandsverteilung des Erdhalbraumes beeinflußt. Sie kann durch die Gegeninduktivität oder den Kopplungsfaktor ausgedrückt werden. In der angewandten Geophysik wird die gegenseitige Impedanz Z bevorzugt; sie ist definiert als Verhältnis der in der Empfangsspule induzierten Spannung zum Strom I in der Sendespule.

Die gegenseitige Impedanz zweier koplanarer Spulen im leeren Raum im Abstand r wird mit Z_0 bezeichnet. Für spezielle Spulenkombinationen an der Oberfläche des Halbraumes ist es üblich, ihre Impedanz Z durch Z_0 zu dividieren und die auf diese Weise normierten Impedanzen Z/Z_0 zu verwenden:

$$\frac{Z}{Z_0} = \frac{4\pi r^3}{M} H. \tag{3.116}$$

Wichtig sind die in Tab. 1.9 angegebenen vier Kombinationen zweier Spulen an der Erdoberfläche. Für den homogenen Halbraum zeigt Abb. 1.59 die normierte Impedanz als Funktion des normierten Abstandes $r/\tau = r \sqrt{\sigma\mu_0\omega/2}$ nach WAIT (1955). Den Einfluß der Höhe h der Spulenanordnung über der Erdoberfläche findet man bei WAIT (1955; 1956) und WARD (1967).

Tabelle 1.9. Die Gegenimpedanz für wichtige Spulenorientierungen an der Erdoberfläche

Orientierung der		in (3.11) ist für H einzusetzen:
Spulenachsen	Spulenebenen	
vertikal	koplanar	H_z von (3.81)
horizontal (koaxial)	parallel	H_x von (3.89) mit $y = 0$; $r = x$
horizontal	koplanar	H_x von (3.89) mit $x = 0$; $r = y$
Sender: vertikal Empfänger: horizontal (radial)	orthogonal	H_r von (3.82)

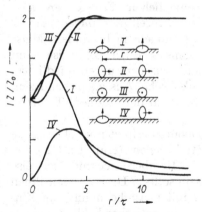

Abb. 1.59. Normierte gegenseitige Impedanz
verschiedener Spulenanordnungen an der
Erdoberfläche nach WAIT (1955) als
Funktion des normierten Abstandes
τ — elektromagnetische Eindringtiefe

1.3.2.   Allgemeine apparative und methodische Voraussetzungen

Für die Anregung elektromagnetischer Felder benutzt man meist die in
Abb. 1.60 dargestellten Senderanordnungen. Im Beobachtungspunkt P,
der im Falle der Abb. 1.60b auch innerhalb der Schleife liegen kann, lassen
sich beliebige elektromagnetische Feldkomponenten bzw. deren Gradienten

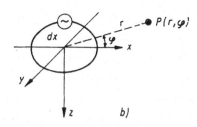

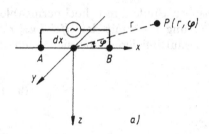

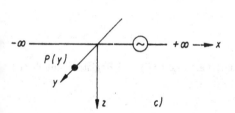

Abb. 1.60. Senderanordnungen für
elektromagnetische Wechselfelder

a) geerdeter elektrischer Dipol,
b) nichtgeerdeter magnetischer Dipol,
c) unendlich langes Kabel
(aus PORSTENDORFER, 1982)

sowie Feld-Polarisationsellipsen in unterschiedlichen Frequenzen aufnehmen. Ihr Indikationswert bezüglich strukturell-petrophysikalischer
Größen des Untergrundes wurde in Kap. 1.3.1. eingehend behandelt. Meist
stellt man einen Bezug zur eingespeisten Stromstärke her. Teilweise kann
man aber auch die Übertragungsfunktionen zwischen unterschiedlichen
Feldkomponenten für strukturell-petrophysikalische Aussagen benutzen,
was vor allem bei Unkenntnis der Quellen (z. B. in der Magneto-Tellurik;
Kap. 1.3.2.1.) von Vorteil ist.

Die Aufnahme der elektrischen Feldkomponenten erfolgt über elektrische
Dipole, die in der Regel aus geerdeten Metallspießen (Kap. 1.2.1.2.) bestehen, im Falle sehr niedriger Frequenzen < 1 Hz aber zweckmäßigerweise
unpolarisierbare Elektroden (Kap. 1.5.1.2.) sein sollten. Die zwischen ihnen
anliegende Meßspannung wird dem Meßgerät mit meist hochohmigem Ein-
gangswiderstand zugeführt. Bei der Aufnahme magnetischer Feldkomponenten im Frequenzbereich > 1 Hz sind Induktionsspulen am verbreitetsten.
Die in einer Luftspule induzierte Spannungsamplitude beträgt

$$|U| = \omega F \mu_0 |H| n. \tag{3.117}$$

ω — Kreisfrequenz $= 2\pi f$; f — Frequenz; F — Spulenfläche; $\mu_0 = 4\pi \cdot 10^{-7}$;
$|H|$ — Amplitude der Magnetfeld-Komponente in Richtung der Spulenachse;
n — Windungszahl.

Bei Verwendung schlanker zylindrischer Spulen mit hochpermeablem
Kernmaterial (Abb. 1.61) ist diese Gleichung noch mit der *effektiven relativen magnetischen Permeabilität* μ_{eff} zu multiplizieren, die sich nach der
folgenden Formel abschätzen läßt

$$\mu_{eff} \approx 0{,}5 \, \frac{l_k^2}{d_i^2}. \tag{3.118}$$

l_k — Kernlänge; d_i — Kerndurchmesser.

Je nach Konstruktion geben solche Spulen Spannungen bis zu $(0{,}5 \, \text{mV/nT}) f$
ab.

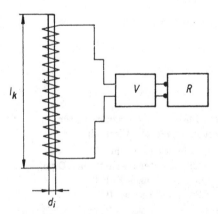

Abb. 1.61. Hochpermeable zylindrische Spule mit Verstärker (V) und Registriereinheit (R)
l_k — Länge; d_i — Durchmesser des hochpermeablen Kerns
(aus Porstendorfer, 1975)

Weitere magnetische Sensoren für spezielle Frequenzbereiche sind aus Tab. 1.10 zu entnehmen. Auf die Beschreibung ihres Prinzips wird verzichtet. Eine ausführliche Darstellung findet sich bei PORSTENDORFER (1975) sowie MILITZER; SCHEIBE (1981).

Tabelle 1.10. Magnetische Sensoren für spezielle Frequenzbereiche

Magnetischer Sensor	Meßparameter	Frequenzbereich	erreichte Empfindlichkeit
SQUID-Magneto-meter	Komponenten	$0 \ldots 25$ kHz	10^{-5} nT
Autokompensations-Variometer	Komponenten	$0 \ldots 0{,}5$ Hz	10^{-2} nT
Saturationskern-Magnetometer	Komponenten	$0 \ldots 100$ Hz	10^{-2} nT
Protonen-Magnetometer	Totalfeld	$0 \ldots 1$ Hz	10^{-2} nT
Absorptionszellen-Magnetometer	Totalfeld	$0 \ldots$ Larmor-Frequenz	$2{,}5 \cdot 10^{-3}$ nT

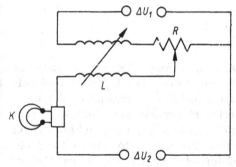

Abb. 1.62. Komplexer Kompensator
L — Phasenabgleichsinduktivität,
R — Amplitudenabgleichswiderstand,
K — Kopfhörer,
ΔU_1 — Referenzspannung von Spule 1,
ΔU_2 — unbekannte Spannung von Spule 2
(aus PORSTENDORFER, 1982)

Als Registriereinheit verwendet man bei Aufnahmen mit Induktionsspulen oft den *komplexen Kompensator* (Abb. 1.62). Er gestattet Amplituden- und Phasenbestimmungen des Meßsignals in bezug auf ein Vergleichssignal. Man verändert dabei eine Induktivität L und einen Widerstand R solange, bis im Kopfhörer kein Ton mehr zu hören ist. Andere Meßgeräte gestatten z. T., den Real- und Imaginärteil eines Meßsignals im Verhältnis zu einem Vergleichssignal zu messen. Zwischen Amplituden- und Phasenmessungen bzw. Real- und Imaginärteilmessungen bestehen die Beziehungen:

$$|S| = \sqrt{(\mathrm{Re}\,S)^2 + (\mathrm{Im}\,S)^2}; \qquad \varphi = \arctan \frac{\mathrm{Im}\,S}{\mathrm{Re}\,S}, \qquad (3.119)$$

$$\mathrm{Re}\,S = |S| \cos \varphi,$$

$$\mathrm{Im}\,S = |S| \sin \varphi.$$

Die bei Amplitudenmessungen erreichte Empfindlichkeit liegt bei 0,1%
und die bei Phasenmessungen erreichte Empfindlichkeit bei 0,1°.

Bei Komponentenmessungen ist die Einhaltung der genauen Spulenorientierungen mit hoher Präzision erforderlich. Man kann diesen Nachteil umgehen, wenn mit derselben Aufnahmespule gleichzeitig zwei oder mehrere
Frequenzen aufgenommen werden, ihr Amplitudenverhältnis als Meßwert
benutzt und dann digital direkt angezeigt wird. Bei elektromagnetischen
Messungen bilden Kippwinkel und Elliptizität der Polarisationsellipse des
mit der Frequenz f umlaufenden magnetischen Feldvektors eng mit den
strukturell-petrophysikalischen Parametern des Bodens verbundene Meßgrößen, die man mit gekreuzten Induktionsspulen aufnimmt. Man dreht das
Spulenpaar so lange um eine horizontale Achse, bis über eine Spule ein
Tonminimum empfangen wird. Die Spulenachse steht dann senkrecht zur
großen Achse der Polarisationsellipse. In dieser Lage vergleicht man die
Signale der um 90° verschobenen Induktionsspannungen und kann so das
Achsenverhältnis bestimmen. Zeitlich veränderliche Vorgänge, wie sie bei
Frequenz- und Transient-Sondierungen bzw. in der Magneto-Tellurik auf-
treten, erfaßt man mit vielkanaligen Digitalstationen auf Magnetband
und leitet sie einer weiteren Verarbeitung auf Tischrechnern bzw. größeren
EDV-Anlagen zu.

1.3.2.1.   Magneto-Tellurik

Bei der elektromagnetischen Frequenzsondierung größerer Tiefen mit
künstlichen Quellen stößt man auf Grenzen, da die im Empfangsdipol aufgenommenen elektrischen Felder $E = U_{MN}/MN$ vom Störpegel der elektrischen Felder (0,1...100 mV/km) überlagert werden; sie gehören zu entsprechenden magnetischen Variationen (0,1...10 nT). Man spricht auch von
den Feldern der *tellurischen Ströme*, die eine weltweite Verbreitung besitzen. Magnetische Variationen und tellurische elektrische Felder breiten
sich als ebene elektromagnetische Wellen aus; sie werden weit außerhalb der
Erde in der Magnetosphäre und Ionosphäre im Periodenbereich von einigen 10 Sekunden bis zu einigen 10 Minuten (sog. Pulsationen) erzeugt —
sind aber nur ein Teil des natürlichen elektromagnetischen Frequenzspek-
trums der Erde, das in Tab. 1.11 dargestellt wird. Die elektromagnetischen
Wellen dringen senkrecht zur Erdoberfläche in das Erdinnere ein; ihre
elektrischen und magnetischen Komponenten stehen senkrecht aufeinander
(Kap. 1.3.1.4). Diese Wellen sind die Grundlage des *magneto-tellurischen
Verfahrens* der angewandten Geophysik und lassen sich mit Vorteil zur
Sondierung nutzen. Dabei kombiniert man in einem rechtwinkligen Koordinatensystem die jeweils senkrecht zueinander stehenden elektrischen
und magnetischen Feldkomponenten zur *Impedanz*

$$Z(\omega) = \frac{E_x(\omega)}{H_y(\omega)}, \tag{3.120}$$

Tabelle 1.11. Elektromagnetisches Frequenzspektrum der Erde (Legende siehe Seite 115)

Eindringtiefe
für $\varrho = 1 \Omega \cdot m$

km | m
$1{,}6 \cdot 10^3$ $1{,}6 \cdot 10^2$ | $1{,}6 \cdot 10^1$ $1{,}6 \cdot 10^0$ $1{,}6 \cdot 10^{-2}$ $1{,}6 \cdot 10^{-1}$ $1{,}6 \cdot 10^0$

λ für $\varrho = 1 \Omega \cdot m$

km | m
10^5 10^4 10^3 10^2 10^1 10^0 | 10^{-2} 10^{-1}

λ in der Atmosphäre

km | m | mm | μm | nm
10^6 10^4 10^2 10^0 10^2 10^4 | 10^0 10^2 | 10^0 10^2 10^1 | 10^0 10^2 | 10^1 10^{-1}

Säkul. Sonnenfl.Solarr. S_0 ssc,sfe-
PALÄOMAGN. V. V. V, D_{st}, S_q, L b, Pt-Pc-Pi
VARIAT. Jahresz.

ELF   NF   VLF   HF   UHF   MICROW.   INFRAROT   UV   X-Str. γ-Strahl.

$3 \cdot 10^6$ $3 \cdot 10^6$ $3 \cdot 10^4$ $3 \cdot 10^2$ $3 \cdot 10^0$ | 10^2 10^0 | 10^0 10^2 | 10^4 | 10^0 10^2 | 10^0 10^2 10^1 | 10^0 10^2 | 10^0 10^2 | 10^{16} 10^{18}

Tin a | Tin d | T in s | Hz | MHz | GHz | THz | Hz

sichtbar

Atmosph. Transmission

Tabelle 1.11. Elektromagnetisches Frequenzspektrum der Erde

Eindringtiefe für $\varrho = 1\ \Omega \cdot \mathrm{m}$	— Eindringtiefe im homogenen Halbraum mit dem spezifischen Widerstand $\varrho = 1\ \Omega \cdot \mathrm{m}$,
λ für $\varrho = 1\ \Omega \cdot \mathrm{m}$	— Wellenlänge in einem homogenen Medium mit dem spezifischen Widerstand $\varrho = 1\ \Omega \cdot \mathrm{m}$,
λ in der Atmosphäre	— Wellenlänge in der Atmosphäre,
Paläomagn.	— Paläomagnetik
Säkul. Variat.	— Magnetische Säkularvariation,
Sonnenfl. V.	— Magnetische Sonnenflecken-Variation,
Jahresz. V.	— Magnetische jahreszeitliche Variation,
Solarr. V.	— Magnetische Variation, die mit der Solarrotation verbunden ist,
S_D	— Tägliche Störungsvariation,
S_q	— Sonnentägliche Variation (ungestört),
ssc	— Einsatz eines elektromagnetischen Sturmes mit Initialphase,
sfe	— Sonneneruptionseffekt,
D_{st}	— Elektromagnetischer Sturm,
L	— Magnetische mondtägliche Variation,
b	— Baistörung,
Pt	— Pulsation in Verbindung mit einer Baistörung,
Pi	— Impulsförmig verlaufende Pulsation,
Pc	— Kontinuierliche Pulsation,
ELF	— Extrem niedriger Frequenzbereich,
NF	— Niederfrequenz-Bereich,
VLF	— Längstwellen-Bereich (sehr niedriger Frequenzbereich),
HF	— Hochfrequenz-Bereich,
UHF	— Ultrahoher Frequenzbereich,
Microw.	— Mikrowellen,
UV	— Ultraviolett-Strahlung,
X-Str.	— Röntgen-Strahlung,
γ-Strahl.	— γ-Strahlung

aus der man für verschiedene Frequenzen einen scheinbaren spezifischen Widerstand ϱ_s ermittelt.

$$\varrho_s = \left(\frac{|E_x|}{|H_y|} \right)^2 \frac{T}{2\pi\mu_0} = \left(\frac{|E_x|}{|B_y|} \right)^2 \frac{T\mu_0}{2\pi}. \tag{3.121}$$

E_x in V/m; $\quad \mu_0 = 4\pi \cdot 10^{-7}$ in V $\cdot$ s/A; $\quad H_y$ in A/m,

B_y in V $\cdot$ s/m² $=$ Tesla; $\quad \varrho_s$ in $\Omega \cdot$ m; $\quad T$ in s.

Die Auswertegrößen Amplitude (A), Periode (T) und Phase (φ) werden aus den Registrierungen der Variationen von E_x und H_y nach Art der Abb. 1.63 entnommen.

Die Verbindung des scheinbaren spezifischen Widerstandes zu den strukturell-petrophysikalischen Parametern eines horizontalgeschichteten Mediums wurde in Kap. 1.3.1.4.1. behandelt.

Bei Vorliegen horizontaler Inhomogenitäten gestaltet sich die Beziehung zwischen den horizontalen elektrischen und magnetischen Feldkomponen-

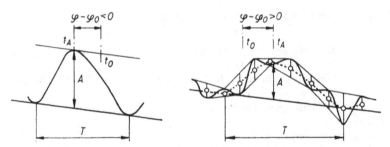

Abb. 1.63. Bestimmung der Amplitude A, Periode T und Phase φ aus magneto-tellurischen Feldregistrierungen
(aus PORSTENDORFER, 1982)

ten komplizierter. Es gilt dann

$$E_x = Z_{xx}H_x + Z_{xy}H_y, \tag{3.122}$$

$$E_y = Z_{yx}H_x + Z_{yy}H_y. \tag{3.123}$$

In der Variante der *Geomagnetischen Tiefensondierung* werden die drei magnetischen Komponenten H_x, H_y und H_z beobachtet. Zwischen diesen Komponenten besteht die Beziehung

$$H_z = X_{zx}H_x + X_{zy}H_y.$$

In der Variante der *Tellurik* werden nur die elektrischen Horizontalfeldkomponenten einer Wander-Station $(\bar{x}, \bar{y})$ im Vergleich zu einer gleichzeitig arbeitenden Basis-Station (x, y) beobachtet. Zwischen diesen Komponenten besteht die Beziehung

$$E_{\bar{x}} = A_{\bar{x}x}E_x + A_{\bar{x}y}E_y, \tag{3.124}$$

$$E_{\bar{y}} = A_{\bar{y}x}E_x + A_{\bar{y}y}E_y. \tag{3.125}$$

Die Möglichkeiten zur Bestimmung der komplexen Koeffizienten dieser Übertragungsfunktionen werden bei PORSTENDORFER (1975) aufgezeigt; sie hängen von der Wahl des Koordinatensystems für die Aufnahme der Horizontalfeldkomponenten ab. Für den Fall einer zylindrischen Struktur mit Ausrichtung der y-Achse (und $\bar{y}$-Achse) in Streichrichtung vereinfachen sich diese Beziehungen, und man erhält folgende Bodenkenngrößen für die H-Polarisation ($H_x = 0$; $H_y = $ const.; $H_z = 0$; $E_x, E_y = 0$; $E_z = 0$)

$$Z_{xy} = \frac{E_x}{H_y}, \qquad A_{\bar{x}x} = \frac{E_{\bar{x}}}{E_x}; \tag{3.126}$$

E-Polarisation ($H_x, H_y = 0$; $H_z, E_x = 0$; $E_y, E_z = 0$)

$$Z_{yx} = \frac{E_y}{H_x}, \qquad X_{zx} = \frac{H_z}{H_x}, \qquad A_{\bar{y}y} = \frac{E_{\bar{y}}}{E_y}. \tag{3.127}$$

Mit der im Kap. 1.4.2.1.1. behandelten *VLF-Methode* wird speziell die Größe X_{zx} kartiert.

1.3.2.1.1. Darstellung der Meßergebnisse und Grundlagen der Auswertung

Über horizontal-geschichteten Medien kann man mit der Magneto-Tellurik wie bei der Frequenzsondierung Sondierungskurven aufnehmen, wenn man in doppeltlogarithmisches Papier auf der Abszisse $\sqrt{T}$ und auf der Ordinate ϱ_s aufträgt. Die Auswertung der Sondierungskurven erfolgt mit Musterkurven, für die im selben logarithmischen Modul auf der Ordinate ϱ_s/ϱ_1 und auf der Abszisse λ_1/h_1 aufgetragen wurde. Abb. 1.55 (Kap. 1.3.1.4.1) zeigt solche Musterkurven für ϱ_s und die Phasenverschiebung zwischen E und H für den Zweischicht-Fall. Eine Abhängigkeit von der Quellentfernung r tritt im Gegensatz zur Frequenzsondierung mit künstlichen Quellen nicht mehr auf, so daß als Kurvenparameter lediglich das Verhältnis ϱ_2/ϱ_1 geführt wird. Bei Deckungsgleichheit zwischen experimenteller und Musterkurve erhält man aus dem Schnittpunkt der Linie $\varrho_s/\varrho_1 = 1$ und $\lambda_1/h_1 = 3{,}16$ mit der Abszisse und Ordinate des experimentellen Diagramms die Werte $\sqrt{T_0}$ und ϱ_1; daraus ergibt sich h_1 zu $h_1 = 10^3 \sqrt{T_0 \varrho_1}$. Drei- und Mehrschicht-Fälle lassen sich mit entsprechenden Musterkurven nach den Prinzipien auswerten, wie sie in Kap. 1.2.2.1.2. für die Gleichstromelektrik besprochen wurden.

Für den Fall einer hochohmigen Basis erhält man aus dem Schnittpunkt der (verlängerten) rechten Asymptote der Sondierungskurve, die dann unter einem Winkel von 63,5° ansteigt, mit der Abszisse (für $\varrho_s = 1\,\Omega \cdot \text{m}$) des experimentell gewonnenen Diagramms $\left(\sqrt{T_0'}\right)$ die Längsleitfähigkeit S der Deckschichten gem. (2.117) nach

$$S = 356\,\sqrt{T_0'}\ [\Omega^{-1}]. \tag{3.128}$$

Die langwierige Aufnahme möglichst unterschiedlicher Perioden im Gelände zwecks Aufbau einer Sondierungskurve kann man sich ersparen, wenn sicher ist, daß irgendeine aufgenommene Periode im Bereich des rechten, aufsteigenden asymptotischen Endastes der Sondierungskurve liegt. Dann läßt sich in diesem *Periodenintervall* die Längsleitfähigkeit S unabhängig von der Periode wie folgt bestimmen:

$$S = \frac{1}{|Z|}; \quad Z \text{ in } \frac{\text{V/m}}{\text{A/m}} = \frac{|E_x| \text{ in V/m}}{|H_y| \text{ in A/m}} = \frac{1}{796}\,\frac{|E_x| \text{ in mV/km}}{|B_y| \text{ in nT}}. \tag{3.129}$$

Liegen horizontale Inhomogenitäten vor, so ergeben sich aus den Hauptachsen des Impedanztensors unterschiedliche Sondierungskurven.

Moderne magneto-tellurische Registrieranlagen erfassen die Meßwerte digital auf Magnetband und führen sie schon im Feld der Bearbeitung mit einem Mini-Computer zu, auf dessen Bildschirm man das Entstehen der Sondierungskurven in den Hauptachsenrichtungen beobachten kann. Das Ergebnis wird dann ausgedruckt, wenn eine bestimmte Fehlerschranke unterschritten wurde. Abb. 1.64 zeigt eine derartige Aufnahme.

Für die Ermittlung horizontaler Inhomogenitäten bevorzugt man aber dann meist die Kartierung der im Kap. 1.3.2.1.1. besprochenen Bodenparameter in den Hauptachsen für verschiedene Perioden. Solche Darstellungen lassen sich mittels finite-difference-Modellierung der direkten Aufgabe mit vorgegebenen Modellen vergleichen.

Abb. 1.65 zeigt die an einem vertikalen Kontakt auftretenden Effekte.

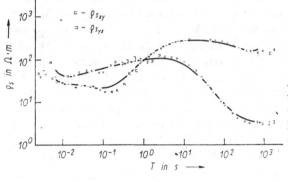

Abb. 1.64. Ausdruck magnetotellurischer Sondierungskurven; während der Messungen mit einem Feld-Mini-Computer ausgedruckt (aus *Phoenix Geophysics Ltd.*, 1982)

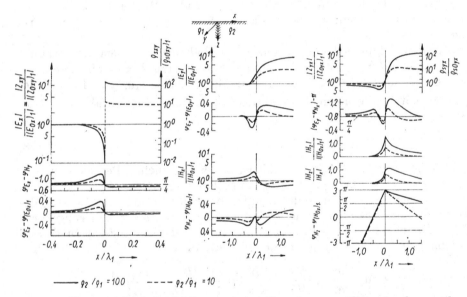

Abb. 1.65. Magneto-tellurische Feldkomponenten über einem zweidimensionalen vertikalen Kontakt zweier Medien mit unterschiedlichen spezifischen Widerständen (aus PORSTENDORFER, 1975)

1.3.2.1 2. Anwendungen

Die Hauptanwendung der Magneto-Tellurik erfolgt in der Kohlenwasserstoff-Prospektion bei der Verfolgung des hochohmigen Grundgebirges unter mächtiger sedimentärer Deckschicht, die auch hochohmige salinare Horizonte enthalten kann. Beliebt ist dabei die Herstellung von Karten der Gesamtlängsleitfähigkeit, wie sie Abb. 1.66 zeigt.

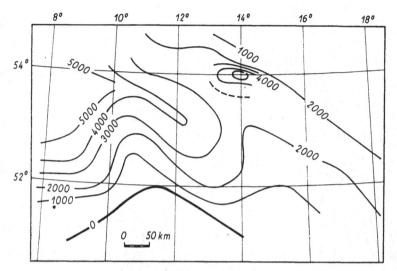

Abb. 1.66. Karte der Längsleitfähigkeit S in Ω^{-1} eines Sedimentationsbeckens (aus PORSTENDORFER, 1982)

Für lokale Aufgaben kann mit Vorteil die tellurische Variante angewendet werden. Die tellurischen Feldparameter lassen sich unter bestimmten Voraussetzungen in Teufenparameter eines hochohmigen Trägerhorizontes umrechnen (Abb. 1.67).

In neuester Zeit werden die besprochenen Methoden wegen ihrer großen Eindringtiefe in zunehmendem Maße für die Erforschung von Leitfähigkeitsanomalien des Erdmantels eingesetzt; letztere sind meist mit beginnender Schmelze in der Asthenosphäre verbunden. International wurde dem Forschungsanliegen durch das ELAS[1])-Programm der IAGA[2]) Rechnung getragen.

1.3.2.2. Elektromagnetische Profilierung

1.3.2.2.1. Prinzip

Bei der elektromagnetischen Profilierung erfolgt in Analogie zur geoelektrischen Widerstandskartierung die Messung entlang von Traversen, die möglichst senkrecht zum Streichen der abzugrenzenden geologischen Strukturen anzulegen sind.

Weitgehend gleiche Meßbedingungen lassen sich durch feste Anordnungen verwirklichen, die als Gesamtsystem fortbewegt werden (z. B. Slingram-Verfahren). Bei Benutzung ortsfester Energiequellen kann man auf vergleichbare Aufnahmebedingungen zurückkorrigieren (etwa durch entfernungsreduzierte Meßwerte beim Turam-Verfahren).

---

[1] ELAS — Electrical Conductivity of the Asthenosphere.
[2] IAGA — International Association of Geomagnetism and Aeronomy.

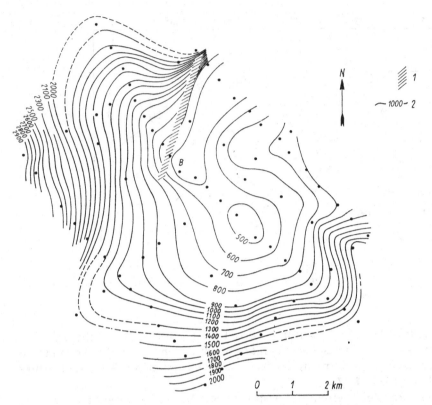

Abb. 1.67. Karte der Teufenlage eines angenommenen hochohmigen tellurischen Trägerhorizontes (aus THIEME, 1953)
(Es wurde eine indirekte Proportionalität zum Effektivwert der tellurischen Übertra-
gungsfunktion zwischen Wander- und Basisstation zugrunde gelegt)
1 — tellurisch und seismisch vermutete Randstörung
2 — Teufe in m unter N.N.
B — Basisstationen
● — Meßpunkte

Als Energiequelle dienen elektromagnetische Wechselfelder mit einem
Frequenzbereich meist zwischen 100 und 10.000 Hz. Da die Ausmaße der
für die Messungen wichtigen geometrischen Größen bei diesen Frequenzen
deutlich unter den auftretenden Wellenlängen bleiben, überwiegen die
induktiven Vorgänge, und die Verschiebungsströme können vernachlässigt werden (quasistationäre Vorgänge; Kap. 1.1.2.2.). Das primäre Wechselfeld wird durch Wechselströme in ungeerdeten Leiterschleifen oder in
langen, an beiden Enden geerdeten Kabeln erzeugt. Gemessen wird in der
Regel das resultierende magnetische Wechselfeld aus Primärfeld und anomalem Sekundärfeld, das erst durch den Einfluß des Primärfeldes auf
lokale Störkörper induziert wird.

Oft tragen die vom Primärfeld in einem gut leitenden Körper induzierten
Wirbelströme den größten Anteil zum Aufbau des elektromagnetischen

Sekundärfeldes bei (Abb. 1.68). Die darauf zurückführbaren *Wirbelstrom- oder wirbeligen Anomalien* sind bei der Suche nach gut leitenden Erzen in nicht leitender Umgebung von Bedeutung.

Selten sind nur die in gut leitenden Objekten induzierten Wirbelströme für die auftretenden Anomalien allein verantwortlich. Die einen Erzkörper umgebenden Deck- und Liegendschichten haben meistens auch nur einen endlichen Widerstand, so daß ein elektromagnetisches Primärfeld in diesen Schichten ebenfalls Wirbelströme induziert. Derartige Ströme in der Umgebung eines gut leitenden Objektes sind aber nicht nur die Ursache von Hintergrundeffekten, aus denen erst die Nutzanomalien abgetrennt werden müssen; sie neigen auch dazu, sich in eingebetteten, gut leitenden Körpern zu konzentrieren. So verursachte *Konzentrationsanomalien* werden dann besonders wirksam, wenn die ohnehin hohe Leitfähigkeit z. B. eines Erzkörpers durch seine Ausdehnung in Richtung des elektrischen Feldes unterstützt wird.

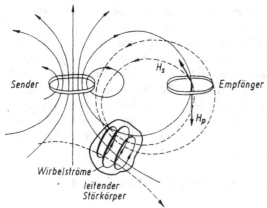

Abb. 1.68. Prinzip des elektromagnetischen Induktionsverfahrens mit Wirbelstromanomalien

H_p — primäres Magnetfeld,
H_s — sekundäres Magnetfeld
(infolge der Phasenverschiebung zwischen H_p und H_s beschreibt der resultierende Feldvektor eine Ellipse; s. Kap. 1.4.1.2.)

Gesteine und Erze mit magnetischer Suszeptibilität werden von einem magnetischen Primärwechselfeld magnetisiert; dadurch bildet sich in der Umgebung ein zusätzliches Magnetfeld aus, das sich dem primären überlagert. So entstehen dem Charakter nach ähnliche Anomalien wie im Magnetfeld der Erde; man bezeichnet sie daher auch als *magnetostatische Anomalien*.

Je nach der Geometrie der Meßanordnung, dem Typ der Feldquelle, ihrer Frequenz oder der Zeit der Registrierung von transienten Prozessen zeigen die einzelnen Anomalietypen unterschiedliche Eigenschaften. Dadurch ist eine gezielte Auswahl von Verfahren für bestimmte Aufgabenstellungen möglich. Die wichtigsten Methoden sind in den Tab. 1.12 und 1.13 zusammengestellt.

Bei Verwendung eines geradlinigen, an beiden Enden geerdeten Kabels als Quelle (*Methoden des langen Kabels*) wird das Feld auf Profilen untersucht, die senkrecht zum Kabel im Bereich seines mittleren Drittels angeordnet sind. Da die elektrische Komponente des Normalfeldes des geradlinigen Kabels parallel zu ihm orientiert ist, treten leitende Einlagerungen in dieser Richtung durch Konzentrationsanomalien besonders deutlich hervor. Solche Anordnungen sind daher für geologische Kartierungsaufgaben gut geeignet, bei denen geologische Einheiten über weite Strecken zu verfolgen sind. Auch in schlecht leitender Umgebung eingelagerte Erzkörper sind damit gut zu lokalisieren. In inhomogenen erzführenden Gesteinen mit Rissen und Auflockerungszonen ist die Gefahr unerwünschter Störanomalien groß.

Bei Verwendung eines rechtwinkligen Stromkreises mit Seitenlängen bis zu zwei Kilometern als Quelle (*Methoden der nicht geerdeten großen Schleife*) kann außerhalb der Schleife gemessen werden. Dann entsprechen die Meßbedingungen etwa dem Fall des unendlich langen Kabels. Innerhalb der Schleife — zumindest im zentralen Teil — ist das magnetische Primärfeld homogen und die elektrische Feldkomponente weitgehend abgeschwächt. Das fördert die Ausbildung von Anomalien des Wirbelstromtyps und unterdrückt die Konzentrationsanomalien. Die Methoden der nicht geerdeten Schleife lassen sich daher effektiv bei Aufgaben in der Erzsuche einsetzen. Die Anlage der Kabelschleife erfordert allerdings einen relativ großen Arbeitsaufwand.

Bei Verwendung eines magnetischen Dipols in Form einer windungsreichen Luftspule von 1 bis 5 m Durchmesser oder einer stabförmigen Ferritkernspule als Quelle (*induktive Dipol-Profilierung*) wird entweder mit stationärem Senderrahmen und einem auf der Traverse beweglichen Empfänger gearbeitet, oder Sender und Empfänger werden in festem gegenseitigem Abstand hintereinander oder parallel zueinander in Richtung der Traverse fortbewegt. Eine Reihe im Detail unterschiedlicher Verfahren hat sich in der Praxis bewährt (Tab. 1.13).

1.3.2.2.2. Darstellung der Meßergebnisse und Grundlagen der Auswertung

Meßgrößen können sein

— Feldstärkeamplituden, Phasen und Phasenkomponenten (als Realteil, wenn mit dem Primärfeld in Phase; als Imaginärteil, wenn gegen das Primärfeld eine Phasenverschiebung von 90° besteht),
— Amplitudenverhältnisse und deren Phasen,
— Kippwinkel, d. i. die Neigung der großen Halbachse der Polarisationsellipse (Abb. 1.56),
— Elliptizität, d. i. das Achsenverhältnis der Polarisationsellipse (Kap. 1.3.1.5.).

Die Darstellung erfolgt so, daß die Meßwerte gegen die Entfernung aufgetragen werden. Charakteristische Anomalien können in Form von Isanomalenkarten zur Darstellung gebracht werden.

Ziel der Auswertung ist es, aus der Form der Anomalien auf Größe, Tiefe, Einfallen und Leitfähigkeit der Störmasse zu schließen. Dazu benötigt man Standardkurven (Musterkurven), mit denen die gemessenen Anomalien verglichen werden können.

Die theoretischen Berechnungen der Feldkomponenten (3.40) bis (3.42) und (3.53) bis (3.56) sind bei geeigneter Wahl der Koordinaten auch für

Tabelle 1.12. Induktive Meßverfahren: Beweglicher Empfänger bei stationärem Sender

Methode	Sender	Empfänger	Meßwert
Schwedische Zweirahmen-Methode	bis 2 km langes geerdetes Kabel oder große Kabelschleife	zwei Rahmen im Abstand von 10…30 m	Relative Vertikalintensitäten an beiden Empfängern durch Kippwinkelmessungen ohne und mit Kompensation durch zweite Empfängerspule
Kompensator-(SUNDBERG)-Methode		Empfänger über Referenzkabel induktiv mit Senderkabel verbunden	Phasenverschiebung und Feldintensität in Prozent des Primärfeldes
Turam		Zwei durch Referenzkabel verbundene Empfängerspulen im Abstand von 15…60 m	Amplitudenverhältnis und Phasendifferenz zwischen den zwei Empfängerspulen
fester vertikaler Senderrahmen	Der um die vertikale Achse schwenkbare Senderrahmen wird mit seiner Ebene zum Empfänger orientiert	Empfängerspule um Sender—Empfängerachse schwenkbar	Kippwinkel beim Minimumabgleich (Neigungswinkel der Polarisationsellipse)
AFMAG („Audio-Frequenzmagnetische Felder")	natürliche Energiequellen (Blitzentladungen)	zwei aufeinander senkrecht stehende Spulen. Günstiger Empfangsbereich 100…500 Hz	Kippwinkel beim Minimumabgleich (Neigungswinkel der Polarisationsellipse).
VLF-Methode (very-low-frequency-Methode)	Radiosender als vertikaler elektrischer Dipol	zwei aufeinander senkrecht stehende Luftspulen	Kippwinkel, Phasenkomponenten des Vertikalfeldes in % des Primärfeldes

Tabelle 1.13. Induktive Meßverfahren: Bewegliche Sender—Empfängeranordnung

Methode	Sender	Empfänger	Meßwert
Breitseiten- oder Parallel-Linienmethode	Senderrahmen vertikal, in Richtung zum Empfänger. Sender-Empfänger-Achse parallel zum geologischen Streichen, Sender und Empfänger auf Parallellinien senkrecht zum Streichen fortbewegt.	Empfängerspule um Sender-Empfängerachse schwenkbar	Kippwinkel beim Minimumabgleich
Rückschuß-Methode		Zwei Sender-Empfänger-Doppelfunktionsspulen im Abstand von ca. 60 m hintereinander auf Traverse senkrecht zum Streichen fortbewegt, beide schwenkbar um horizontale, senkrecht zur Profilrichtung orientierte Achsen. Sendespule 15° zur Horizontalen geneigt.	Kippwinkel ist bei Hin- und Rückmessung verschieden, wenn Störung vorhanden
Slingram-Methode	Sender und Empfängerspule im Abstand von 30 bis 100 m durch ein Referenzkabel fest verbunden auf Traverse senkrecht zum Streichen komplanar fortbewegt.	zwei senkrecht aufeinander stehende Luftspulen	Meist Vertikalintensität von Real- und Imaginärteil in % des Primärfeldes
Multi-Frequenzverfahren	horizontale kreisrunde Stromschleife von mehreren Metern Durchmesser		Amplitudenverhältnis und Phasenverschiebung, daraus Kippwinkel und Elliptizität

horizontale magnetische Felder anwendbar. Derartige Felder sind die
Grundlage für die AFMAG-Methode (Tab. 1.12) und das VLF-Verfahren
(Kap. 1.4.2.1.1.). Dabei geht es im wesentlichen um die Messung des Kipp-
winkels δ:

$$\delta = \arctan H_z/H_0 , \tag{3.130}$$

H_0 — horizontales Primärfeld.

Der Verlauf von H_z/H_0 über einer leitenden Kugel oder einem leitenden
Zylinder wird durch ähnliche asymmetrische Kurven wiedergegeben, wie
sie in Abb. 1.53 dargestellt sind.

In TELFORD; GELDERT et al., (1976) sind für einige in der Praxis häufig
verwendete Meßmethoden die Formeln für Modellkurven zusammengestellt.
Einige damit berechnete Kurven sind in Abb. 1.69 für Kippwinkelmessungen mit fester, vertikaler Sendespule und in Abb. 1.70 für das horizontale
Zweispulensystem (Slingramverfahren) wiedergegeben.

Bei Kippwinkelmessungen (Abb. 1.69) gibt der Wendepunkt die Lage
der Plattenoberkante an. Es ist aber kaum möglich, die Leitfähigkeit und
Tiefenlage des Störkörpers aus den Meßkurven abzuleiten. Bei Slingram-
Messungen sind die Kurven symmetrisch zur vertikalen Platte (Abb. 1.70).
Das Minimum erscheint dann, wenn sich das Zentrum der Meßanordnung
über dem Störkörper befindet, und die zwei Nulldurchgänge ($H_z/H_{zp} = 100\%$)
sind dort, wo Sender und Empfänger den Störkörper passieren. Im übrigen
gilt für die Abhängigkeit vom Responseparameter Q das Verhalten gemäß
Abb. 1.58. Die Abb. 1.70 soll diese Abhängigkeit des Real- und Imaginär-
teiles bei der Slingram-Methode verdeutlichen. Bei kleinem Q sind im Vergleich zum Realteil höhere Imaginärteile zu erwarten. Für $Q \approx 1$ weisen
die beiden Anteile etwa gleiche mittlere Werte auf, und erst bei großem
Q überwiegt der Realteil. Aus dem Verhältnis der Minimalwerte von
Real- und Imaginärteil eines Meßprofils lassen sich daher Schlüsse auf
die Leitfähigkeit des Störkörpers ziehen. Die kombinierte Messung von
Real- und Imaginärteil beim Slingram-Verfahren erlaubt folglich im Vergleich zu den Kippwinkelmessungen eine bessere Abschätzung des Einflusses von Leitfähigkeit oder Tiefe des Störkörpers.

Als weitere Hilfe für Tiefenabschätzungen sind die meisten Slingram-
Geräte außerdem für zwei Sendefrequenzen ausgelegt. Für eine eingehendere
Interpretation sind die für geneigte und vertikale Platten entwickelten
ARGAND-Diagramme (Abb. 1.71) sehr nützlich. Zur Auswertung von Slin-
gram-Messungen werden in diesen Diagrammen die Werte von Realteil
gegen Imaginärteil in Abhängigkeit von z/l und dem Responseparameter
$\mu\sigma\omega sl$ (Tab. 1.14) aufgetragen, die in der Mitte der Anomalie zwischen den
beiden Nulldurchgängen abgelesen wurden.

Für Modellkurven, die durch die induktive Kopplung von Leiterschleifen
gewonnen werden, ist der dimensionslose Responseparameter Q (Tab. 1.14)
die wichtigste Größe

$$Q = \omega\mu\sigma A . \tag{3.131}$$

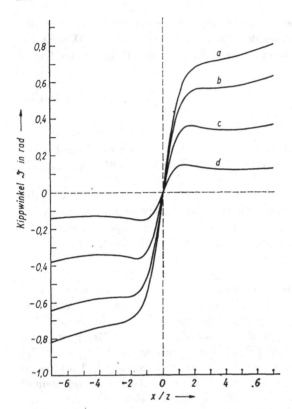

Abb. 1.69. Wirkung einer steilstehenden dünnen Platte auf eine Kippwinkelmessung mit fester vertikaler Senderspule $\left(\text{Parameter}: K = (4\pi/\mu_0) \, \dot{\beta} \, (L/l) \text{ mit } \beta = \sqrt{1 + 1/Q^2}; L - \right.$ Selbstinduktivität eines Linienleiters$\left.\right)$

Annahmen: — Linienstrom an der Plattenoberkante
            — Senderposition über der Plattenoberkante
            — Empfänger quer zur Streichrichtung bewegt
            — $z/l = 1/5$; z — Oberkantentiefe,
                      l — Projektion des Abstandes Sender—Empfänger auf die
                           Streichrichtung der Platte,

$$-\frac{4\pi}{\mu_0} = 1/3$$

$a - K = 1/3$; $c - K = 1$;
$b - K = 1/2$; $d - K = 3$.

Ein entsprechender Responseparameter ergibt sich für einfache geometrische Körper mittels exakter Modellrechnungen auf der Grundlage der elektromagnetischen Theorie. So trat z. B. in Kap. 1.3.1.3.1. bei der Betrachtung einer leitenden Kugel oder eines leitenden Zylinders mit dem Radius a der Responseparameter $|k^2a^2| = \mu\omega\sigma a^2$ auf. Für einige wichtige Modellfälle sind die Responseparameter in Tab. 1.14 angegeben.

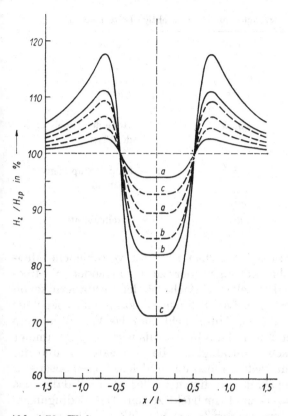

Abb. 1.70. Wirkung einer steilstehenden dünnen Platte auf Real- und Imaginärteil bei Slingram-Messungen (Parameter: $Q = \omega L/R$); L — Selbstinduktivität bzw. Ohmscher Widerstand eines Linienleiters)

Annahmen: — $z/l = 1/4$; z — Oberkantentiefe,

$$-\frac{4\pi}{\mu_0}\frac{L}{l} = 1/3;$$ l — Abstand Sender—Empfänger,

a — $Q = 0{,}4$;   ——— Realteil
b — $Q = 1{,}2$;   − − − Imaginärteil
c — $Q = 4$.

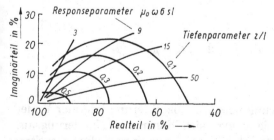

Abb. 1.71. Argand-Diagramm für das horizontale Zweispulensystem über einer vertikalen leitenden Platte (nach Grant; West, 1965)

z — Tiefe der Plattenoberkante; l — Sender—Empfänger-Abstand; s — Plattendicke

Tabelle 1.14. Responseparameter für einige wichtige Leitermodelle

Kugel	$\omega\mu\sigma a^2$	a — Radius
unbegrenzter horizontaler Zylinder	$\omega\mu\sigma a^2$	
Scheibe	$\omega\mu\sigma s a$	s — Dicke
unbegrenzte horizontale Platte	$\omega\mu\sigma s h$	h — Höhe des Dipols über der Platte
halbunendliche vertikale Platte	$\omega\mu\sigma s l$	l — Sender-Empfänger-Abstand
Halbraum	$\omega\mu\sigma l^2$	
Streifen	$\omega\mu\sigma s w$	w — Streifenbreite

Für eine Reihe von Leitermodellen stehen zwar für verschiedene Meß-konfigurationen mathematische Lösungen der zu erwartenden Profilie-rungskurven zur Verfügung, aber selbst einfache Modelle erfordern schon recht aufwendige Rechnungen. Im Labor hingegen kann man beliebige maßstabsgerechte Modelle nachbauen. Untersucht man das Verhalten eines Störkörpers in dimensionsloser Form, dann bleiben als wirksame Parameter nur die Frequenz, die spezifische Leitfähigkeit, die Permeabilität und der Größenmaßstab. Jedes System, welches also einen gleichen Responsepara-meter hat, der diese Größen enthält und dimensionslos ist, muß daher das gleiche Verhalten von Sekundär- zu Primärfeld zeigen. Die Bedingungen werden von den Responseparametern der Tab. 1.14 erfüllt:

$$Q = \omega \left[\frac{1}{s}\right] \mu \left[\frac{V \cdot s}{A \cdot m}\right] \sigma \left[\frac{A}{V \cdot m}\right] A[m^2]. \qquad (3.132)$$

Für ein Feld- und Labormodell im Maßstab $n = l_f/l_m$ ergibt sich also aus der Forderung $Q_f = Q_m$

$$(\omega\mu\sigma)_f n^2 = (\omega\mu\sigma)_m \qquad (3.133)$$

oder

$$n^2 = \frac{\omega_m \mu_m}{\omega_f \mu_f} \frac{\sigma_m}{\sigma_f} \quad \text{bzw.} \qquad (3.134)$$

$$\omega_m \sigma_m = \omega_f \sigma_f n^2, \qquad (3.135)$$

wenn die Permeabilitäten so gewählt werden, daß $\mu_m = \mu_f$.

1.3.2.2.3.   Anwendungen

Die elektromagnetische Profilierung wird zur Lokalisierung lateraler Wider-standsänderungen eingesetzt. Sie eignet sich daher für Kartierungsauf-gaben, speziell, wenn steilstehende Schichten unter einer Bedeckung im Strei-chen weiterzuverfolgen sind. Die Methoden der Profilierung werden auch häufig zum Aufsuchen gut leitender geologischer Einlagerungen herangezogen. Besonders sind es Erze in Form von Gängen oder Linsen und Graphitvorkommen. Auch die Lokalisierung mylonitisierter Brüche und Störzonen gehören zu Aufgabenstellungen der induktiven Profilierung ebenso wie die Eingrenzung lokaler Aufragungen oder Mulden tiefer gelegener Schichten unter Sedimentbedeckung.

Ein Beispiel einer Kippwinkelprofilierung mit vertikaler fester Senderspule (Abb. 1.72) lieferte die Untersuchung des Mobrun-Sulfid-Erzkörpers bei Quebec (SEIGEL, 1957). Der Sender stand etwa 120 m östlich des Profils in der Streichrichtung des Erzkörpers. Die Kippwinkel auf beiden Seiten des Nulldurchganges sind gleich groß und erreichen mit 30° beträchtliche Werte, was einem steil einfallenden guten Leiter in geringer Tiefe entspricht.

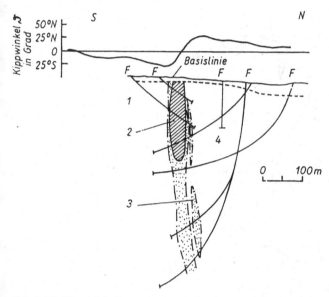

Abb. 1.72. Kippwinkelmessungen mit fester vertikaler Senderspule über dem Mobrun-Erzkörper (nach SEIGEL, 1957)

F — Bohrungen

1 — Rhyolite; Dichte 2,7 · 10³ kg/m³
2 — massive Sulfide; Dichte 4,57 · 10³ kg/m³
3 — feinverteilte Sulfide; Dichte 3,45 · 10³ kg/m³
4 — basische Vulkanite; Dichte 2,7 · 10³ kg/m³

Abb. 1.73 zeigt das Ergebnis einer Komplexuntersuchung im Gebiet der Bleiglanz-Zinkblende-Vererzungen des Grazer Paläozoikums. Über einer Wechselfolge von Schwarzschiefern und graugrünen, tuffogen beeinflußten Karbonatphylliten wurden magnetische, Eigenpotential-(SP-), Widerstands- und elektromagnetische Messungen nach dem Slingram-Verfahren durchgeführt. Bekanntermaßen treten im Vererzungsgebiet Pyrit und Kupferkies sowie Magnetit-Ilmenit auf. Das Profil zeigt in den Karbonatphylliten zwei deutliche elektromagnetische Anomalien. Offensichtlich

nicht unbeträchtlich ist der Magnetit-Ilmenit-Anteil in der Zone der nördlichen Anomalie, wie das magnetische Profil erkennen läßt. Im Bereich
der südlichen Anomalie deutet die kräftige SP-Indikation auf sulfidische
Einlagerungen hin. Die elektromagnetische Anomalie scheint allerdings an

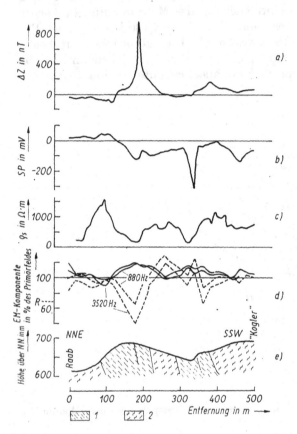

Abb. 173. Magnetische (a), Eigenpotential- (b), Widerstands- (c) und elektromagnetische (d)
Messungen (Slingram-Methode) über Blei-Zink-Vererzungen im Grazer Paläozoikum;
e) geologisches Profil

1 — Kalkphyllit, *2* — Schwarzschiefer

zu d) ―――― Realteil,   ― ― ― Imaginärteil

dieser Stelle — vielleicht durch topographische Effekte — etwas gestört
zu sein. Die Amplitude der Anomalie, insbesondere jene, die mit der höheren Sendefrequenz ermittelt wurde, ist ein Ausdruck dafür, daß die Vererzungen praktisch anstehen. Das große Verhältnis von Real- zu Imaginärteil spricht zusätzlich für eine gute Leitfähigkeit.

1.3.2.3.   *Elektromagnetische Sondierung*

1.3.2.3.1. Prinzip

Ziel elektromagnetischer Tiefensondierungen ist es, vertikale Änderungen der spezifischen elektrischen Leitfähigkeit des horizontal geschichteten Untergrundes und die Tiefe der einzelnen Schichten zu ermitteln (s. Kap. 1.2.2.1.).

Es gibt folgende Sondierungsverfahren:

— *die geometrische oder Distanzsondierung*; sie beruht auf der Aufnahme für den Untergrund charakteristischer Feldparameter in Abhängigkeit vom Abstand Sender—Empfänger;

— *die Frequenzsondierung oder parametrische Sondierung*; dabei werden die Sendefrequenzen sukzessive verändert und die Frequenzabhängigkeit der Amplituden und Phasen des Feldes gemessen, das infolge der Einwirkung eines Primärfeldes auf den Untergrund entsteht. Zur Erkundung tiefliegender Strukturen, z. B. erdöl- und erdgasführender Schichten, verwendet man Frequenzen von 10^{-2} bis 10^2 Hz, für Zwecke der Erzerkundung und Ingenieurgeologie bis 100 m Tiefe Frequenzen von 10 bis 10^4 Hz;

— *die Sondierung mit nichtstationären oder transienten Feldern* (Feldaufbaumethode, INPUT (Induced Pulse Transient)-System, Transient Electromagnetic Method, Methode der Übergangsprozesse (MPP, metoda perechodnych processov); dabei wird ein an der Erdoberfläche befindlicher elektrischer oder magnetischer Dipol plötzlich abgeschaltet, so daß die sprunghafte Änderung des magnetischen und elektrischen Primärfeldes zuerst in den oberflächennahen Schichten Sekundärströme induziert, die in Abhängigkeit von der Leitfähigkeitsverteilung im Untergrund immer mehr auf größere Tiefen übergreifen und gleichzeitig wegen zunehmender Energieverluste abklingen. Während der Abschaltphase wird die zeitliche Abhängigkeit der Komponenten des elektromagnetischen Feldes gemessen, das sich infolge dieser Sekundärströme bildet. Vorteile dieser Verfahrensweise sind

● keine Beeinflussung der Meßkomponenten durch das Primärfeld

● Unempfindlichkeit der Meßgrößen gegen Abstand und Orientierung von Stromschleifen und Spulen

● unmaßgeblicher Einfluß von Sender-Empfänger-Abstand auf die Eindringtiefe.

Nachteile sind die erforderlich große Frequenzbandbreite des Empfängers und eine gewisse Empfindlichkeit gegen äußere Störeinflüsse.

Allgemein erfordert es einen geringeren Zeitaufwand, elektromagnetische Sondierungen mittels Frequenzvariation des Erregerfeldes statt durch Veränderungen der Sender-Empfänger-Entfernung durchzuführen. Dann besteht außerdem der Vorteil, daß der Einfluß lateraler Widerstandsänderungen reduziert wird. Allerdings gibt es z. B. bei der Frequenzsondierung für jede Tiefe einen optimalen Sender-Empfänger-Abstand zur

Erfassung von Schichtgrenzen. Sollen daher größere Tiefenbereiche untersucht werden, wird man auch den Sender-Empfänger-Abstand verändern.

Größe und Aufwand der Sender- und Meßsysteme richten sich nach der Untersuchungstiefe. Während man in der Kohlenwasserstoffexploration kilometerlange Kabelsysteme benötigt, genügen für Aufgaben der Erzprospektion tragbare Ausrüstungen.

Für die Energieeinspeisung und Aufnahme werden Sender-Empfänger-Kombinationen benutzt, wie sie der Tab. 1.15 entnommen werden können. Von besonderer Bedeutung sind Zweispulensysteme (magnetische Dipol-Sondierung) in den Varianten horizontal- oder vertikal koplanar, vertikal koaxial und horizontal-vertikal-orthogonal. Bei Frequenzsondierungen mit Zweispulensystemen kann man beide Spulen als magnetische Dipole behandeln, wenn der Abstand zwischen Sender und Empfänger wenigstens fünfmal größer als ein Spulendurchmesser ist. Neuere Multifrequenz-systeme verwenden empfängerseitig zwei aufeinander senkrecht stehende Spulen. Für die Frequenzsondierung eignen sich alle Konfigurationen nach Tab. 1.12. Distanzsondierungen werden mit kleinen, tragbaren, als magnetische Empfängerdipole verwendete Spulen durchgeführt. In der Praxis haben sich sowohl für die Frequenz- als auch für die Distanzsondierung die Linearkabelmethode mit Empfängerspule und die verschiedenen Zweispulensysteme bewährt. Die große kreisförmige Kabelschleife wird auch

Tabelle 1.15. Die elektromagnetischen Sondierungsmethoden

Methode	Sender	Empfänger
Linearkabelmethoden		
Elektrische Dipol-Sondierung	elektrischer Dipol, Linienstrom (langes geerdetes Kabel oder große Rechteckschleife)	elektrischer Dipol (kurzes geerdetes Kabel abseits und parallel zum Senderkabel bzw. außerhalb der Rechteckschleife, dipoläquatorial oder -axial)
Äquivalente elektromagnetische Sondierungsmethoden		
Elektrisch-magnetische Dipol-Sondierung	elektrischer Dipol (geerdetes Kabel)	magnetischer Dipol (Spule oder Schleife)
Magnetisch-elektrische Dipol-Sondierung	magnetischer Dipol (kreisförmige Kabelschleife)	elektrischer Dipol (geerdetes Kabel)
Zweispulenmethoden		
Magnetische Dipol-Sondierung	magnetischer Dipol (Spule, kreisförmige Kabelschleife)	magnetischer Dipol (Spule außerhalb der Senderschleife)
Zentralsondierung	große kreisförmige Kabelschleife	Spule im Zentrum der Senderschleife oder Senderkabelschleife selbst (nur bei Transientverfahren)

zur *Zentralfrequenzsondierung* eingesetzt; verschiedene Größen der Kabelschleife sind sendeseitig die Grundlage für die *Zentralringinduktionsmethode*
bzw. *Zentralinduktionsmethode*, die zur geometrischen Sondierung verwendet wird. Wegen der mit der Veränderung der Kabelschleifengröße verbundenen mühsamen Feldarbeit ist diese Art der Sondierung nicht für
Routinearbeiten geeignet. Für Zentralsondierungen mit nichtstationären
Feldern kann die kreisförmige Senderschleife auch als Empfangsschleife verwendet werden.

1.3.2.3.2. Darstellung der Meßergebnisse und Grundlagen der Auswertung

Die Grundlagen der Auswertung beziehen sich jeweils auf spezielle Meßanordnungen und umfassen die Wirkung des homogenen und geschichteten
Halbraumes sowie dünner Schichten auf das Verhalten elektromagnetischer
Felder (z. B. VANYAN, 1965; FRISCHKNECHT, 1967). Mit der Anwendung
der digitalen Filtertechnik zwecks Berechnung von Sondierungs-Muster-
kurven haben z. B. VERMA; KOEFOED (1973) einen wichtigen Beitrag zur
Auswertemethodik geleistet, und für Sondierungen mit transienten Feldern
sei auf die Arbeiten von MORRISON; PHILLIPS et al. (1969) sowie KAME-
NECKIJ (1976) verwiesen. ANDERSON (1973), MALLICK; VERMA (1977a;
1977b) haben die Anwendung der linearen Digitalfilter zur Berechnung
transienter Mehrschicht-Kurven beschrieben.

Für in der Praxis besonders häufig angewendete Spulenkombinationen
und wichtige Spulenorientierungen an der Erdoberfläche sind die normierten Impedanzen der Tab. 1.9 zu entnehmen; sie wurden außerdem für den
homogenen Halbraum als Funktion des normierten Abstandes aufgetragen
(Abb. 1.59; Kap. 1.3.1.7). Sind beispielsweise aus Distanz- oder Frequenz-
sondierungen einige Meßwerte $|Z/Z_0|$ bekannt, so markieren sie bestimmte
Punkte auf der Musterkurve und damit feste Werte B auf der Abszisse.
Daraus folgt für jeden Meßpunkt $\left(\text{wegen } r/\tau = r\sqrt{\sigma\mu_0\omega/2}\right)$

$$\sigma = 2B^2/\mu_0\omega\tau^2. \tag{3.136}$$

Die Annahme eines homogenen Halbraumes trifft dann zu, wenn sich aus
allen Messungen derselbe Wert für die Leitfähigkeit ergibt. Das Modell des
homogenen Halbraumes ist geeignet, die Verhältnisse in Permafrost- und
ariden Gebieten sowie die Situation bei aeromagnetischen Messungen zu
beschreiben.

Als Interpretationsgrundlage für Frequenzsondierungen sind Musterkurven mit verschiedenen Parametern h/r nötig (KELLER; FRISCHKNECHT,
1966); für Distanzsondierungen bei festen Frequenzen sind die Kurven auf
die Parameterwerte $\sqrt{\mu_0\omega\sigma/2}\,h$ umzuzeichnen. Für die Herstellung solcher
Kurven sind folgende Verfahren möglich:

— für geometrisch einfache, in nichtleitendem Medium eingebettete Störkörper werden die Anomalien nach der elektromagnetischen Theorie
für ein Primärfeld berechnet, das dem durch die Meßanordnung vorgegebenen möglichst entspricht (s. Kap. 1.3.1.3.);

— der Störkörper wird als elektrischer Leiterkreis mit Widerstand, Selbstinduktivität und Gegeninduktivitäten bezüglich Sender und Empfänger betrachtet. Bei dünnen, leitenden Störkörpern, wie unendlichen Platten und Scheiben, werden die Ströme an die äußeren Kanten gedrängt, die man sich durch entsprechende Leiterelemente ersetzt denken kann, so daß sich die Aufgabe auf die Berechnung der Wechselwirkung zwischen induktiv gekoppelten elektrischen Leiterkreisen reduziert (s. Kap. 1.3.1.6.);

— ist die Geometrie der zu untersuchenden Störkörper kompliziert, muß auf Messungen an selbstgefertigten Modellen in kleinem Maßstab zurückgegriffen werden.

Vertikale homogene Magnetfelder sind angenähert nur in großer Entfernung von einem langen horizontalen Kabel oder einem vertikalen magnetischen Dipol zu erwarten, am ehesten aber im Innern einer großen Kabelschleife zu erzielen. Daher können Profilierungsmeßdaten beim Einsatz solcher Quellen nur dann mit dem theoretischen Verlauf der Feldkomponenten über einer Kugel oder einem Zylinder verglichen werden (Abb. 1.53), wenn Abmessungen und Tiefe des Störkörpers klein gegenüber dem Sender-Empfänger-Abstand sind. Wie bei der Interpretation galvanischer Sondierungen ist eine Darstellung der Musterkurven in doppelt-logarithmischem Maßstab (für Amplitudenmessungen) bzw. einfachlogarithmischem Maßstab (für Phasenmessungen) zweckmäßig. Die Meßdaten werden im gleichen logarithmischen Maßstab als Funktion von $\sqrt{f}r$ (oder auch von $\sqrt{f}$ bei der Frequenzsondierung bzw. von r bei Distanzsondierungen) aufgetragen. Dann wird versucht, die Meßkurve mit einer Musterkurve in Übereinstimmung zu bringen. Gelingt dies nicht, so liegt kein homogener Halbraum vor, und es ist mit lateralen oder vertikalen Leitfähigkeitsänderungen zu rechnen. Die Tiefe ergibt sich aus dem Parameter h/r der passenden Musterkurve. Zur Bestimmung der Leitfähigkeit wird auf dem Musterkurvenblatt ein fester Wert der Induktionszahl B gewählt. Der zugehörige Paßwert $\sqrt{f}r$ des Meßdatenkurvenblattes liefert wieder σ gemäß (3.136). Im Abschnitt 1.3.2.3.3. wird die Interpretation einer Frequenzsondierung über einem homogenen Halbraum gezeigt.

Die vielen möglichen Varianten elektromagnetischer Sondierungsmethoden machen es aussichtslos, einen vollständigen Katalog von Mehrschicht-Musterkurven herzustellen. Es ist vielmehr zweckmäßig, daß der Anwender die den jeweiligen Gegebenheiten entsprechenden Musterkurven selbst entwickelt. Für den *horizontalen magnetischen* Sendedipol haben DEY; WARD (1970) das Sondierungsproblem untersucht und eine ansehnliche Sammlung von Musterkurven für den Zweischicht- und Dreischicht-Fall veröffentlicht. Eine Beurteilung der für die Kurven verwendeten Feldparameter hinsichtlich des Auflösungsvermögens nach Schichtgrenzen und Leitfähigkeitskontrasten ergab, daß diesbezüglich besonders die Elliptizität als günstig zu bewerten ist. Abb. 1.74 zeigt ein Beispiel für Zweischicht-Kurven der Elliptizität für einen horizontalen magnetischen Dipol als Sender. Die Wirkung des *vertikalen magnetischen Dipols* auf den geschichte-

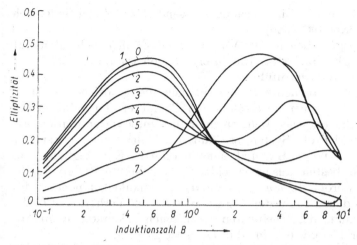

Abb. 1.74. Zweischicht-Referenzkurven der Elliptizität für einen horizontalen magnetischen Dipol (nach DEY; WARD, 1970)

Kurve	d/r	Kurve	d/r
0	0,015 625	5	0,25
1	0,03125	6	0,5
2	0,0625	7	1,0
3	0,125		
4	0,1875		

Radius der Sendeschleife = 10 m,
r — Empfängerabstand = 100 m,
d — Mächtigkeit der ersten Schicht

ten Halbraum haben RYU et al. (1970) behandelt, und zwar sowohl für Messungen außerhalb als auch innerhalb der Senderschleife.

Die Darstellung der Kurven erfolgt gewöhnlich als Funktion der dimensionslosen Induktionszahl $B = \sqrt{\mu_0 \omega \sigma / 2}\, r$, manchmal auch als Funktion der Periode, der Frequenz oder der Distanz, je nach dem verwendeten Verfahren. Zur Kurvenberechnung wurden mehrere Methoden der numerischen Integration angewendet, wie SIMPSONsche Regel, GAUSSsche Quadratur und schnelle FOURIER-Transformation. Das eleganteste Verfahren zur Berechnung der gegenseitigen Impedanz über dem geschichteten Halbraum ist die Anwendung der Digitalfiltertechnik (KOEFOED et al., 1972).

Neben der Interpretation mit Musterkurven wird manchmal auch die Messung an maßstabsgerechten Modellen vorgenommen. Diese Methode wird aber für Sondierungsaufgaben nicht in dem Maße verwendet wie bei Profilierungsaufgaben.

Immer mehr Bedeutung erlangen die verschiedenen Methoden zur Lösung der inversen Aufgabe. Die allgemeine lineare Inversionstechnik basiert auf der Minimierung des Fehlers zwischen beobachteten und vorausberechneten Daten auf der Grundlage der Methode der kleinsten Quadrate

(GLENN; RYU et al., 1973). Eine zusammenfassende Darstellung findet sich
z. B. bei PATRA; MALLICK (1980).

Die Berechnungsgrundlagen für Musterkurven dünner Schichten hat
WAIT. (1953a; 1953b) erarbeitet. Die Interpretation ist ähnlich wie beim
homogenen Halbraum durchzuführen.

Bei modernen Multifrequenzsystemen können die gespeicherten Meßdaten bereits im Feld einer automatisierten Computerinterpretation auf
der Grundlage des theoretischen Mehrschicht-Falles unterworfen werden. Als
Beispiel sei das Maxi-Probe-System erwähnt, ein Multifrequenzsystem für
Frequenzen von 1…60000 Hz und eine maximale Eindringtiefe von
1500 m. Der Sender besteht aus einer Schleife von mehreren Metern Durchmesser. Gemessen werden die horizontale und die vertikale Komponente des
Magnetfeldes. Aus dem frequenzabhängigen Verlauf der Verhältnisse H_z/H_x
erfolgt die Berechnung des scheinbaren spezifischen Widerstandes in Abhängigkeit von der Tiefe, wie es in Abb. 1.75 gezeigt wird.

Bei Sondierungee mit nichtstationären Feldern ist der zeitliche Verlauf
der sekundären transienten Signale ebenso für die Interpretation maßgeblich wie bei der Frequenzsondierung das frequenzabhängige Verhalten
einer Responsefunktion. Die Interpretation erfolgt wieder durch Vergleich der Meßwerte mit Musterkurven, die durch Modellexperimente ge-

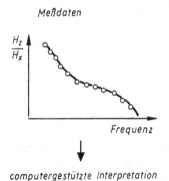

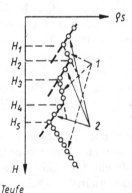

Abb. 1.75. Computergestützte Interpretation einer
Multifrequenzaufnahme für elektromagnetische
Tiefensondierungen (MAXI-PROBE-SYSTEM-GEOPROBE Ltd.)

1 — hochohmige Schichten, 2 — niederohmige Schichten

wonnen oder auch aus dem Frequenzverhalten äquivalenter Systeme berechnet werden können (MORRISON; PHILLIPS et al., 1969; McNEILL, 1980).

1.3.2.3.3. Anwendungen

Die elektromagnetischen Methoden wurden lange Zeit nur in beschränktem Umfang für Sondierungszwecke verwendet, da Musterkurven nicht in ausreichendem Maße zur Verfügung standen. International intensive Forschungsarbeiten der letzten Jahre haben die Grundlage für eine stärkere Verwendung elektromagnetischer Sondierungsmethoden geschaffen. Zu den Einsatzmöglichkeiten gehören Baugrunduntersuchungen, Fragen der Grundwassersuche und -erkundung, die Untersuchung flach liegender Vererzungszonen und die Bearbeitung geologischer Fragestellungen bezüglich der Schichtengliederung und der Tiefenbestimmung von Sedimentbecken, wie sie bei der Kohle- und Kohlenwasserstoffexploration auftreten. Der Vorteil von Stromschleifen und Spulen als Feldquellen ist besonders für Gebiete groß, wo eine galvanische Stromeinspeisung nicht oder kaum möglich ist, z. B. in Wüsten oder Permafrostzonen.

Als erstes Beispiel wird eine Frequenzsondierung mit einem horizontalen koplanaren Zweispulensystem auf einer dicken, im Wasser schwimmenden Eisplatte besprochen (KELLER; FRISCHKNECHT, 1966). Wegen des hohen spezifischen Widerstandes von Eis ist das Modell eines homogenen Halbraumes (Wasser) in der Tiefe h (Eisdicke) brauchbar. Abb. 1.76 zeigt die in doppeltlogarithmischem Maßstab aufgetragenen Musterkurven für

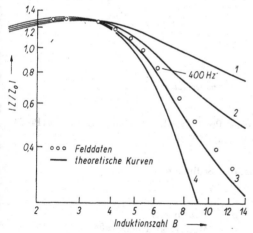

Abb. 1.76. Frequenzsondierung mit einer horizontalen Zweispulenanordnung auf einer schwimmenden Eisscholle. Einpassen der Meßdaten (gegenseitige Impedanz) in theoretische Referenzkurven für den homogenen leitenden Halbraum in der Tiefe h (KELLER; FRISCHKNECHT, 1966)

Kurvenparameter: h/r

1 — 0,2
2 — 0,125
3 — 0,0625   4 — 0

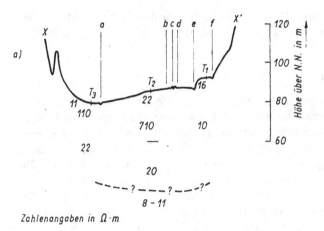

Zahlenangaben in $\Omega \cdot m$

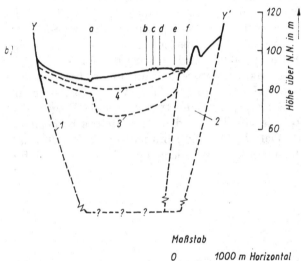

Maßstab

0   1000 m Horizontal

25 m Vertikal

Abb. 1.77. Geoelektrisches (a) und geologisches Profil (b) über das Santa-Clara-Tal (Profil-abstand etwa 600 m) (nach RYU; MORRISON et al., 1972)

1 — Grundgebirge,
2 — Block von tertiären oder älteren quartären Sedimenten,
3 — geschätzte Oberkante des älteren Alluviums,
4 — oberer Grundwasserspiegel,

a — FISHER Creek,	b — Bohrung 278,
c — pazifische Eisenbahn,	d — MONTEREY Hochstraße,
e — COYOTE Creek,	f — Bewässerungskanal

den homogenen Halbraum mit den bereits in Übereinstimmung gebrachten Meßdaten. Die Messung erfolgte bei einer festen Sender-Empfänger-Distanz von 61 m. Die Meßkurve paßt zur Musterkurve mit dem Tiefenparameter $h/r = 0,08$; daraus folgt eine Eisdicke von 4,90 m. Der Meßwert bei 400 Hz markiert auf der Abszisse der Referenzskala für die Induktion den

Wert

$$B = 6,2 \doteq \sqrt{\mu_0 \omega \sigma r} = \sqrt{(4\pi 10^{-7})\,(2\pi 400)\,\sigma}\;61\,;$$

daraus ergibt sich ein spezifischer Wasserwiderstand von $0,31\ \Omega \cdot$ m.

Als zweites Beispiel sei auf ein elektromagnetisches Sondierungsexperiment im *Santa-Clara-Tal*, Kalifornien, verwiesen, bei dem als Sender eine Horizontalschleife von 10 m Radius im Abstand von 122 m bzw. 214 m vom Empfänger verwendet wurde (RYU; MORRISON et al., 1972). Als Parameter wurden Kippwinkel, Elliptizität und der Betrag des Verhältnisses H_e/H_z gewählt, da dazu nur Relativmessungen nötig waren. Mit dem Experiment sollte geprüft werden, ob geschichtete Strukturen und Mächtigkeiten nichtkonsolidierter Sedimente wie Ton, Sand, toniger Sand oder Schotterhorizonte sowie Grundwasserkörper nachweisbar sind. Abb. 1.77a zeigt das Ergebnis der elektromagnetischen Sondierungen auf dem Profil XX'. Im wesentlichen wurde in Talmitte in 8 m Tiefe eine 18 m mächtige hochohmige Schicht festgestellt, die nach den Talrändern hin auskeilt. Ein etwa 600 m südlich gelegenes geologisches Profil YY', das aufgrund von Bohrungen, geoelektrischen und anderen Messungen erstellt wurde (Abb. 1.77b), bestätigt die vorteilhafte Verwendung der elektromagnetischen Sondierungsmethode. Von den Autoren wird neben den geringeren Kosten auch auf ein besseres Auflösungsvermögen gegenüber den konventionellen Widerstandmethoden hingewiesen.

1.4. Hochfrequenzmethoden

H. JANSCHEK, H. MAURITSCH, R. RÖSLER, P. STEINHAUSER

1.4.1. Theoretische Grundlagen

1.4.1.1. *Allgemeine Grundlagen*

Die Theorie der elektromagnetischen Hochfrequenzmethoden hat die vollständigen MAXWELLschen Gleichungen (1.1), (1.2) als Grundlage. Hochfrequente Felder sind von quasistationären Vorgängen dadurch abgegrenzt, daß die Verschiebungsströme gegenüber den Leitungsströmen nicht mehr vernachlässigt werden können. Das Verhältnis f (1.83) ist vergleichbar mit oder kleiner als 1.

Zur Berechnung der Felder verwendet man vorteilhaft die in Kap. 1.1.1.3. eingeführten Skalar- und Vektorpotentiale oder die in Kap. 1.1.1.5. eingeführten HERTZschen Vektoren. Alle diese Feldgrößen erfüllen die (homogene oder inhomogene) Wellengleichung (z. B. (1.17), (1.19), (1.24), (1.26)). Bei periodischen Vorgängen wird die komplexe Wellenzahl (1.29) verwendet; bei sehr hohen Frequenzen überwiegt ihr Realteil gegenüber dem Imaginärteil. Eindringtiefe $\tau(\omega)$ und Phasengeschwindigkeit $c(\omega)$ befolgen (1.37) und (1.38). Abb. 1.78 zeigt ihren Verlauf in einem weiten Frequenzbereich für geophysikalisch interessante Materialkonstanten $\varrho,\ \varepsilon,\ \mu$. Bei Hochfrequenz-

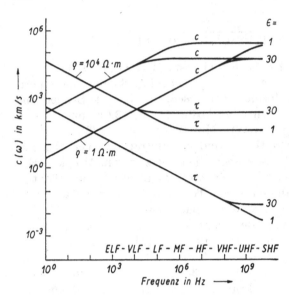

Abb. 1.78. Frequenzabhängigkeit der Phasengeschwindigkeit $c(\omega)$ und der elektromagnetischen Eindringtiefe $\tau(\omega)$ für $1\ \mathrm{Hz} \leqq \nu \leqq 10^9\ \mathrm{Hz}$ in homogenen Medien mit $\mu = 1$, $\varepsilon = 1$ und 30 sowie $\varrho = 1$ und $10^4\ \Omega \cdot \mathrm{m}$

Abkürzungen für die Frequenzbereiche:

E — extremely; F — frequency; H — high; L — low; M — medium; S — super; U — ultra; V — very.

feldern verwendet man an Stelle der Eindringtiefe gern die Dämpfungskonstante α,

$$\alpha = |\mathrm{Im}\ (k)| = \frac{1}{\tau}. \tag{4.1}$$

Sie ist die reziproke Eindringtiefe τ und wird in m^{-1} angegeben.

Vektorpotential, HERTZsche Vektoren, elektrische und magnetische Felder von elektrischen und magnetischen Hochfrequenzdipolen (Rundfunksender, spezielle Dipolantennen für geophysikalische Anwendungen usw.) können unmittelbar vom Kapitel 1.3. übernommen werden, wenn für k der Ausdruck (1.29) verwendet wird. Beträgt der Abstand zwischen Sender und Empfänger ein Vielfaches der Wellenlänge, dann genügt die Verwendung des Feldes der Fernzone, das ist der mit der Entfernung am langsamsten abnehmende Anteil. Das sind z. B. die letzten Glieder in (3.83), (3.84), (3.89), (3.90) und die Ausdrücke, die durch asymptotische Darstellungen der Zylinderfunktionen aus (3.85) und (3.91) entstehen. Ausführliche Zusammenstellungen findet man bei KAMENEZKIJ; SVETOV (1980).

1.4.1.2. Normale und anomale Felder von Rundfunksendern

Die elektromagnetischen Wellenfelder von Rundfunksendern im Mittel-, Lang- und Längstwellenbereich werden für geophysikalische Spezialverfahren verwendet. In der Fernzone wird die Kugelwellenausbreitung durch (einfache und mehrfache) Reflexionen in der Ionosphäre (D- und E-Schicht) beeinflußt.

Für eine Sendeantenne an der Erdoberfläche (vertikaler elektrischer Dipol) kann die elektrische Feldstärke in Abständen bis zu ca. 500 km an der Erdoberfläche bei Vernachlässigung der Erdkrümmung nach der VAN DER POOLschen Formel berechnet werden:

$$E_z = \frac{120\pi Ih}{\lambda r} S(r^*), \tag{4.2}$$

I — Effektivwert des Antennenstromes in A; h — wirksame Antenne in m; λ — Wellenlänge in m; r^* — normierte Entfernung vom Sender; $S(r^*)$ — Schwächungsfaktor, abhängig von der normierten Entfernung r^*. Der Schwächungsfaktor berücksichtigt den Einfluß der Leitfähigkeit σ und der Dielektrizitätskonstanten ε der Erde (EPPEN, 1953):

$$S(r^*) = \frac{20 + 3r^*}{20 + 10r^* + 6r^{*2}}, \tag{4.3}$$

$$r^* = \frac{\varepsilon_0 \omega^2 r}{2c_0 \sigma} = \frac{2\pi^2 r}{\lambda^2 \sigma \mu_0 c_0}. \tag{4.4}$$

Für die gekrümmte Erdoberfläche wurde das Problem von SOMMERFELD, VAN DER POOL und BREMMER gelöst. Sie bewirkt eine Verringerung des Faktors S. Abb. 1.79 zeigt den Verlauf der elektrischen Feldstärke für ver-

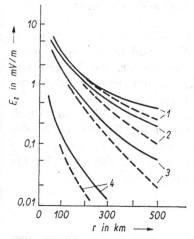

Abb. 1.79. Abnahme der Feldstärke E_z eines Senders mit 1 kW Sendeleistung in Abhängigkeit vom Abstand r bei endlicher Leitfähigkeit der Erde $\sigma = 0{,}01 \ \Omega^{-1} \cdot \mathrm{m}^{-1}$ für verschiedene Wellenlängen λ. Gestrichelte Linien gelten bei Berücksichtigung der Erdkrümmung (nach SIMONYI, 1966)

$1 \ - \ \lambda = 2\,000 \ \mathrm{m}$
$2 \ - \ \lambda = 1\,000 \ \mathrm{m}$
$3 \ - \ \lambda = \ \ 600 \ \mathrm{m}$
$4 \ - \ \lambda = \ \ 200 \ \mathrm{m}$

schiedene Wellenlängen mit und ohne Berücksichtigung der Erdkrümmung (nach SIMONYI, 1966).

Durch Reflexionen an den Ionosphärenschichten kommt es durch Interferenzen zwischen Boden- und reflektierten Raumwellen zu Verstärkungen und Verringerungen der Feldstärke-Amplitude in unterschiedlichen Entfernungen, die außerdem zeitlich schwanken (Fading). Schließlich bewirkt diese Interferenz die Entstehung einer elliptisch polarisierten Welle der elektrischen Feldstärke, wobei die große Achse der Ellipse in Ausbreitungsrichtung geneigt ist (Abb. 1.80). Wichtig ist das Auftreten einer r-Komponente des elektrischen Feldes an der Erdoberfläche. Es gilt

$$E_r = \frac{1}{\sqrt{\varepsilon^*}} E_z. \tag{4.5}$$

Dabei ist ε^* die komplexe Dielektrizitätskonstante des Bodens (1.87).

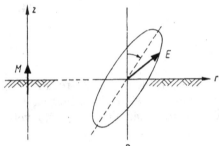

Abb. 1.80. Neigung der Polarisationsellipse der elektrischen Feldstärke E in Ausbreitungsrichtung r

M — vertikaler elektrischer Dipol

Lokale Inhomogenitäten der elektrischen Leitfähigkeit an der Erdoberfläche beeinflussen das elektromagnetische Wellenfeld und rufen Anomalien des elektrischen und magnetischen Feldes hervor. Sie hängen von Tiefe, Form und Abmessungen der Einlagerungen und deren Widerstandsverhältnis zur Umgebung ab. Den typischen Verlauf zeigt Abb. 1.81 für eine gutleitende, Abb. 1.82 für eine schlecht leitende Einlagerung nach SEDELNIKOV; TARCHOV, 1980. In diesen Beispielen ist die Dicke der Platte groß gegenüber der Tiefe der Plattenoberkante. Bei kleinerer Plattendicke werden die Anomalien entsprechend schmaler, die zwei Maxima bei $H\varphi$ in Abb. 1.81a verschmelzen zu einem Maximum.

1.4.1.3. Modellgesetze

Die wichtigste Methode zur Bestimmung elektromagnetischer Felder über lokalen Inhomogenitäten des spezifischen Widerstandes ist die Messung an geeigneten Modellen im Labor. Dazu wird ein mit einem Elektrolyten (NaCl in H_2O gelöst, $\varrho = 0{,}1 \ldots 10 \, \Omega \cdot m$) gefülltes Bassin benutzt, in das Modelle des geologischen Objektes eingebracht werden. Die Abmessungen des Bassins müssen so groß sein, daß an den Wänden reflektierte Wellen keinen Einfluß haben. Die Modellmessungen können mit den Messungen in der Natur verglichen werden, wenn gewisse Modellgesetze eingehalten

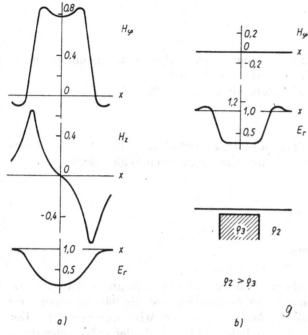

Abb. 1.81. Schematischer Verlauf der Anomalien des elektromagnetischen Feldes über einer gutleitenden, in y-Richtung streichenden Platte (nach SEDELNIKOV; TARCHOV, 1980)

a) Wellenausbreitung in Streichrichtung der Platte,
b) Wellenausbreitung rechtwinklig zur Streichrichtung der Platte

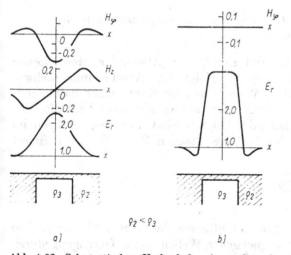

Abb. 1.82. Schematischer Verlauf der Anomalien des elektromagnetischen Feldes über einer schlechtleitenden, in y-Richtung streichenden Platte (nach SEDELNIKOV; TARCHOV, 1980)

a) Wellenausbreitung in Streichrichtung der Platte,
b) Wellenausbreitung rechtwinklig zur Streichrichtung der Platte

werden. Das wichtigste ist

$$k_M l_M = k_N l_N,\tag{4.6}$$

k — Wellenzahl; l — Längen, Abmessungen, die einander entsprechen; N — Index für Natur; M — Index für Modell.
Aus (4.6) ergibt sich der Maßstabsfaktor für das Modell

$$M_M = l_M / l_N.\tag{4.7}$$

Aus der Gleichheit von Real- und Imaginärteil in (4.6) folgen zwei Bedingungen für die Frequenzen f und die spezifischen Widerstände ϱ

$$f_M = f_N \sqrt{\frac{\varepsilon_N}{\varepsilon_M}} \frac{1}{M_M},\tag{4.8}$$

$$\varrho_M = \varrho_N \sqrt{\frac{\varepsilon_N}{\varepsilon_M}} M_M.\tag{4.9}$$

Bei der üblichen Verwendung wäßriger Elektrolytlösungen ist $\varepsilon_M \approx 81$. Aus (4.8) ergeben sich hohe Frequenzen für die Modellmessungen; sie werden meist im Intervall $0{,}1\,\text{MHz} < f_M < 500\,\text{MHz}$ durchgeführt. Der spezifische Widerstand ϱ_M der Modelle ist kleiner als der entsprechende in der Natur. Es ist dem Geschick des Experimentators überlassen, preisgünstiges Material mit geeignetem ϱ_M zu finden. Künstliche und natürliche Produkte bieten ein breites Spektrum spezifischer Widerstände: Duralminium mit $\varrho = 2{,}8 \cdot 10^{-8}\,\Omega \cdot \text{m}$ bis Plexiglas mit $\varrho = 2 \cdot 10^{10}\,\Omega \cdot \text{m}$.

1.4.1.4. *Abschirmung und Beugung von elektromagnetischen Wellen an leitenden Schichten*

Befindet sich zwischen Sender und Empfänger (Abstand r) eine leitende Schicht (Abstand r_0 vom Sender), so erfolgt eine Abschirmung (Schwächung) der elektromagnetischen Wellen; an der Kante einer halbunendlichen Schicht erfolgt eine Beugung (Diffraktion). Maßgebend für die Wirkung endlich ausgedehnter leitender Objekte sind ihre Abmessungen im Verhältnis zum Radius R_F der 1. FRESNELschen Zone. Sie ist definiert durch

$$R_F = \sqrt{\frac{\pi r_0 (r - r_0)}{|k|\, r}}.\tag{4.10}$$

Objekte mit Abmessungen $\ll R_F$ beeinflussen das Wellenfeld nicht. Die Amplitudenabnahme elektromagnetischer Wellen beim Durchgang durch eine unbegrenzte leitende Schicht (Wellenzahl k_2, Mächtigkeit h) kann durch den Abschirmfaktor ϵ,

$$\epsilon = \frac{(1 + \zeta)^2\, e^{ik_2 h \cos\gamma_1} - (1 - \zeta)^2\, e^{-ik_2 h \cos\gamma_1}}{4\zeta}\tag{4.11}$$

beschrieben werden. Dabei ist

$$\zeta = w \sqrt{\frac{\varepsilon_2{}^*}{\varepsilon_1{}^*}}, \tag{4.12}$$

$$w = \begin{cases} \cos \gamma_1 / \cos \gamma_2 & \text{für parallel,} \\ \cos \gamma_2 / \cos \gamma_1 & \text{für rechtwinklig} \end{cases} \tag{4.13}$$

zur Einfallsebene polarisierte Wellen (auf
elektrisches Feld bezogen);
γ_1 — Einfallswinkel,
γ_2 — Brechungswinkel in der Schicht.

Es gilt das Brechungsgesetz

$$k_1 \sin \gamma_1 = k_2 \sin \gamma_2. \tag{4.14}$$

Für sehr gut leitende Schichten gilt näherungsweise

$$\in \approx \frac{e^{h \operatorname{Im}(k_2)}}{4} |\zeta|. \tag{4.15}$$

(4.15) ermöglicht die Abschätzung der Abschirmwirkung einer Schicht mit bekannten physikalischen Eigenschaften.

Durch Messungen mit zwei Frequenzen f_1 und f_2 können bei senkrecht einfallenden Wellen ($\gamma_1 = 0$) die Leitfähigkeit σ_2 und die Schichtmächtigkeit bestimmt werden (SKORNJAKOV; SOKOLOV, 1969):

$$\sigma_2 = \frac{8}{9} \cdot 10^{-3} |\varepsilon_1{}^*| \frac{\mu_2}{\mu_1} \frac{\gamma_1 \in_1{}^2}{K^2}, \tag{4.16}$$

$$h = \frac{0{,}507}{\sqrt{\sigma_2 f_1}} \ln (1 + K), \tag{4.17}$$

$$K = \left(\frac{n \in_2}{\in_1}\right)^{1/(n-1)}, \qquad n = \sqrt{\frac{f_1}{f_2}}. \tag{4.18} \tag{4.19}$$

An der Kante einer halbunendlichen Schicht tritt eine Beugung (Diffraktion) der Wellen auf. Die Intensität F der Beugungswelle wird durch das FRESNELsche Integral beschrieben (zur Beugung s. z. B. SIMONYI, 1966).

Berechnet man mit z_0 den kürzesten Abstand des Strahls zwischen Sender und Empfänger von der beugenden Kante, so gilt näherungsweise

$$|F(z_0)| \approx \frac{R_{\mathrm{F}}}{\pi \sqrt{2} z_0} \exp\left[-\frac{\pi}{2} \frac{z_0{}^2}{R_{\mathrm{F}}{}^2} \sin \varphi_k\right] \tag{4.20}$$

wobei φ_k der Phasenwinkel der komplexen Wellenzahl ist

$$\varphi_k = \frac{1}{2} \arctan\left(\frac{\sigma}{\varepsilon \omega}\right) = \frac{1}{2} \arctan\left(\frac{1{,}8 \cdot 10^{10} \sigma}{\varepsilon_r f}\right) \tag{4.21}$$

in SI-Einheiten.

Bei einer Beugung an einer zweiseitig begrenzten Schicht (Streifen, Platte endlicher Breite) überlagern sich die Beugungswellen beider Ränder. Die Abschirmung und Beugung von Radiowellen spielt eine große Rolle bei der Ortung von Laugeneinschlüssen im Kalisalzbergbau und bei der Ortung gutleitender Erze in schlechtleitenden Gesteinen zwischen Bohrungen.

1.4.2. VLF-Methode

1.4.2.1. Allgemeine Grundlagen und Prinzip

Die Bezeichnung VLF kommt aus der Radiowellenterminologie und steht für „Very Low Frequency" (Tab. 1.11). Im Sinne geophysikalischer Wechselfelder müßte man eigentlich von hochfrequenten Feldern sprechen.

Die VLF-Methode nutzt leistungsstarke Sender aus, die in verschiedenen Ländern für die Kommunikation mit Unterseebooten im Frequenzbereich von 15 bis 25 kHz betrieben werden. Einige der bekanntesten Sender sind in der Tab. 1.16 zusammengestellt.

Tabelle 1.16. Für VLF-Messungen geeignete Sendestationen

STATION	ORT	FREQUENZ (kHz)	Koordinaten
NAA	Cutler, Maine	17,8	67W17 −44N39
NLK	Seattle, Washington	18,6	121W55−48N12
NSS	Annapolis, Maryland	21,4	67W27 −38N59
GBR	Rugby, Großbritannien	16,0	01W11 −52N22
FUO	Bordeaux, Frankreich	15,1	00W48 −44N65
JXZ	Helgeland, Norwegen	16,4	13E01 −66N15
UMS	Moskau, UdSSR	17,1	37E18 −55N49
NWC	North West Cape, Australien	22,3	114E09 −21S47
NDT	Yosami, Japan	17,4	137E01 −34N58
NPM	Lualualei, Hawaii	23,4	158W09−21N25

Der Sender kann als linearer vertikaler HERTZscher Strahler aufgefaßt werden. In größerer Entfernung zum Sender ist das magnetische Normalfeld eben und besitzt eine maximale horizontale Komponente senkrecht zur Ausbreitungsrichtung (Kap. 1.3.1.4.1.). Beim Vorhandensein elektrisch leitfähiger Störkörper im Untergrund werden elektrische Wirbelströme induziert, deren Magnetfeld sich mit dem Normalfeld überlagert. Die Entstehung anomaler magnetischer Komponenten sei an dem einfachen Beispiel einer steil stehenden, elektrisch leitenden Platte erläutert, wobei die x-Richtung sowohl mit der Streichrichtung der Platte als auch mit der Senderrichtung identisch sein soll (Abb. 1.83). Das magnetische Normalfeld H_{1y} induziert in der Platte Wirbelströme, die sich wegen des Skineffektes im oberen Teil der Platte zu einem Stromfluß in x-Richtung konzentrieren

(j_x). Dieser Stromfluß hat ein anomales Feld H_2 zur Folge, welches durch eine kreisförmige Feldlinie schematisch angedeutet ist. Das anomale Feld besitzt sowohl eine horizontale Komponente (H_{2y}) als auch eine vertikale Komponente H_{2z}. Folglich hat auch das aus Normalfeld und anomalem Feld resultierende Feld eine Horizontalkomponente H_y und eine Vertikalkomponente H_z, die in der Regel gegeneinander phasenverschoben sind. Das resultierende Feld $H(t)$ rotiert unter ständiger Änderung seiner Amplitude in der y-z-Ebene und beschreibt dabei eine Ellipse (Abb. 1.84). Durch

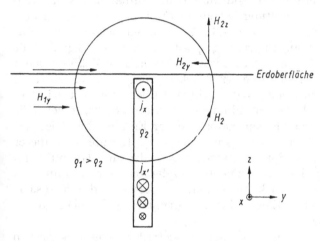

Abb. 1.83. Die Wirkung des horizontalen ·magnetischen Normalfeldes eines VLF-Senders auf eine gutleitende vertikale Platte im Untergrund

die Parameter Kippwinkel δ und Achsenverhältnis b/a der Ellipse sind Real- und Imaginärteil des anomalen vertikalen Magnetfeldes bestimmt. Unter der Annahme, daß $Z^2 \ll Y^2$ und $Y \approx Y_1$ ist, gilt nach EBERLE (1977)

$$\tan \delta \approx \frac{\mathrm{Re}\,(Z)}{Y_1}, \tag{4.22}$$

$$\frac{b}{a} \approx \frac{\mathrm{Im}\,(Z)}{Y_1}; \tag{4.23}$$

Y_1 — Maximalamplitude des horizontalen Normalfeldes; Y — Maximalamplitude des horizontalen Überlagerungsfeldes; Z — Maximalamplitude des vertikalen anomalen Feldes. Die nach der bekannten Formel

$$\tau \approx 500 \sqrt{\frac{\varrho}{f}} \qquad (\tau \text{ in m}, \varrho \text{ in } \Omega \cdot \text{m}, f \text{ in s}^{-1}) \tag{4.24}$$

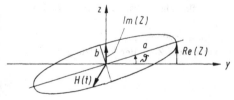

Abb. 1.84. Polarisationsellipse des resultierenden Magnetfeldes

für Wellen im VLF-Bereich berechnete *elektromagnetische Eindringtiefe* τ beträgt für spezifische Gesteinswiderstände zwischen 10^2 und $10^4 \, \Omega \cdot m$ einige 10 m bis einige 100 m.

Bei der Messung im Gelände muß ein Sender ausgewählt werden, dessen Azimut möglichst gut mit der Streichrichtung der zu untersuchenden geo-logischen Struktur übereinstimmt.

Die Auswahl der gegenwärtig zum Einsatz kommenden VLF-Meßgeräte reicht von tragbaren Ausrüstungen für punktweise Messungen bis zu umfangreichen Gerätekomplexen für kontinuierliche Aufnahmen von Flugkörpern aus. Besondere Verbreitung hat ein Gerätetyp gefunden, der ausführlich von PATERSON; RONKA (1971) beschrieben worden ist. Das Gerät wird von zwei Eingangssignalen gespeist, die von der Signal-Spule bzw. von der Referenz-Spule aufgenommen werden. Als Meßinstrument dient ein Lautsprecher, der sich in einer Brücken-Kompensationsschaltung befindet. Bringt man das Spulenpaar in die y-z-Ebene und orientiert es derart, daß der Lautsprecher einen minimalen Pfeifton abgibt, so zeigt die Signalspule in Richtung der kleinen Halbachse der Ellipse. Ein Neigungsmesser erlaubt ein sofortiges Ablesen von tan δ in % (Realteil). In dieser Stellung wird mittels eines Spannungsteilers das absolute Tonminimum eingestellt; die Stellung des Potentiometerknopfes entspricht dann dem Imaginärteil. Eine weiterentwickelte Apparatur gestattet durch zusätzliche Verwendung von zwei Elektroden die Ermittlung des scheinbaren spezifischen Widerstandes.

Eine getrennte Registrierung von zwei magnetischen oder elektrischen Komponenten sowie der Phasenverschiebung zwischen beiden Komponenten (Abb. 1.85) ermöglicht eine Apparatur, die von DONNER (1983) beschrieben wird. Um zeitliche Feldstärkeschwankungen weitgehend zu eliminieren, ist es zweckmäßig, für die Interpretation die Quotienten zweier Komponenten (z. B. H_z/H_y oder H_{1z}/H_{2z}) zu verwenden.

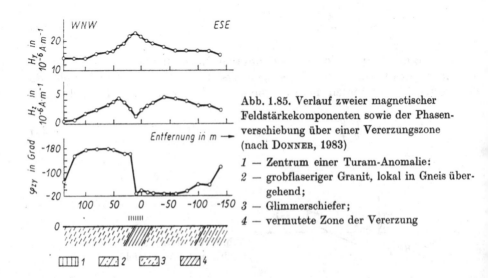

Abb. 1.85. Verlauf zweier magnetischer Feldstärkekomponenten sowie der Phasenverschiebung über einer Vererzungszone (nach DONNER, 1983)

1 — Zentrum einer Turam-Anomalie:

2 — grobflaseriger Granit, lokal in Gneis übergehend;

3 — Glimmerschiefer;

4 — vermutete Zone der Vererzung

Der Vorteil des VLF-Verfahrens liegt darin, daß für die Meßdurchfüh-
rung keine eigene Energieanregung erforderlich ist. Nachteilig ist, daß
einige dabei verwendete Sender zeitweilig aussetzen und daß die Messungen
sehr stark vom Geländerelief und von künstlichen Leitern wie Kabeln und
Rohren beeinflußt werden.

1.4.2.2. Darstellung der Meßergebnisse und Grundlagen der Auswertung

Die Darstellung der Meßgrößen erfolgt in Profilform und in Isolinienkarten,
wobei die Daten ungefiltert oder gefiltert aufgetragen werden können. Ein
wirkungsvolles Filter (Abb. 1.86; 1.87) ist das FRASER-Filter, mit dem die
Größe $X_{2,3} = (X_1 + X_2) - (X_3 + X_4)$ berechnet wird (FRASER, 1969). Dabei sind $X_1 \cdots X_4$ Meßgrößen, die an äquidistanten Punkten auf dem Profil
erhalten wurden. Durch dieses Filter, welches praktisch einer Gradienten-
bildung entspricht, wird ein Großteil des topographischen Einflußes eliminiert. Mit dem gleichen Ziel ist von DONNER (1982) eine spezielle meß-
technische Variante entwickelt worden, welche die Registrierung der Differenz zweier in geringem Abstand voneinander aufgenommener Vertikal-
komponenten ermöglicht.

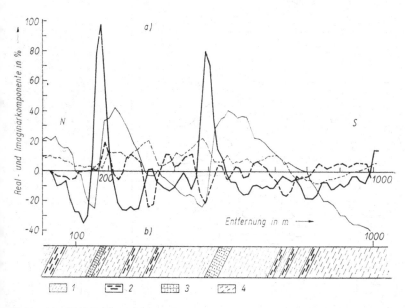

Abb. 1.86. VLF-Profil über einer Sulfidparagenese in den Schladminger Tauern (Österreich) (a) und geologisches Profil (b)

———————— Realkomponente, ungefiltert,
———————— Realkomponente, gefiltert,
– – – – – – Imaginärkomponente, ungefiltert,
·················· Imaginärkomponente, gefiltert,
1 — Bändergneis; 2 — Amphibolit; 3 — Biotit-Granat-Glimmerschiefer: 4 — Quarz-
phyllit

Einen anderen Weg beschreitet Eberle (1977), der den Geländeeinfluß, ausgehend von der Hangneigung und von der Senderrichtung, rechnerisch ermittelt.

Für die quantitative Analyse von VLF-Messungen kann man auf Modell-kurven zurückgreifen, die theoretisch berechnet (z. B. Kaikkonen, 1980) oder durch analoge Laborexperimente ermittelt wurden (z. B. Coney, 1977; Baker; Myers, 1979) und die für zweidimensionale Strukturen (vertikale oder geneigte gutleitende Platte, Kontakt zwischen Medien unterschiedlicher Leitfähigkeit) vorliegen.

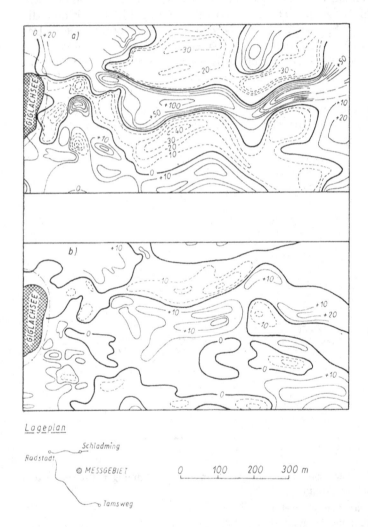

Abb. 1.87. VLF-Messungen über Sulfidparagenesen in den Schladminger Tauern (Österreich); Isolinienpläne der gefilterten Meßdaten (Fraser-Filter)

a) gefilterte Realkomponente,
b) gefilterte Imaginärkomponente

1.4.2.3. Anwendungen

Das VLF-Verfahren kann dort Anwendung finden, wo Leitfähigkeits-anomalien Ziel der Untersuchung sind. Als Ursache können geologische Störungen, sulfidische Vererzungen oder Graphit, aber auch künstliche Leiter auftreten. Ferner kann das Verfahren mit einer entsprechenden Gerätemodifikation zur induktiven Tiefensondierung verwendet werden. Dies ist vor allem dort von Bedeutung, wo die Bodenbeschaffenheit eine Elektrodenkontaktierung unmöglich macht, wie zum Beispiel bei Sand, Blockschutthalden u. a. m..

Das Profil (Abb. 1.86) zeigt sowohl im gefilterten als auch im ungefilterten Verlauf eine gute Korrelation mit dem geologischen Profil. Die Isolinienkarte in Abb. 1.87 zeigt ein Meßergebnis aus den Schladminger Tauern, wo eine Sulfidparagenese teils in verruschelten Glimmerschiefern, teils in Quarzphylliten, eingeschaltet in Bändergneise, Ursache der Leitfähigkeitsanomalien sind.

1.4.3. Radiowellendurchstrahlung

1.4.3.1. Allgemeine Grundlagen und Prinzip

Für dieses Verfahren haben sich in der angewandten Geophysik zwei Namen eingebürgert. Die Bezeichnung *Frequenz-Absorptionsmethode* wird meistens vom Physiker gewählt, die Bezeichnung *Radiowellen-Schattenmethode* spricht eher den Bergingenieur an. Technisch gesehen kann diese Methode überall dort angewendet werden, wo niederohmige Körper in einem hochohmigen Material eingebettet sind. Gegenüber anderen geophysikalischen Meßmethoden ist dieses Verfahren relativ jung, und man hat bis jetzt gute Erfolge bei der Lokalisierung von niederohmigen Störkörpern in Steinsalz, Karbonatgesteinen, Graniten und Gneisen erzielt.

Bei der Hochfrequenz-Absorptionsmethode werden Sende- und Empfangsantenne so angeordnet, daß der zu untersuchende Gesteinskomplex durchstrahlt werden kann. Die Sendeantenne strahlt bei konstant gehaltener Leistung elektromagnetische Wellen mit Frequenzen im Bereich von $1 \cdots 40$ MHz aus. Die in der Empfangsantenne induzierte Spannung wird mittels eines Mikrovoltmeters mit einer Empfindlichkeit von mindestens $0,1 \cdot 10^{-6}$ V gemessen. Sende- und Empfangsantenne können als Bohrlochantenne ausgebildet sein (Abb. 1.88). oder als Rahmenantenne in einer Strecke aufgestellt werden (Abb. 1.91). Bei der Messung von der Strecke aus sind Kompressorleitungen, Schienen, elektrische Leitungen, Sicherungsnetze in der Firste und mit Eisen ausgebaute Strecken störend. Es können aber auch Messungen ausgeführt werden, bei denen zum Beispiel eine Rahmenantenne in einer Strecke als Sender arbeitet und die Empfangsantenne in ein Bohrloch versenkt wird oder umgekehrt. Die Antenne im Bohrloch wird mit einem elektrisch nichtleitenden Kunststoffgestänge bewegt.

Um die *Schattenbildung* (Feldstärkeminderung) eines niederohmigen Störkörpers erfassen zu können, werden die Sendeantenne an einer Stelle fixiert und die Empfangsantenne entlang der Strecke oder des Bohrloches bewegt. Zeichnet sich eine Schattenbildung ab, so muß zur Abgrenzung der Umrisse des Störkörpers die Messung von mehreren Senderpositionen aus wiederholt werden. Entscheidend für gute Meßergebnisse ist die Ankopplung von Sende- und Empfangsantenne an das umgebende Gebirge. Störend wirken im Bohrloch vorhandenes oder durchfließendes Wasser sowie niederohmige Einlagerungen in unmittelbarer Nähe der Bohrung. Das Abstrahlverhalten einer Sendeantenne wird von der verwendeten Frequenz bestimmt und kann kontrolliert werden, indem die zugeführte und zurückkommende Leistung in der Antennenleitung gemessen werden. Für brauchbare Resultate muß auf jeden Fall der Quotient aus zurückkommender und zugeführter Leistung kleiner als 0,1 sein.

Grundsätzlich bestehen die Geräte für Radiowellendurchstrahlungen aus zwei Einheiten — der Sendeanlage und der Empfangseinheit. Manche Ausrüstungen erfordern eine Kabelverbindung zwischen diesen Geräten. Moderne Systeme enthalten in der Bohrlochsonde sowohl die Antenne als auch die gesamte Elektronik; über die Leitung im Schubgestänge werden nur die Energieversorgung und die Steuer- sowie Datenleitung geführt (NICKEL et al., 1983). Die Sendeleistung von Bohrlochantennen liegt z. Zt. bei etwa 1 W; Sendeantennen, die in Strecken aufgebaut werden, arbeiten mit, größerer Leistung. Sende- und Empfangseinrichtungen, die nur mit einer festen Frequenz arbeiten, sind einfach aufgebaut und zu bedienen; bei schwierigen Verhältnissen ist aber eine Messung mit mehreren Frequenzen unbedingt erforderlich.

1.4.3.2.   *Darstellung der Meßergebnisse und Grundlagen der Auswertung*

Sender und Richtung des Bohrloches, in dem sich die Empfangsantenne befindet, spannen eine im Raum liegende Ebene auf. Die Meßergebnisse werden in dieser Ebene dargestellt. Wird mit ruhendem Sender und bewegter Empfangsantenne gearbeitet, so wird zunächst zu jeder Empfängerposition der Meßwert — meist ausgedrückt als Dämpfung in Dezibel —, bezogen auf die größte Empfindlichkeit des Meßgerätes, angegeben.

Zur Deutung der Ergebnisse kann entweder nur die Anomalie herangezogen werden, oder es wird mit dem Absolutwert der Dämpfung gearbeitet. Da sich von Meßpunkt zu Meßpunkt der Abstand Sende—Empfangsantenne verändert, muß i. allg. auf ein Normalfeld korrigiert werden (Abb. 1.88). Dazu ist die Kenntnis der Dämpfung des durchstrahlten Materials in Abhängigkeit von der Frequenz erforderlich. Richtwerte für die Dämpfung elektromagnetischer Wellen in trockenen Gesteinen sind der Tab. 1.17 zu entnehmen. — Bei einfachen Verhältnissen kann die Korrektur auf ein Normalfeld entfallen, und man arbeitet mit einer gleitenden Bezugslinie.

Nicht jede gemessene Anomalie muß von einem kompakten niederohmigen Störkörper verursacht werden. Deshalb sollte jede einzeln einer kriti-

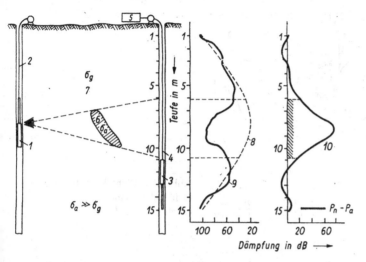

Abb. 1.88. Korrektur der Meßwerte auf ein Normalfeld (nach KASPAR, 1970).

1 — Sendeantenne, *2* — Schiebegestänge, *3* — Empfangsantenne, *4* — Schiebegestänge *5* — Meßstation, *6* — Störkörper mit hoher Leitfähigkeit, *7* — durchstrahlter Raum, *8* — Verlauf des Normalfeldes (P_n), *9* — gemessene Dämpfung (P_a), *10* — auf das Normalfeld korrigierte Dämpfung
σ — Leitfähigkeit

Tabelle 1.17. Typische Dämpfungswerte elektromagnetischer Wellen von 5...10 MHz für trockene Gesteine (nach NICKEL, 1972; 1976)

	Frequenz in MHz	Dämpfung in dB/m
trockener Wettersteinkalk	5	0,15
	10	0,3
trockenes Steinsalz	5	0,02
	10	0,025

schen Prüfung unterzogen werden; dabei sind folgende Störfaktoren zu berücksichtigen

— Inhomogenitäten des Gebirges im Nahbereich der Sende- oder Empfangsantenne wie z. B. Tone, Vererzungen oder wassererfüllte Klüfte;
— Abstrahlcharakteristik der Sendeantenne in Fällen, in denen ihre Achse nicht parallel zu jener der Empfangsantenne liegt (Abb. 1.89);
— Auftreten von Interferenz- und Beugungserscheinungen, wenn die Störkörperdimension etwa den Wellenlängen der elektromagnetischen Wellen im Gebirge entspricht (10...50 m). Es kann der Fall eintreten, daß an der gleichen Stelle bei einer Frequenz ein Minimum und bei einer anderen Frequenz ein Maximum auftritt. Eine derartige Erscheinung wird auf Abb. 1.90 bei Meßfrequenzen von 10 und 15 MHz im Meßintervall zwischen 30 und 40 m gezeigt.

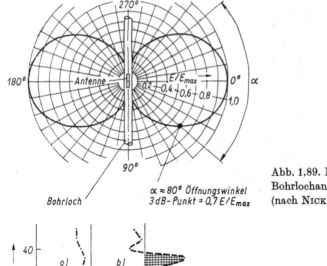

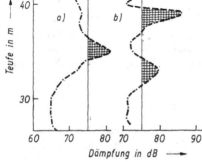

$\alpha \approx 80°$ Öffnungswinkel
3 dB-Punkt = 0,7 E/E_{max}

Abb. 1,89. Richtcharakteristik einer
Bohrlochantenne
(nach NICKEL, 1976)

Abb. 1.90. Beugungseffekt an einer gut
leitenden Einlagerung bei verschiedenen
Frequenzen: a) 10 MHz, b) 15 MHz

1.4.3.3. Anwendungen

Aus einer Reihe von Versuchsmessungen haben sich zwei Schwerpunkte
für die Anwendung der Radiowellendurchstrahlung ergeben. Mit gutem
Erfolg werden diese Messungen zur Ortung von Laugeneinschlüssen und
zur Lokalisierung von Tongestein in Salzstöcken verwendet. Das zweite
Anwendungsgebiet liegt im Bereich der Erzsuche. Man kann eine *Inventur*
in einem bestehenden Grubengebäude von schon vorhandenen Strecken
aus durchführen oder bei einer Neuerschließung größere Gebirgsareale
(zwischen parallel verlaufenden Bohrlöchern) auf niederohmige Bereiche
untersuchen. Bei den heutigen Sendeleistungen und Empfindlichkeiten auf
der Empfängerseite können in Karbonatgesteinen Entfernungen bis zu
200 m, in Salzgesteinen manchmal über 500 m überbrückt werden.

Das Beispiel Abb. 1.91 zeigt das Ergebnis einer Laugenortung in einem
Salzbergwerk, Neuhof-Ellers (nach NICKEL, 1972). Die Meßwerte sind auf
einen theoretischen Kreis mit dem Radius von 350 m korrigiert. Beim Meßpunkt 60 wurde die größte Abschwächung gemessen. Die Begrenzung des
niederohmigen Störkörpers wurde etwa in den Wendepunkt der Anomalie
gelegt. Um ein flächenhaftes Bild des Störkörpers zu bekommen, wurden
weitere Messungen von den Senderpositionen S_2, S_3 ausgeführt.

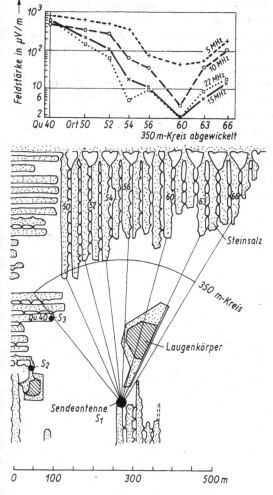

Abb. 1.91. Beispiel einer Laugenortung im Salzbergbau Neuhof-Ellers
(nach NICKEL, 1972a)

1.4.4.   Radarmessungen

1.4.4.1.   Allgemeine Grundlagen und Prinzip

Die Untersuchung von Untergrundstrukturen mittels Radarmessungen
bildet einen der jüngsten Zweige der geophysikalischen Meßtechnik. Das
Zeitalter der Prototypenentwicklung und der universitären Versuchs-
systeme ist erst vor wenigen Jahren ausgelaufen. Dies bedingt, daß die
Meß- und Auswertetechnik sowie das Spektrum der möglichen Anwendungsgebiete erst teilweise erforscht sind.

Das Meßprinzip entspricht dem des aus Luftverkehr und Schiffahrt bekannten Radarverfahrens. Es unterscheidet sich aber von dem klassischen
Radar in einigen aufgabenspezifischen Modifikationen des Meßsystems. Um
Reflexionen elektromagnetischer Wellen innerhalb von Gesteinskomplexen
beobachten zu können, müssen verhältnismäßig große Wellenlängen (Dezi-

meter bis Meterbereich) verwendet werden, wenn eine ausreichende Reichweite erzielt werden soll. Gleichzeitig muß die Impulslänge extrem kurz gehalten werden ($\leq 10^{-8}$ s), um das erforderliche Auflösungsvermögen zu erreichen. Des weiteren sind Spezialantennen erforderlich, damit die Energieübertragung ins Gestein möglichst verlustfrei bleibt.

Das Untergrundradar arbeitet nach dem Impuls-Echo-Verfahren. Es beruht darauf, daß kurzzeitige elektromagnetische Impulse über eine nahe an der Erdoberfläche befindliche Antenne elektromagnetisch an den Boden gekoppelt und in den Untergrund abgestrahlt werden. Nach dem Prinzip des Echo-Sondierungsverfahrens werden die Reflexionen (Echos) registriert, die von den Diskontinuitätsflächen herrühren. Aus der Laufzeit von der Signalemission bis zum Empfang der Reflexionen kann bei Kenntnis der Ausbreitungsgeschwindigkeit auf die Tiefenlage des Reflektors geschlossen werden (Abb. 1.92).

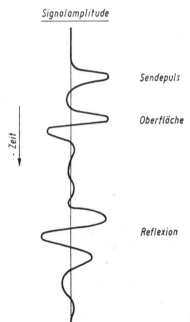

Abb. 1.92. Schematische Darstellung des Radarsignals am Monitor-Oszilloskop des Untergrund-Radars

Das Blockschema der gesamten Apparatur ist in Abb. 1.93 wiedergegeben. Das System kann entweder an diskreten Punkten oder so betrieben werden, daß die Antenne langsam weiterbewegt wird. Je nach der Geschwindigkeit der Antennenfortbewegung läßt sich so ein Profil beliebiger Meßpunktdichte vermessen. Beispielsweise wird bei einer Fahrgeschwindigkeit von 1 m/s (das sind 3,6 km/h $\triangleq$ Schrittempo) und einer Wiederholung der elektromagnetischen Echolotung in Zeitabständen von 50 ms das Profil in 5-cm-Intervallen abgetastet. Im Falle einer solchen profilmäßigen Untersuchungsweise ist es zweckmäßig, neben der Beobachtung der Impuls-Radarsignale am Oszilloskop eine graphische Aufzeichnung nach dem

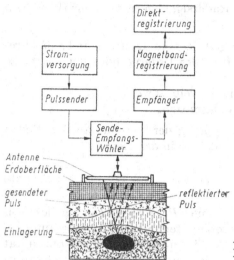

Abb. 1.93. Blockschema des Untergrund-
Radars (nach Morey, 1974)

Scanner-Prinzip vorzunehmen (Abb. 1.94). Dabei werden die einzelnen
Radarimpulse (scans) in Schwarz-Weiß-Technik wiedergegeben und bilden
in der Gesamtheit eine profilmäßige Darstellung. Aus meßtechnischen
Gründen entsprechen gewöhnlich jedem Reflektor drei schwarze Streifen
(*Dreistreifenmuster*). Die Radargramme werden zu Laufzeitprofilen zusammengefaßt und bilden die Grundlage für die Erarbeitung von Tiefen-
schnitten, ähnlich wie in der Reflexionsseismik.

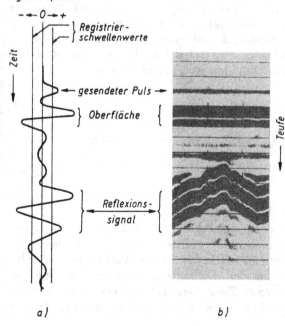

Abb. 1.94. Profildarstellung und
Interpretation eines Radarsignals
(nach GSSI, 1981)

a) Prinzip eines einzelnen Radarimpulses und auf den Empfänger wirkende Reflexionen
des gesendeten Signals,

b) Beispiel einer Profil-
information nach Abspielung
über die Direktregistrierung
(nach GSSI, 1981)

Hinsichtlich der Ausbreitung von Radarsignalen in Gesteinen sind von besonßerem Interesse:

— die Intensitätsabnahme in Abhängigkeit vom Laufweg und vom Frequenzinhalt sowie vom Schichtaufbau des Untergrundes und als Folge davon
— die Eindringtiefe bzw. maximale Reichweite sowie
— das Reflexionsvermögen von Gesteinsgrenzen.

Unter Annahme einer idealen Ankopplung der Antenne an den Boden lautet die Radargleichung für einen Reflektor in der Tiefe r:

$$P_E = P_s \frac{G^2 \lambda_m^2 Q}{(4\pi)^3 r^4} \, e^{-4\alpha r}. \tag{4.25}$$

P_E — Signalleistung der Empfangsantenne; P_s — Signalleistung des Senders; G — Antennengewinn der kombinierten Sende-Empfangsantenne; λ_m — Wellenlänge im Untergrund; Q — Wirkungsfläche der Diskontinuität (des Reflektors) im Untergrund; α — Absorptionskoeffizient des Gesteinsmaterials.

Die Gleichung gestattet eine grobe Abschätzung der Reichweite von Radarwellen in Gesteinen in Abhängigkeit von Gerätekenngrößen, Signalfrequenz sowie Absorptions- und Reflexionseigenschaften der Gesteine. Vereinfachend sei dazu angenommen, daß zwischen der Antenne an der Erdoberfläche und der Gesteinsgrenze in der Tiefe r keine weiteren Reflektoren liegen, die natürlich die mögliche Empfangsleistung je nach Anzahl und Reflexionskoeffizient weiterhin reduzieren würden. Es sollen zunächst die Einflußgrößen für die in r transzendente Gleichung (4.25) kurz einzeln betrachtet werden.

Das Verhältnis der maximalen Sendeleistung zur Empfangsleistung an der unteren Grenze der Empfindlichkeit eines Untergrund-Radargerätes wird als Leistungsfaktor bezeichnet und stellt eine charakteristische Gerätekenngröße dar. Ein Leistungsfaktor von 100 dB ist heute ohne extremen technischen Aufwand erreichbar. Für den Antennengewinn gilt

$$G = \frac{4\pi A}{\lambda_m^2}, \tag{4.26}$$

dabei gilt für die Wellenlänge λ_m von Radarwellen im Gestein

$$\lambda_m = \frac{v}{f} = \frac{c}{f\sqrt{\varepsilon}}; \tag{4.27}$$

A — wirksame Strahlerfläche der Antenne.

Für eine bestimmte Antenne ist der Antennengewinn daher stark frequenzabhängig. Setzt man als repräsentative Mittelwerte $A = 1 \text{ m}^2$ und $\varepsilon = 9$, ergeben sich für Frequenzen von 100 MHz bis 1 GHz Werte von ca. 10 bis 1000 für G. Als Wirkungsfläche der Diskontinuität kann im günstigsten Fall die durch die 1. FRESNEL-Zone beschriebene ebene Kreisfläche $Q = \pi \lambda_m r / 2$ mit dem Reflexionskoeffizienten 1 angesetzt werden. In der

4. Potenz von r im Nenner der Gleichung (4.25) drückt sich schließlich der durch die Kugelwellen-Divergenz verursachte starke Intensitätsabfall bei zunehmender Reflektortiefe aus. Neben diesem rein geometrisch bedingten Intensitätsverlust tritt noch ein für das jeweilige Gesteinsmaterial spezifischer Absorptionsverlust auf. Das Maß dieses Absorptionsverlustes, das der Potenzansatz in Gleichung (4.25) beschreibt, wird durch die Größe des Absorptionskoeffizienten α bestimmt (Tab. 1.18). Nach der MAXWELLschen

Tabelle 1.18. Frequenzabhängige Dämpfung elektromagnetischer Wellen durch Absorption in dB/m (nach ROSE; VICKERS, 1974)

| Material | Frequenz in MHz | | | |
	1	10	100	500
Süßwasser	0,025	0,039	0,408	16,2
Erde, sandig, feucht	0,471	0,513	0,773	4,05
Ton, trocken	0,013	0,075	0,425	1,65
Ton, feucht	0,780	3,80	17,9	53,8
Salzwasser	34,5	109	327	592

Theorie der Ausbreitung elektromagnetischer Wellen stellt α seinerseits eine Funktion der Frequenz f, der magnetischen Permeabilität μ, der Dielektrizitätskonstanten ε und der Leitfähigkeit σ des durchstrahlten Mediums dar

$$\alpha = \frac{2\pi f}{c} \sqrt{\frac{\mu\varepsilon}{2} \left(\sqrt{1 + \left(\frac{\sigma}{2\pi f\varepsilon_0\varepsilon)}\right)^2} - 1 \right)}. \tag{4.28}$$

Wertet man Gleichung (4.28) für verschiedene nichtmagnetisierbare Gesteine aus, indem man $\mu = 1$ setzt und für ε sowie σ die bei niedrigen Frequenzen ermittelten „Konstanten" benutzt, ergibt sich der in Abb. 1.95 dargestellte Verlauf für die Eindringtiefe $\tau = 1/\alpha$. Oberhalb einer charakteristischen Frequenz f_k erweist sich α als nahezu frequenzunabhängig, wobei offenbar die Leitfähigkeit $\sigma = 1/\varrho$ den stärksten Einfluß auf die Lage dieser Frequenz besitzt. Ursache für den charakteristischen Verlauf dieser Kurven ist das von der Frequenz der elektromagnetischen Wellen abhängige Verhältnis der Beträge von Verschiebungsstrom und Leitungsstrom. Oberhalb f_k wird die elektrische Energie überwiegend im Verschiebungsstrom gespeichert, so daß der sonst unterhalb f_k dominierende Einfluß des Skineffektes für Gesteine ab etwa 10^6 Hz stark zurücktritt. Mit Gleichung (4.28) läßt sich so zwar die geringe Bedeutung des Skineffektes für das Untergrund-Radar erklären, die experimentell gesicherte Tatsache der ausgeprägten Frequenzabhängigkeit von α (COOK, 1975) auch oberhalb f_k jedoch nicht. Tatsächlich sind sowohl σ als auch ε bei hohen Frequenzen keine Konstanten. Die frequenzabhängigen Polarisationseffekte führen zu einer Dispersion $\sigma = \sigma(f)$ und $\varepsilon = \varepsilon(f)$ dieser „Materialkenngrößen", deren Verlauf auf Grund der komplizierten Mehrphasenstruktur der Gesteine nicht durch einfache Modelle zu erklären ist. Wird in

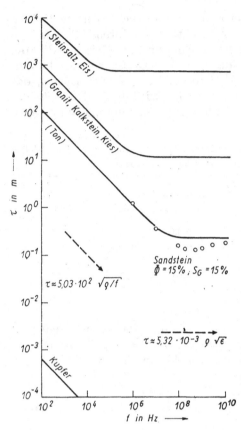

Abb. 1.95. Eindringtiefe τ elektromagnetischer Wellen als Funktion der Frequenz f für unterschiedliche Gesteine (bearbeitet von FORKMANN, 1984)

erster Näherung für den interessierenden Frequenzbereich von 100 MHz bis 1 GHz gesetzt

$$\alpha = \alpha_0 f, \tag{4.29}$$

kann damit die Reichweite r als Funktion der Frequenz für die bereits angegebenen Werte der übrigen Einflußgrößen in (4.25) berechnet werden. Es ist dabei zweckmäßig, den Anstieg α_0 als den für ein Gestein charakteristischen Absorptionskennwert als Parameterwert vorzugeben (Abb. 1.96). Dem Wert $\alpha_0 = 1$ dB/m · GHz würde etwa Steinsalz, dem Wert $\alpha_0 = 5$ dB/m · GHz etwa Kalkstein und dem Wert $\alpha_0 = 40$ dB/m · GHz etwa trockener Ton entsprechen. Abb. 1.96 beschreibt die zu erwartende Verringerung der Reichweite bei zunehmender Frequenz der Radarsignale. Von wesentlicher Bedeutung ist dabei der Wassergehalt der Gesteine, der im Vergleich zu deren trockenem Zustand generell größere α_0-Werte zur Folge hat.

Das Reflexionsverhalten elektromagnetischer Wellen an der Trennfläche zweier Medien mit den Impedanzen Z_1 und Z_2 (s. Kap. 1.3.1.4.1.) wird durch den FRESNELschen Amplituden-Reflexionskoeffizienten R be-

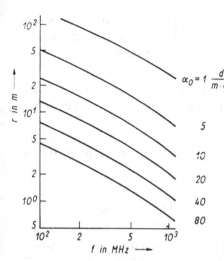

$\alpha_0 = 1 \; \dfrac{dB}{m \cdot GHz}$

5

10

20

40

80

Abb. 1.96. Reichweite r elektromagnetischer Wellen als Funktion der Frequenz f Parameter: frequenzunabhängiger Absorptionskennwert α_0

schrieben. Für senkrecht auf die Trennfläche einfallende Wellen gilt

$$R = \frac{Z_2 - Z_1}{Z_2 + Z_1}. \tag{4.30}$$

Im nichtmagnetischen Medium kann für $f \geq 100\ \text{MHz}\ Z \approx 1/\sqrt{\varepsilon}$ gesetzt werden. Daraus folgt

$$R \approx \frac{\sqrt{\varepsilon_1} - \sqrt{\varepsilon_2}}{\sqrt{\varepsilon_1} + \sqrt{\varepsilon_2}}. \tag{4.31}$$

Das Reflexionsvermögen wird vom Kontrast der Dielektrizitätszahlen benachbarter Gesteine bestimmt. In Tab. 1.20 sind einige Mittelwerte für ε angegeben. Der dominierende Einfluß des Wassergehaltes ist daraus unmittelbar abzuleiten. Im einzelnen sind beträchtliche Werte für R zu erwarten.

Müssen zur Erzielung großer Reichweiten möglichst „niedrige" Frequenzen benutzt werden, so verlangt die Erzielung eines hohen Auflösungsvermögens die Anwendung möglichst „hoher" Frequenzen. Tiefenreichweite und Auflösungsvermögen verhalten sich also konträr gegenüber der Frequenz der elektromagnetischen Wellen. Deshalb stellt die Wahl des Arbeitsfrequenzbereiches immer zugleich auch einen Kompromiß zwischen diesen beiden Größen dar.

Kriterium für das Auflösungsvermögen bildet die Dauer des ausgestrahlten Radarimpulses. Zwischen der Sendepulslänge τ' und der erforderlichen Mindesttiefe r_m bzw. Mindestdistanz zum Reflektor oder zweier Reflektorhorizonte gilt folgende Beziehung, wenn eine sichere Auflösung erzielt werden soll

$$r_\mathrm{m} = \frac{\tau' c}{2\sqrt{\varepsilon}}. \tag{4.31a}$$

Das Auflösungsvermögen ist also um so besser, je kürzer die Pulslänge und je größer die Dielektrizitätszahl wird (Tab. 1.19). Technisch hängt die Pulslänge von der Ausführung des Senders ab. Verwendet werden

- funkengezündete Sender (nur Frequenzen unter 150 MHz),
- Sender nach dem Prinzip des Pulsgenerators (HELLAR; HALTER, 1954) (bei entsprechender Antennenanpassung wird eine einzelne Vollschwingung der gewünschten Frequenz ausgestrahlt),
- Pulsgeneratoren für Halbsinusschwingungs-Pulse oder Monopulse (erzeugen die kürzesten Sendeimpulse, erfordern aber auch verhältnismäßig große Antennen).

Tabelle 1.19. Mindestteufe bzw. Mindestdistanz r_m zur Objektauflösung von Sendertypen als Funktion der Radarfrequenz für $\varepsilon = 10$ (τ' in ns; r_m in m)

Radarfrequenz	80 MHz		300 MHz		500 MHz		900 MHz	
Sendertyp	τ'	r_m	τ'	r_m	τ'	r_m	τ'	r_m
Funkenzündung	44	4,2	—		—		—	
Pulsgenerator (Vollschwingung)	12,5	1,2	3,3	0,32	2,0	0,19	1,1	0,11
Pulsgenerator (Halbschwingung)	6,2	0,6	1,7	0,16	1,0	0,10	0,6	0,05

Die Pulsdauer hängt auch von den Antenneneigenschaften ab. Dabei ist zu beachten, daß die Transientenantwort einer normalen metallischen Antenne endlicher Länge mit zylindrischem Querschnitt in Reflexionen an den Antennenenden besteht, die nur verhältnismäßig langsam abklingen. Dieses Verhalten macht diese Antennenform für das Untergrund-Radar ungeeignet, da kurze Pulse benötigt werden. Folglich ist der Monoimpuls das ideale Sendesignal (Abb. 1.92). Um die mit der Kürze eines solchen Sendeimpulses empfangsseitig verbundenen hohen Rauschanteile möglichst zu vermindern, werden die Antennen mit unterschiedlichen Widerständen je Einheitslänge belastet (ROSE; VICKERS, 1974).

Als Antennengrundformen haben sich die vom Fernsehempfang her bekannten Schleifen- und Dipolformen bewährt. In der Praxis werden derartige Antennen entweder in geschlossenen flachen Kästen als entsprechend geformte Kupferbleche auf parabolisch geformte Styroporkörper aufgebracht oder an Tüchern bzw. Luftkissen befestigt, die besonders gut an unregelmäßige Oberflächen angepreßt werden können. Widerstandsbelastete Drahtdipole und Koaxialkabel werden für Bohrlochantennen verwendet.

1.4.4.2. Darstellung der Meßergebnisse und Grundlagen der Auswertung

Ziel der Auswertung ist es, aus den Laufzeitprofilen entsprechende Tiefenschnitte abzuleiten. Voraussetzung dazu ist die Kenntnis der Ausbreitungsgeschwindigkeit v der elektromagnetischen Wellen entlang des Laufweges.

Für $f > 10$ MHz und verhältnismäßig verlustarme Fortpflanzung gilt

$$v = \frac{c}{\sqrt{\varepsilon}}. \qquad (4.32)$$

Für praktische Untersuchungen ist es zweckmäßig, die Ausbreitungsgeschwindigkeit durch Messungen in-situ zu bestimmen. Dazu eignen sich

- die x^2-T^2-Methode (Abb. 1.97),
- die Methode der Auswertung von Beugungen (Abb. 1.98),
- die Methode der Zwischenfelderkundung.

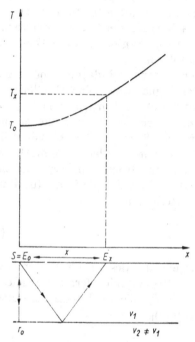

Abb. 1.97. Prinzip der x^2-T^2-Methode zur Geschwindigkeitsermittlung

a) Laufzeitkurve des Reflexionssignals bei zunehmender Horizontalentfernung x zwischen Sende- und Empfangs-Antenne,
b) Geometrie des Zweischichtfalles mit ebenem, söhligem Reflektor für lotrechte und schräge Reflexion

Das Prinzip der x^2-T^2-Methode ist der Abb. 1.97 zu entnehmen. Für die Geschwindigkeitsbestimmung wird abweichend von der normalen Meßtechnik eine von der Sendeantenne getrennte Empfangsantenne verwendet. Zu Beginn der Messungen befinden sich beide Antennen unmittelbar nebeneinander. Dann wird die Empfangsantenne E entlang eines Profils immer weiter von der Sendeantenne S entfernt. Dadurch verlängert sich der Strahlenweg des Reflexionssignals; seine Gesamtlaufzeit T_x wird durch die

11*

folgende Hyperbelgleichung ausgedrückt

$$T_x = \sqrt{\left(\frac{2r}{v}\right)^2 + \left(\frac{x}{v}\right)^2}. \tag{4.33}$$

$T_0 = 2r/v$ ist die Lotzeit; sie gilt für den Fall der senkrechten Reflexion ($x = 0$) und stellt die Mindestlaufzeit des Reflexionssignals dar. Somit folgt für die Ausbreitungsgeschwindigkeit v

$$v = \frac{x}{\sqrt{T_x{}^2 - T_0{}^2}}. \tag{4.34}$$

Die Ausbreitungsgeschwindigkeit läßt sich auch graphisch bestimmen, wenn man $T_x{}^2$ für verschiedene Entfernungen x (Antennendistanz) über x^2 aufträgt. Man erhält so eine Gerade, deren Neigung der Größe $1/v^2$ entspricht. Für genaue Geschwindigkeitsermittlungen ist es günstig, die x^2-T^2-Methode mit möglichst langen Profilen durchzuführen.

Darüber hinaus ist bei der Auswertung von Radarmessungen zu beachten, daß es sich bei den registrierten Signalen um einen Wellenvorgang handelt, für den im Sinne des HUYGENSschen Prinzips auch das Gesetz der Beugung gilt. Ein in einem vermessenen Profil vorhandener punktförmiger Reflektor ruft deshalb ein hyperbelförmiges Reflexionsbild in der Registrierung hervor (Abb. 1.98a). Die Geometrie der Beugungshyperbel ist aus der Prinzipskizze der Abb. 1.98b ersichtlich. Im Hyperbelscheitel befindet sich der punktförmige Reflektor B in der Tiefe r_0; für ihn gilt hinsichtlich der Laufzeit der lotrechten Reflexion

$$T_0 = \frac{2r_0}{v}. \tag{4.35}$$

Werden Sende- und Empfangsantenne entlang des Profils weiter bewegt, ergibt derselbe Reflektor für den in der Horizontalentfernung x gelegenen Punkt A eine Reflexion mit der Laufzeit T_x; sie wird als Scheinreflexion im Punkt D interpretiert. Mit $\overline{AD} = \overline{AB}$ gilt

$$T_x = \sqrt{\frac{4(x^2 + r_0{}^2)}{v^2}}. \tag{4.36}$$

Aus den beiden Laufzeiten gem. (4.35; 4.36) sowie der Entfernung x läßt sich die Geschwindigkeit v des Radarsignals ermitteln

$$v = \frac{2x}{\sqrt{T_x{}^2 - T_0{}^2}}. \tag{4.37}$$

Das geometrisch einfachste Verfahren zur Geschwindigkeitsbestimmung ist die Methode der Zwischenfelderkundung mittels Radar-Bohrloch-Messungen. Es beruht auf der Messung der Laufzeit des Radarsignals zwischen zwei Bohrungen, deren Abstand als bekannt vorausgesetzt wird und in denen Sende- und Empfangsantenne getrennt untergebracht sind. Das Verfahren erfordert allerdings den größten meßtechnischen Aufwand, zumal

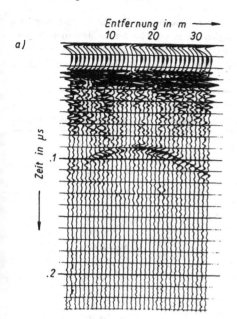

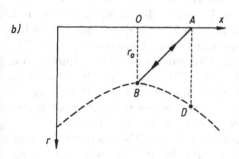

Abb. 1.98. Prinzip der Geschwindigkeitsermittlung mittels Beugungsauswertung bei
einem punktförmigen Reflektor

a) Reflexions-Beugungs-Hyperbel von
   einem Bohrloch (nach Cook, 1975),
b) Geometrie der Beugungshyperbel

die Bohrungen unverrohrt bleiben oder mit Kunststoff verrohrt werden
müssen.

Tab. 1.20 vermittelt einige Richtwerte über die Ausbreitungsgeschwindigkeit elektromagnetischer Wellen sowie über die relative Dielektrizitätszahl (s. auch Tab. 1.6), die im Frequenzbereich von ca. 100 MHz Gültigkeit besitzen.

Die Auswertung der Radargramme eines Profils erfordert die Analyse
der

— Form der Reflexionen,
— Laufzeit der Reflexionen,
— Amplituden der Reflexionssignale,
— Frequenzen der Reflexionssignale,
— Dämpfung im durchstrahlten Medium.

Tabelle 1.20. Richtwerte der relativen Dielektrizitätszahl ε und der zugehörigen Ausbreitungsgeschwindigkeit v in verschiedenen Medien und speziell in typischen Fest- und Lockergesteinen (nach VON HIPPEL, 1954; KRAICHMANN, 1970; WAIT, 1971; HOLSER; BROWN et al., 1972; DOLPHIN; BOLLEN et al., 1974; COOK, 1977)

Material	relative Dielektrizitätszahl ε	Ausbreitungsgeschwindigkeit v in m/ns
Luft	≈ 1	0,3
Süßwasser	81	0,03
Salzwasser	81	0,03
Eis (nur Süßwasser)	4	0,15
Permafrost	4—8	0,15—0,11
Sand, trocken	4—6	0,15—0,12
Sand, wassergesättigt	30	0,06
Ton, wassergesättigt	8—12	0,11—0,09
Kohle	5	0,13
Steinsalz	6	0,12
Granit	5	0,13
Kalk	7	0,11
Dolomit	11	0,09

Die exakte Bestimmung der Laufzeit macht es notwendig, daß die Zeitdifferenz zwischen korrespondierenden Punkten des ausgesendeten und reflektierten Signals gemessen wird (z. B. vom Beginn des Sendesignals bis zum Beginn der mittleren Halbschwingung des Empfangssignals). Zunehmende Dämpfung des Radarsignals wird im Radargramm durch eine Ausdünnung der beiden Seitenstreifen des Reflexionssignals angezeigt. Parallel dazu ändern sich die Signalamplituden (Abb. 1.99). Radarsignale reagieren sehr empfindlich auf plötzliche Änderungen dielektrischer Materialeigenschaften in unmittelbarer Nähe der Antenne (Abb. 1.100).

Multiple Reflexionen treten mit Ausnahme von Hohlraumsituationen (Abb. 1.101) relativ selten auf. Voraussetzung für ihr Auftreten ist neben einem kräftigen Kontrast in den Dielektrizitätszahlen eine geringe Dämpfung; beides ist i. allg. nur bei luftgefüllten Hohlräumen der Fall (BEVAN; KENYON, 1979).

Infolge der Zweckmäßigkeit, Monoimpulse als Radarsignale zu verwenden, ergeben sich wegen der unvermeidlich großen Bandbreite des Empfangssignals hohe Rauschanteile. Deshalb ist es zur Verbesserung des Nutz-Störsignal-Verhältnisses günstig, die Empfangsdaten einer Bandpaßfilterung zu unterziehen. Darüber hinaus vermag eine digitale Datenverarbeitung den Störpegel noch weiter zu vermindern. Dies ist beispielsweise dann zweckmäßig, wenn die Radarantenne neben großen Metallobjekten eingesetzt werden muß und die dadurch hervorgerufenen Reverberationen das Nutzsignal nahezu vollkommen überdecken oder wenn Messungen in einem Tunnel erfolgen und multiple Reflexionen von allen Tunnelwänden das Radarsignal stören. In beiden Fällen besteht das Störsignal entlang des Meßprofils aus einer Reihe von Reflexionssignalen mit konstanter Laufzeit

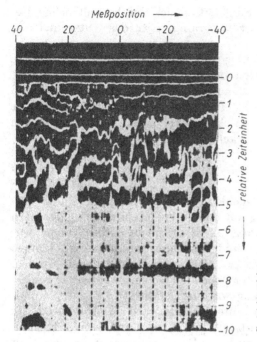

Abb. 1.99. Radargramm mit Reflektor bei der Laufzeit 4,5 (das Signal wird infolge zunehmender Dämpfung von der Position −35 nach −10 allmählich schwächer)

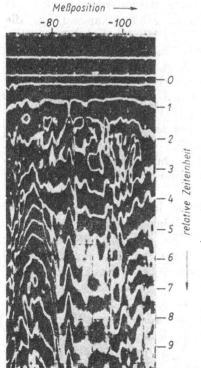

Abb. 1.100. Radargramm mit oberflächennaher metallischer Einlagerung (Position −84) und Hohlraum (Position −70 bis −80)

im gesamten Profilbereich. Nach Subtraktion des durchschnittlichen Reflexionssignals mittels Mikroprozessorprogramm tritt das Nutzsignal klar hervor (Abb. 1.101).

Weitere Verbesserungsmöglichkeiten des Nutz-Störsignal-Verhältnisses sind nach den bekannten Methoden der Reflexionsseismik zu erwarten. Dazu ist es aber erforderlich, Sende- und Empfangsantenne zu trennen und das Aufnahmeschema wie bei der Reflexionsseismik durchzuführen. Die selbstverständlich erforderliche methodische Anpassung wird derzeit von verschiedenen Arbeitsgruppen entwickelt.

1.4.4.3. Anwendungen

Das bisher umfangreichste Arbeitsgebiet für das Untergrund-Radar-Verfahren stellt die Eisdickenmessung auf dem Inlandeis und den Gletschern der Polargebiete dar. Da es sich dabei um Eis handelt, dessen Temperatur weit unter dem Gefrierpunkt liegt und das daher wasserfrei ist, können beträchtliche Tiefenreichweiten bis ca. 2000 m und mehr erzielt werden. In Anbetracht der Größe der zu untersuchenden Gebiete werden die Radarmessungen gewöhnlich vom Flugzeug aus durchgeführt.

Als Beispiel für eine derartige Untersuchung wird in Abb. 1.102 das Ergebnis einer Vermessung des ENDERBY- und KEMP-Landes, eines Küstenstreifens der Antarktis, wiedergegeben. Die Vermessung erfolgte mit einem 100-MHz-Radarsystem bei einem Dynamikumfang von 175 dB. In Abb. 1.102a ist die Oberflächentopographie dieser Region wiedergegeben; sie zeigt die halbinselförmig in den Ozean hineinragenden Napier-Berge, die von zwei Buchten begrenzt werden, mit dem Mt. King als wichtigstem Gipfel. Das in Abb. 1.102b wiedergegebene Untergrundrelief, wie es sich auf Grund der Radarsondierungen ergibt, zeigt, daß die Küstenlinie der Eisoberfläche (strichliert) bis zu ca. 50 km weiter nördlich liegt als die des Untergrundes. Die Napier-Berge erweisen sich bei einer E-W-Erstreckung von etwa 300 km als Beinahe-Insel, da sie im Untergrund nur innerhalb einer Landbrücke von 15 km Breite mit dem antarktischen Kontinent verbunden sind. Der sich dadurch ergebende Graben wird durch mächtige Gletscher gefüllt und markiert, wie feldgeologische Untersuchungen ergeben haben, eine Metamorphosegrenze des ostantarktischen präkambrischen Schildes (ALLISON; FREW et al., 1982).

Das temperierte Eis der Hochgebirgsgletscher in den gemäßigten Breiten befindet sich im Gegensatz zu den polaren Inlandeisschilden im Bereich der Schmelztemperatur und enthält daher Wasser- und Lufteinschlüsse, die als zusätzliche, unregelmäßig verteilte, interne Reflektoren zur Streuung der Radarimpulse im höheren Frequenzbereich führen. Durch Verwendung von sehr niedrigen Frequenzen (1···5 MHz) ist es aber selbst bei großen Gletschern mit Eismächtigkeiten bis zu 1200 m, wie z. B. dem Columbia-Gletscher (Alaska), möglich, das Gletscherbett auszuloten (WATTS; ENGLAND et al., 1974). Diese niedrigen Radarfrequenzen machen zwar relativ große Längen der Drahtantennen erforderlich, die jedoch auf derart mächtigen und weit ausgedehnten Gletschern ohne Schwierigkeiten eingesetzt

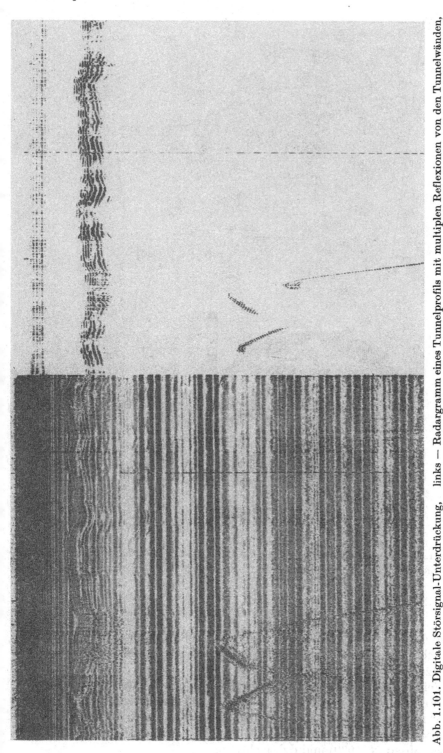

Abb. 1.101. Digitale Störsignal-Unterdrückung, links — Radargramm eines Tunnelprofils mit multiplen Reflexionen von den Tunnelwänden, rechts — Radargramm nach Störsignal-Unterdrückung mittels Mikroprozessorprogramm

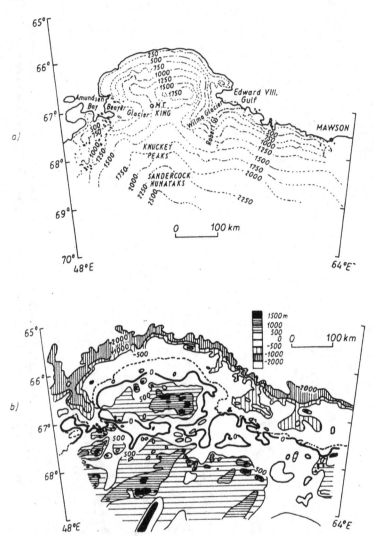

Abb. 1.102. Oberflächentopographie (a) und Untergrundrelief (b) nach Radarsondierungen von ENDERBY- und KEMP-Land in der Antarktis (nach WATTS; ENGLAND et al., 1974)
— — — gegenwärtige Küstenlinie

werden können. Bei geringeren Eismächtigkeiten, wie sie auf vielen Alpengletschern gegeben sind, können zunehmend höhere Radarfrequenzen eingesetzt werden (FRITZSCHE; OSTERER, 1976).

Weitere hydroglaziologische Anwendungsmöglichkeiten des Untergrund-Radarverfahrens betreffen die Messung der Firnmächtigkeit auf Gletschern (WATTS; ENGLAND et al., 1974), die Bestimmung des Wassergehaltes von Schneedecken (VICKERS; ROSE, 1972), Permafrostuntersuchungen (VIKKERS; MORGAN, 1979) und dgl. mehr.

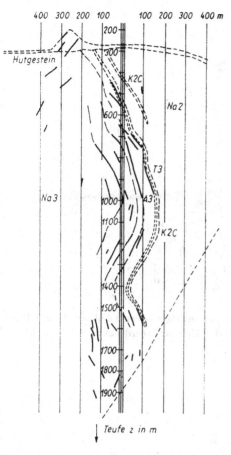

Abb. 1.103. Interpretation von Radar-Bohrlochmessungen in einem Salzdom (nach NICKEL; SENDER et al., 1983)

Na 3	Basissalz
A 3	Hauptanhydrit
T 3	Grauer Salzton
K 2(C)	Kaliflöz Staßfurt
Na 2	Staßfurt-Steinsalz
———	Reflektor nach elektromagnetischen Reflexionsmessungen
— — —	Schichtgrenzen vermutet

Salzlagerstätten sind i. allg. durch zahlreiche Diskontinuitätsflächen und eine komplexe interne Struktur gekennzeichnet. Da im Salz kein Wasser enthalten ist, erfahren Radarpulse nur eine geringe Dämpfung. Deshalb ist das Untergrund-Radar besonders geeignet, Ton-, Anhydrit- oder Basalteinlagerungen und ähnliches im Salinar zu erkunden. In Abb. 1.103 ist das Ergebnis einer Salzdomerkundung mit einer 40-MHz-Bohrloch-Radarsonde wiedergegeben (NICKEL; SENDER et al., 1983); dabei konnten Reflexionen aus Entfernungen bis zu 600 m beobachtet werden.

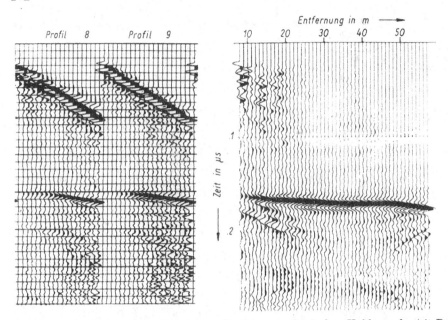

Abb. 1.104. Radargramme, aufgenommen in einer amerikanischen Kohlengrube mit Beleg über die Nutzsignalverbesserung durch 10fache Mehrfachüberdeckung (nach ALLISON; FREW et al., 1982)

links — Rohdatenausschnitt,
rechts — Mehrfachüberdeckungssektion

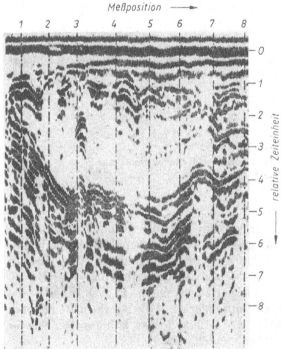

Abb. 1.105. Ortung einer Leitung im Bereich einer aufgeschütteten Grube (das Reflexionssignal der Leitung ist neben Profilposition 3 bei der Laufzeit 2 zu erkennen)

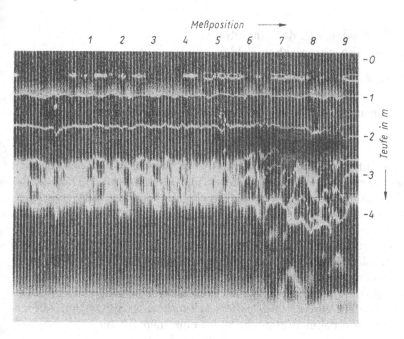

Abb. 1.106. Hohlraumortung mittels Radar-Aufnahmen
(Radargramm des Blindschachtes eines verlassenen Bergbaus unter der Sohle eines Mergel-
bruches. Die Reflexionen des unregelmäßig geformten oberen Schachtendes sind zwischen
den Positionen 6 und 8 im Tiefenbereich 2,5 m deutlich erkennbar)

Im Kohlebergbau hat sich die Radar-Erkundung ein wichtiges Anwendungsgebiet zum Nachweis von Störungen aller Art, wie Verwerfungen,
verlassene Abbaue und dgl., erschlossen. Abb. 1.104b zeigt als Beispiel die
nach dem Mehrfachüberdeckungsverfahren ausgewertete Reflexion eines
verlassenen Abbaues in einer amerikanischen Kohlengrube. In den Radar-
grammen, die mit dem Standardverfahren aufgezeichnet wurden, bildet das
Auftreten mehrerer kräftiger Signale die typische Signalcharakteristik für
ein Kohleflöz (COOK, 1977). Neben derartigen Radar-Erkundungen vom
bestehenden Grubengelände aus, die bisher je nach Tongehalt der Kohle
Maximalreichweiten bis zu 80 m ergeben haben (COOK, 1975), werden auch
Radar-Bohrlochmessungen gelegentlich zur Vorfelderkundung eingesetzt.
    In der Ingenieurgeophysik werden Radar-Erkundungen für verschieden-
artige Aufgaben verwendet, wobei vor allem das hohe Auflösungsvermögen
und das verhältnismäßig rasche Meßtempo interessieren. Beispiele dafür
bilden die Leitungsortung (Abb. 1.105) sowie der Hohlraumnachweis
(Abb. 1.106) (STEINHAUSER; BIEDERMANN, 1983).
    Weitere ingenieurgeophysikalische Anwendungsmöglichkeiten betreffen
die vortriebsbegleitende Vorfelderkundung im Tunnelbau (STEINHAUSER;
BRÜCKL et al., 1983), archäologische Untersuchungen (VICKERS; DOLPHIN,
1975), aber auch die Suche nach Lawinenopfern und verdeckten Gletscher-
spalten (FRITZSCHE; OSTERER, 1977).

1.5.   Methoden auf der Grundlage physiko-chemischer Felder

H. Aigner, H. Militzer

1.5.1.   Eigenpotential- und Filtrationspotentialmethode

1.5.1.1.   Allgemeine Grundlagen und Prinzip

Natürliche elektrische Eigenpotentiale treten vorwiegend an sulfidischen Erzkörpern sowie in der Nähe graphitischer Gesteine auf. Ihr Zustandekommen ist eng mit komplizierten elektrochemischen Prozessen verknüpft, die sich zwischen Erz bzw. Gestein und der umgebenden Bergfeuchte, den Boden- und Tiefenwässern einstellen. — Formal wirken dabei *Membran-* und *Kontaktpotentiale* zusammen, die sich herausbilden, wenn verschiedene Metalle oder Metallsulfide in den gleichen Elektrolyten eintauchen oder wenn Elektroden des gleichen Materials in Lösungen unterschiedlicher Konzentration gebracht werden. Zusätzlich treten bei Bewegungen eines Elektrolyten im Gestein *Strömungspotentiale* (*Filtrationspotentiale*) auf, die erhebliche Beträge annehmen können. — Im einzelnen gilt für

— das Membran-(Nernst-)Potential U_m

$$U_m = -\frac{RT}{nF} \ln \frac{C_1}{C_2},\tag{5.1}$$

— das Kontakt-(Diffusions-)Potential U_j

$$U_j = -\frac{v-u}{v+u}\frac{RT}{nF} \ln \frac{C_1}{C_2},\tag{5.2}$$

— das Strömungs-(Filtrations-)Potential U_k

$$U_k = \frac{\xi \varepsilon \varrho}{4\pi\eta} \Delta p,\tag{5.3}$$

R — Gaskonstante, T — absolute Temperatur, C_1, C_2 — Elektrolytkonzentrationen, n — Wertigkeit, u, v — Beweglichkeit von Kationen und Anionen, Δp — Druckdifferenz, ϱ — spezifischer elektrischer Widerstand, F — Faradaysche Zahl, ξ — elektrokinetisches Potential, ε — Dielektrizitätskonstante, η — dynamische Viskosität.

Vielfalt und unterschiedliche Intensität dieser Erscheinungen führen dazu, daß zwischen Mineralisations- und Störpotentialen zu unterscheiden ist. Störpotentiale werden vor allem durch elektrokapillare und bioelektrische Wirkungen, durch Änderungen der Elektrolytkonzentration im Grundwasser oder andere geochemische Vorgänge hervorgerufen. In besonderem Maße können elektrokapillare und bioelektrische Effekte auch ohne Vorhandensein mineralisierter Zonen vererzungsbedingte Eigenpotentiale vortäuschen, da sie sich nicht selten durch elektrische Indikationen in der Größenordnung von mehreren 100 mV bemerkbar machen.

Elektrokapillare Erscheinungen treten besonders in morphologisch stark gegliederten, meist trockenen Gebieten auf. Wird in solchen Bereichen durch hydrologische Einwirkungen das Gestein stark silifiziert, so begünstigen die übrigbleibenden porösen Quarzskelette ein rasches Versickern der Niederschlagswässer. Andererseits können Bodenwässer durch Kapillarwirkung und Verdunstung rasch aufsteigen. Im allgemeinen ist das damit verbundene Potentialgefälle bei deszendenten Wasserbewegungen negativ und durch ein regionales Ansteigen proportional der Bodenerhebung zu erkennen (Abb. 1.110). Aszendente Wasserbewegungen bewirken ein positives Potentialgefälle.

Das in (5.3) angegebene Strömungspotential gilt in dieser Form aber nur für ideale Kapillare mit kreisförmigem Querschnitt. In realen porösen Medien dagegen hängt U_k bei angenommmem konstantem Koeffizienten der Elektrofiltrationsaktivität K_F

$$K_F = \frac{\xi \varepsilon \varrho}{4\pi\eta} \tag{5.4}$$

außer von der Druckdifferenz Δp vor allem noch mit ab von

— Korngrößenverteilung und Kornform,
— Porosität und Ausbildung des Porenraumes,
— Tongehalt.

Diese Abhängigkeit ist die Grundlage dafür, daß Messungen des Filtrationspotentials allgemein zum Nachweis und zur Untersuchung von Fließvorgängen des Wassers im Baugrund und Bauwerk herangezogen werden können; im speziellen ermöglichen sie Angaben über

— wasserführende Störungszonen,
— verdeckte Zerr- und Dehnungsspalten in Senkungsgebieten,
— Hohlraumsituationen, besonders im Karst,
— die Dichtigkeit großer Wasserreservoire,
— den Wirkungsgrad durchgeführter Injektions- oder anderer Verdichtungsarbeiten.

In bergigem Gelände treten Filtrationspotentiale an Hängen auf (Hangpotentiale). Sie werden vor allem in hochohmigen Bereichen beobachtet und hängen ursächlich mit der Versickerung von Niederschlagwässern oder mit der Durchströmung undicht gewordener Dämme, Deiche o. ä. zusammen.

Für Eigenpotentialmessungen jedoch führen Filtrationsvorgänge zu Störpotentialen.

Bioelektrische Potentiale sind immer am Auftreten negativer Anomalien zu erkennen; sie heben sich besonders dann von einem normalen Störpegel ab, wenn die Messungen vom offenen Gelände in bewachsene oder bewaldete Bereiche führen. Dabei ist eine Trennung elektrokapillarer von bioelektrischen Wirkungen in den meisten Fällen gar nicht möglich.

Störpotentiale können aber auch durch niederfrequente Anteile tellurischer Ströme bzw. vagabundierender Industrieströme hervorgerufen werden.

Tellurisch bedingte Störeffekte sind meist von untergeordneter Bedeutung; sie sind normalerweise mit Potentialgradienten von $10 \cdots 20$ mV/km verbunden, können sowohl positiv als auch negativ sein, werden aber meist gar nicht beachtet. Vagabundierende Industrieströme dagegen machen in den meisten Fällen die Durchführung geoelektrischer Eigenpotentialmessungen unmöglich.

Ein besonderes und elektrochemisch noch keinesfalls vollständig geklärtes Problem ist das Zustandekommen der *Mineralisationspotentiale*. Üblicherweise werden sie mit der Existenz sekundärer Teufenzonen in Verbindung gebracht. Gemeint ist damit die Tatsache, daß Erzkörper sowohl genetisch bedingt als auch durch sekundäre Einflüsse nahe der Erdoberfläche von einer anderen stofflichen Beschaffenheit sein können als in größeren Teufenbereichen. — Das mit Sauerstoff, Kohlendioxyd und Salzen beladene Sickerwasser übt eine stark lösende Wirkung besonders auf sulfidische Erzlager aus. Dagegen entstehen neue Ausfällungen und Umsetzungen dort, wo diese Wässer auf stagnierende, sauerstoffarme Grundwasserbereiche treffen. So können die verschiedenen oxydierenden und reduzierenden Lösungen sehr verschiedene Anteile freien Sauerstoffs enthalten, und die Lösungsprodukte treten als oxydierbare und reduzierbare Ionen in Erscheinung. Die Folge davon ist die Bildung eines Eisernen Hutes (Gossan), der durch das Auftreten von Oxyden, Hydroxyden, Karbonaten, Sulfaten, Phosphaten u. a. Verbindungen gekennzeichnet ist (Abb. 1.107). In tieferen Bereichen dagegen werden die edlen Metalle — wie z. B. Kupfer und Silber — durch die mit gelösten Sulfaten beladenen Sickerwässer als Sulfide an unedleren Sulfiden wie Pyrit, Magnetkies, Zinkblende, Bleiglanz, Kupferkies u. a. ausgefällt. Das heißt, daß im Teufenbereich des Eisernen Hutes neben den Oxydationsprodukten vorwiegend Metallverbindungen mit geringerer Lösungstension auftreten als in den tiefer gelegenen. Durch diese chemische Unsymmetrie zwischen Oxydations- und Zementations-(Reduktions-)Zone nehmen die oberflächennahen Partien eines Erzkörpers ein höheres elektrisches Potential gegenüber den Zonen an, die sich bis in das stagnierende Grundwasser erstrecken.

Das Mineralisationspotential ist also vorrangig ein Oxydations-Reduktions-Potential. An geologischen Formations- bzw. an Gesteinsgrenzen ist aber auch mit einem unstetigen Konzentrationsübergang in den Bodenwässern zu rechnen. An der Trennfläche zwischen zwei solchen Elektrolyten mit gleichen Metallionen in verschiedener Konzentration kommt es zur Bildung einer natürlichen elektromotorischen Kraft (EMK); sie ist auf Diffusionserscheinungen zurückzuführen, die einen Ausgleich des Konzentrationsunterschiedes bewirken. Dissoziation, Diffusion und Gravitation rufen also zusätzlich eine Ladungstrennung hervor, die letztlich am Kontakt Elektrolyt/Erzkörper zur Ausbildung einer elektrischen Doppelschicht führt. Dadurch wirkt der Erzkörper wie ein natürliches galvanisches Element. Die sich einstellende natürliche Stromverteilung und der Verlauf des Eigenpotentials sind der Abb. 1.107 zu entnehmen. Mineralisationspotentiale dieser Art treten vorwiegend an massiven Körpern oder Linsen von Pyrit, Pyrrhotin, Magnetit und Kobalterzen auf. Auch Arsenopyrit

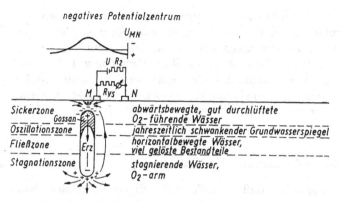

Abb. 1.107. Schema der sekundären Teufenzonen, der natürlichen Stromverteilung und der Eigenpotentialmeßanordnung

und andere Arsensulfide oder Antimonsulfidkomplexe können durch Potentiale dieser Art hervortreten, wenn sie durchgängige Vererzungen bilden; ansonsten zeigen sie keine für die Praxis bedeutsamen Effekte. Desgleichen fehlen beim Bleiglanz und der Zinkblende — evtl. wegen großer Korrosionsbeständigkeit und hohen Isolationswiderstandes — meßbare Eigenpotentiale. Dagegen treten oft sehr intensive Eigenpotentialanomalien über Graphit, graphitischen Schiefern und Anthrazit auf. Ihr Zustandekommen ist noch weitgehend ungeklärt. Oxydations-Reduktions-Potentiale können lediglich zur Erklärung natürlicher Eigenpotentialeffekte über Erzkörpern herangezogen werden; sie geben keine Auskunft über das Zustandekommen von Eigenpotentialanomalien über Graphiten bzw. graphitisiertem Gestein. Auch andere Hypothesen führen lediglich zu Teilerklärungen über die Erscheinung des elektrischen Eigenpotentials. Dies gilt beispielsweise für einen durchaus möglichen Zusammenhang zwischen dem pH-Wert über bzw. unter dem Grundwasserspiegel und dem Mineralisationspotential. Es ist zwar festzustellen, daß der pH-Wert z. B. über sulfidischen Erzkörpern mit pH $\approx$ 2$\cdots$4 auf relativ saure Wässer hinweist, während unterhalb des Grundwasserspiegels mit pH $\approx$ 7$\cdots$9 ein leicht basischer Charakter überwiegt; dennoch genügt der Unterschied im pH-Wert allein keineswegs, um eine Ladungsbewegung zu verursachen bzw. einen Stromfluß aufrechtzuerhalten; Eigenpotentialanomalien von einigen 100 mV über Graphiten lassen sich durch solche Effekte schon gar nicht erklären. — Auch die von SATO und MOONEY (1960) beschriebenen Vorgänge auf der Grundlage elektrochemischer Reaktionen zwischen einer angenommenen katodischen Halbzelle über dem Grundwasserspiegel und einer anodischen in der Tiefe sind zwar gedanklich sehr interessant, klären aber letztendlich das Zustandekommen intensiver Eigenpotentialanomalien über Graphiten auch nicht auf. — So bleibt im wesentlichen der gemessene Effekt als Ausdruck elektrochemisch und elektrokinetisch komplizierter, ineinandergreifender Wechselwirkungen. Für die Praxis ist es oft ausreichend, eine Trennung von Mineralisations- und Störpotentialen anzustreben und dabei vor allem

Möglichkeiten des Zustandekommens von Störpotentialen zú erkennen. Damit lassen diese bereits von der physikochemischen Seite her gesetzten
Grenzen deutlich werden, daß die Eigenpotentialmethode immer nur Über-
sichtserkenntnisse vermittelt. Das schränkt ihre Bedeutung keineswegs
ein; sie ist vor allem auch aus ökonomischer Sicht bei der Suche und Erkundung spezieller Vererzungen sowie der Rayonierung tektonischer Situationen unter Beachtung der Leistungsgrenzen des Verfahrens weltweit
gegeben.

1.5.1.2.   Methodische und apparative Voraussetzungen

Unter 1.5.1.1. wurde begründet, daß die elektrische Eigenpotentialmethode
einen relativ begrenzten Anwendungsbereich besitzt und sich unter Berücksichtigung hydrologischer Voraussetzungen auf den Nachweis und die Abgrenzung durchgehender, sulfidischer Vererzungen und graphitischer Mineralisationen beschränkt.

Die Anlage der Messungen erfolgt längs eingemessener oder natürlicher
Profillinien (Feldwege, Raine, Bachläufe). Letztere sind immer dann vor-
zuziehen, wenn sie etwa senkrecht zum Hauptstreichen der geologischen
Einlagerung liegen; ist die Hauptstreichrichtung unbekannt, so läßt sie
sich meist schon durch zwei senkrecht aufeinander stehende Suchprofile
ermitteln. Gemessen werden nur Potentialdifferenzen; deshalb ist es erforderlich, die Meßwerte auf ein Nullpotential zu beziehen. Dies geschieht,
indem ein Bezugspunkt in elektrisch ungestörtem Gebiet festgelegt wird;
an ihn werden alle weiteren Messungen dem Vorzeichen gemäß angeschlossen. Für die Wahl dieses Punktes ist zu beachten, daß in seiner Umgebung
(bei Übertagemessungen innerhalb 150...200 m, bei Untertagemessungen
innerhalb 15...20 m) keine anomalen Potentialdifferenzen auftreten; deshalb kann es sich ergeben, daß ein Anschluß über mehrere 100 m erfolgen
muß. — Die Apparatur besteht aus einem hochohmigen Voltmeter (gelegentlich aus einem Spannungskompensator), einem Paar unpolarisierbarer
Elektroden und einem einadrigen Kabel, dessen Länge von der Größe des
Untersuchungsgebietes abhängt. Zum Messen der Spannung U_{MN}, die am
Widerstand R_2 zwischen Wander- und Bezugssonde anliegt, wird das Voltmeter im Nebenschluß unter Verwendung eines im Vergleich zu R_2 sehr
hohen Vorschaltwiderstandes R_{VS} ausgelegt. Somit werden der durch R_2
fließende Strom und die an R_2 liegende Teilspannung U_{MN} nur gering-
fügig beeinflußt, und der vom parallel geschalteten Meßinstrument an-
gezeigte Strom ist der abgegriffenen Spannung proportional. Das Instru-
ment wird als Voltmeter geeicht; durch passende Wahl der Vorwiderstände
lassen sich verschiedene Meßbereiche festlegen (Abb. 1.107).

Unpolarisierbare Elektroden werden benutzt, um die bei Gleichstrom-
messungen an metallischen Elektroden auftretenden Kontakt- und Polarisationseffekte zu vermeiden. Sie stellen elektrochemisch gesehen ein Zwei-
phasensystem dar, wenn die Ionenkonzentration stark genug ist und keine
wesentlichen Hindernisse für einen Ionenübergang vorhanden sind. Dies
ist der Fall, wenn ein Metall in die gesättigte Lösung eines seiner Salze

taucht. Für Arbeiten im Gelände kommen vorwiegend Gefäße mit porösen Böden zur Anwendung, in denen sich Elektrode und Elektrolyt befinden. Dadurch wird erreicht, daß sich kein zusätzliches Potential ausbilden kann und immer nur die Ionen in Lösung gehen oder sich abscheiden, die potentialbestimmend sind. Da durch die Kapillaren des porösen Bodens die beiden Elektrolyte Bodenfeuchte und Elektrolyt im Gefäß unmittelbar aneinander grenzen, stellt sich immer ein gewisses Diffusionspotential ein. Dieses beträgt aber nur einige mV und liegt wesentlich niedriger als die oben angeführten Kontaktpotentiale, die — abhängig vom Metall, der Beschaffenheit der elektrolytischen Bergfeuchte und der Dauer des Stromdurchganges — einige Milli- bis Zehntelvolt ausmachen können (Abb. 1.108).

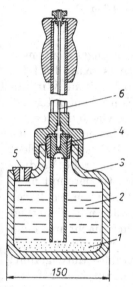

Abb. 1.108. Unpolarisierbare Elektrode
1 — Bodenkörper (CuSO$_4$-fest),
2 — Elektrolyt (CuSO$_4$-flüssig),
3 — Tonzelle,
4 — Metallelektrode (Cu),
5 — Öffnung für Thermometer,
6 — Kabel im Halterohr bis zur Anschlußklemme

Gebräuchliche Kombinationen Metall—Salzlösung sind Cu—CuSO$_4$, Zn—ZnSO$_4$, Cd—CdSO$_4$ oder Ag—AgCl. Damit zwischen den beiden für den Meßvorgang erforderlichen Elektroden größtmögliche Spannungsfreiheit ($U_{MN} < 1$ mV) erreicht wird, müssen sie in allen ihren Bestandteilen chemisch und physikalisch weitgehend übereinstimmen. Etwaige Spannungsdifferenzen, die sich im Laufe des Meßvorganges vorwiegend durch Konzentrationsänderungen einstellen, werden beseitigt, wenn die Sonden beim Nichtgebrauch in ein Bad des Elektrolyten gestellt und kurzgeschlossen werden. — Bei genauen Messungen in Gebieten, die engräumig große Temperaturdifferenzen aufweisen, muß eine Temperaturkorrektur angebracht werden (Abb. 1.109). Dies ist vorzugsweise in untertägigen Grubenbauen der Fall, in denen durch unterschiedliche Wetterführung starke Temperaturgegensätze auftreten können.

Beim Meßvorgang wird eine der beiden Elektroden solange als Festelektrode belassen, bis das Kabel ihr Nachsetzen erfordert. Mit der Wanderelektrode werden Betrag und Vorzeichen der jeweiligen Potentialdifferenz gegen die Festelektrode bestimmt (Abb. 1.107).

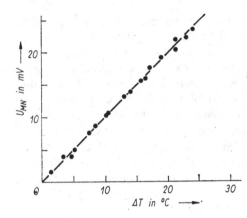

Abb. 1.109. Potentialdifferenz U_{MN} in mV der Elektroden in Abhängigkeit von ihrer Temperaturdifferenz ΔT in °C

Besondere Aufmerksamkeit muß während des Meßvorganges dem möglichen Auftreten von Störpotentialen gewidmet werden (s. Kap. 1.5.1.1.). Dazu gehören in erster Linie elektrokinetische und biochemische Wirkungen. Sie können von Eigenpotentialen mineralisierter Zonen nur unter Berücksichtigung der Morphologie, Bodenbedeckung und Geologie des betreffenden Meßgebietes unterschieden werden. Generell lassen sich natürlich Fehldeutungen umgehen, wenn die Messungen in Jahreszeiten gelegt werden, in denen weder zu häufige Niederschläge noch zu große Verdunstungserscheinungen auftreten und wenn die Profile über Gebiete mit möglichst gleicher Bodenbedeckung führen. Ist dies nicht möglich, so lassen sich elektrokapillare Effekte von realen Eigenpotentialen mit Sicherheit nur unterscheiden, wenn im fraglichen Gebiet ein Schurfschacht mit einer Teufe von 4...6 m angelegt und Eigenpotentialmessungen sowohl übertage als auch nach der Tiefe zu bis auf die Sohle des Schachtes durchgeführt werden. Ein positives vertikales Potentialgefälle deutet auf Elektrofiltrations- bzw. biochemische Reaktionen hin. Mineralisationen dagegen sind bei diesen geringen Teufenunterschieden an einem mit der Tiefe zunehmend negativen Eigenpotential zu erkennen (Abb. 1.110).

Untertage durchzuführende Eigenpotentialmessungen werden vor allem durch das Vorhandensein von Schienen, Preßluftrohren oder Lutten beeinflußt. Sie wirken gegebenenfalls auf das Eigenpotential mit 30...50 mV ein

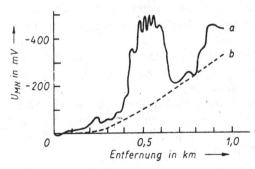

Abb. 1.110. Eigenpotentialprofil am Zlaticaberg bei Zletovo, SFRJ, (nach MEISSER, 1952)
a) Elektrofiltrationspotential
b) entsprechend der Bodenhöhe

und können bei wechselnden Feuchteverhältnissen in der Strecke die Reproduzierbarkeit der Meßergebnisse ernsthaft gefährden. Störeffekte dieser Art lassen sich nur vermindern, wenn die Messungen nicht auf der Streckensohle, sondern etwa 0,5 — 0,75 m über der Sohle beiderseits des Stoßes oder aber an der Firste selbst durchgeführt werden. Das Ansetzen der Wanderelektrode an Stoß oder Firste bringt zugleich noch den Vorteil, daß innerhalb einer Meßreihe mit nahezu gleichen Feuchtigkeitsbedingungen gerechnet werden kann und keine zusätzlichen Diffusionspotentiale auftreten.

Unter gebührender Beachtung der Störeffekte läßt sich auch unter schwierigen klimatischen Bedingungen eine Reproduzierbarkeit übertage gemessener Werte von 1...2 mV erreichen. Bei untertage durchgeführten Eigenpotentialaufnahmen kann eine Reproduzierbarkeit von 5...10 mV dort gewährleistet werden, wo die Strecken schienenfrei sind; anderenfalls liegt sie kaum unter 20...30 mV. Folglich ist es nur sinnvoll, Eigenpotentialindikationen geologisch zu interpretieren, wenn sie bei Übertagemessungen eine Störamplitude von mindestens 10 mV, bei Untertagemessungen eine solche von mindestens 30...40 mV besitzen.

1.5.1.3. *Darstellung der Meßergebnisse und Grundlagen der Auswertung*

Die auf den Bezugspunkt reduzierten und nach evtl. Störpotentialen korrigierten Meßwerte werden profilmäßig (U_{MN} über der Entfernung) oder (und) flächenhaft mittels Linien gleichen elektrischen Eigenpotentials dargestellt. — Bei der Umsetzung der Meßergebnisse in eine geologische Aussage ist zu beachten, daß man sich meist auf eine qualitative Analyse der Meßergebnisse beschränken muß. Lassen sich auch oft Aussagen über das Einfallen z. B. einer Störung aus den elektrisch erfaßten Indikationen ableiten, so ist es doch nur in den seltensten Fällen möglich, die Eindringtiefe der elektrischen Eigenpotentialmethode zu kontrollieren oder gar Angaben über die Tiefenlage der geologischen Inhomogenität zu machen. Versuche der Theorie, eine Klärung dieser Frage herbeizuführen, sind vielseitig, besitzen aber für die Praxis wenig Bedeutung. Im allgemeinen fällt das negative Zentrum der Linien gleichen elektrischen Eigenpotentials angenähert mit der Projektion des oberen Poles einer polarisierten Inhomogenität auf die Erdoberfläche zusammen. Besitzen aber aneinandergrenzende geologische Formationen stark voneinander abweichende elektrische Leitfähigkeiten, so verursachen sie eine Störung der natürlichen Eigenströme und somit des Oberflächenpotentials. Diese Ursache kann allein schon — besonders aber in Verbindung mit starken topographischen Unebenheiten — eine Verschiebung des negativen Zentrums der Eigenpotentialindikation bewirken. Derartige Dislokationen treten besonders häufig bei Eigenpotentialaufnahmen über Verwerfungszonen auf. In solchen Fällen ist mit einer Verschiebung des negativen Potentialzentrums gegen die obere Scholle zu rechnen. — Die Streichrichtung geologischer Einlagerungen kann mit hinreichender Genauigkeit aus dem mit dem Streichen übereinstimmenden Verlauf der Linien gleichen Eigenpotentials entnommen werden. Das Einfallen polarisierter Störkörper wird durch den größeren Potentialgradienten

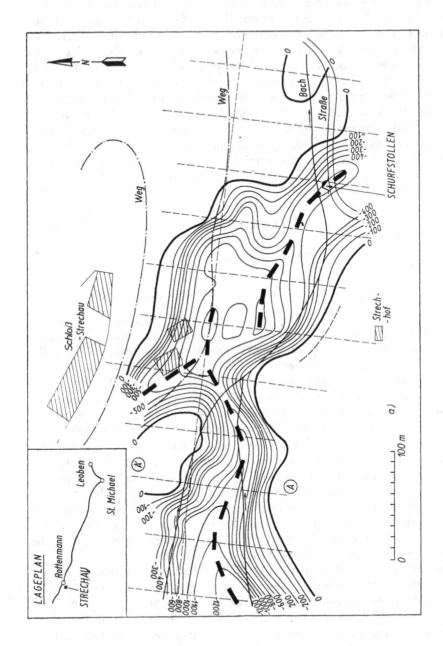

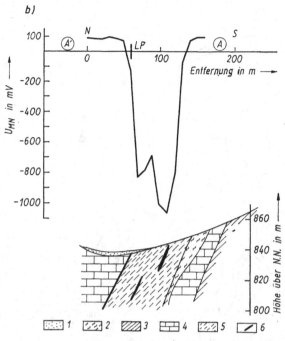

Abb. 1.111. Eigenpotentialmessungen über einem Graphitvorkommen bei Strechau/ Steiermark (Österreich)

a) Linien gleichen elektrischen Eigenpotentials in mV

b) Profildarstellung und geologische Interpretation entlang des Profils $A'-A$

1 — Quartär, *2* — Grünschiefer, *3* — dunkle Schiefer, *4* — Kalke (Karbon), *5* — Graphit/ Phyllite (Karbon), *6* — Graphitlinsen
(Geologie bearbeitet von FRITSCHER, 1980)

angedeutet. Tiefenbestimmungen jedoch lassen sich nur dann mit genügender Sicherheit vornehmen, wenn es möglich ist, der Auswertung elektrische Vertikalprofile zugrunde zu legen. Dies setzt aber voraus, daß Übertagemessungen mit untertägigen verbunden werden können. Im allgemeinen sollte man aber aus theoretischen Erwägungen nicht mehr in die Meßergebnisse hineindeuten, als man ihnen mit genügender Genauigkeit entnehmen kann. Mit Rücksicht darauf, daß die Eigenpotentialmethode nur eine geringe Tiefenwirkung (einige 10 m) besitzt, lassen sich die elektrischen Indikationen meist leicht durch eine geologische Schürfbohrung belegen. Nur so kann eine exakte Tiefenangabe erfolgen und die Frage nach Art und Grad der Vererzung geklärt werden.

1.5.1.4. *Anwendungen*

Auf die Anwendungsmöglichkeiten zur Lokalisierung von sulfidischen Erzkörpern, von graphitischen und anthrazitischen Einlagerungen sowie auf den Nachweis geologischer Formationsgrenzen wurde bereits hingewiesen. Das folgende Beispiel zeigt das Ergebnis durchgeführter Eigenpotential-

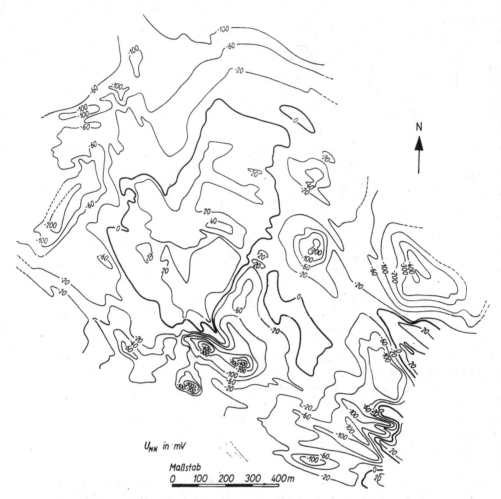

Abb. 1.112. Meßgebiet Hermsdorf (Erzgebirge): Linien gleichen elektrischen Eigenpotentials (Übertagemessungen U_{MN} in mV) (aus MILITZER, 1953)

messungen über einem Graphitvorkommen nahe der Burg Strechau in der Steiermark (Österreich) (Abb. 1.111). Der Graphit ist linsenförmig in Phyllite (Karbon) eingeschaltet und an der Störung gegen den Kalk versetzt. Der Isolinienplan zeigt die Graphitphyllite in ihrer gesamten ausstreichenden Breite mit einigen Minimumzonen, die als Graphitlinsen interpretiert werden. Ein Schurfstollen im Bereich der östlichen Anomalie ergab ein Graphitlager bis zu 1 m Mächtigkeit mit einem C-Gehalt von über 80%. Eine Störkörperberechnung nach PAUL (1968) führt unter Zugrundelegung eines nahezu saigeren Dipols auf eine Dipollänge zwischen 20 und 35 m.

Darüber hinaus soll das nachstehende Beispiel zeigen, daß besonders die Untertagekartierung des elektrischen Eigenpotentials weitgehend zur Klä-

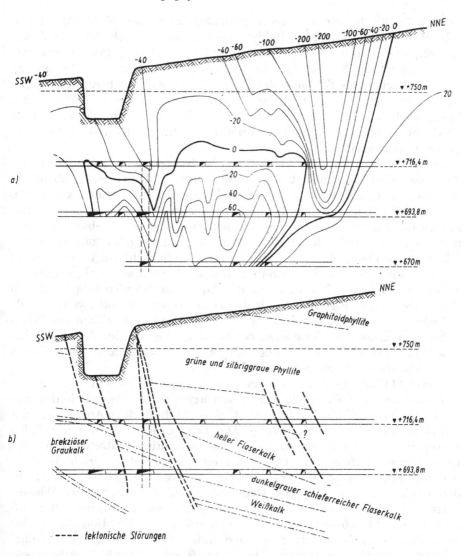

Abb. 1.113. a) Elektrisches Vertikalprofil NNE—SSW aus Über- und Untertagemessungen; U_{MN} in mV; b) Geologisches Vertikalprofil (nach GRUHL; aus MILITZER, 1953)

rung tektonischer, lagerstättenkundlicher und bergmännischer Fragen beitragen kann. — Abb. 1.112 zeigt das Ergebnis geoelektrischer Eigenpotentialmessungen im Bereich eines Kalkwerks bei Hermsdorf-Rehefeld im Erzgebirge (DDR). Im Untersuchungsgebiet lagert eine wurzellose Phyllitscholle auf dem Freiberger Gneis, die wahrscheinlich durch Fernüberschiebung dorthin transportiert wurde und allseitig von Verwerfungen begrenzt wird. In die Phyllitscholle eingebettete Kalksteinlager weisen ebenfalls eine stark gestauchte und gefaltete, überschobene und zerbrochene Struktur auf. In Verbindung mit den Kalkphylliten tritt ein schwarz gefärbter Phyllit hervor, der größere Mengen amorphen Kohlenstoffs und mitunter auch Pyrit enthält. Beide können Träger eines elektrischen Eigenpotentials sein. Die Ergebnisdarstellung läßt erkennen, daß das gesamte Gebiet durch ein NE-SW-Hauptstreichen gekennzeichnet ist. Es spiegelt im wesentlichen die Tektonik der Phyllitscholle wider. Überall da, wo der mehr oder weniger stark pyritisierte Graphitoidphyllit verbreitet ist, treten anomale elektrische Eigenschaften auf. — Besonders deutlich werden die elektrischen und geologischen Verhältnisse durch elektrische Vertikalprofile gekennzeichnet.

Auf Abb. 1.113 tritt im NNE Teil sehr deutlich eine Anomalie hervor, die schon über Tage erfaßt wurde. Sie konnte auf mehreren Sohlen der untertägigen Grubenbaue nachgewiesen werden und bestätigt Existenz sowie Einfallen einer großen Störung am Ostrand der untertägigen Auffahrungen. Außerdem zieht sich ein elektrisch negatives Gebiet von SSW nach dem Förderschacht zu. Es ist mit einer geologisch kartierten Abschiebefläche identisch, die als NW-Störung am Schacht bekannt ist. Diese Störung wird durch einen zweiten, elektrisch weniger stark wirkenden Indikator überprägt. Die Führung der Äquipotentiallinien zeigt, daß sich der Träger dieses Eigenpotentials zwischen der ersten und zweiten Sohle befinden muß; offensichtlich ist er mit den liegenden Phylliten des Weißkalkes gleichzusetzen. Ansonsten bestätigt der Verlauf der Äquipotentiallinien die geologische Auffassung, daß eine Bruchbildung dieses Gebietes in nord-westlicher Richtung vorliegt.

Abb. 1.114 erläutert die Aussage der Ergebnisse von Filtrationspotentialmessungen zur Kontrolle von Fließvorgängen im Bereich hydrotechnischer Anlagen. Abb. 1.114 Aa zeigt, daß bei frontalem Anstau auf der Luftseite des Staudammes infolge Durchströmung mit einer vertikalen Bewegungskomponente deutliche Filtrationspotentiale auftreten. Die negativen Potentialdifferenzen weisen auf eine nach unten gerichtete Strömungskomponente der Sickerwässer hin; die positiven sind Beweis dafür, daß infolge des abgedichteten Dammfußes und der Auflast der Wassermassen im Damm eine nach oben gerichtete Bewegungskomponente auftritt. Abb. 1.114 Ab erläutert die Veränderung der Situation durch eine zusätzliche, seitliche Einströmung und Abb. 1.114 Ac durch eine Inhomogenität in der Grundschüttung. Abb. 1.114 B zeigt die mittels Filtrationspotentialmessungen auf dem Boden des Stausees ausgehaltenen Infiltrationszonen. Die anomalen Bereiche lassen unmittelbare Rückschlüsse auf die Fließrichtung der Infiltrationswässer zu und korrelieren mit Anomalien der Fließgeschwindigkeit v sowie der Wassertemperatur T.

1.5.2.   Methode der Induzierten Polarisation

1.5.2.1.   Allgemeine Grundlagen und Prinzip

Als Induzierte Polarisation (IP) wird eine geophysikalische Untersuchungsmethode bezeichnet, bei der nach Unterbrechung des Stromflusses durch ein Untersuchungsobjekt der Spannungsabfall an zwei Punkten des Ob-

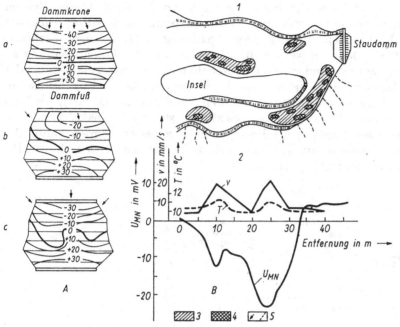

Abb. 1.114. Filtrationspotentialmessungen zur Untersuchung hydrotechnischer Anlagen (nach Bogoslowsky; Ogilvy, 1970b)

A) Linien gleichen Filtrationspotentials auf der Luftseite eines Staudammes
  a) bei frontaler Infiltration
  b) bei frontaler und seitlicher Infiltration
  c) bei frontaler und seitlicher Infiltration sowie einer Inhomogenität in der Grundschüttung

B) Lokalisierung von Infiltrationszonen auf dem Grunde eines Stausees
  1 — Linien gleichen Filtrationspotentials und Filtrationswege im Uferbereich,
  2 — Filtrationspotential U_{MN}, Temperatur T und Fließgeschwindigkeit v längs eines Profils über eines der Filtrationszentren,
  3 — Filtrationsgebiet,
  4 — Filtrationszentrum,
  5 — Fließrichtung

jektes gemessen (*Puls-IP*) bzw. das niederfrequente Impedanzverhalten des Objektes untersucht wird (*Frequenz-IP*). Ursache gemessener Effekte sind sich auf- bzw. abbauende elektrische Polarisationen im mikroskopischen Bereich.

Wenn ein Material mit freien Elektronen (Metall, Elektrode) in eine ionenleitende Flüssigkeit (Elektrolyt) eintaucht, tritt an der Phasengrenze Metall/Elektrolyt ein Potentialsprung infolge elektrochemischer Austauschreaktionen auf (*Elektrodenpolarisation*). Dies drückt sich durch eine Schicht freier Elektronen im Metall und eine diffuse Zone positiver Ionen im Elektrolyten an der Phasengrenze aus. Die räumlich sehr nahe (einige 10^{-10} m) beieinander liegenden Schichten polarisierter Ladungen bilden eine relativ große Kapazität von etwa 10 bis einige 100 $\mu F/cm^2$.

Beim Anlegen einer Spannung an solch ein Metall-Elektrolyt-System
diffundieren die Ionen mit einer materialspezifischen Verzögerungszeit
und Geschwindigkeit in eine der Spannung entsprechende Richtung
(Abb. 1.115a). Dadurch werden die Kapazität und der Potentialsprung an
der Phasengrenze verändert. Beim Abschalten des Stromes geht alles wieder
in seine Ausgangslage zurück, falls keine irreversiblen elektrochemischen
Prozesse infolge zu hoher Stromdichte eingetreten sind. Dadurch wird ein
Reststrom verursacht, der materialspezifisch ist und im makroskopischen
Bereich an zwei Punkten als Restspannung gemessen werden kann. Die
Restspannung nimmt mit der Zeit ab; ein Wert Null wird erst nach Stunden
oder Tagen erreicht (Abb. 1.115b).

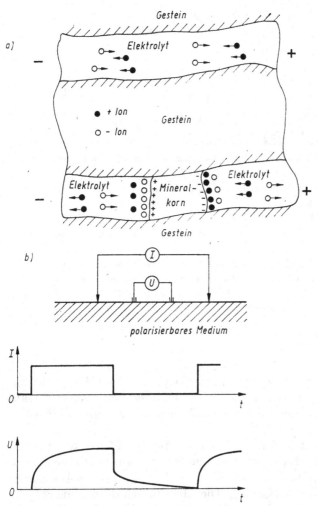

Abb. 1.115. Elektrodenpolarisation und Spannungsverhalten. (aus TELFORD; GELDART et. al.,
1976)
Elektrolytischer Ladungstransport in der oberen Pore und Elektrodenpolarisation in der
unteren Pore (a); makroskopisches Spannungsverhalten (b),

Zusätzlich zur Elektrodenpolarisation tritt noch eine *Membranpolarisation* auf, die um eine Größenordnung kleinere, makroskopisch meßbare Effekte erzeugt. — Die Poren von geschichteten oder fibrösen Mineralien sind oft sehr klein im Durchmesser und mit einem Elektrolyten gefüllt, dessen negative Ionen im allgemeinen größer sind als die positiven. Zusätzlich gibt es um ungesättigte Mineralien (z. B. Tone) eine diffuse Wolke positiver Ladungsträger. Wenn eine Spannung an ein solches System mit kleinen Kapillaren angelegt wird, haben die positiven Ionen eine wesentlich größere Beweglichkeit als die negativen, die nur schwer durch die Poren hindurchdriften können. Die negativen Ionen werden in ionenselektiven Membranen angehäuft; dadurch entsteht eine sogenannte Membranpolarisation (Abb. 1.116).

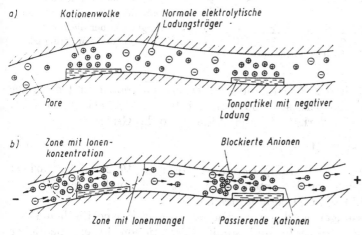

Abb. 1.116. Membranpolarisation (aus TELFORD; GELDART et. al., 1979).
Normalverteilung von Ionen in einem porösen Sandstein (a); Membranpolarisation in einem porösen Sandstein nach Anlegen einer Wechselspannung (b)

Die Membranpolarisation tritt oft an tonigen Mineralien mit extrem kleinen Porenweiten auf. Um meßbare Polarisationseffekte zu erhalten, dürfen die Poren nicht allzu lang sein, da auch die Mobilität der positiven Ionen sehr gering ist. Dadurch weisen Sande und Gesteine mit geschichteten oder fibrösen Mineralanteilen einen erhöhten Membraneffekt auf, reine Tone einen sehr kleinen.

Oft wird versucht, das Verhalten des Bodens in Bezug auf angelegte elektromagnetische Felder durch äquivalente elektronische Schaltbilder darzustellen, um die verschiedenen elektrochemischen Prozesse zu entkoppeln und einzelnen Phänomenen zuordnen zu können. Bei sehr niedrigen Frequenzen verhält sich das Gestein wie ein OHMscher Widerstand, da elektrochemische und ionenselektive Prozesse Zeit haben, vollständig abzulaufen. Bei sehr hohen Frequenzen dagegen ist die Mobilität der Ionen zu gering, so daß diese Prozesse nicht mehr stattfinden und das Gestein sich wiederum wie ein Ohmscher Widerstand verhält. Es können keine zur angelegten Spannung entgegengesetzt gerichteten Polarisationsspannungen mehr aufgebaut werden, was sich in einer scheinbaren Erniedrigung des Widerstandes ausdrückt (Abb. 1.117).

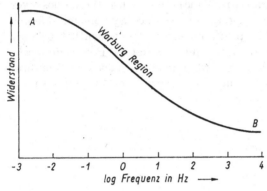

Abb. 1.117. Idealisierter Frequenzverlauf des Widerstandes eines polarisierbaren Minerals

A — Region, in der sich Polarisationen voll aufbauen können,

B — Region, in der die Ionenbeweglichkeit zu gering ist

Die Abhängigkeit des Widerstandes zwischen sehr hoher und niedriger Frequenz ist materialspezifisch und wird bei den IP-Meßverfahren erfaßt. Im Übergangsbereich verhält sich der Widerstand des Gesteins wie

$$W = \text{konst}\ (1 + j)/f^{-1/2}, \tag{5.5}$$

j — Stromdichte. W — Warburg-Impedanz (Graham, 1952). Meist variiert im Übergangsbereich der Widerstand nicht mit $f^{-1/2}$, sondern mit $f^{-1/4}$, da parallele Kurzschlüsse im Mineral auftreten.

Mittels IP-Messungen wird nun versucht, die materialspezifischen Polarisationseffekte zu ermitteln und somit Formationen unterschiedlicher Polarisationserscheinungen zu erkennen und zu verfolgen.

1.5.2.2. Methodische und apparative Voraussetzungen

Wird in den Boden ein Strom I mit der Stromdichte j_0 eingespeist, ergibt sich zwischen zwei Meßpunkten in Abwesenheit von Polarisationseffekten eine Spannungsdifferenz U (Kap. 1.2.1.2.3.)

$$U = \frac{I}{\sigma}\,K, \tag{5.6}$$

K — Geometriefaktor; σ — elektrische Leitfähigkeit. Falls das Objekt polarisierbar ist, verringert sich die primäre Stromdichte j_0 entsprechend einer materialspezifischen Konstanten m zu $j_0(1 - m)$. Dies drückt sich durch eine scheinbare Erhöhung des Widerstandes bzw. Erniedrigung der Leitfähigkeit um den Faktor $(1 - m)$ aus. Die gemessene Spannung erhöht sich zu

$$U_0 = \frac{I}{\sigma(1 - m)}\,K. \tag{5.7}$$

Die relative Spannungserhöhung U_s (auch Sekundärspannung genannt) beträgt

$$U_s = U_0 - U = \frac{I}{\sigma} K \frac{m}{(1-m)} \qquad (5.8)$$

und

$$m = \frac{U_0 - U}{U_0} = \frac{U_s}{U_0}. \qquad (5.9)$$

Die materialspezifische Konstante m wird *Polarisierbarkeit* genannt; sie hängt nicht von der Meßgeometrie ab und kann somit für Vergleiche herangezogen werden.

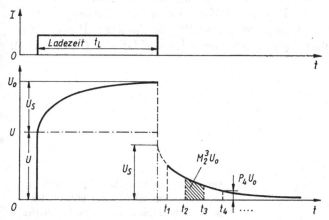

Abb. 1.118. Vergleich von Strom- und Spannungsimpuls bei Vorhandensein von IP-Effekten (die strichpunktierte Linie würde ohne IP-Effekte gemessen werden)

Ein Stromimpuls mit der Ladezeit t_L erzeugt über einem polarisierbaren Medium einen Spannungsverlauf, wie er in Abb. 1.118 dargestellt ist (*Puls-Methode*). Die volle Sekundärspannung U_s wird erst nach einer relativ langen Zeit (Minuten bis Tage) erreicht. Da aber der Zeitaufwand pro Meßpunkt zu groß würde und sich nach längerer Zeit verschiedene Störungen (Tellurik, Eigenpotential-Driften u. a.) bemerkbar machen, mißt man nicht das Verhältnis U_s/U_0, sondern die Größen P und M, die eng mit der Polarisierbarkeit m verknüpft sind und oft wiederum *Polarisierbarkeit* bzw. *Ladungsvermögen* als Analogon zu einem Kondensator genannt werden. Die *Polarisierbarkeit* P_i und das *Ladungsvermögen* M_i^{i+1} werden definiert als

$$P_i \equiv \frac{U(t_i)}{U_0}, \qquad (5.10)$$

$$M_i^{i+1} \equiv \int_{t_i}^{t_{i+1}} P(t)\, dt = \frac{1}{U_0} \int_{t_i}^{t_{i+1}} U(t)\, dt \quad \text{in s bzw. ms.} \qquad (5.11)$$

Bei praktischen Messungen beträgt die minimale Zeit t_1 etwa 100 ms, die maximale Zeit t_i etwa 10 s, das Zeitintervall $(t_{i+1} - t_i)$ zwischen 100 ms und 1 s. Die Startzeit t_1 ist nach geringen Werten hin auf Grund elektromagnetischer Störimpulse begrenzt, die beim Abschalten des Stromes I auftreten.

Beim Vergleich von M- und P-Messungen muß man sich auf dieselben Zeiten beziehen, da M und P mit der Zeit variieren. Deshalb wird ein Untersuchungsgebiet immer unter gleichen Bedingungen (Zeiten, Stromdichten, Meßanordnungen) vermessen. Wenn gleiche Bedingungen nicht eingehalten werden können, müssen die Daten transformiert werden.

Man kann auch den gesamten zeitlichen Verlauf der Spannung aufzeichnen und auf die Sekundärspannung U_s extrapolieren. Dabei bietet sich die Möglichkeit, IP-Messungen über die Abklingkurve auszuwerten. Diese Kurve kann als Summe von Exponentialfunktionen $U = \Sigma A_i \exp(-t/\tau_i^*)$ dargestellt werden. Die Auswertung umfaßt die Analyse dieser Funktion und die Bestimmung ihrer ersten zwei oder drei Glieder (Abb. 1.119).

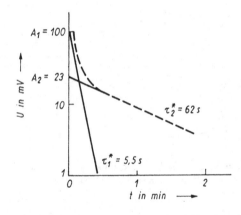

Abb. 1.119. IP-Entladungskurve, die in zwei Exponentialäste aufgeteilt werden kann. Labormessungen an einer Mischung aus Bentonit und Bleiglanz (ROUSSEL, 1962) $\varrho_s = 12\ \Omega\cdot\text{m}$; $t_L = 15$ s; $U = 100 \exp(-t/5,5) + 23 \exp(-t/62)\ \text{Vm}$

Aus den Zeiten τ_i^* und Koeffizienten A_i können wiederum Rückschlüsse auf das Untersuchungsobjekt gezogen werden. Auf Grund theoretischer Überlegungen läßt sich die Abklingkurve in erster Näherung mit dem Logarithmus der Zeit in Verbindung bringen; nach WÖBKING (1978) gilt

$$U = A(1 - B \log t), \qquad (5.12)$$

A, B — Konstanten.

Wird Strom mit verschiedenen Frequenzen in den Boden eingespeist und die Änderung der gemessene Spannung ausgewertet (*Frequenz-Methode*), muß berücksichtigt werden, daß bei höheren Frequenzen das Medium weniger Zeit hat, seine volle Spannung aufzubauen und deshalb der scheinbare spezifische Widerstand niedriger ist als bei kleineren Frequenzen (Abb. 1.120). In diesem Falle gilt

$$U_0 = \frac{I}{\sigma(1 - m)}\,K = I\,\frac{\varrho}{1 - m}\,K \equiv I\varrho_s K. \qquad (5.13)$$

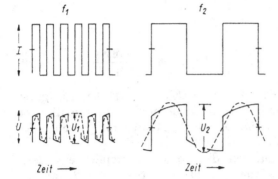

Abb. 1.120. Prinzip der IP-Frequenz-Methode, wobei Ströme gleicher Amplitude und verschiedener Frequenzen induziert werden. Die gerissene Linie stellt eine sinusförmige, gefilterte Spannung dar.

Als IP-Effekt definiert man den *Frequenzeffekt* (FE)

$$FE = [\varrho(f = 0) - \varrho(f = \infty)]/\varrho(f = \infty) = \frac{U_0 - U(\infty)}{U(\infty)}. \quad (5.14)$$

Da die Frequenzen 0 und ∞ schwer zu realisieren sind, begnügt man sich in der Praxis mit zwei Frequenzen, die sich um den Faktor 10 voneinander unterscheiden und zwischen 0,1 ... 10 Hz liegen.

Der Frequenzeffekt ist sehr klein; deshalb wird der *Prozentfrequenzeffekt* (PFE) benutzt. Per Definition gilt

$$1 PFE = 100 FE. \quad (5.15)$$

Ein weiterer Parameter, der oft in Verbindung mit dem Frequenzeffekt verwendet wird, ist der *Metallfaktor* (MF)

$$MF \equiv \frac{FE}{\varrho(f = 0)} \cdot 2\pi \cdot 10^5 \quad \Omega^{-1} \cdot m^{-1}. \quad (5.16)$$

Der Frequenzeffekt wird durch den spezifischen Widerstand ϱ bei niedrigen Frequenzen dividiert. Dadurch wird gewährleistet, daß bei hohem Frequenzeffekt und niedrigem ϱ der Metallfaktor groß wird; das ist bei disseminierten Erzen der Fall.

Zwischen dem Frequenzeffekt und der Polarisierbarkeit läßt sich ein Zusammenhang herstellen. Die Gleichung (5.6) gab eine Spannung bei Abwesenheit von IP-Effekten an, was bei frequenzabhängigen Messungen einer unendlich hohen Frequenz entsprechen würde

$$U = \frac{I}{\sigma(\infty)} K \quad \text{und} \quad U_0 = \frac{I}{\sigma(\infty)(1 - m)} K. \quad (5.17)$$

In analoger Weise entspricht aber U_0 den Messungen bei der Frequenz Null, da sich hier die volle Polarisierbarkeit auswirkt

$$U_0 = \frac{I}{\sigma(0)} K, \quad (5.18)$$

somit ergibt sich

$$\sigma(0) = \sigma(\infty)(1 - m) \quad (5.19)$$

und

$$\varrho(\infty) = \varrho(0)\,(1 - m),$$

$$\mathrm{FE} = \frac{\varrho(0) - \varrho(\infty)}{\varrho(\infty)} = \frac{m}{1 - m} \quad \text{bzw.} \quad m = \frac{\mathrm{FE}}{1 + \mathrm{FE}}. \qquad (5.20)$$

Für $\mathrm{FE} \ll 1$, was in der Praxis der Fall ist ($\mathrm{FE} = 0 \cdots 0{,}1$), kann in guter Näherung $m = \mathrm{FE}$ gesetzt werden. Mit beiden Methoden wird also dieselbe Größe gemessen, und es ist nur eine Frage der Meßtechnik, welcher der Vorzug gegeben wird.

Da sich bei polarisierbaren Medien die Spannungsamplitude ändert, variiert auch die Phasenverschiebung φ zwischen Strom und Spannung. *Phasenmessungen* bieten den Vorteil, daß nur eine einzige Frequenz benötigt wird. Frühere Nachteile, wie die Verwendung eines Phasenreferenzkabels zwischen Strom- und Spannungselektroden, können mit Hilfe von genau synchronisierten Oszillatoren eliminiert werden. Ein einziges Problem bilden die bei höheren Frequenzen vorhandenen elektromagnetischen Kopplungen.

Neuere Meßmethoden werten die in Rechtecksignalen vorhandene Grundfrequenz samt deren harmonischen Oberwellen aus, sind aber komplex in ihrer Anwendung und erfordern rechnergestützte Auswerteverfahren.

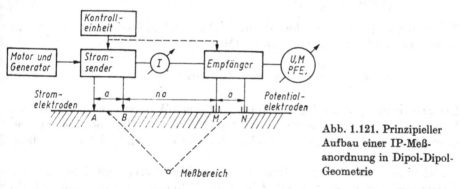

Abb. 1.121. Prinzipieller Aufbau einer IP-Meßanordnung in Dipol-Dipol-Geometrie

Die apparative Grundausrüstung für IP-Messungen ist Abb. 1.121 zu entnehmen. Zur Erzeugung des Stromes wird üblicherweise ein benzingetriebener Motor verwendet, der einen 3-Phasen-Generator antreibt. Je nach erforderlicher Leistung (1 … 20 kW) haben diese Motor-Generatoren ein Gewicht von 15 … 100 kg.

Der Stromsender (5 … 30 kg) wandelt den vom Generator erzeugten Strom in ein Signal entsprechend der gewählten Meßmethode um. Die erforderliche Stromstärke beträgt zwischen 0,1 … 10 A und hängt von der Aufstellungsgeometrie sowie den Bodenwiderständen ab. Die erzeugte Spannung (250 … 2 500 V) wird hauptsächlich vom Übergangswiderstand Stromelektrode/Boden bestimmt; er kann in trockenen, schottrigen Böden ohne extra Befeuchtung 10 … 1 000 Ω betragen. Die stromführenden Kabel

sollen niederohmig sein und eine gute Isolierung besitzen, da sie bis zu 10 A
und einigen 1000 V belastet werden.

Die Aufstellung der Potentialelektroden M, N ist nicht so kritisch, da
die Impedanz des Eingangsverstärkers im Empfänger meist über 1 $M\Omega$
beträgt. Für Pulsmessungen sind auf alle Fälle unpolarisierbare Elektroden erforderlich, da sich zwischen Metall/Boden-Kontakten driftende
Potentiale aufbauen können, die bei Frequenz- oder Phasenmessungen
durch Filter eliminiert werden (s. Kap. 1.5.1.2.).

Die Spannungsdifferenz an den Potentialelektroden wird hochohmig verstärkt und einem meßmethodenabhängigen Auswertegerät (0,5···10 kg)
zugeführt. Die Meßwerte wie Spannung U, Polarisierbarkeit P, Ladungsvermögen M, Prozentfrequenzeffekt PFE und Phasenverschiebung φ können meist direkt abgelesen werden. Bei Empfängern der Puls-Methode sind
eine Triggereinheit, die das Ein-/Ausschalten des Stromes erfaßt, und eine
automatische Eigenpotential-Driftkorrektur nötig; Empfänger der Frequenz-Methode brauchen entsprechende Bandpaßfilter; bei Phasenmeß-
geräten ist eine Phasenreferenz erforderlich. Zur Zeit werden Puls- und
Frequenz-Methoden etwa gleich oft eingesetzt; dennoch ist ein Trend zur
Rückkehr zu Pulsmethoden zu erkennen, die mit Hilfe von hochentwickel-
ter Elektronik und rechnergestützter Auswertung mehr Informationen bei
kürzerer Meßzeit liefern.
An Störungen treten auf

— künstliche Streufelder,
— tellurische Ströme (s. Kap. 1.3.2.1.),
— elektromagnetische Kopplungen.

Künstliche Streufelder treten in der Nähe von elektrischen Anlagen auf
und beschränken sich auf einen höheren Frequenzbereich ($\geq$50 Hz); dadurch werden nur Pulsmessungen gestört, wenn das Integrationsintervall
zu kurz ist. Ein Driften von Eigenpotentialen und Ankoppelungswider-
ständen kann auf Grund ihrer Langsamkeit und Linearität ohne Probleme
korrigiert werden.

Tellurische Ströme weisen ein breites Frequenzspektrum (10^{-3}···1 Hz)
auf und können insbesondere Pulsmessungen beeinflussen. Wenn sich
tellurische Störungen auf die Meßergebnisse auswirken, hilft eine Stape-
lung von Messungen oder eine Erhöhung der Stärke des in den Boden eingespeisten Stromes, bis das Signal-Rausch-Verhältnis groß genug ist.

Elektromagnetische Kopplungen treten hauptsächlich bei langen parallel-
geführten Leitungen, hohen Strömen und hohen Frequenzen in Erscheinung.
MADDEN und CANTWELL (1967) geben eine Faustregel an, um induktive
Einstreuungen in einer üblichen Dipol-Dipol-Geometrie im Bereich sonstiger
Störungen zu halten (Abb. 1.121):

$$na\sqrt{f/\varrho} < 200 \qquad \text{bei Frequenz-Methoden,}$$

$$t \geq 2\pi(na)^2/10^4\,\varrho \qquad \text{bei Impuls-Methoden.}$$

Die Störungen sind bei einer SCHLUMBERGER- oder Pol-Dipol-Anord-
nung größer als bei einer Dipol-Dipol-Meßgeometrie. Falls induktive Ein-

Tabelle 1.21. Vor- und Nachteile ausgewählter Elektrodenanordnungen (nach SUMNER, 1976; gekürzt)

Anordnung	Vorteile	Nachteile	Unterdrückung elektromagnetischer Kopplungen	Meß-fortschritt	Signal/Rausch-Verhältnis
AMNB	symmetrische Anomalien	lange Kabellagen, größerer Personalaufwand, geringe Auflösung, kapazitive Kopplungen	○	○	+
A···MN···B	große Eindringtiefe, leichte Kommunikation, mehrere Empfänger gleichzeitig, geringer Topographieeinfluß, günstig bei schlechten Stromkontakten	ungünstig bei niedrigen Widerständen, geometrische Faktoren variieren		+	○
A···BMN	hohe Auflösung	Asymmetrische Anomalien	○	○	○
AB···MN	symmetrische Anomalien, große Eindringtiefe, kurze Kabellagen	Topographieeinfluß, geringer Meßfortschritt bei nichtbeweglichen Apparaturen	+	○	−
Radialanordnungen (Mise à la masse, eine Stromelektrode im Bohrloch)	Ermittlung der Streichrichtung	negative IP-Effekte	+	○	+
mehr als eine Elektrode im Bohrloch	Ermittlung von Gesteinsparametern	kapazitive Kopplungen, spezielle Ausrüstung nötig	○	+	+

− schlecht   + gut   ○ normal

kopplungen nicht zu vermeiden sind, müssen entsprechende Korrekturen
angebracht werden (SUMNER, 1976; BERTIN; LOEB, 1976).
Für die Wahl der Meßanordnung gelten die gleichen Grundsätze, wie in
Kap. 1.2.2. beschrieben. Die wichtigsten Elektroden-Sonden-Anordnungen
werden in Tab. 1.21 in Bezug auf ihre Vor- und Nachteile miteinander
verglichen.

1.5.2.3.   Darstellung der Meßergebnisse und Grundlagen der Auswertung

1.5.2.3.1.   Messungen unter Laborbedingungen

Da aus den im Gelände gemessenen Daten die verschiedenen Einflußpara-
meter nur schwer entkoppelt werden können, sind Labormessungen an
Gesteinsproben unter genau kontrollierbaren Bedingungen unerläßlich. Sie
erstrecken sich vor allem auf Untersuchungen des Einflusses von Stromdichte und Ladezeit sowie Wassersättigung, Korngröße, Porosität, Erzanteil und Mineralart auf den IP-Effekt.
Bei zu hohen Stromdichten ($> 0,1$ A/m²) treten nichtlineare Effekte an
Phasengrenzen auf, und die elektrischen Eigenschaften verändern sich sehr
drastisch — die IP-Effekte werden kleiner. Solch hohe Stromdichten
werden im Feld jedoch sehr selten erreicht.
Die Größe der Polarisierbarkeit hängt von der Ladezeit des Stromes
ab, da die elektrochemischen Reaktionen eine gewisse Aufbauzeit be-
nötigen. Ladezeiten über $10\dots20$ s haben keinen maßgeblichen Einfluß
mehr auf den Meßeffekt (Abb. 1.122). Deshalb begnügt man sich meist mit
Ladezeiten von $5\dots10$ s, um den Meßfortschritt zu gewährleisten.
Der IP-Effekt nimmt mit wachsendem Wassergehalt im Gestein zu, da
die Ionen an der Phasengrenze Mineral/Elektrolyt eine höhere Beweglichkeit besitzen. Bei nichtmetallischen Mineralen, wie Lehm, Ton und Schluff
treten im allgemeinen dieselben Erscheinungen variierend mit der Korngröße auf. Lediglich reiner Sand bildet eine Ausnahme (ILICETO, 1982),
wenn er eine relativ große Körnung aufweist.

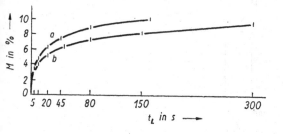

Abb. 1.122. Ladungsvermögen M im Vergleich zur Ladezeit (nach BERTIN, 1968)

a — Lehm mineralisiert mit Bleiglanz;

   $AB = 800$ m, $MN = 20$ m, $I = 0,5 - 1 - 2 - 3$ A

b — Massiver Pyrrhotin in metamorphem Schiefer;

   $AB = 400$ m, $MN = 20$ m, $I = 0,5 - 1 - 2$ A

Von GRISSEMANN (1971) durchgeführte Messungen der komplexen Leit-
fähigkeit $\sigma^* = \sigma' + i\sigma''$ von künstlich vererzten Gesteinsproben (Abb. 1.23)
ergeben ausgeprägte Phasenwinkelmaxima, deren Lage sich auf der Fre-
quenzachse mit der Korngrößenklasse der Erzteilchen ändert. Bei gleich-
bleibendem Erzgehalt verschiebt sich das Phasenwinkelmaximum zu um
so höheren Frequenzen und die Amplitude nimmt um so mehr zu, je
kleiner die Erzpartikel sind. Dies ist verständlich, da bei kleineren Korngrößen mehr Phasenflächen vorhanden sind. Entsprechend ändern sich die
Leitfähigkeitskurven, deren Wendepunkte bei immer höheren Frequenzen

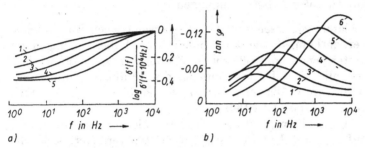

Abb. 1.123. Frequenzabhängigkeit der komplexen Leitfähigkeit σ^* künstlich vererzter
Gesteinsproben (nach GRISSMANN, 1971).

a) Realteil $\sigma'(f)$ normiert auf σ' (10 kHz),

b) Phasenwinkel $\varphi(f)$

Erzgehalt 6,3%;   Kurvenparameter: Erzkorndurchmesser in mm

  1 — 0,6···1,0 mm,
  2 — 0,4···0,6 mm,
  3 — 0,3···0,4 mm,
  4 — 0,2···0,3 mm,
  5 — 0,1···0,2 mm,
  6 — 0,063···0,1 mm

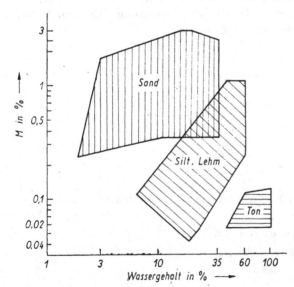

Abb. 1.124. Ladungsvermögen M
abhängig vom Wassergehalt in
Sand, Silt, Lehm und Ton
(nach ILICETO, 1982).

auftreten und mit den Phasenwinkelmaxima korrelieren. Prinzipiell lassen sich auf Grund des unterschiedlichen IP-Effektes sogar verschiedene Sedimentarten aushalten, wenn sie sich in den Korngrößen voneinander unterscheiden (Abb. 1.124). Reiner Ton weist fast keine IP-Effekte auf, wohl aber in Lockersedimenten verteilter Ton, da die Porenweiten schon so klein sind, daß lange Porenwege den IP-Effekt verringern. Erschwert wird eine Trennung verschiedener Sedimente nach dem IP-Effekt vor allem durch den Einfluß des Wassergehaltes.

Steigende Erzgehalte führen bei konstanter Korngröße zu einer Erhöhung der bei gleicher Frequenz auftretenden Phasenwinkelmaxima und Leitfähigkeitskontraste (Abb. 1.125). Bei Untersuchungen der komplexen frequenzabhängigen Leitfähigkeit kann eine Unterscheidung zwischen Korngröße und Erzanteil vorgenommen werden, wenn die übrigen Einflußgrößen nicht zu sehr variieren.

Verschiedene metallische und auch nichtmetallische Mineralarten ergeben auf Grund unterschiedlicher Bestandteile verschiedene IP-Effekte. Die Abb. 1.126 zeigt typische Abklingkurven und Frequenzspektren der Leitfähigkeit (normiert auf 10 Hz) verschiedener Proben mit denselben Erzgehalten, Korngrößen und Elektrolytanteilen. Auch Sedimente können infolge verschiedener Korngrößen nach genauerer Analyse der Abklingzeiten identifiziert werden (ILICETO, 1982).

1.5.2.3.2. Messungen im Gelände

Die im Gelände gewonnenen Daten (Polarisierbarkeit, Ladungsvermögen, Frequenzeffekt, Metallfaktor, Widerstand und Phasenverschiebung) dienen in erster Linie dem Nachweis und der Abgrenzung IP-sensitiver Materialien. Rückschlüsse auf einzelne Einflußgrößen erfordern einen enormen Zeitaufwand einschließlich komplizierter Auswerteverfahren, wobei z. B. die komplette Frequenzabhängigkeit des Widerstandes samt Phasenverschiebung im Gelände ermittelt wird (Multispektral-IP). Diese Methoden werden aber selten verwendet und sind noch im Versuchsstadium (OBERLADSTÄTTER, 1979; WÖBKING, 1974; 1979).

Die Darstellung der Daten erfolgt analog zu geoelektrischen Widerstandsmessungen in Form von Profilen, Tiefensondierungskurven, Pseudo-Tiefenschnitten und flächenhaften Isolinienkarten. Bei keiner Art der Darstellung sollte eine geologisch-geographische Zuordnung fehlen (s. Kap. 1.5.2.4.).

Bei Profilierungen zur Abschätzung der Geometrie des interessierenden Meßobjektes ist zu beachten, daß asymmetrische Elektrodenanordnungen natürlich auch asymmetrische Anomalien bei einfacher geometrischer Form des Objektes erzeugen. Eine bessere Interpretation wird erreicht, wenn mit einer möglichst komplementären Anordnung (z. B. zuerst $A \cdots BMN$, dann $MNA \cdots B$) dasselbe Profil noch einmal vermessen wird, oder unter Zuhilfenahme von standardisierten Musterkurven (Kurvenatlanten) für Widerstandsprofilierungen und -Tiefensondierungen Aussagen über den Störkörper gemacht werden können.

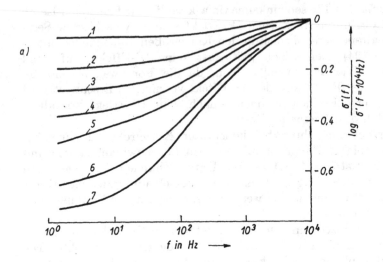

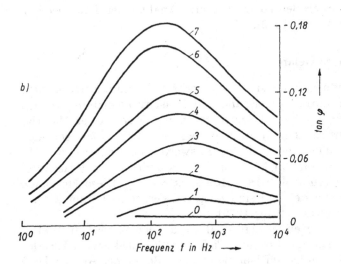

Abb. 1.125. Frequenzabhängigkeit der komplexen Leitfähigkeit σ^* künstlich vererzter Gesteinsproben (nach GRISSEMANN, 1971),

a) Realteil $\sigma'(f)$ normiert mit σ' (10 kHz).

b) Phasenwinkel $\varphi(f)$

Erzkorndurchmesser 0,2 ... 0,3 mm

Kurvenparameter: Erzgehalt in %

0 — 0;	4 —	6,3;
1 — 1,6;	5 —	7,8;
2 — 3,2;	6 —	9,5;
3 — 4,7;	7 —	11,0.

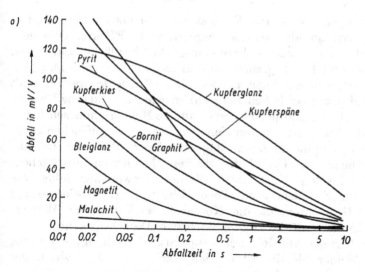

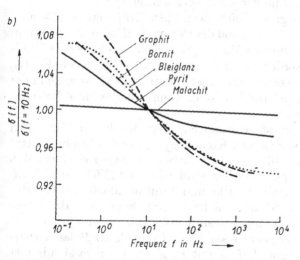

Abb. 1.126. IP-Messungen an Laborproben (nach COLLET; WAIT, 1959)

a) Abfallkurven, b) Frequenzcharakteristik

Matrix: Andesit (Korndurchmesser 2,0 ... 0,84 mm)

Mineralanteil 3% (Korndurchmesser 2,0 ... 0,84 mm)

Strompulsdauer $t_L = 21$ s

1.5.2.4. Anwendungen

IP-Messungen kommen hauptsächlich bei der Prospektion auf Erzvorkommen zur Anwendung. Der große Vorteil der IP liegt im Auffinden und Abgrenzen fein verteilter Vererzungen mit Gehalten bis zu 0,2%. Solche Erzgehalte können mit keinem anderen geophysikalischen Verfahren nachgewiesen werden, außer es handelt sich um magnetisch oder radioaktiv wirksame Mineralien.

Ein 1%-iger Erzgehalt senkt den Widerstand einer hochohmigen Matrix nur um ca. 3%, erzeugt aber bereits ausgeprägte IP-Effekte. Dies geht darauf zurück, daß fein verteilte Erze eine große Oberfläche und damit viele Metall/Elektrolyt-Phasengrenzen aufweisen, wodurch sich genügend Elektrodenpolarisationen aufbauen können. Die IP-Effekte wachsen mit dem Erzanteil und fallen bei hohen Erzgehalten wieder ab, da die Phasenflächen abnehmen. Dann sind jedoch bereits andere Meßverfahren sensitiv.

Die meisten IP-Messungen konzentrieren sich auf das Aufsuchen dissiminierter Erze wie Kupfer, Mangan, Magnetit, Pyrit, Bleiglanz und alle Schwefelverbindungen (auf Grund der starken chemischen Oberflächenreaktionen von Schwefel). Eine etwas seltenere Anwendung bildet die Unterscheidung von Sedimenttypen (Tone, Schotter) bzw. trockenen und wasserstauenden Horizonten, da die Korngröße und auch die Wassersättigung einen Einfluß auf die IP-Meßdaten hat. Die letztgenannten Anwendungsgebiete beruhen auf der Membranpolarisation, die um etwa eine Größenordnung kleiner als die Elektrodenpolarisation ist, weshalb der Erfolg der Meßmethode nicht immer garantiert werden kann.

Nachteile der IP sind der große Zeitaufwand pro Meßpunkt (1 ... 5 min), das Gewicht der Geräte (50 ... 100 kg) und der Personalaufwand (3 ... 5 Mann) im Gelände. Im Mittel können pro Monat (22 Arbeitstage) etwa 1000 bis 2000 Punkte vermessen werden. Wegen der damit verbundenen Kosten wird die IP nur dann eingesetzt, wenn andere Meßmethoden versagen oder komplexe Interpretationen erforderlich sind. Einige ausgewählte Beispiele dienen der näheren Erläuterung.

In der Čra-Lagerstätte (West-Jugoslawien) tritt Kaolin in Form von 100 m langen Linsen auf, die zwischen Keratophyr und Schiefer eingebettet sind und hauptsächlich aus Illit bestehen. Labormessungen ergaben, daß folgende tonige Mineralien polarisierbar sind (dem IP-Effekt nach aufsteigend gereiht): Kaolinit, Hallorit, Illit und Montmorillonit. Da Keratophyr einen höheren Widerstand als Schiefer besitzt, kann zwar der Übergang, aber nicht das eventuell eingebettete Kaolin lokalisiert werden.

Die Abb. 1.127a zeigt die Lagekarte samt den Isolinien der Polarisierbarkeit. Der sogenannte Hintergrundeffekt mit $P_a \leqq 1\%$ befindet sich immer außerhalb der Kontaktzone; $P_a > 1,5\%$ tritt nur über dem Kaolin auf. Am Bohrloch B 11 wurde eine IP-Tiefensondierung nach dem WENNER-Verfahren durchgeführt. Die Abb. 1.127b zeigt im Widerstandsverhalten, daß die leitfähigen Schiefer unter dem Keratophyr anstehen; die ansteigende Polarisierbarkeit bei $AB/3 = 30$ m korrespondiert laut Bohrprofil mit dem Beginn des Kaolins. Ein Profil, das am E-Rand der Lagerstätte über die Bohrungen B 15 und B 16 verläuft (Abb. 1.127c), zeigt deutlich, daß der Widerstandsverlauf die Kontaktzone und der Verlauf der Polarisierbarkeit die Kaolinlagerstätte erfaßt.

In der Brenda-Lagerstätte (Britisch-Kolumbia/Kanada) treten im Granodiorit disseminierte Sulfid-Erze mit ca. 1% Gewichtsanteil auf. Es wird ein Vorrat von 175 Millionen Tonnen mit 0,2% Kupfer und 0,05% Molybdän geschätzt, wodurch diese im Tagebau betriebene Mine zu den größten in Kanada, aber auch zu den mit dem niedrigsten Erzanteil in

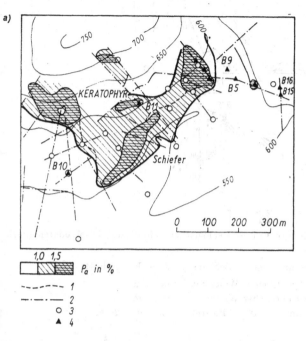

Abb. 1.127a. Gebiete gleicher Polarisierbarkeit P_a in % (a — Elektrondeabstand) über einer Kaolin-Lagerstätte in Čra (West-Jugoslawien) (nach Šumi, 1965)

1 —. geologische Grenze (Keratophyr/Schiefer),
2 — Profile,
3 — IP- und Widerstands-Tiefensondierungen,
4 — Bohrungen

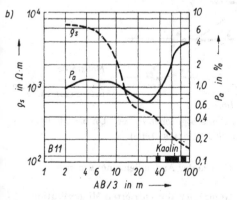

Abb. 1.127b. Polarisierbarkeit und scheinbarer spezifischer elektrischer Widerstand an der Bohrung B 11 der Kaolin-Lagerstätte in Čra (West-Jugoslawien) (nach Šumi, 1965)

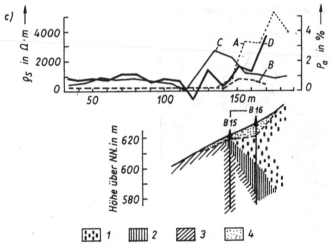

Abb. 1.127 c. Kaolin-Lagerstätte in Čra — Geologischer Schnitt mit IP-Meßdaten (nach Šumi, 1965).

1 — Keratophyr, 2 — Kaolin, 3 — Schiefer, 4 — Hangschutt
A — scheinbarer spezifischer elektrischer Widerstand a = 10 m,
B — scheinbarer spezifischer elektrischer Widerstand a = 20 m,
C — Polarisierbarkeit a = 10 m,   D — Polarisierbarkeit a = 20 m

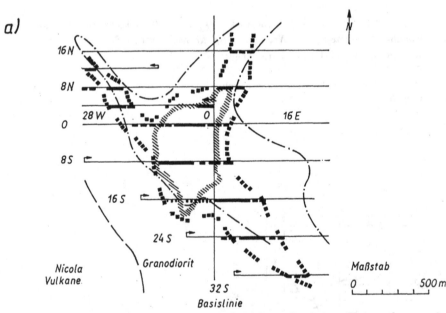

Abb. 1.128. Ergebnisse komplexer geophysikalisch-geochemischer Untersuchungen im Bereich der Brenda-Lagerstätte (Kanada) (nach Fountain, 1968)

a) ermittelte Anomalienverläufe

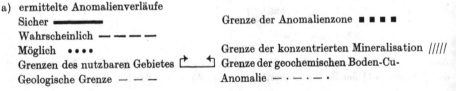

Sicher ▬▬▬▬   Grenze der Anomalienzone ■ ■ ■ ■
Wahrscheinlich ▬ ▬ ▬ ▬
Möglich ●●●●   Grenze der konzentrierten Mineralisation /////
Grenzen des nutzbaren Gebietes ⌐ ¬   Grenze der geochemischen Boden-Cu-
Geologische Grenze ▬ ▬ ▬   Anomalie ▬ · ▬ · ▬ · ·

der ganzen Welt gehört. Die Abb. 1.128a und 1.128b zeigen einen Lageplan der Profile samt Abgrenzung des Erzkörpers durch verschiedene Methoden sowie ein ausgewähltes Profil, auf dem in Dipol-Dipol-Anordnung mit verschiedenen Eindringtiefen gemessen und dadurch ein Pseudotiefenschnitt konstruiert werden konnte. Günstig war, daß die Pyrit- und Magnetitanteile in dieser Lagerstätte wesentlich geringer als im Nicola-Vulkangebiet waren; dadurch betrug der Untergrundpegel nur etwa 1% FE.

Durch Wasser gebildete Hohlräume und Klüfte werden oft durch angeschwemmte und haftengebliebene Tone und Lehme ausgefüllt. Dadurch können indirekt Verkarstungen mit IP-Verfahren nachgewiesen werden. Ein solches Beispiel wurde von ŠUMI (1965) veröffentlicht (Abb. 1.129), der ein Karstfeld in Jugoslawien mit einer WENNER-Anordnung kartierte. Die Widerstandskurven wurden nicht angegeben, da sie im wesentlichen nur die Mächtigkeit der Deckschicht über dem Kalk aufzeigen.

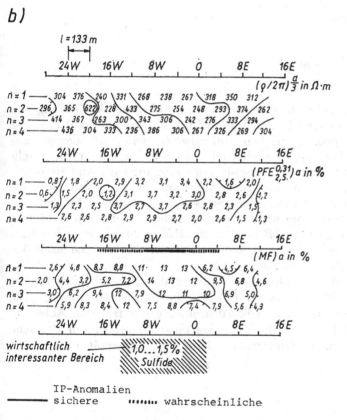

b)

b) Pseudotiefenschnitte des scheinbaren spezifischen elektrischen Widerstandes ϱ_s, des Prozentfrequenzeffektes PFE und des Metallfaktors MF entlang der Linie 0; Dipol-Dipol-Geometrie mit $a = n\ 133$ m ($n = 1-4$);
ϱ_s in $\Omega \cdot$ m; PFE in %; MF in %

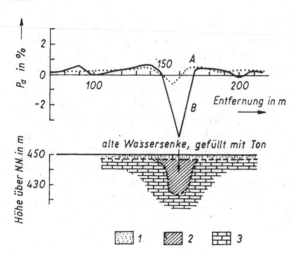

Abb. 1.129. Planina-Feld (West-Jugoslawien) — IP-Profile über verkarstetem Kalk (nach Šumi, 1965).

1 — angeschwemmte Erde,
2 — toniges Material,
3 — Kalk mit Klüften,
A — a = 10 m, B — a = 20 m

Das folgende Beispiel stellt eine sehr außergewöhnliche Anwendung von IP-Messungen auf Mangan in der Taoura-Lagerstätte (Marokko) dar. Die Lagerstätte gehört präkambrischen vulkanischen Serien an, besteht aus Rhyolit, Andesit, Tuff und Cinerit und wird von Doleritgängen durchzogen. Es gibt einige sehr steile linsenförmige Erzgänge aus Andesit-Bruch und verbindendem Zement, der aus einer Barit-, Quarz- und Dolomitmatrix besteht und Mangan bzw. Pyrolusit sowie im speziellen Braunit enthält. Zur Zeit der Messungen wurde bereits abgebaut. Gemessen wurden in Gradienten-Anordnung mit $AB = 1\,000$ m, $MN = 20$ m, der scheinbare spezifische elektrische Widerstand und die Polarisierbarkeit (Ladezeit 8 s, Meßzeit 1 s nach Abschalten des Stromes).

In der Abb. 1.130 wird eine Isolinienkarte der Polarisierbarkeit dargestellt, in der eine klare Zone mit $P \geq 2\%$ die Lagerstätte aufzeigt. Die südlichen Anomalien stehen in Übereinstimmung mit früheren Abbaugebieten. Zum Vergleich wird die Isoohmenkarte angegeben, in der eine geologische Bruchzone verfolgt werden kann, die Lagerstätte aber nicht ersichtlich ist.

1.6.   Literatur

Abramowitz, M.; Stegun, I. A.: Handbook of mathematical functions. Nat. Bur. of Standards, Appl. Math.-Ser. 55 (1964), 830 S. (russ. Übers.: Nauka, Moskau 1979, 830 S.).

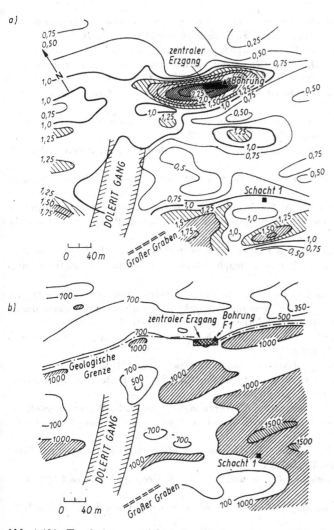

Abb. 1.130. Ergebnisse geoelektrischer Untersuchungen über der Mangan-Lagerstätte in Taoura (Marokko) (Compagnie Générale de Géophysique)

a) Linien gleicher Polarisierbarkeit in %
b) Linien gleichen scheinbaren spezifischen elektrischen Widerstandes in Ω · m

Akad. d. Wiss. d. UdSSR (Autorenkollektiv): Elektromagnetische Tiefensondierung unter Einsatz von MHD-Generatoren (russ. Apatiti 1982, 158 S.

ALLISON, I.; FREW, R.; KNIGHT, I.: Bedrock and ice surface topography of the coastal regions of Antarctica between 48°E and 64°E. Polar Record, Cambridge **21** (1982), S. 241–252.

ALPIN, L. M.: Praktičeskie raboty po teorii polja. Nedra, Moskau 1971.

ANDERSON, W. L.: Fortran IV programs for the determination of the transient tangential electric field and vertical magnetic field about a vertical magnetic dipole for an n-layer stratified earth by numerical integration and digital linear filtering. U. S., Geol. Surv. Rep. USGS-GD-73-017, PB-221240, Washington (1973), 82 S.

ARGELO, S. M.: Two computer programs for the calculation of standard graphs for resistivity prospecting. Geoph. Prosp., The Hague **15** (1967) 1, S. 71—91.

ASTIER, J. L.: Géophysique appliquée à l'hydrogéologie. Masson et Cie, Paris (1971).

BAKER, H. A.; MYERS, J. O.: VLF-EM Model studies and some simple quantitative applications to field results. Geoexploration, Trondheim **17** (1979), S. 55—63.

BERTIN, J.: Some aspects of Induced Polarisation (time domain). Geoph. Prosp., The Hague **16** (1969) 4, S. 401—426.

BERTIN, J.; LOEB, J.: Experimental and theoretical aspects of Induced Polarisation. — Gebrüder Bornträger, Berlin—Stuttgart 1976, 250 S.

BEVAN, B.; KENYON, J.: Ground-penetrating radar for historical archaeology. Soc. of Am. Arch., (1979).

BLOCH, I. M.: Elektroprofilirovanie metodom soprotivlenij. Gosgeoltechizdat, Moskau 1962, 239 S.

BOGOSLOWSKY, V. A.; OGILVY, A. A.: Natural potential anomalies as a quantitative index of the rate of seepage from water reservoirs. Geoph. Prosp., The Hague **18** (1970a) 2, S. 261—268.

BOGOSLOWSKY, V. A.; OGILVY, A. A.: Application of geophysical methods for studying the technical status of earth dams. Geoph. Prosp., The Hague **18** (1970b) Suppl., S. 758—773.

BUCHHEIM, W.: Das magnetische Feld einer geradlinigen Wechselstromleitung auf homogen leitendem Untergrund und die Messung der elektrischen Bodenleitfähigkeit durch Induktion. Zeitschr. f. Geoph., Sonderband, Würzburg (1953), S. 123—125.

BUSCH, K.-F.; LUCKNER, L.: Geohydraulik. VEB Deutscher Verlag für Grundstoffindustrie, Leipzig 1973, 442 S.

Compagnie Général Géophysique-(CGG)-Technical Summary 1-201, (1982).

COGGON, J. H.: Electromagnetic and electrical modeling by the finite element method. Geophysics, Tulsa **36** (1971) 1, S. 132—155.

COLLETT, L. S.: Laboratory investigation of overvoltage. — In: J. R. WAIT: Overvoltage research and Geophysical application. Pergamon Press London—New York—Paris, Los Angeles 1959, S. 50—70.

CONEY, D. P.: Model studies of the VLF-EM method of geophysical prospecting. Geoexploration, Trondheim **15** (1977) 1, S. 19—35.

COOK, J. C.: Rock transparencies of mine and tunnel rock. Geophysics, Tulsa **40** (1975) 5, S. 865—875.

COOK, J. C.: Borehole-Radar exploration in a coal seam. Geophysics, Tulsa **42** (1977) 7, S. 1254—57.

COON, J. B.; FOWLER, J. C.; SHAFERS, C. J.: Experimental uses of short pulse radar in coal seams. Geophysics, Tulsa **46** (1981) 8, S. 1163—1168.

DEY, A.; WARD, S. H.: Inductive sounding of a layered earth with a horizontal magnetic dipole. Geophysics, Tulsa **35** (1970) 4, S. 660—703.

DOLPHIN, L. T.; BOLLEN, R. L.; OETZEL, G. N.: An underground electromagnetic sounder experiment. Geophysics, Tulsa **39** (1974) 1, S. 49—55.

DOLPHIN, L. T.; BOLLEN, R. L.; JOHNSON, D. A.; OETZEL, G. N.; TANZI, J. D. et al.: Electromagnetic sounder experiments at the Pyramids of Giza. Final Report NSF-GF-38767, Stanford Research Institute (1975).

DONNER, F.: Beitrag zur Reduktion des Reliefeinflusses bei VLF-Messungen. Zeitschr. f. angew. Geol., Berlin **28** (1982) 11, S. 555—557.

DONNER, F.: Magnetotellurische Messungen im VLF-Bereich. Freiberger Forschungshefte C 380, Leipzig (1983), 76 S.

EBERLE, D.: Die Induktion durch künstliche elektromagnetische Längstwellen (15-25 kHz)-Anwendungen in der Prospektierungsgeophysik unter Berücksichtigung des Einflusses der Erdoberflächenform und technischer Leitungsnetze. Dissertation der Ludwig-Maximilian-Universität München (1977), 197 S.

EPPEN, F.: Wellenausbreitung. In: RINT, C.: Hdb. für HF- und Elektrotechniker, Bd. II. Verl. f. Radio-Foto-Kinotechnik, Berlin 1953, S. 337—350.

FOUNTAIN, D. K.: Geophysics applied to the exploration and development of copper and molybdenum deposits in British Columbia. Can. Min. and Met. Bull., Montreal 61 (1968), S. 1199—1206.

FRASER, D. C.: Contouring of VLF-EM Data. Geophysics, Tulsa 34 (1969) 6, S. 958—967.

FRASER, D. C.; KEEVIL, N. B.; WARD, S. H.: Conductivity spectra of rocks from the Craigmont ore environment. Geophysics, Tulsa 29 (1964) 5, S. 832—847.

FRISCHKNECHT, F. C.: Fields about an oscillating magnetic dipole over a two-layer earth, an application to ground and airborne electromagnetic surveys. Q. Colorad. Sc. of Mines 62 (1967) 1, S. 1—326.

FRITZSCHE, W.; OSTERER, F.: Messung der Eisdicke von Gletschern mittels Radar-Echolotung. Mitt. d. Inst. f. Elektronik, TU Graz (1976).

FRITZSCHE, W.; OSTERER, F.: Electronic measurements with pulse-echo in glaciology. EOS Trans. Am. Geoph. Un., Washington 58 (1977), S. 902—903.

GEIER, S.: Über zwei spezielle elektromagnetische Beugungsprobleme. Inauguraldissertation, Karl-Marx-Universität Leipzig, Math.-Naturwiss. Fakultät (1962), 104 S.

GHOSH, D. P.: Inverse filter coefficients for the computation of apparent resistivity standard curves for a horizontally stratified earth. Geoph. Prosp., The Hague 19 (1971) 4, S. 769—775.

GLENN, W. E.; RYU, J.; WARD, S. H.; PEEPLES, W. J.; PHILLIPS, R. J.: Inversion of vertical magnetic dipole data over a layered structure. Geophysics, Tulsa 38 (1973) 6, S. 1109—1129.

GOLUB, G. H.; REINSCH, C.: Singular value decomposition and least squares solutions. Num. Math., Berlin (West) 14 (1970), S. 403—420.

Gossen-Erdungsmesser, Betriebsanleitung (1981).

GRADŠTEIN, I. S.; RYŽIK, I. M.: Tablicy integralov, summ, rjadov i proisvedenij. Gosud. isdat. fiz.-mat. lit., Moskau 1962, 1100 S.

GRAHAM, D. C.: Mathematical theory of the faradaic admittance. Elektrochem. Soc. J., New York 99 (1952), S. 370C—384C.

GRANT, F. S.; WEST, G. F.: Interpretation theory in applied geophysics. McGraw-Hill Book Company, New York, St. Louis, San Francisco, Toronto, London, Sydney 1965, 583 S.

GRISSEMANN, CHR.: Untersuchungen der komplexen Leitfähigkeit und Dielektrizitätskonstanten erzhaltiger Gesteine an Gesteinsmodellen. — Dissertation, phil. Fakultät, Univ. Innsbruck (1971).

GSSI: Manual, Subsurface interface radar. Hudson 1981.

HELLAR, M. W.; HALTER, W. G.: A transmission line oscillatory pulse generator. Proc. Nat. Electronics Conf., Vol. IX (1954).

HOLSER, W. T.; BROWN, R. J. S.; ROBERTS, F. A.; FREDRIKSSON, O. A.; UNTERBERGER, R. R.: Radar logging of a salt dome. Geophysics, Tulsa 37 (1972) 5, S. 889—906.

HUMMEL, N. J.: Der scheinbare spezifische Widerstand. Zeitschr. für Geoph., Würzburg 5 (1929), S. 89—104.

HVOZDARA, M.: The telluric field in a halfspace with a spherical inhomogenity. Studia geoph. et geod., Praha 17 (1973), S. 131—143.

ILICETO, V.; SANTARATO, G.; VERONESE, S.: An approach to the identification of fine sediments by Induced Polarisation laboratory measurements. Geoph. Prosp., The Hague 30 (1982) 3, S. 331—347.

JAHNKE, H.; EMDE, F.: Tafeln höherer Funktionen. B. G. Teubner, Leipzig 1952, 300 S.

JAKUBOVSKIJ, J. V.: Elektrorazvedka. Nedra, Moskau 1973, 302 S.

JANSCHEK, H.: Porositätsberechnung von grundwassererfüllten Schotterkörpern aus geoelektrischen Tiefensondierungen. Österr. Wasserwirtschaft, Wien 26 (1974), S. 229—232.

JANSCHEK, H.: unveröffentlichter Bericht, Inst. f. Geophysik der Montanuniv. Loeben/Österreich, 1980.

JOHANSON, H. K.: A man/computer interpretation system for resistivity soundings over a horizontally stratified earth. Geoph. Prosp., The Hague 25 (1977) 4, S. 667—691.

JUPP, D. L. B.; VOZOFF, K.: Stable iterative methods for the inversion of geophysical data. Geoph. J. R. astr. Soc., London 42 (1975), S. 957—976.

KAMENEZKIJ, F. M.: Rukovodstvo po primeneniju metoda perevodnych processov v rudnoi geofizike (Handbuch für die Anwendung der Methoden der Übergangsprozesse in der Erzgeophysik). Nedra, Leningrad 1976, 128 S.

KAMENEZKIJ, F. M.; SVETOV, B. S.: Induktivnye metody elektrorazvedki. — In: Elektrorazvedka — Spravočnik geofizika. Nedra, Moskau 1980, S. 168—216.

KASPAR, M.: Meßvorrichtung für die Gesteinsdurchstrahlung zwischen Bohrlöchern durch elektromagnetische Wellen. KPS-1 (1970).

KELLER, G. V.; FRISCHKNECHT, F. C.: Electrical methods of geophysical prospecting. Pergamon Press, New York 1966, 519 S.

KOEFOED, O.; GHOSH, D. P.; POLMAN, G. J.: Computation of type curves for electromagnetic depth sounding with a horizontal transmitting coil by means of a digital linear filter. Geoph. Prosp., The Hague 20 (1972) 2, S. 406—420.

KOLBENHEYER, T.: On the boundary problem of geoelectricity for a homogeneously laminated prolate spheroid. Geofysikální Sbornik, Prag 56 (1956), S. 653—667.

KOVAČEVIČ, S.; KRULÓ, Z.: Some aspects of geoelectrical investigation for ground-water in the jugoslav karst region. Mémoires A. I. H., réunion d'Instanbul 1967.

KRAICHMANN, M. B.: Handbook of electromagnetic propagation in conducting media. NAVMAT P. 2302 (1970).

KAIKKONEN, P.: Interpretation nomograms for VLF measurements. Acta Universitatis Onlensis, Ser. A, Scientiae rerum naturalium No. 92, Physica No. 17 (1980), 48 S.

KRAJEV, A. P.: Grundlagen der Geoelektrik. VEB Verl. Technik, Berlin 1957, 358 S.

KUNETZ, G.: Principles of direct current resistivity prospecting. Geoexploration Monogr., Ser. 1, No. 1, Gebr. Borntraeger, Stuttgart (1966), 103 S.

LENK, R.: Theorie elektromagnetischer Felder. Deutscher Verl. d. Wiss., Berlin 1976, 329 S.

LYTLE, R. J.: Measurement of earth medium characteristics: techniques, results and applications. IEEE Trans. Geosci. Electron., New York 12 (1974) 7, S. 81—101.

MADDEN, T. R.; CANTWELL, T.: Induced Polarisation, a review. Mining Geophysics, 2 (1967), S. 373—400.

MAGNUS, W.; OBERHETTINGER, F.: Formeln und Sätze für die speziellen Funktionen der mathematischen Physik. Springer-Verl., Berlin—Göttingen—Heidelberg 1948, 230 S.

MALLICK, K.; VERMA, R. K.: Time domain EM response of horizontal coplanar and vertical coplanar loops on an n-layer earth. Paper presented at EAEG annual meeting at Zagreb, Yugoslavia, (1977a).

MALLICK, K.; VERMA, R. K.: Detectibility of intermediate conducting and resistive layers by timedomain elektromagnetic sounding. Paper presented at SEG annual convention at Calgary, Canada, (1977b).

McNEILL, J. D.: Applications at transient electromagnetic techniques. Geonics Limited, Technical Note TN-7 (1980).

MEISSER, O.: Derzeitiger Stand und einige Aufgaben der angewandten Geophysik. Freiberger Forschungshefte R. 8, Berlin (1952), 66 S.

MEYER, J.: Elektromagnetische Induktion eines vertikalen magnetischen Dipols über einem leitenden homogenen Halbraum. Mitt. aus dem Max-Planck-Institut für Aeronomie, Springer Verl. Berlin, Göttingen, Heidelberg **7** (1962), 118 S.

MILITZER, H.: Die elektrische Eigenpotentialmethode im Erzbergbau. Bergbautechnik, Leipzig **9** (1953) 3, S. 444—451.

MILITZER, H.; RÖSLER, R.; LÖSCH, W.: Theoretische Modellkurven zum geoelektrischen Hohlraumnachweis, Teil I. VEB BuS Welzow, Großräschen 1977, 124 S.

MILITZER, H.; RÖSLER, R.; BRIEDEN, H.-J.: Modellkurven zum geoelektrischen Hohlraumnachweis. Bergakademie Freiberg 1979, 79 S.

MILITZER, H.; SCHEIBE, R.: Grundlagen der angewandten Geomagnetik. Freiberger Forschungshefte C 352, Leipzig (1981), 314 S.

MILITZER, H.; WEBER, F. (Hrsg.): Angewandte Geophysik. Bd. 1. Gravimetrie und Magnetik. Akademie Verlag Berlin—Springer Verlag Wien 1983 353, S.

MOONEY, H. M.; ORELLANA, E.: Master Tables and Curves for Vertical Electrical Sounding over layered Structures. Interciencia, Madrid 1966.

MOREY, R. M.: Continuous subsurface profiling by impulse radar. Proc. of the Engineering Foundation Conference at Henniker, NH., ASCE (1974), S. 213—232.

MORRISON, H. F.; PHILLIPS, R. J.; O'BRIEN, D. P.: Quantitative interpretation of transient electromagnetic field over a layered half-space. Geoph. Prosp., The Hague **17** (1969) 1, S. 82—101.

NEGI, J. G.: Inhomogeneous cylindrical ore body in presence of a time varying magnetic field. Geophysics, Tulsa **27** (1962) 3, S. 386—392.

NICKEL, H.: Laugenortung in Salzbergwerken mit Hochfrequenz. Geol. Jahrb., Hannover **90** (1972a), S. 283—314.

NICKEL, H.: Zur Reichweite des Grubenfunks in Salzbergwerken. Kali u. Steinsalz, Essen **3** (1972b), S. 93—99.

NICKEL, H.: Bericht über Versuchsmessungen mit der Hochfrequenz-Absorptionsmethode im Bereich der Kalkscholle der Bleiberger Bergwerksunion A. G., Österreich (1976), unveröff.

NICKEL, H.; SENDER, F.; THIERBACH, R.; WEICHART, H.: Exploring the interior of salt domes from boreholes. Geoph. Prosp., The Hague **31** (1983) 1, S. 131—148.

OBERLADSTÄTTER, M.: Untertägige Messungen des komplexen spezifischen Widerstandes vererzter Gesteine im Frequenzbereich 0,01···1000 Hz. Geoexploration, Trondheim **17** (1979), S. 143—162.

PATERSON, N. R.; RONKA, V.: Five years of surveying with the Very Low Frequency Electro Magnetics Method. Geoexploration, Trondheim **9** (1971), S. 7—26.

PATRA, H. P.; MALLICK, K.: Geosounding Principles, 2 Time-Varying Geoelectric Soundings. Elsevier Scientific Publishing Company, Amsterdam—Oxford—New York 1980, 419 S.

PAUL, P. A.: Interpretation of Self-Potential Anomalies caused by a Line of Dipoles. Nat. Geophys. Res. Inst. Bull. (1968).

PHOENIX Geophysics Limited: MT System (16 Channel Tensor Magnetotelluric System). Prospekt-Blatt (1982).

POLLACZEK, F.: Über das Feld einer unendlich langen wechselstromdurchflossenen Einfachleitung. Elektrische Nachrichtentechnik, **3** (1926) 9, S. 339—359.

POOLEY, J. PH.; NOOTEBOOM, J. J.; DE WAAL, P. J.: Use of VHF dielectric measurements for borehole formation analysis. The Log Analyst, Houston **29** (1978) 3, S. 8—30.

PORSTENDORFER, G.: Automatische elektrische Drehsondierungen nach dem WENNER- und Dipolverfahren mit direkter Meßwertregistrierung. Zeitschr. Geoph., Würzburg **26** (1960) 6, S. 276—284.

PORSTENDORFER, G.: Principles of Magneto-Telluric Prospecting. Geoexploration Monographs, Ser. 1., No. 5, Gebr. Borntraeger Berlin-West, Stuttgart (1975), 118 S.

PORSTENDORFER, G.: Möglichkeiten der Verfolgung dünnschichtiger Medien durch Magn et felder bei gezielter Stromeinspeisung. Zeitschr. angew. Geol., Berlin **25** (1979) 8, S. 363—364.

PORSTENDORFER, G.: Einige Bemerkungen zur finite-difference-Modellierung. Bergakademie Freiberg, als Manuskript vorliegend (1978).

PORSTENDORFER, G.: Verfahren zur Widerstandsmessung in inhomogenen Gesteinsmedien. Bergakademie Freiberg, als Manuskript vorliegend (1980).

PORSTENDORFER, G.: Einführung in die Angewandte Geophysik (Internes Lehrmaterial). Bergakademie Freiberg, Sektion Geowissenschaften (1982), 256 S.

RÖSLER, R.: Die galvanisch induzierte Polarisation an Dispersionen rotationsellipsoidischer Teilchen. Freiberger Forschungshefte C 67, Berlin (1959), 88 S.

RÖSLER, R.: Gerät zur Entnahme ungestörter Bodenproben für geoelektrische Messungen. Bergbautechnik, Leipzig **16** (1966), S. 210—211.

RÖSLER, R.; SHALLAR, M.: Geoelektrische Sondierungen in Gradientmedien und äquivalenten Schichtsystemen. Geoph. Prosp., The Hague **26** (1978) 1, S. 122—129.

RÖSLER, R.; WELLER, A.: Erfahrungen mit der automatischen Auswertung geoelektrischer Tiefensondierungen. Freiberger Forschungshefte C 378, Leipzig (1982), S. 75—84.

ROSE, G. C.; VICKERS, R. S.: Calculated and experimental response of resistively loaded antennes to impulse excitation. Int. J. Electronics, London **37** (1974), S. 261—271.

ROUSSEL, J.: Contribution à l'étude d'une méthode nouvelle de prospection: la Polarisation Provoquée. Thèse 3eme cyle, Univ. de Paris (1962).

RYU, J.; MORRISON, H. F.; WARD, S. H.: Electromagnetic fields about a loop source of current. Geophysics, Tulsa **35** (1970), S. 862—896.

RYU, J.; MORRISON, H. F.; WARD, S. H.: Electromagnetic depth sounding experiment across Santa Clara Valley. Geophysics, Tulsa **37** (1972), S. 351—374.

SAINT-AMANT, M.; STRANGWAY, D. W.: Dielectric properties of dry geologic materials. Geophysics, Tulsa **35** (1970) 4, S. 624—645.

SATO, M.; MOONEY, H. M.: The electrochemical mechanism of sulfide self-potentials. Geophysics, Tulsa **25** (1960) 1, S. 226—249.

SCHLUMBERGER — Anordnung Musterkurven: CGG Paris, Catalogue of résistivity curves. Suppl. Geoph. Prosp., The Hague **3** (1955), 7 S.

SCHMID, CH.; SCHMÖLLER, R.; WEBER, F.: Geophysikalische Untersuchungen von Erzvorkommen im Grazer Paläozoikum. Berg- und Hüttenmänn. Monatshefte, Wien **124** (1979) 12, S. 594—605.

SEDELNIKOV, E. S.; TARCHOV, A. G.: Normal'noje i anomal'nyje polja udalennoi radiostanzii. In: Elektrorazvedka-Spravočnik geofizika. Nedra, Moskau 1980, S. 282—288.

SEIGEL, H. O.: In: Methods and case histories in mining geophysics. 6th Commonwealth Min. and Met. Congress, Montral, Mercury Press 1957.

SIMONYI, K.: Theoretische Elektrotechnik. Deutscher Verlag der Wissenschaften, Berlin 1966, 661 S.

SKORNJAKOV, S. M.; SOKOLOV, JU. N.: Charakter anomal'nych polej pri otrashenii radiovoln. Izv. vuzov. Ser. geologija i razvedka, **3** (1969), S. 146—150.

SOMMERFELD, A.: Vorlesungen über theoretische Physik III. Akad. Verl. Gesell., Leipzig (1961), 345 S.

STEFANESCU, S. S.; SCHLUMBERGER, C.; SCHLUMBERGER, M.: Sur la distribution électrique potentielle autour d'une prise de terre pouctuelle dans un terrain à couches horizontales, homogènes et isotropes. J. Physique et Radium, tome 1, Paris (1930), S. 132 bis 140.

STEINHAUSER, P.; BIEDERMANN, A.: Untersuchungen zur Anwendung des Untergrund-Radarverfahrens im Tagebau. Geophysikalische Forschungsberichte, im Druck, 1983.

STEINHAUSER, P.; BRÜCKL, E.; ARIČ, K.: Anwendung geophysikalischer Verfahren bei der geotechnischen Vorerkundung von Tunnelbauten. Straßenforschung, im Druck, 1983.

Šumi, F.: Prospecting for non-metallic minerals by induced polarisation. Geoph. Prosp., The Hague 13 (1965) 4, S. 603—616.

Sumner, J. S.: Principles of Induced Polarisation for geophysical exploration. Elsevier Scientific Publishing company, Amsterdam 1976.

Telford, W. M.; Geldart, L. P.; Sheriff, R. E.; Keys, D. A.: Applied Geophysics. Cambridge Univ. Press 1976, 860 S.

Thieme, H.: Probleme und Erfolge der Tellurik bei der Erkundung hochohmiger Antiklinalstrukturen in der DDR. VEB Deutscher Verlag für Grundstoffindustrie, Leipzig 1963, 126 S.

Tichonov, A. N.: Lösung inkorrekt gestellter Aufgaben und die Regularisierung (russ.). Dok. Akad. Nauk SSSR, Moskau 151 (1963) 3, S. 501—504.

Tichonov, A. N.: Über die Regularisierung inkorrekt gestellter Aufgaben (russ.). Dok. Akad. Nauk SSSR, Moskau 153 (1963) 1, S. 49—52.

Utzmann, R.: Die Anwendung von Modellen in der elektrischen Prospektion. Freiberger Forschungshefte C 60, Leipzig (1959), S. 86—107.

Van Dam, J. C.: A simple method for the calculation of standard graphs to be used in geoelectrical prospecting. Geoph. Prosp., The Hague 13 (1965) 1, S. 37—66.

Van Dam, J. C.; Meulencamp, J. J.: Standard Graphs for Resistivity Prospecting. Prepared by Rijkswaterstraat, The Netherlands, publ. by EAEG 1696.

van der Pauw, L. J.: Messung des spezifischen Widerstandes und des Hall-Koeffizienten an Scheibchen beliebiger Form. Philips technische Rundschau, Eindhoven 20 (1959) 8, S. 230—234.

Vanyan, L. L.: Osnovy elektromagnetnich sondirovanii (Grundlagen elektromagnetischer Sondierungen). Izdatel'stvo Nedra, Moskva 1965, 105 S.

Vanyan, L. L.: Electromagnetic Depth Soundings. Selected and Translated by G. V. Keller, Consultants Bureau, New York, NY, 1967, 312 S.

Verma, R. K.; Koefoed, O.: A note on the linear filter method of computing sounding curves. Geoph. Prosp., The Hague 21 (1973) 1, S. 70—76.

Vešev, A. V.: Elektroprofilirovanie nu postojannom i peremennom toke. Izdat. Nedra, Leningrad 1965, 480 S.

Vickers, R. S.; Dolphin, L. T.: A communication on an archaeological radar experiment at Chaco Canyon, New Mexico. Ctre. f. Archaeology Newsletter, 2 (1975) 1.

Vickers, R. S.; Morgan, R. R.: Detection of discontinuous permafrost. SRI-Project 8266, Final Report (1979).

Vickers, R. S.; Rose, G. C.: High resolution measurements of snowpack stratigraphy using a short pulse radar. Proc. 8th Int. Symp. on Remote Sensing (1972), S. 261—277.

von Hippel, A. R.: Dielectric materials and applications. New York, 1954.

Wait, J. R.: The magnetic dipole over the horizontally stratified earth. Can. J. Phys., Ottawa 29 (1951) 6, S. 577—592.

Wait, J. R.: Induction by a horizontal oscillating magnetic dipole over a conducting homogeneous earth. Trans. Am. Geophys. Union, Washington 34 (1953a) 2, S. 185—188.

Wait, J. R.: Induction in a conducting sheet by a small current-carrying loop. Appl. Sci. Res., The Hague, Sec. B. (1953b) 3, S. 230—236.

Wait, J. R.: Mutual coupling of loops lying on the ground. Geophysics, Tulsa 19 (1954) 2, S. 290—296.

Wait, J. R.: Mutual electromagnetic coupling of loops over a homogeneous ground. Geophysics, Tulsa 20 (1955) 3, S. 630—637.

Wait, J. R.: Mutual electromagnetic coupling of loops over a homogeneous ground — an additional note. Geophysics, Tulsa 21 (1956) 2, S. 479—474.

Wait, J. R.: Induction by an oscillating dipole over a two-layer ground. Appl. Sci. Res., The Hague, B-7 (1958), S. 73—80.

WAIT, J. R.: Overvoltage research and Geophysical applications. Pergamon Press, London 1959, 158 S.

WAIT, J. R.: A note on the electromagnetic response of a stratified earth. Geophysics, Tulsa 27 (1962) 3, S. 382—385.

WAIT, J. R.: Electromagnetic fields of a dipole over an anisotropic half space. Can. J. Phys., Ottawa 44 (1966a), S. 2387—2401.

WAIT, J. R.: Fields of a horizontal dipole over a stratified anisotropic half space. IEEE Trans., New York AP-14 (1966b), 790 S.

WAIT, J. R.: Electromagnetic probing in geophysics. Boulder, 1971.

WAIT, J. R.: On the theory of transient electromagnetic sounding over a stratified earth. Can. J. Phys., Ottawa 50 (1972) 11, S. 1055—1061.

WALACH, G.; WEBER, F.: Die geophysikalische Problematik bei der Erforschung der hydrogeologischen Verhältnisse des Krappfeldes (Kärnten). Verh. Geol. b.—a., Wien 1981, S. 229—232.

WARD, S. H.: Electromagnetic theory for geophysical application. Mining Geophysics, Band II, Soc. of Explor. Geophysicists, Tulsa 1967, S. 10—196.

WARD, S. H.; FRASER, D. C.: Conduction of electricity in rocks. In Mining Geophysics II. Theory. Society of Exploration Geophysicists, Tulsa, Oklahoma (1967), S. 197—223.

WATTS, R. D.; ENGLAND, A. W.; MEIER, M. F.; VICKERS, R. S.: Radio echo sounding of temperate glaciers at frequencies of 1 to 5 MHz. Symp. on Remote Sensing in Glaciology, Cambridge (1974).

WEBER, F.: unveröffentlichter Bericht, Inst. f. Geophysik der Montanuniv. Leoben/Österreich, 1974.

WEBER, F.: Geophysikalische Verfahren zur Grundwassererkundung. Österr. Wasserwirtschaft, Wien 27 (1975), S. 23—43.

WÖBKING, H.: Über den Zusammenhang zwischen mechanischen und elektrischen Gesteinsparametern als Fundament einer gezielten geoelektrischen Prospektion. Forschungsberichte, Montanwerke Brixlegg, Österreich (1974)—(1979).

ZETINIGG, H.: Grundwasseruntersuchungen in der Steiermark. Mitt. Abt. Geol. Paläont. Bergb. Landesmuseums Joanneum, Graz 39 (1978), S. 109—139.

ZETINIGG, H.: Folgerungen aus den Grundwasserverhältnissen für die Dimensionierung von Grundwasserschutzgebieten im Mur- und Mürztal. Österr. Wasserwirtschaft, Wien 1/2 (1983), S. 1—12.

ZOHDY, A. A. R.: Automatic interpretation of SCHLUMBERGER sounding curves, using modified DAR ZARROUK function. Geol. Surv. Bull., Washington (1974) 1313-E, 39 S.

2. Geothermik

H. MILITZER, CH. OELSNER, F. WEBER

2.1. Allgemeine Grundlagen

2.1.1. Physikalische Gesetze

2.1.1.1. Wärmeleitung

Bei Betrachtungen der verschiedenen Vorgänge, die das Temperaturfeld beeinflussen, wird im allgemeinen vom Standpunkt der Materie als Kontinuum ausgegangen. Damit können Vorgänge der Wärmeleitung mit der analytischen Theorie der Wärmeleitung behandelt werden.

Die Wärmeleitung ist mit räumlichen bzw. zeitlichen Temperaturdifferenzen verbunden. Wärme kann nur von Bereichen höherer Temperatur zu solchen niedrigerer Temperatur geleitet werden. Betrachtungen über Wärmeleitungsprobleme haben stets das Ziel, raum-zeitliche Temperaturfelder zu bestimmen, d. h. die Gleichung

$$T = f(x, y, z, t) \tag{2.1}$$

zu lösen. x, y, z — Raumkoordinaten, t — Zeit.

Temperaturfelder können eingeteilt werden in

— *stationäre Temperaturfelder;* sie sind charakterisiert durch

$$\frac{\partial T}{\partial t} = 0 \quad \text{(zeitunabhängig)}; \tag{2.2}$$

— *instationäre Temperaturfelder;* für sie gilt

$$\frac{\partial T}{\partial t} \neq 0. \tag{2.3}$$

Das durch (2.1) charakterisierte Temperaturfeld wird für praktische Anwendungen günstig durch einzelne Flächen (im dreidimensionalen Fall) oder Linien (im zweidimensionalen Fall) gleicher Temperatur beschrieben; sie werden Isothermalflächen oder *Isothermen* genannt und lassen sich darstellen durch

$$T = \text{const.} \tag{2.4}$$

Die stärksten Temperaturänderungen treten senkrecht zur Fläche bzw. Linie $T = \text{const}$ auf. Die Temperaturzunahme in diese Richtung wird durch den Temperaturgradienten gekennzeichnet:

$$\text{grad } T = n_0 \frac{\partial T}{\partial n}, \tag{2.5}$$

n_0 — Einheitsnormalenvektor (positiv in Richtung der Temperaturzunahme).

Ist der Temperaturgradient von Null verschieden, bildet sich eine Wärmeströmung aus. Die Wärmemenge pro Zeit und Flächeneinheit wird durch
den Vektor q charakterisiert.

$$q = -n_0 \frac{\partial T}{\partial n}. \tag{2.6}$$

In der Geothermik wird allgemein unter dem *Wärmestrom* die vertikale
Komponente der Wärmestromdichte q verstanden,

$$q = |q_z| = -\lambda \frac{\partial T}{\partial z}. \tag{2.7}$$

Der Proportionalitätsfaktor λ ist eine skalare Größe; sie wird als *Wärmeleitfähigkeit* bezeichnet.

Die Wärmestromdichte (häufig nicht korrekt als Wärmestrom bezeichnet) wird in W/m^2 bzw. mW/m^2 gemessen.

Die Dimension der Wärmeleitfähigkeit (Wärmeleitzahl) λ ist $W/m \cdot K$.
Vom mathematischen Standpunkt aus sind alle Wärmeleitungsvorgänge
Lösungen der FOURIERschen Differentialgleichung der Wärmeleitung. Sie
lautet für ein dreidimensionales kartesisches Koordinatensystem:

$$\frac{\lambda}{\varrho c} \left(\frac{\partial^2 T}{\partial x^2} + \frac{\partial^2 T}{\partial y^2} + \frac{\partial^2 T}{\partial z^2} \right) + \frac{A}{\varrho c} = \frac{\partial T}{\partial t}. \tag{2.8}$$

Mit

$$\frac{\partial^2}{\partial x^2} + \frac{\partial^2}{\partial y^2} + \frac{\partial^2}{\partial z^2} = \Delta - \text{LAPLACE-Operator}$$

folgt aus (2.8)

$$\frac{\lambda}{\varrho c} \Delta T + \frac{A}{\varrho c} = \frac{\partial T}{\partial t}. \tag{2.9}$$

ϱ — Dichte; c — spezifische Wärme; A — spezifische Wärmeproduktion.
Sind keine inneren Wärmequellen vorhanden, reduziert sich (2.9) zu

$$\frac{\lambda}{\varrho c} \Delta T = \frac{\partial T}{\partial t}. \tag{2.10}$$

(2.10) vereinfacht sich beim Vorliegen stationärer Wärmeströmung zur
LAPLACEschen Differentialgleichung

$$\Delta T = 0. \tag{2.11}$$

2.1.1.2. Wärmekonvektion

Neben der Wärmeübertragung durch Wärmeleitung spielt bei verschiedenen Problemen auch die konvektive Wärmeübertragung eine Rolle, d. h.
die Mitführung von Wärme durch bewegliche Flüssigkeits- oder Gasteil-
chen.

Beim Wärmeübergang durch Konvektion ist zu unterscheiden zwischen freier und erzwungener Konvektion; Bewegungsantrieb bei freier Konvektion sind allein die durch Temperaturunterschiede hervorgerufenen Dichtedifferenzen. Bei erzwungener Konvektion wird die Bewegung durch ein von außen aufgeprägtes Druckgefälle angetrieben.

Konvektive Wärmeübertragung spielt eine Rolle u. a. bei untertägigen Temperaturmessungen und Temperaturmessungen in Bohrlöchern mit Flüssigkeits- bzw. Gaszutritt. — Eine besondere Bedeutung besitzt die thermische Konvektion als Antriebsmechanismus der Plattentektonik, nach der die Erdkruste aus mehreren driftenden Lithosphärenplatten zusammengesetzt ist. Dabei muß unterschieden werden zwischen Konvektion infolge horizontaler Temperaturgradienten und solcher, die durch instabile Temperaturschichtung hervorgerufen wird. Zur phänomenologischen Erklärung des Vorganges wurden zahlreiche numerische Modellrechnungen von Torrance; Turcotte (1971), Richter (1973), McKenzie et al. (1973, 1974), de Bremaecker (1974) durchgeführt. Eine allgemeine Theorie, in der insbesondere die Temperaturabhängigkeit der jeweiligen Materialparameter berücksichtigt werden, liegt z. Z. noch nicht vor. Zahlreiche Phänomene können mit einer bereits recht allgemeinen Theorie von Gebrande (1975) erklärt werden.

Als wesentlicher Antriebsmechanismus wird allgemein eine instabile Temperaturschichtung angesehen.

Konvektion setzt in einer von unten beheizten und nach oben mit Luft in Kontakt stehenden Flüssigkeitsschicht bei einem bestimmten Wert R_c der dimensionslosen Rayleigh-Zahl R ein (Rayleigh, 1916),

$$R = \frac{\beta G g h^4}{k v}, \tag{2.12}$$

β — Ausdehnungskoeffizient; G — mittlerer Temperaturgradient; g — Schwerebeschleunigung; h — Schichtdicke; k — Temperaturleitfähigkeit; v — kinematische Viskosität; R_c — kritische Rayleigh-Zahl.

Die kritischen Rayleigh-Zahlen R_c liegen bei etwa 10^3. Sie werden durch die Geometrie der Konvektionszellen bestimmt

$$R_c = \pi^4 \frac{(1 + n^2)^3}{n^2}, \tag{2.13}$$

$n = 2h/L$; L — Wellenlänge der Konvektionsströmung.

Die Geometrie und das Verhältnis der Rayleigh-Zahlen R/R_c bestimmen die Geschwindigkeit der Konvektionsströmung

$$v_0 = \frac{2 \pi k}{h} 3 (1 + n^2) \left(\frac{R}{R_c} - 1 \right). \tag{2.14}$$

Nach der Theorie von Gebrande (1975) reichen die Konvektionszellen über die Olivin-Spinell-Phasengrenze ($\sim$400 km) bis an die der post-Spinell-Umwandlung (650 — 700 km) hinab.

2.1.1.3. Wärmestrahlung

Die Übertragung von Wärme durch Wärmestrahlung besitzt unter zwei Gesichtspunkten Bedeutung. Der erste hängt damit zusammen, daß im Gegensatz zu Wärmeleitung und -konvektion der Energieübergang durch Wärmestrahlung von der Temperatur in der 4. bzw. 5. Potenz bestimmt wird. Bei höheren Temperaturen, d. h. im Bereich des Erdmantels, überwiegt dementsprechend die Wärmestrahlung. Zweitens muß sich zwischen zwei Flächen, die im Wärmestrahlungsaustausch stehen, kein Medium befinden, das den Austausch bewirkt. Daraus ergibt sich die Möglichkeit für berührungslose Temperaturmessungen (s. Kap. 2.3.2.).

Für die Wärmestrahlung gelten folgende physikalische Gesetze:

— *das* KIRCHHOFF*sche Gesetz*: es führt die Strahlungsintensität $E(L, T)$ eines beliebigen Strahlers bei der Wellenlänge L und Temperatur T auf die Intensität E_s des *Schwarzstrahlers* zurück:

$$E(L, T) = a(L, T)\, E_s(L, T), \qquad (2.15)$$

$a(L, T)$ — Absorptionsvermögen.

Für jeden Wärmestrahler ist das Absorptionsvermögen $a(L, T)$ gleich seinem Emissionsvermögen $\varepsilon(L, T)$. Nicht absorbierte Strahlung wird entweder hindurchgelassen oder reflektiert. Mit der Durchlässigkeit $d(L, T)$ und dem Reflexionsvermögen $r(L, T)$ gilt

$$a(L, T) + d(L, T) + r(L, T) = 1. \qquad (2.16\,\text{a})$$

Für nichtdurchlässige Körper ($d = 0$) wird

$$a(L, T) = 1 - r(L, T). \qquad (2.16\,\text{b})$$

Für durchlässige Körper ($r = 0$) hingegen gilt

$$a(L, T) = 1 - d(L, T). \qquad (2.16\,\text{c})$$

— *das* PLANK*sche Gesetz*: es beschreibt die Strahlungsintensität eines schwarzen Strahlers in Abhängigkeit von L und T:

$$E_s(L, T) = \frac{2c_1}{L^5}\, \frac{1}{\mathrm{e}^{\frac{c_2}{LT}} - 1}, \qquad (2.17)$$

$c_1 = 5{,}95 \cdot 10^{-17}\,\mathrm{m^2 \cdot W}; \qquad c_2 = 4{,}438 \cdot 10^{-2}\,\mathrm{m \cdot K}.$

— *das* STEFAN-BOLTZMANN*sche Gesetz*: es gibt die gesamte, über alle Wellenlängen abgestrahlte Energie eines schwarzen Körpers an:

$$E_s(T) = \int\limits_0^\infty E_s(L, T)\,\mathrm{d}L = \sigma T^4; \qquad (2.18)$$

$\sigma = 5{,}667 \cdot 10^{-8}\,\mathrm{W/m^2 \cdot K^4}$ \qquad STEFAN-BOLTZMANN*sche* Konstante.

— *das* WIEN*sche Verschiebungsgesetz*: es beschreibt die Verschiebung der Wellenlänge maximaler Emission L_{max} mit steigender Temperatur

$$L_{max}T = \mathrm{const} = 2896 \cdot 10^{-6}\,\mathrm{m \cdot K}, \qquad (2.19)$$

L_{max} ist in 10^{-6} m einzusetzen.

Für jene Fälle, bei denen nicht normal zur strahlenden Oberfläche eines Schwarzstrahlers Wärme abgestrahlt bzw. empfangen wird, ist das LAM-BERTsche *Kosinus-Gesetz* zu berücksichtigen

$$E_{s\alpha} = E_s \cos \alpha. \tag{2.20}$$

2.1.2.   Einteilung der Geothermik

Es hat sich als günstig erwiesen, die Geothermik zur Bearbeitung regionaler geophysikalisch-geologischer Problemstellungen sowie zur Lösung angewandter bzw. praktischer Aufgaben zu unterteilen. Der erstgenannte Problemkreis ist durch *Wärmestrommessungen* gekennzeichnet. Es handelt sich dabei um die Bestimmung der terrestrischen Wärmestromdichte entsprechend (2.7). Ihre Kenntnis ermöglicht z. B. die Berechnung von Temperatur-Tiefen-Schnitten, die Zuordnung des Untersuchungsgebietes zu bestimmten großtektonischen Einheiten, die Lokalisierung von Gebieten mit Wärmequellen in der Kruste u. a. m.

Zur Lösung von Aufgaben der angewandten Geothermik werden oberflächennahe Temperaturmessungen benutzt; deshalb wird dieser Komplex auch als *geothermische Oberflächenerkundung* bezeichnet. Sie wird unterteilt in

— Temperaturmessungen in Flachbohrungen (bis ca. 50 m),
— Infrarot-Oberflächenerkundung.

Temperaturmessungen in Flachbohrungen bzw. in mittels Rammsonden angelegten Spurlöchern werden mit konventionellen Widerstands- oder auch Einschlußthermometern durchgeführt. Die Wärmeübertragung erfolgt durch Wärmeleitung. Im Gegensatz dazu wird bei der Infrarot-(IR-)Oberflächenerkundung die Erdbodentemperatur als Strahlungstemperatur berührungslos mit Infrarot-Detektoren aufgenommen.

Nach der Aufnahmetechnik wird die IR-Oberflächenerkundung unterteilt in

— Infrarot-Oberflächentemperaturmessungen,
— Wärmebildtechnik.

Bei IR-Oberflächentemperaturmessungen werden die Meßwerte entlang einer Meßlinie kontinuierlich bzw. diskret aufgenommen (OELSNER, 1969; 1970; 1976; 1977; 1979); die Wärmebildtechnik liefert eine zweidimensionale Information in Form eines Thermogrammes (GEBHARDT, 1981).

2.1.3.   Physikalische Gesteinseigenschaften
und Grundlagen ihrer Bestimmung

2.1.3.1.   *Temperatur- und Wärmeleitfähigkeit — Definition; Abhängigkeiten von Druck, Temperatur und anderen petrophysikalischen Parametern*

Die Kenntnis der Wärmeleitfähigkeit λ, der Temperaturleitfähigkeit k sowie der spezifischen Wärme c ist eine wesentliche Voraussetzung zur Lösung der direkten und umgekehrten Aufgabe, d. h. der Berechnung von Tem-

peratur- und Wärmestromfeldern bestimmter vorgegebener Modelle sowie
Berechnung der Modelle aus den gemessenen Feldwerten. Diese drei Größen
sind voneinander wie folgt abhängig:

$$\lambda = k\varrho c. \qquad (2.21)$$

Die Definition der Wärmeleitfähigkeit folgt aus (2.7) für isotropes Material als Quotient von Wärmestromdichte und Temperaturgradient. Sie variiert für Gesteine und Minerale um mehr als den Faktor 50. Selbst innerhalb desselben Materials treten Schwankungen von mehr als dem Faktor zwei auf, wie aus Abb. 2.1. ersichtlich ist. Die Ursachen dafür sind vielfältig. Außer dem Chemismus wirken sich in starkem Maße Struktur und Textur auf die Wärmeleitfähigkeit aus.

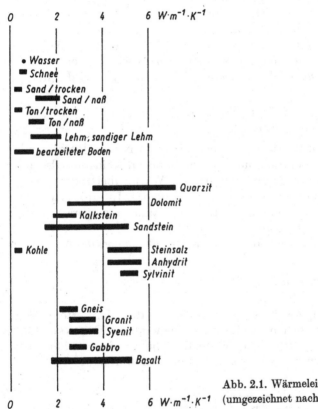

Abb. 2.1. Wärmeleitfähigkeiten
(umgezeichnet nach KAPPELMEYER, 1979)

Die Temperaturleitfähigkeit ist ein Parameter, durch den zeitliche Temperaturänderungen charakterisiert werden (2.10). Die Dimension der Temperaturleitfähigkeit ist m²/s. Im Gegensatz zur Wärmeleitfähigkeit schwanken die Temperaturleitfähigkeiten der Gesteine innerhalb einer Größenordnung. Die Temperaturleitfähigkeiten betragen für:

Flüssigkeiten 10^{-7} m²/s   (Wasser: $1{,}44 \cdot 10^{-7}$ m²/s)

Gesteine $\quad 10^{-6}$ m²/s

Gase $\qquad 10^{-5}$ m²/s $\quad$ (Luft: $1{,}87 \cdot 10^{-5}$ m²/s)

Metalle $\qquad 10^{-4}$ m²/s

Ein Vergleich dieser Werte mit entsprechenden Wärmeleitfähigkeiten macht die Proportionalität zwischen λ und k auch zahlenmäßig deutlich.

RZEVSKIJ und NOVIK (1973) fanden, daß der Proportionalitätsfaktor ϱc nur in geringen Grenzen schwankt:

$$1{,}5 \leqq \varrho c \leqq 3 \, \frac{J}{cm^3 \cdot K}.$$

Für angewandte Probleme ist von den verschiedenen Komponenten der Wärmeleitfähigkeit nur die *Gitter- bzw. Phononenleitfähigkeit* λ_G von Bedeutung. (Bei Temperaturen $\geqq 500\,°C$ ist die Wärmeübertragung durch Wärmestrahlung — Strahlungsleitfähigkeit λ_s — und die durch angeregte Elektronen — Exzitonen- bzw. Anregungsleitfähigkeit λ_E — noch mit zu beachten.)

Die Gitterleitfähigkeit ist der Temperatur umgekehrt proportional:

$$\lambda_G \sim \frac{1}{T}. \tag{2.22}$$

Die Druckabhängigkeit der Wärmeleitfähigkeit ist über die Druckabhängigkeit der Dichte ϱ gegeben (2.21). Bis zu einem Druck p von 50 MPa ist mit einer Wärmeleitfähigkeitsänderung von 10% zu rechnen.

Ebenfalls wegen (2.21) gelten

$$\frac{\partial k}{\partial T} \sim \frac{\partial \lambda}{\partial T}. \tag{2.23a}$$

sowie

$$\frac{\partial k}{\partial p} \sim \frac{\partial \lambda}{\partial p}. \tag{2.23b}$$

Für praktische Belange sind Beziehungen zwischen der Wärmeleitfähigkeit der Gesteine und der Porosität (bei Sedimentgesteinen) bzw. Klüftigkeit (bei kristallinem Gestein) sowie Dichte und Wassergehalt von Bedeutung.

Über die Abhängigkeit der Wärmeleitfähigkeit von der Porosität und der Porenfüllung sowie von der Dichte liegen zahlreiche Berichte vor (u. a. KRISCHER; ESDORN, 1956; WOODSIDE; MESSMER, 1961).

Da λ_{Luft} nur etwa 1/100 von $\lambda_{Gestein}$ beträgt, wirken sich luftgefüllte Poren in einem Sedimentgestein auf die Wärmeleitfähigkeit stark vermindernd aus. Mit Flüssigkeit (Wasser) gefüllte Poren wirken wegen der geringen Wärmeleitfähigkeit von Flüssigkeiten gegenüber der Gesteins-matrix ebenfalls wärmeleitfähigkeitserniedrigend. Die Situation bei unverfestigten bzw. verfestigten Sedimenten, deren Poren mit Wasser, Öl bzw. Luft gefüllt sind, zeigt Abb. 2.2 (WOODSIDE; MESSMER, 1961).

Zur Berechnung theoretischer Wärmeleitfähigkeits-Porositäts-Abhängigkeiten wurden verschiedene Ansätze zugrunde gelegt. Die einfachsten Kombinationsmöglichkeiten für Zwei-Phasensysteme sind die Parallel-

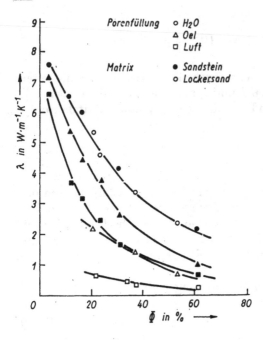

Abb. 2.2. Wärmeleitfähigkeit von
Sedimenten; Abhängigkeit von
Porosität und Porenfüllung

bzw. Reihenschaltung einzelner Festsubstanzpartikel. Die Parallelschaltung (Wärmeleitfähigkeit λ_P) entspricht einem durchgehenden Feststoff-Netzwerk, während die Reihenschaltung (Wärmeleitfähigkeit λ_R) dem durchgehenden Poren-Netzwerk entspricht (KRISCHER; ESDORN, 1956).

$$\lambda_P = (1 - \Phi)\,\lambda_M + \Phi\lambda_F, \tag{2.24a}$$

$$\lambda_R = \frac{1}{\dfrac{1 - \Phi}{\lambda_M} + \dfrac{\Phi}{\lambda_F}}. \tag{2.24b}$$

Φ — Porosität; λ_M — Wärmeleitfähigkeit der Matrix; λ_F — Wärmeleitfähigkeit der Porenfüllung.

Eine bessere Annäherung ergibt eine Kombination beider Fälle. Eine Reihenschaltung (λ_{PRR}) liefert

$$\lambda_{PRR} = \frac{1}{\dfrac{1 - \Phi'}{\lambda_P} + \dfrac{\Phi'}{\lambda_R}}. \tag{2.25}$$

Φ' ist der Reihenschaltungsanteil der Porosität. Er wird von KRISCHER; ESDORN (1956) bei Baustoffen in Zusammenhang mit der Kornbindung gebracht.

Ein allgemein gültiges Sedimentgesteinsmodell wurde von SCHÖN (1971, 1974, 1983) eingeführt. Es wird durch die Beziehung

$$\text{Makroeigenschaft} = f\,(\text{Mikroeigenschaft, Struktur}) \tag{2.26}$$

charakterisiert.

peraturverteilung T_B in einem Bezugsniveau (Meeresniveau) ermittelt.

$$T_B = H \left(\frac{dT}{dz_{gem}} - \frac{dT}{dz_{Höhe}} \right). \tag{2.41}$$

T_B wird als Mittelwert auf konzentrischen Kreisringen mit dem Radius r_i und der Radiusdifferenz Δr_i bestimmt. Aus dieser Verteilung muß als inverse Aufgabe der Temperaturgradient dT/dz_{korr} berechnet werden, der im Meßpunkt mit der Höhe H die LAPLACEsche Gleichung mit T_B als Randtemperatur befriedigt.

Der Korrekturgradient dT/dz_{korr} ist näherungsweise gegeben durch:

$$\frac{dT}{dz_{korr}} = \sum_{i=1}^{n} \left(\left(1 - 2 \frac{z^2}{r_i^2} \right) \bigg/ \left(1 + \frac{z^2}{r_i^2} \right)^{5/2} \right), \frac{T_{B,i}}{r_i^2} \Delta r_i \tag{2.42}$$

$$= \sum_{i=1}^{n} \left(\left(1 - 2 \frac{z^2}{r_i^2} \right) \bigg/ \left(1 + \frac{z^2}{r_i^2} \right)^{5/2} \right) \frac{H_i \Delta r_i}{r_i^2} \left(\frac{dT}{dz_{gem}} \frac{dT}{dz_{Höhe}} \right).$$

Der korrigierte Gradient dT/dz ist dann:

$$\frac{dT}{dz} = \frac{dT}{dz_{gem}} - \frac{dT}{dz_{korr}}. \tag{2.43}$$

Die entsprechende mathematische Aufgabe liegt bei der Berechnung der Wirkung einer Erosion bzw. Hebung vor.

Die durch Erosion verursachte Gradientenänderung G_{Eros}/G_0 ist nach VON HERZEN; UYEDA (1963)

$$\frac{G_{Eros}}{G_0} = 1 + \frac{1}{2} \left(e^{-\frac{Hz}{kt}} \left(1 - \frac{Hz}{kt} + \frac{H^2}{kt} \right) \operatorname{erfc} \frac{z-H}{2\sqrt{kt}} - \operatorname{erfc} \frac{z+H}{2\sqrt{kt}} \right.$$

$$\left. + \frac{z-H}{2\sqrt{kt}} e^{\left(-\frac{Hz}{kt} + \left(\frac{z-H}{2\sqrt{kt}}\right)^2 \right)} - \frac{z+H}{2\sqrt{kt}} e^{-\left(\frac{z+H}{2\sqrt{kt}}\right)^2} \right). \tag{2.44}$$

z — Tiefe des Meßpunktes unter Rasensohle; H — Mächtigkeit der erodierten Schicht; t — Erosionszeit; k — Temperaturleitfähigkeit.

Wird z. B. eine 100 m mächtige Schicht in 100 Jahren erodiert, so beträgt nach der Erosion die Gradientenstörung $+2375\%$, bei 10 000 Jahren Erosionsdauer noch $+0,16\%$. Wegen der quadratischen Geometrie-Zeit-Beziehungen wird in 1 000 m Tiefe nach 100 Jahren die Gradientenstörung ebenfalls auf $+0,6\%$ abgesunken sein.

2.2.3.2. Einfluß geologischer Prozesse

In den Meßwerten des Wärmestrom- und Temperaturfeldes der Erdkruste spiegeln sich vielfältige Einflüsse unterschiedlicher geologischer Prozesse wider. Von den Zusammenhängen regionalen Maßstabes sind besonders das Krustenalter und die Krustenmächtigkeit zu nennen. Von lokaler Bedeutung ist der Einfluß von intrudierten Magmenkörpern.

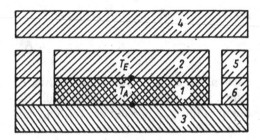

Abb. 2.3. Meßprinzip des Einplattenverfahrens

1 — Probe,   3 — Kühlplatte,
2 — Heizplatte,   4, 5, 6 — Schutzheizungen

tionären Wärmestrom $\bar{q}$ ausgesetzt werden. Entsprechend (2.27) gilt dann:

$$\frac{\bar{q}h}{F} = \lambda_1 \Delta T_1 = \lambda_2 \Delta T_2$$

oder

$$\lambda_1 = \lambda_2 \frac{\Delta T_2}{\Delta T_1}. \tag{2.28}$$

Neben der als bekannt vorausgesetzten Wärmeleitfähigkeit λ_2 der Vergleichsprobe sind nur noch die Temperaturgefälle in beiden Proben zu messen. Am bekanntesten dazu wurde eine Vorrichtung von BECK (1957), der den Begriff geteilte Stange (divided bar) einführte. Ein vergleichbares Meßprinzip wurde bereits 1939 von BENFIELD und BULLARD benutzt (BENFIELD, 1939).

Da die Anwendung stationärer Temperaturfelder mit einem erheblichen Zeitaufwand verbunden ist, setzt sich immer mehr die Ausnutzung instationärer Temperaturfelder durch. Als Wärmequelle wird dabei überwiegend eine *kontinuierliche Linienquelle* verwendet. Es sind *Nadelsonden*, die mit einem Durchmesser von 10...20 mm Längen von 80...100 mm aufweisen und innen mit einem Widerstandsdraht aufgeheizt werden (VON HERZEN; MAXWELL, 1959). Die Messung der Temperatur erfolgt im Inneren der Sonde; in diesem Fall gilt

$$T = \frac{Q}{4\pi\lambda} \ln t + B. \tag{2.29}$$

Q — Wärmemenge pro Zeit- und Längeneinheit.

(2.29) wird ebenfalls zur Verarbeitung der Daten eines entsprechenden Aufheizvorganges in einem kommerziellen Gerät benutzt. Die Aufheizung und gleichzeitige Temperaturmessung erfolgt hierbei an der Oberfläche von etwa 10×5 cm² großen Gesteinsproben. Die Wärmeleitfähigkeit kann nach ca. 60 s in W/m · K oder kcal/m · Stunde · K direkt abgelesen werden (ARAKAWA, 1980).

Eine besonders zeitgünstige Methode ist die *DLQ-Methode* (DLQ-Differenzierte Linienquelle) von MERRILL (in SCOTT; FOUNTAIN; WEST, 1973). Grundlage ist das zeitliche Differential des Aufheizvorganges

$$\frac{dT}{dt} = \frac{Q}{4\pi\lambda t}\, e^{-\frac{r^2}{4kt}}.$$ (2.30)

Aus dem Maximalwert des zeitlichen Temperaturgradienten $(dT/dt)_{max}$ und dem Zeitpunkt t_{max} seines Auftretens kann λ wie folgt bestimmt werden:

$$\lambda = \frac{Q}{\left(\dfrac{dT}{dt}\right)_{max} t_{max}} \cdot 0,029\,275.$$ (2.31)

Der schematische Verlauf der Aufheizkurven von Linienquelle (LQ) und zeitlichem Gradienten der Linienquelle (DLQ) ist auf Abb. 2.4 dargestellt.

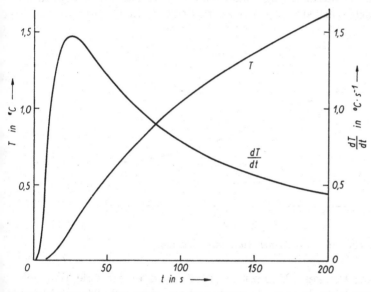

Abb. 2.4. Aufheizung (T) durch eine Einheitslinienquelle und zeitliches Differential (dT/dt) dieser Aufheizungskurve

2.1.3.2.2. Messungen in situ (λ)

Für die Messung der Wärmeleitfähigkeit in situ erwies sich die Aufnahme des Aufheizvorganges innerhalb einer kontinuierlichen Linienquelle am günstigsten. Eine Auswertung nach (2.29) kann erfolgen, wenn die Sonde bezüglich des umgebenden Gesteins ideal wärmeleitend ist.

Solche Sonden sind als starre Metallsonden von BECK; JAEGER; NEW-STEAD (1956), BECK (1965) und SCHUSTER (1968) bekannt geworden. Bei diesen Bohrlochsonden wirkt sich als Fehlereinfluß außer dem axialen Wärmefluß noch die teilweise ungenügende Ankopplung der Sonde an die mehr oder weniger unebene Bohrlochwand aus. Aus diesem Grunde wurde schon von BECK; JAEGER; NEWSTEAD (1956) eine kalibervariable Sonde vorgeschlagen; sie besteht aus einer aufblasbaren Gummimanschette, in die ein Heizdraht einvulkanisiert ist (OELSNER; LEISCHNER; PISCHEL, 1968). Die Auswertung der aufgenommenen Temperatur-Zeit-Kurven erfolgt entweder mit Hilfe von Musterkurven oder nach (2.29) und einer experimentell ermittelten Korrekturfunktion (OELSNER; SIPPEL, 1971). Eine solche Korrektur ist erforderlich, da die Sonde gegenüber dem Gestein nicht unendlich gut wärmeleitend ist und somit (2.29) den Aufheizvorgang nicht korrekt wiedergibt.

Abb. 2.5 zeigt ein Ergebnis untertägiger Wärmeleitfähigkeitsmessungen in situ mit einer kalibervariablen Sonde. Die Messungen erfolgten in einer 7 m tiefen Bohrung senkrecht zur Strecke. Bis in ca. 5 m Teufe wird der Kurvenverlauf durch eine hammerschlagseismisch ermittelte Kluftzone bestimmt. Es werden hohe Wärmeleitfähigkeitswerte durch konvektive Abführung der zur Sondenheizung zugeführten Wärmemenge vorgetäuscht. Infolge des Wärmeverlustes werden zu niedrige Aufheiztemperaturen erreicht.

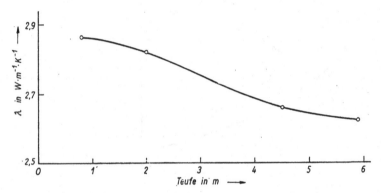

Abb. 2.5. Ergebnis einer in situ-Wärmeleitfähigkeitsmessung

Von BEHRENS; ROTERS; VILLINGER (1982) wird eine ideale Wärmeleitung dadurch erreicht, daß mittels zweier Packer eine 2 m lange Flüssigkeitssäule abgesperrt, beheizt und mittels einer eingebauten Pumpe ständig umgewälzt wird. Die Datenregistrierung und automatische Auswertung erfolgt über Tage.

Eine gute Möglichkeit zur Bestimmung von Wärmeleitfähigkeitsdaten in situ eröffnet die Aufnahme von *Temperaturaufbaukurven* in Tiefbohrungen. Dabei werden nach Stillstand der Spülung zu verschiedenen Zeiten Temperaturlogs (das sind Temperatur-Tiefen-Kurven) aufgenommen und das Wiedereinstellen der ungestörten Gebirgstemperatur verfolgt. Der Verlauf dieser Kurven hängt von der Wärme- und Temperaturleitfähigkeit des Gesteins ab.

Eine weitere Möglichkeit zur Wärmeleitfähigkeitsmessung in situ mit einer passiven Sonde wurde von OELSNER; RÖSLER (1979) vorgeschlagen; sie ermöglicht gleichzeitig die Messung des Wärmestromes q. Das Prinzip der Sonde zeigt Abb. 2.6. Sie besteht aus zwei Teilen, die sich in ihren

Wärmeleitfähigkeiten λ_1, λ_2 stark unterscheiden. Die beiden Teile der Sonde werden als stark abgeplattete Rotationsellipsoide (große Achse H in z-Richtung) angegeben; ihnen ist ein Geometriefaktor K (CARSLAW; JAEGER, 1959) zuzuordnen.

$$K = \frac{D^2}{H^2}\left(\ln \frac{2H}{D} - 1\right),\tag{2.32}$$

Für die Theorie der Sonde wurde ein Ansatz von PHILIP (1961) erweitert.

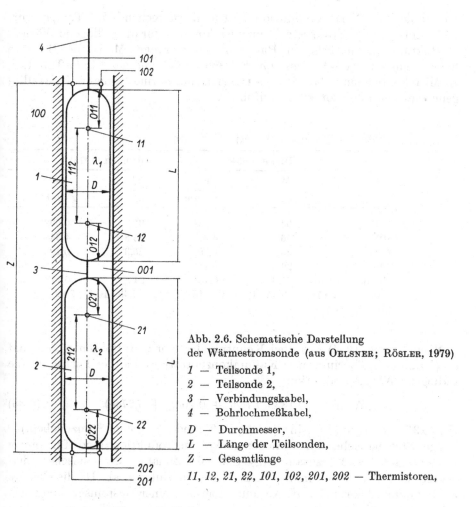

Abb. 2.6. Schematische Darstellung der Wärmestromsonde (aus OELSNER; RÖSLER, 1979)

1 — Teilsonde 1,
2 — Teilsonde 2,
3 — Verbindungskabel,
4 — Bohrlochmeßkabel,
D — Durchmesser,
L — Länge der Teilsonden,
Z — Gesamtlänge
11, 12, 21, 22, 101, 102, 201, 202 — Thermistoren,

Werden mit G_1 und G_2 die in den Teilsonden 1 und 2 gemessenen Gradienten bezeichnet, so folgt für q

$$q = \frac{(\lambda_1 - \lambda_2)\,G_1 G_2}{G_1 - G_2}.\tag{2.33}$$

Wird außerhalb der Sonde der geothermische Gradient G gemessen, läßt sich die Wärmeleitfähigkeit λ bestimmen aus

$$\lambda = \frac{1}{1 + \dfrac{1}{K}\left(\dfrac{G_2}{G_1} - 1\right)}. \tag{2.34}$$

2.1.3.3. Die radiogene Wärmeproduktion und deren Abhängigkeit von petrophysikalischen Parametern

Die radiogene Wärmeproduktion bestimmt weitgehend die Temperaturverhältnisse in der Erdkruste. Prinzipiell kommen für die radiogene Wärmeproduktion alle natürlichen Radioisotope in Frage. Merkliche Beiträge liefern jedoch nur die Reihen von ^{238}U, ^{235}U, ^{232}Th und das ^{40}K (s. Tab. 1.2). In Mitteleuropa sind etwa 80% des Oberflächenwärmestromes auf die radiogene Wärmeproduktion zurückzuführen.

Tabelle 2.1. Radiogene Wärmeproduktionen

	BIRCH (1954)		RYBACH (1973)	
	$\dfrac{W}{kg}$	$\dfrac{cal}{g \cdot Jahr}$	$\dfrac{W}{kg}$	$\dfrac{cal}{g \cdot Jahr}$
^{238}U	93	0,71	91	0,692
^{235}U	56	4,3	58,8	4,34
^{232}Th	26	0,20	25,3	0,193
^{40}K	28,8	0,22	—	—
Uranium (natürl.)	95,6	0,73	94	0,718
Kalium (natürl.) (0,012% ^{40}K)	$3,45 \cdot 10^{-3}$	$27 \cdot 10^{-6}$	$3,43 \cdot 10^{-8}$	$26,2 \cdot 10^{-6}$

Nach BIRCH (1954) folgt bei Kenntnis der Konzentrationen c_U, c_{Th} und c_K (Uranium-, Thorium- und Kaliumkonzentration) und der Dichte für die radiogene Wärmeproduktion

$$A \; (\mu W/m^3) = 0{,}133\varrho(0{,}73c_U + 0{,}20c_{Th} + 0{,}27c_K). \tag{2.35}$$

(In (2.35) sind c_U und c_{Th} in ppm, c_K in % und ϱ in $g \cdot cm^{-3}$ anzugeben.)

Die Streubereiche der radiogenen Wärmeproduktion sind für einige Gesteine auf Abb. 2.7 zusammengestellt. Mit Zunahme des basischen Charakters eines Gesteins nimmt dessen Wärmeproduktion ab. Da die Gehalte an Uranium, Thorium und Kalium innerhalb einer Gesteinsgruppe stark schwanken können, schlägt sich diese Tendenz in der radiogenen Wärmeproduktion nieder. — Die Elemente U, Th und K sind entweder fest im Kristallgitter verschiedener Minerale eingebaut, oder sie sind an Korngrenzen und Kristalloberflächen absorbiert. Diese Bindungsart begünstigt ihre Löslichkeit, die wiederum zu einer Umverteilung der Gehalte an radioaktiven Elementen — lokal z. B. zu Dispersionsaureolen um Granitintrusionen oder

regional zur Anreicherung radioaktiver Elemente — in der obersten Erdkruste führt.

Bei der Modellierung von Krustentemperaturfeldern spielt die Kenntnis
der Verteilung radiogener Wärmequellen eine wesentliche Rolle. Bei der
Lösung von (2.9) können für die radiogene Wärmeproduktion verschiedene
Verteilungen $A = A(z)$ angenommen werden. Die einfachste Annahme
$A(z) = $ const führt für den stationären Fall zu folgender Lösung

$$T(z) = T_0 + \frac{q_0 z}{\lambda} - \frac{A_0 z^2}{2\lambda}. \tag{2.36}$$

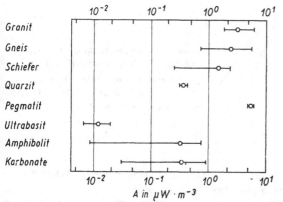

Abb. 2.7. Radiogene
Wärmeproduktion einiger
Gesteine (nach RYBACH, 1973)

Da eine Messung der radiogenen Wärmeproduktion nur beschränkt in
Abhängigkeit von dem zur Verfügung stehenden Probenmaterial möglich
ist, besitzen indirekte Abschätzungen der radiogenen Wärmeproduktion
eine große Bedeutung.

RYBACH (1973) ermittelte eine Korrelation zwischen der radiogenen
Wärmeproduktion und der Ausbreitungsgeschwindigkeit v_p von P-Wellen.
Von NAFE; DRAKE (1959) wurde eine Beziehung zwischen v_p und der
Dichte ϱ bestimmt; damit war auch die korrelative Beziehung zwischen
A und ϱ gegeben. BUNTEBARTH (1975) vertiefte die Interpretation dieses
Effektes, indem er die Korrelation zwischen dem Kationenpackungsindex
I und der radiogenen Wärmeproduktion A, zwischen I und v_p sowie zwischen I und ϱ fand. Wegen der Druck- und Temperaturabhängigkeit der
P-Wellen-Geschwindigkeit machten sich allerdings entsprechende Korrekturfaktoren notwendig. Die Beziehungen zwischen A und v_p für die Drücke
50 und 400 MPa sowie zwischen A und ϱ sind nach BUNTEBARTH (1980)
auf Abb. 2.8 dargestellt; die Teufenkorrekturfaktoren wurden in Tab. 2.2
angegeben.

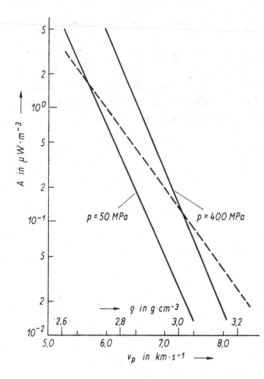

Abb. 2.8. Zusammenhang zwischen radiogener Wärmeproduktion A und P-Wellen-Geschwindigkeit v_p sowie Dichte; unterbrochene Linie — $A = f(\varrho)$ (nach BUNTEBARTH, 1980)

Tabelle 2.2. Korrekturfaktoren für v_p beim Gebrauch der in Abb. 2.8 dargestellten Abhängigkeiten (aus BUNTEBARTH, 1980)

v_p (km/s)	Tiefe z (km)					
	5	15	20	25	30	35
6,0···6,4	1,020	1,016	1,021	1,039	—	—
6,5···7,5	1,013	1,016	1,017	1,022	1,022	1,042
7,5	1,019	1,06	1,015	1,020	1,022	1,022

2.2.   Wärmestrommessungen

2.2.1.   Theoretische Grundlagen

Mit (2.7) wurde bereits vermittelt, daß unter dem Begriff Wärmestrom in vereinfachter Weise die vertikale Komponente der Dichte des terrestrischen Wärmestromes verstanden wird (s. Kap. 2.1.1.1.). Im allgemeinen ist die damit ausgedrückte Beschränkung auf stationäre Wärmeleitung ausreichend. Von Fall zu Fall wirken sich jedoch auch Konvektionsprozesse auf den Betrag des Wärmestromes aus. Statt Gleichung (2.7) ist dann zu setzen

$$q = \lambda \frac{dT}{dz} \pm vc\varrho(T_2 - T_1). \tag{2.37}$$

Je nach Richtung des Konvektionsstromes mit der Geschwindigkeit v wird der Wärmestrom erhöht oder erniedrigt.

Grundsätzlich setzt sich der Oberflächenwärmestrom q_0 aus zwei Komponenten zusammen; es sind dies

— der aus dem Erdmantel stammende Wärmestrom q_M,
— der Krustenwärmestrom q_K.

Werden Konvektionsvorgänge vernachlässigt, folgt für q_K

$$q_K = \int\limits_{z_M}^{z_0} A \, dz, \qquad (2.38)$$

das ist die über die Krustenmächtigkeit integrierte radiogene Wärmeproduktion (z_M — Tiefe der MOHOROVIČIĆ-Diskontinuität).

2.2.2. Meßapparaturen für Wärmestrommessungen auf dem Festland und auf See

Von den z. Z. weltweit vorliegenden 5600 Wärmestromdaten stammen 32% von Landmessungen und 68% von Messungen auf See. Die Wärmestrombestimmung erfolgt praktisch ausschließlich über Gl. (2.7); deshalb sind notwendig

— Messung des geothermischen Gradienten $G = dT/dz$ sowie
— Messung der Wärmeleitfähigkeit λ.

Auf dem Festland sind zur Gradientenbestimmung Bohrungen nötig, in denen mit Hilfe von Widerstandsthermometern Temperaturmessungen vorgenommen werden.

Bei den Widerstandsthermometern handelt es sich allgemein um Thermistoren (NTC-Widerstände) mit nichtlinearen Widerstands-Temperatur-Charakteristiken der Form

$$R(T) = R_0 \, e^{-\frac{B}{T}}, \qquad (2.39)$$

B — Konstante; R_0 — Bezugswiderstand.

Diese Charakteristiken können mittels geeigneter Netzwerke linearisiert oder durch Polynome höheren Grades ersetzt werden. Nach STEINHARDT; LINEHART (1968) eignet sich besonders

$$\frac{1}{T} = C + D \log R + E (\log R)^3. \qquad (2.40)$$

Die mit Thermistoren erzielbaren Empfindlichkeiten liegen bei $< 0,01$ K. Die Genauigkeit von Wärmestrombestimmungen hängt deshalb überwiegend von der Genauigkeit der λ-Messung ab. — Über direkte Wärmestrommessungen liegen in der Literatur sehr wenig Informationen vor. Die Konstruktion eines Wärmestrommessers, der aus einer Säule von Wismut-Tellur-n- und p-Halbleiterelementen besteht, wird von RAWSON et al. (1974) beschrieben. Die Empfindlichkeit wird mit etwa $0,5$ mW/m² angegeben ($\triangle \, 10^{-2} \bar{q}$; $\bar{q}$ — mittlere Wärmestromdichte auf der Erde).

KUTAS (1978) berichtet über ein Wärmestrommeßgerät, das ebenfalls aus einer Batterie thermoelektrischer Halbleiter besteht. Bei einer Empfängerfläche von 50×6 mm² beträgt die Empfindlichkeit $1,0$ mV $\cdot$ m²/W. Vergleichsmessungen nach (2.37), die in verschiedenen Gebieten der Ukraine durchgeführt wurden, ergaben Übereinstimmung innerhalb einer Toleranz von $\pm 15\%$. Zur Korrektur der gemessenen Wärmestromdichten sind bei beiden Konstruktionen Kenntnisse über die Wärmeleitfähigkeit der Gesteine nötig. Das wird bei der bereits o. a. passiven Sonde zur gleichzeitigen Messung von q und λ vermieden ((2.33); Abb. 2.6).

Wärmestrommessungen auf See sind einfacher als auf dem Lande durchzuführen, da geothermische Gradienten und Wärmeleitfähigkeiten in den Ozeansedimenten mit entsprechenden Sonden verhältnismäßig problemlos gemessen werden können. Das ist der Grund, daß mehr als doppelt so viele Seemessungen als Landmessungen vorliegen.

Die benutzten Sonden bestehen aus einem $2 \ldots 5$ m langen Stahlrohr von $2 \ldots 3$ cm Durchmesser, dem ein Druckkörper mit der automatischen Registriereinrichtung aufgesetzt ist. Es sind die in Tab. 2.3 zusammengestellten Varianten zu unterscheiden (s. auch LANGSETH (1965); LUBIMOVA; ALEKSANDROV; DUČKOV (1973); HAENEL (1979)).

Tabelle 2.3. Sondentypen für Wärmestrommessungen auf See

Sondentyp	Länge in m	Masse in kg	Genauigkeit in K	λ in situ	Modifikationen	
					Autor	Ziel
BULLARD	2	300	$\pm 0,001$	nein	LISTER, 1970	λ in situ
EWING	20	500 bis 1000	$\pm 0,01$	nein	HÄNEL, 1972	λ in situ
HAENEL	1,8	25	$\pm 0,005$	ja	—	—

2.2.3. Besonderheiten bei der Auswertung und Interpretation von Wärmestrommessungen

2.2.3.1. Einfluß des Reliefs

Bei der Berechnung von Wärmestromwerten entsprechend (2.37) wird von einem homogenen oberen Halbraum ausgegangen, in dem die Isothermen parallel zur Oberfläche verlaufen. Weist die Begrenzung des Halbraumes ein Relief auf, erfüllen die Isothermen diese Voraussetzungen nicht mehr. Unter einer Einsenkung ist der geothermische Gradient größer als unter der ebenen Halbraumbegrenzung; unter einem Berg ist er kleiner. Diese durch horizontale Temperaturgradienten verursachten Abweichungen müssen korrigiert werden. Benutzt wird günstigerweise die von BULLARD (1940) und JEFFREYS (1940) ausgearbeitete Methode. Dabei wird unter Berücksichtigung abnehmender Lufttemperatur mit der Meereshöhe $dT/dz_{\text{Höhe}}$ zunächst mit dem gemessenen, unkorrigierten Gradienten dT/dz_{gem} die Temperaturverteilung T_B in einem Bezugsniveau (Meeresniveau) ermittelt.

$$T_B = H \left(\frac{dT}{dz_{gem}} - \frac{dT}{dz_{Höhe}} \right). \tag{2.41}$$

T_B wird als Mittelwert auf konzentrischen Kreisringen mit dem Radius r_i und der Radiusdifferenz Δr_i bestimmt. Aus dieser Verteilung muß als inverse Aufgabe der Temperaturgradient dT/dz_{korr} berechnet werden, der im Meßpunkt mit der Höhe H die LAPLACEsche Gleichung mit T_B als Randtemperatur befriedigt.

Der Korrekturgradient dT/dz_{korr} ist näherungsweise gegeben durch:

$$\frac{dT}{dz_{korr}} = \sum_{i=1}^{n} \left(\left(1 - 2\frac{z^2}{r_i^2}\right) \Big/ \left(1 + \frac{z^2}{r_i^2}\right)^{5/2} \right), \frac{T_{B,i}}{r_i^2} \Delta r_i \tag{2.42}$$

$$= \sum_{i=1}^{n} \left(\left(1 - 2\frac{z^2}{r_i^2}\right) \Big/ \left(1 + \frac{z^2}{r_i^2}\right)^{5/2} \right) \frac{H_i \Delta r_i}{r_i^2} \left(\frac{dT}{dz_{gem}} \frac{dT}{dz_{Höhe}} \right).$$

Der korrigierte Gradient dT/dz ist dann:

$$\frac{dT}{dz} = \frac{dT}{dz_{gem}} - \frac{dT}{dz_{korr}}. \tag{2.43}$$

Die entsprechende mathematische Aufgabe liegt bei der Berechnung der Wirkung einer Erosion bzw. Hebung vor.

Die durch Erosion verursachte Gradientenänderung G_{Eros}/G_0 ist nach VON HERZEN; UYEDA (1963)

$$\frac{G_{Eros}}{G_0} = 1 + \frac{1}{2} \left(e^{-\frac{Hz}{kt}} \left(1 - \frac{Hz}{kt} + \frac{H^2}{kt}\right) \operatorname{erfc} \frac{z-H}{2\sqrt{kt}} - \operatorname{erfc} \frac{z+H}{2\sqrt{kt}} \right.$$

$$\left. + \frac{z-H}{2\sqrt{kt}} e^{\left(-\frac{Hz}{kt} + \left(\frac{z-H}{2\sqrt{kt}}\right)^2\right)} - \frac{z+H}{2\sqrt{kt}} e^{-\left(\frac{z+H}{2\sqrt{kt}}\right)^2} \right). \tag{2.44}$$

z — Tiefe des Meßpunktes unter Rasensohle; H — Mächtigkeit der erodierten Schicht; t — Erosionszeit; k — Temperaturleitfähigkeit. Wird z. B. eine 100 m mächtige Schicht in 100 Jahren erodiert, so beträgt nach der Erosion die Gradientenstörung $+2375\%$, bei 10 000 Jahren Erosionsdauer noch $+0,16\%$. Wegen der quadratischen Geometrie-Zeit-Beziehungen wird in 1 000 m Tiefe nach 100 Jahren die Gradientenstörung ebenfalls auf $+0,6\%$ abgesunken sein.

2.2.3.2. Einfluß geologischer Prozesse

In den Meßwerten des Wärmestrom- und Temperaturfeldes der Erdkruste spiegeln sich vielfältige Einflüsse unterschiedlicher geologischer Prozesse wider. Von den Zusammenhängen regionalen Maßstabes sind besonders das Krustenalter und die Krustenmächtigkeit zu nennen. Von lokaler Bedeutung ist der Einfluß von intrudierten Magmenkörpern.

2.2.3.2.1. Zusammenhang zwischen Krustenalter sowie Krustendicke und Wärmestrom

Untersuchungen über die Altersabhängigkeit kontinentaler Wärmestromwerte wurden erstmals von POLJAK; SMIRNOV (1968) vorgelegt. Die von ihnen erzielten Resultate sind in Tab. 2.4 aufgeführt.

Tabelle 2.4. Zusammenhang zwischen den Mittelwerten der terrestrischen Wärmestromdichte und dem Alter kontinentaler tektonischer Provinzen (nach POLJAK; SMIRNOV, 1968)

Tektonische Provinz	Alter in Mio Jahren	$\bar{q}$ in mW/m²
Känozoische Miogeosynklinalen	30	72
Mesozoische Faltungsgebiete	140	60
Herzynische Orogene	270	52
Kaledonische Orogene	340	46
Präkambrische Plattformen	680	44
Präkambrische Schilde	1100	38

Eine neuere Zusammenstellung stammt von CHAPMAN; FURLONG (1977) (Abb. 2.9). Aus der Wärmestromkarte von Europa (ČERMAK; HURTIG, 1979) wurden von CHAPMAN et al. (1979) neun tektonische Provinzen abgegrenzt, deren Alter und Wärmestromwerte in Abb. 2.9 mit eingetragen sind. Die Werte liegen im Mittel um 10 mW/m² unter dem globalen Durchschnittswert.

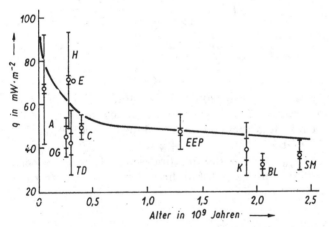

Abb. 2.9. Beziehung zwischen Krustenalter und Wärmestrom für die kontinentale Kruste Europas (ergänzt nach CHAPMAN et al., 1979)

A	— Alpen,	C	— Kaledoniden,
OG	— Oslo-Graben,	SM	— Samaikum,
H	— Herzynikum,	BL	— Belmorikum,
E	— Erzgebirge,	K	— Karelikum,
TD	— Tersk Depression,	EEP	— Osteuropäische Plattform

Wärmestromwerte aus Bereichen ozeanischer Kruste zeigen ein ähnliches Verhalten. Nach dem Konzept der Plattentektonik steigt das Krustenalter mit zunehmendem Abstand von der Rückenachse. Der gemessene Wärmestrom stimmt mit den theoretischen Kurven in diesem Bereich überein und stützt somit wesentlich die Vorstellung der mobilistischen Plattentektonik.

Der Zusammenhang zwischen Wärmestrom und Krustenmächtigkeit gibt Auskunft über die tektonische Entwicklung eines Gebietes. Für Europa konnten erst in jüngerer Vergangenheit gesicherte Ergebnisse vorgelegt werden; sie stützen sich nunmehr auf umfangreiche tiefenseismische Untersuchungen über die Krustenmächtigkeit (d. h. Tiefenlage der MOHOROVIČIĆ-Diskontinuität) und auf ein ausreichendes Netz von Wärmestrommessungen. Abb. 2.10 zeigt von ČERMAK (1979) zusammengestellte Ergebnisse. Es ist zu erkennen, daß generell mit abnehmendem Wärmestrom die Krustenmächtigkeit zunimmt.

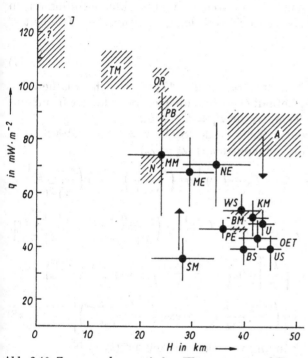

Abb. 2.10. Zusammenhang zwischen Wärmestrom- und Krustenmächtigkeit (nach ČERMAK, 1979)

I	— Island,	TM	— Tyrrhenisches Meer,
OR	— Oberrheintalgraben,	PB	— Pannonisches Becken,
A	— Alpen,	MM	— Mittelmeer,
N	— Nordsee,	ME	— Mesoeuropa,
NE	— Neoeuropa,	PE	— Paläoeuropa,
SM	— Schwarzes Meer,	BS	— Baltischer Schild,
KM	— Kaspisches Meer,	WS	— Westsibirien,
US	— Ukrainischer Schild,	BM	— Böhmisches Massiv
OEP	— Osteuropäische Plattform,		

2.2.3.2.2. Wirkung von Intrusionskörpern

Die Abkühlung von Intrusionskörpern ist für zahlreiche geologisch-lager-stättenkundliche Fragen von Interesse. Die von zahlreichen Autoren ab-geleiteten Formeln für die Auskühlung einer Platte bzw. Kugel sind zuerst von INGERSOLL; ZOBEL (1913) publiziert worden; sie lauten für die Platte:

$$T(x, t) = \frac{1}{2}\, T_2 \left(2\, \mathrm{erf}\left(\frac{x}{2\,\sqrt{kt}}\right) - \mathrm{erf}\left(\frac{x + h}{2\,\sqrt{kt}}\right) - \mathrm{erf}\left(\frac{x - h}{2\,\sqrt{kt}}\right)\right), \qquad (2.45)$$

für die Kugel (Mittelpunktstemperatur):

$$T(0, t) = T_2\, \mathrm{erf}\left(\frac{R}{2\,\sqrt{kt}}\right) - \frac{R}{\sqrt{\pi kt}}\, \exp\left(-\frac{R^2}{4kt}\right). \qquad (2.46)$$

Die Abkühlung der Intrusionen und durch sie verursachte Beeinflussungen der Nebengesteine hängen wesentlich von der geothermischen Trägheit P ab. Sie ist definiert durch

$$P = \lambda/\sqrt{k}. \qquad (2.47)$$

Als Beispiel diene die Temperaturanomalie ΔT_I einer sich zwischen den Tiefen $x = h_1$ und $x = h_2$ befindlichen intrudierten Schicht der Temperatur T_2 in ein Medium der Temperatur $T_1 = T_0 + Gx$. T_0 — Temperatur der Erdoberfläche an der Stelle $x = 0$; sie beträgt beim Fehlen eines Wärmeleitfähigkeitskontrastes ($\lambda_2 = \lambda_3$):

$$\Delta T_I(x, t) = \frac{1}{2}\, (T_2 - T_0 - Gx) \left[\mathrm{erf}\left(\frac{x - h_1}{2\,\sqrt{kt}}\right) - \mathrm{erf}\left(\frac{x - h_2}{2\,\sqrt{kt}}\right)\right]$$

$$+ \frac{1}{2}\, (T_2 - T_0 + Gx) \left[\mathrm{erf}\left(\frac{x + h_1}{2\,\sqrt{kt}}\right) - \mathrm{erf}\left(\frac{x + h_2}{2\,\sqrt{kt}}\right)\right]$$

$$+ G\,\sqrt{\frac{kt}{\pi}} \left[\exp\left(-\frac{(x + h_1)^2}{4kt}\right) - \exp\left(\frac{(x - h_1)^2}{4kt}\right)\right.$$

$$\left. - \exp\left(-\frac{(x + h_2)^2}{4kt}\right) + \exp\left(-\frac{(x - h_2)^2}{4kt}\right)\right]. \qquad (2.48)$$

(2.48) gilt auch für die Abkühlung von Deckenergüssen ($h_1 = 0$).

Auf Abb. 2.11 sind die mit Hilfe von (2.48) berechneten Abkühlungs-kurven für eine 100 m mächtige, in 1 000 m Tiefe ($h = 1\,000$ m; $h_2 = 1\,100$ m) intrudierte Schicht der Temperatur $T_2 = 1\,000\,°\mathrm{C}$ zusammengestellt. Man gewinnt damit eine Vorstellung über die für derartige Prozesse notwen-digen zeitlichen Größenordnungen. Noch nach 1 000 Jahren herrschen in der Mitte der relativ dünnen Schicht Temperaturen von über 150 °C, und nach 10 000 Jahren beträgt die Temperaturanomalie 100 m über der oberen Kontaktfläche 30 °C. Die bei der Kristallisation freiwerdende Schmelzwärme, die allgemein mit 335 ... 420 J/g angesetzt wird, wurde in (2.48) nicht berücksichtigt.

MUNDRY (1968) berechnete die Abkühlungszeiten für verschiedene Intrusionskörper bei Berücksichtigung der Schmelzwärme. Einige Ergebnisse sind in Tab. 2.5 zusammengefaßt.

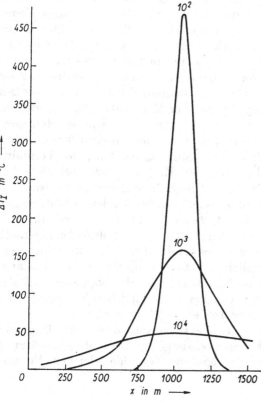

Abb. 2.11. Abkühlungskurven einer 100 m mächtigen Intrusionsschicht in 1 000 m Tiefe für 100 Jahre, 1 000 Jahre, 10 000 Jahre

Tabelle 2.5. Abkühlungszeiten in Jahren für verschiedene Intrusionskörper. Intrusionstemperatur: $1\,000\,°C$; Temperaturleitfähigkeit des Gesteins: $k_2 = k_1 = 10^{-6}\ m^2/s$

| Körper | $(T_2 - T_1)_{max}$ in °C | | | | |
	800	500	200	100	50
Kugel ($R = 1$ km)	7 000	10 400	20 000	33 000	55 000
Zylinder ($R = 100$ m)	110	190	500	1 040	2 150
Platte ($h = 10$ m)	0,6	1,5	8,2	32	130

2.2.3.3. Einfluß technischer Prozesse

2.2.3.3.1. Einfluß des Bohrvorganges – Ermittlung der ungestörten Gebirgstemperatur

Bei Temperaturmessungen in Bohrlöchern wirken sich an erster Stelle die stets auftretenden Störungen des primären Temperaturfeldes durch den Bohrvorgang aus. Bei untertägigen Temperaturmessungen können zusätzlich Fehler auftreten, wenn der Wärmeausgleichsmantel des untertägigen Hohlraumes nicht durchstoßen wird.

Beim Niederbringen einer Tiefbohrung ist die im System Gestänge—Ringraum zirkulierende Spülung im unteren Teil kälter als das Gestein, kühlt deshalb diesen Bereich ab und erwärmt sich dabei. In geringen Tiefen ist die Ringraumtemperatur $T_R(z, t)$ im Verlauf des Bohrens größer als die Gesteinstemperatur $T_G(z, t)$ und wirkt dort als Wärmequelle. Zwischen beiden Bereichen gibt es eine neutrale Zone, in der Spülungstemperatur und Gesteinstemperatur etwa gleich sind. Die Tiefe dieser neutralen Zone hängt vom normalen geothermischen Gradienten, der Wärmeleitfähigkeit des Gesteins sowie von der Bohrungstiefe, der Menge und Geschwindigkeit der umgelaufenen Spülung ab. Von McDONALD (1976) wurden Bohrloch-temperaturberechnungen für jeweils unterschiedliche Bohrlochtiefen, Gra-dienten, Spülungseintrittstemperaturen, Spülungsdichten und Volumina berechnet (Abb. 2.12). Für die gleichen Eingangsparameter der Be-rechnung ist der zeitliche Verlauf der Ringraumtemperatur T_R während der fünfstündigen Zirkulation und' einer anschließenden 12,5stündigen Standzeit für die Endteufe $z = h = 1524$ m, für $z = 914$ m und die Erd-oberfläche dargestellt. Die Temperatur fällt an der Bohrlochsohle rasch ab. Etwa 90% des Temperaturrückganges erfolgt innerhalb von 60 Minuten. Der Wiederaufbau des ursprünglichen Temperaturfeldes geht sehr lang-sam vonstatten. Nach 10 Stunden Standzeit, d. h. der doppelten Zirkula-tionszeit, beträgt die Abweichung von der ursprünglichen Temperatur an der Bohrlochsohle noch 14%, in der Teufe $z = 914$ m noch 9%.

Von praktischer Bedeutung sind Korrekturverfahren, die den Tempera-turaufbau in möglichst guter Näherung wiedergeben. Die erste Abschätzung dazu wurde von BULLARD (1947) gegeben. Von den gleichen Voraus-

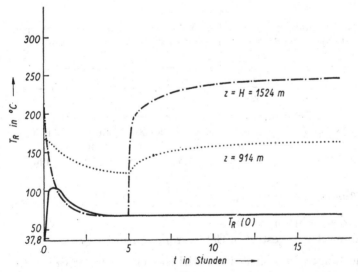

Abb. 2.12. Gestänge- und Ringraumtemperaturen (nach McDONALD, 1976) (Volumenstrom 0,76 m³/min; Spülungsdichte 1,08g/cm³);

setzungen (die Temperatur an der Bohrlochwand ist während des Spülungsumlaufes konstant, das Bohrloch ist unendlich lang und wird als Linien-
senke (Zirkulation) bzw. Linienquelle (Standzeit) angesehen) gehen LACHEN-
BRUCH; BREWER (1959) aus. Der Temperaturaufbau ist unter diesen Bedingungen gegeben durch

$$T(t) = A \ln \left(\frac{t}{t - s} \right) + T_G, \tag{2.49}$$

$A = q/4\pi\lambda$, q — Stärke der Quelle bzw. Senke, T_G — wahre Formationstemperatur, $(t - s)$ — Standzeit, s — Dauer des Spülungsumlaufes.

Zur Bestimmung von T_G wird $T(t)$ über $\ln t/(t - s)$ aufgetragen. Aus der
erhaltenen mittleren Geraden kann T_G an der Stelle $t/(t - s) = 1$ abgelesen
werden.

Praktisch der gleiche Weg wurde von FERTL; WICHMANN (1977) bei der
Auswertung von Maximum-Bohrlochsohlen-Temperaturen gegangen. Sie
tragen $T(t)$ in Abhängigkeit von $\Delta t/(t + \Delta t)$ semilogarithmisch auf (Abb. 2.13)
und bestimmen T_G an der Stelle $\Delta t/(t + \Delta t) = 1$, wobei mit Δt die Standzeit und mit t die Zirkulationszeit bezeichnet wurden.

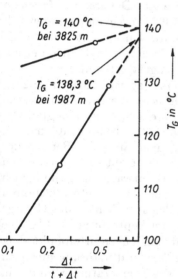

Abb. 2.13. Beispiel zur Bestimmung der ungestörten
Gebirgstemperatur mittels Maximaltemperatur-
messungen an der Bohrlochsohle
(nach FERTL; WICHMANN, 1977)

Der Temperaturausgleich in unmittelbarer Nähe der Bohrlochsohle wird
von MIDDLETON (1979); LEBLANC et al. (1981) untersucht. Der gemessene Temperaturaufbau wird mit Musterkurven verglichen, aus denen
die wahre Formationstemperatur abgelesen werden kann. Berücksichtigt
werden der Bohrlochdurchmesser und die Temperaturleitfähigkeit der
Spülung, welche von LEBLANC et al. (1981) mit $0,27 \cdot 10^{-6}$ m²/s angegeben
wird.

Derartigen Kurvenvergleichsverfahren ähnlich ist ein von OxBURGH et al. (1972) vorgeschlagenes Korrekturverfahren, bei dem $T(t) - T_G$ in Abhängigkeit von t für verschiedene T_G doppeltlogarithmisch aufgetragen wird. Man erhält eine lineare Abhängigkeit, wenn T_G korrekt angenommen wurde. Die von den Autoren angegebene Genauigkeit von $5 \cdot 10^{-3}\,°C$ für die wahre Formationstemperatur kann nur bei einer sehr großen Anzahl von Wiederholungsmessungen für jeden Teufenpunkt erreicht werden.

2.2.3.3.2. Endlagerung radioaktiver Stoffe

Mit der Zunahme der Anzahl von Kernkraftwerken und dem zunehmenden Einsatz radioaktiver Isotope in Technik, Wissenschaft und Medizin gewinnt die Endlagerung der radioaktiven Abfallstoffe eine immer größere Bedeutung. Da der Mensch und seine Umwelt vor Schadenswirkungen, die durch die radioaktiven Abfälle entstehen können, geschützt werden müssen, wird weltweit ein Prinzip der Mehrfachbarrieren angewandt. Die Versenkung in geologische Körper wird international als die wirksamste natürliche Barriere angesehen.

Einen wesentlichen Problemkreis schließt dabei die Frage der Aufheizung des Gebirges durch die radioaktiven Abfallstoffe ein. Die erste umfassende theoretische Bearbeitung wurde von MUFTI (1966) vorgenommen, der sich auf eine Studie von BIRCH (1958) stützen konnte. Untersucht wurden die Temperaturverhältnisse in und außerhalb kugelförmiger, zylindrischer sowie quaderförmiger Abfälle, die in Salzgestein eingelagert sind.

Abb. 2.14 zeigt die durch eine in Steinsalz eingelagerte Kugel ($r = 2$ m) radioaktiven Abfalls des HAW-Typs (—high active waste; Quellstärke $\geq 10^{14}$ Bq/m³), nach einer Zwischenlagerung von einem Jahr erzeugten Gebirgstemperaturen. Die Maximaltemperatur von 1 260° tritt im Zentrum nach einem Monat Einlagerungsdauer auf. Dies ist aber auch der Bereich der Schmelztemperatur, so daß dieses Modell praktisch nicht realisiert werden kann. In 20 m Entfernung vom Zentrum ist die Temperaturanomalie jedoch bereits auf 15 °C abgesunken. Dieser Wert wird aber erst nach etwa 22 Jahren erreicht. — Bringt man zwei Jahre zwischengelagerten Müll in das Gebirge ein, so verringert sich die Maximaltemperatur im Zentrum auf 550 °C. Sie wird nach 1,8 Monaten erreicht. In 4 m Abstand vom Kugelmittelpunkt, d. h. 2 m vom Rand entfernt, beträgt die maximale Temperaturstörung nur noch 130 °C; sie wird nach sechs Monaten erreicht. Die Temperaturverteilung in einem Endlager für HAW im Salzstock Gorleben (BRD) berechnete DELISLE (1980). — In 850 ... 1 100 m Tiefe wurden auf eine Fläche von 300 m (vertikal) × 400 m (horizontal) 54 Bohrungen verteilt. Für jede Bohrung wurde eine thermische Anfangsleistung von 720 W/m angenommen (10 Jahre zwischengelagerter HAW in Kokillenform). Die Maximaltemperaturen im Endlagerbereich lagen bei 150 °C. Sie werden nach 100 Jahren erreicht. Nach 1 000 Jahren beträgt die Temperaturanomalie im Endlager nur noch 60 °C; der ca. 600 m über dem Endlager liegende Gipshut hat sich zu diesem Zeitpunkt um 4 °C erwärmt.

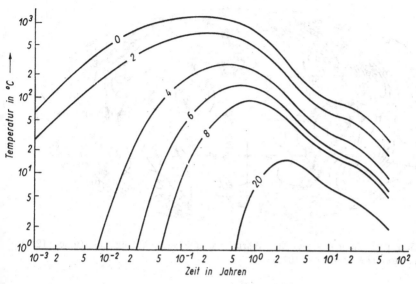

Abb. 2.14. Temperaturverlauf innerhalb und außerhalb einer Kugel radioaktiven Abfalls vom HAW-Typ; Radius 2 m, im Steinsalz eingelagert (aus MUFTI, 1966) Parameter: Abstand vom Kugelzentrum in m

2.2.4. Ergebnisse von Wärmestrommessungen

Die Zahl der Wärmestrommessungen hat seit den ersten Messungen auf dem Festland durch BULLARD und BENFIELD (BENFIELD, 1939) sowie den ersten Ozeanmessungen im Jahre 1952 durch BULLARD (BULLARD, 1954) so stark zugenommen, daß in den letzten zwei Jahrzehnten mehrere globale Datenzusammenstellungen und statistische Untersuchungen vorgenommen werden konnten. Während LEE; UYEDA (1965) nur erst 1150 Daten verarbeiteten, konnten JESSOP et al. (1976) auf 5417 publizierte Werte zurückgreifen. Sie berechneten folgende Mittelwerte:

Kontinente $\bar{q} = 62,3 \text{ mW/m}^2$,
Ozeane $\bar{q} = 76,6 \text{ mW/m}^2$,
Welt, gesamt $\bar{q} = 74,3 \text{ mW/m}^2$.

Die Verteilung der Daten ist sehr inhomogen. Da aus weiten Teilen der Kontinente und Ozeane keine bzw. fast keine Daten vorliegen, ist der Mittelwert für die gesamte Welt noch nicht genügend gut gesichert.

Auf der Grundlage der Ergebnisse von POLJAK; SMIRNOV (1968) sowie von SCLATER; FRANCHETEAU (1970) ist von CHAPMAN; POLLACK (1975) eine globale Wärmestromkarte vorgelegt worden, in der die gemessenen Werte durch Daten entsprechend Tab. 2.4 ergänzt wurden. Alle Werte wurden einer Kugelfunktionsentwicklung bis zur 12. Ordnung unterzogen. Das Feld 12. Ordnung ist auf Abb. 2.15 dargestellt. Deutlich treten der Mittelatlantische und der Ostpazifische Rücken als Maxima hervor. Im Bereich der Kontinente sind Minima zu beobachten. Mitteleuropa wird durch ein Hoch

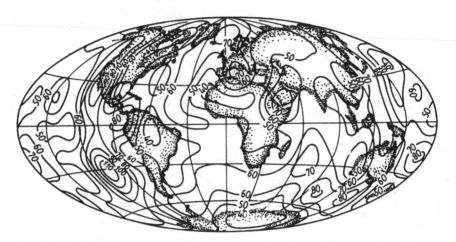

Abb. 2.15. Entwicklung des globalen Wärmestromfeldes nach Kugelfunktionen 12. Ordnung (aus CHAPMAN; POLLACK, 1975)

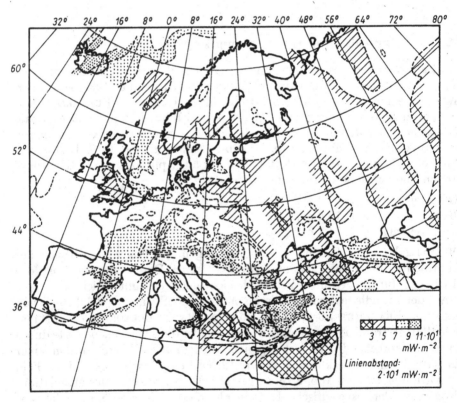

Abb. 2.16. Vereinfachte Wärmestromkarte von Europa (nach ČERMAK; HURTIG, 1979)

gekennzeichnet, dessen Maximum etwa an der norditalienischen Mittelmeer-
küste liegt. Der globale Wärmestrommittelwert beträgt $59 \pm 13 \text{ mW/m}^2$
(Abb. 2.15).

Von Čermak; Hurtig (1979) wurde eine Wärmestromkarte Europas
erarbeitet; sie stützt sich auf 2590 Land- sowie 486 Seemeßwerte. Eine vereinfachte Darstellung ist auf Abb. 2.16 wiedergegeben. Deutlich heben sich
die Osteuropäische Tafel und der Baltische Schild mit niedrigem Niveau
vom übrigen Europa, insbesondere vom Ungarischen Becken und dem
nordöstlichen Mittelmeer (Ägäis) mit Wärmestromwerten über 100 mW/m^2
ab. Die südliche Begrenzung der Osteuropäischen Tafel ist durch höhere
Wärmestromwerte im Bereich der Skythischen Platte (zwischen Krim und
Kaukasus) sowie des Kaukasus gegeben. Markante positive Anomalien
in Mitteleuropa sind der Rheintalgraben, die Alpen und das Erzgebirge.
Auf der Italienischen Halbinsel hebt sich das Hoch im NW deutlich ab.
Es schließt die Thermalgebiete von Larderello und Monte Amiate sowie die
der Vulkane Vesuv und Stromboli ein. Dieses Maximum steht offensichtlich mit dem des Tyrrhenischen Meeres in Verbindung. Von einem Wärme-
strom-Hoch mit Werten über 90 mW/m^2 werden weite Teile Frankreichs
erfaßt. Ausgesprochene Minima treten im mitteleuropäischen Festlands-
bereich kaum auf. Es kann hier nur das kräftige Minimum der Böhmischen
Masse genannt werden, in dem die Werte unter 40 mW/m^2 absinken.

2.3. Geothermische Oberflächenerkundung

2.3.1. Temperaturmessungen in Flachbohrungen

Temperaturmessungen in Flachbohrungen stehen zur Erforschung der allgemeinen geothermischen Situation eines Gebietes in größerer Zahl zur
Verfügung als Tiefbohrungen. Während die Messungen in Tiefbohrungen
weltweit standardisiert sind, und zwar in Form kontinuierlicher Temperaturlogs oder Messungen der Temperatur an der Bohrlochsohle, gibt es bei
Untersuchungen in Flachbohrungen erhebliche Unterschiede in der Meßtechnik, den verwendeten Instrumenten und der Genauigkeit. Die Messungen
können punktweise erfolgen, was zu einer erhöhten Genauigkeit des Absolut-
betrages führt; außerdem sind Wiederholungsmessungen leichter möglich
als in Tiefbohrungen. Eine gewisse Sonderstellung nimmt der Teufenbereich bis ca. 10 m ein, da hier die Löcher geringen Durchmessers im
Trockenbohrverfahren oder gerammt abgeteuft werden. Wegen des schlech-
teren Kontakts ist mit längeren Meßzeiten zu rechnen als in spülungsgefüll-
ten Bohrungen. Bei Untertagemessungen kann sich die Notwendigkeit
ergeben, die Bohrungen auch unter stärkeren Neigungswinkeln abzuteufen.
Der Einfluß der Bewetterung erfordert außerdem zur Bestimmung der
wahren Gebirgstemperatur oft größere Bohrlochtiefen als bei übertägigen
Messungen.

2.3.1.1.1. Wirkung einer periodisch veränderlichen Oberflächentemperatur

Bei oberflächennahen Temperaturmessungen ist zu berücksichtigen, daß die Temperatur an der Erdoberfläche nicht konstant ist, sondern zeitlich periodischen Schwankungen unterliegt. Die Oberflächentemperatur wird maßgeblich von der eingestrahlten Sonnenenergie bestimmt, die wiederum von der geographischen Lage und der Seehöhe abhängig ist. Von den täglichen, jährlichen und langperiodischen Schwankungen der Temperatur sind erstere für die Prospektion am wichtigsten, da die Messungen innerhalb eines relativ kurzen Zeitraums (meist bis einige Tage) ausgeführt werden.

Schwankt die Lufttemperatur T_L periodisch mit der Zeit, so gilt

$$T_L = T_{L0} + \sum_{n=1}^{\infty} T_{Ln} \sin (n\omega t_0 - \varphi_n), \qquad (2.50)$$

T_{L0} — mittlere Lufttemperatur während der Periode t; T_{Ln} — Amplitude der n-ten Oberwelle der Temperatur T_L; $\omega = 2\pi/t_0$, t_0 — Periode der Grundwelle (Tageswelle, Jahreswelle); φ — Phasenverschiebung zwischen den Oberwellen.

Diese Schwankung setzt sich nach der Tiefe zu in gedämpfter Form fort:

$$T(z, t) = T_{L0} + \sum_{n=1}^{\infty} T_{Ln}\, e^{-z\sqrt{\frac{n\omega}{2k}}} \sin \left(n\omega t - z \sqrt{\frac{n\omega}{2k}} - \varphi_n\right). \quad (2.51)$$

Aus (2.51) geht hervor, daß

— die Amplituden des Temperaturfeldes $T_L(z, t)$ exponentiell gedämpft werden

$$T_L(z) = T_{Li}\, e^{-z\sqrt{\frac{\omega}{2k}}}; \qquad (2.52)$$

— längere Wellen tiefer eindringen als kürzere;
— die Maximalamplitude in der Tiefe z um

$$\varphi = z \sqrt{\frac{\omega}{2k}} \qquad (2.53)$$

phasenverschoben ist.

Einige Eindringtiefen der Temperaturschwankungen sind in Tab. 2.6 zusammengestellt.

Das klassische Beispiel einer langjährigen Beobachtungsreihe von Temperaturmessungen in verschiedenen Tiefen aus Königsberg (Kaliningrad) 1873—1877 und 1879—1886 nach Schmidt (1891) und Leyst (1892) zeigt Abb. 2.17. Die Kurven folgen fast denen, die mit (2.51) berechenbar sind. Vergleichbare Meßergebnisse wurden seitdem von verschiedenen Autoren vorgelegt. Insbesondere wertete Kappelmeyer (1957) eine langjährige

Tabelle 2.6. Eindringtiefen von Oberflächentemperaturschwankungen

Material	Sandboden/trocken	Sandboden 8% H_2O	Granit
Temperaturleitfähigkeit in m^2/s	$0{,}2 \cdot 10^{-6}$	$0{,}33 \cdot 10^{-6}$	$0{,}95 \cdot 10^{-6}$
$\dfrac{T_L}{T_{L1}}$ in %	Eindringtiefe in m $\dfrac{\text{Tageswelle}}{\text{Jahreswelle}}$		
50	$\dfrac{0{,}05}{0{,}98}$	$\dfrac{0{,}07}{1{,}26}$	$\dfrac{0{,}11}{6{,}61}$
10	$\dfrac{0{,}17}{3{,}26}$	$\dfrac{0{,}22}{4{,}19}$	$\dfrac{0{,}37}{21{,}96}$
1	$\dfrac{0{,}34}{6{,}50}$	$\dfrac{0{,}44}{8{,}38}$	$\dfrac{0{,}74}{43{,}92}$

Beobachtungsreihe von Untersuchungen im Teufenintervall 1,5 m bis 35 m aus.

Aus Wiederholungsmessungen in verschiedenen Tiefen kann die Temperaturleitfähigkeit k nach der exponentiellen Amplitudendämpfung wie folgt berechnet werden:

$$k = \frac{\pi(z_2 - z_1)^2}{(\ln T_1 - \ln T_2)^2 \, t_0}. \tag{2.54a}$$

k läßt sich auch aus der Phasenverschiebung zwischen zwei harmonischen Temperaturschwingungen ermitteln

$$k = \frac{\pi(z_2 - z_1)^2}{\Delta\varphi^2 t_0} \tag{2.54b}$$

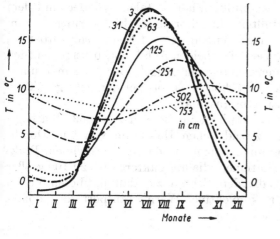

Abb. 2.17. Jahresgang der Bodentemperaturen in Königsberg (Kaliningrad) (nach Schmidt, 1891 und Leyst, 1892)

2.3.1.1.2. Veränderung des Temperaturfeldes durch Einlagerungen
unterschiedlicher Wärmeleitfähigkeit

Die Berechnung der durch Einlagerungen unterschiedlicher Wärmeleitfähigkeit verursachten Temperaturanomalien kann entweder mittels ana-
lytischer oder numerischer Lösungen durchgeführt werden. Die analytische
Behandlung ist nur bei einfachen Problemen möglich (horizontale Schich-
tung, vertikale Grenzfläche sowie Einlagerung von Kugel, Zylinder und
Ellipsoid). Die Wirkung komplizierter Störkörper bzw. realer geologischer
Strukturen muß numerisch ermittelt werden.

Im folgenden werden behandelt:

— Störung des Temperaturfeldes im Vollraum durch kugelförmige Ein-
  lagerungen,
— Temperaturanomalien an der Oberfläche eines Halbraumes, die durch
  Kugel und Zylinder verursacht werden.

Wenn in einer Umgebung mit der Wärmeleitfähigkeit λ eine Kugel mit
$0 < r \leq a$ der Wärmeleitfähigkeit λ' lagert, die ungestörte Temperatur in
großer Entfernung vom Kugelmittelpunkt gleich Gz ist, so ergeben sich
die Temperaturen (T_i) und (T_a) im Inneren und im Außenraum dieser
Kugel mit den Koordinaten r, θ zu (CARSLAW; JAEGER, 1959).

$$T_i = Gz + \frac{Ga^3(\lambda - \lambda') z}{r^3(2\lambda - \lambda')}, \tag{2.55a}$$

$$T_a = \frac{3\lambda Gr \cos \theta}{2\lambda + \lambda'} = \frac{3\lambda Gz}{2\lambda + \lambda'}. \tag{2.55b}$$

Durch die Einlagerung wird der Gradient wie folgt gestört:

$$G_s = \frac{3\lambda G}{2\lambda + \lambda'}. \tag{2.56}$$

Das Verhältnis G_s/G ist auf Abb. 2.18 dargestellt und beweist, daß Einlagerungen höherer Wärmeleitfähigkeiten eine größere Gradientenstörung
als solche niedrigerer Wärmeleitfähigkeit bewirken.

Auf Abb. 2.19a und Abb. 2.19b sind Temperaturanomalien an der Erdoberfläche von verschiedenen luftgefüllten, horizontalen Zylindern mit dem
Radius $r = 1$ m und luftgefüllten, kugelförmigen Einlagerungen vom
Radius r im homogenen Wärmestromfeld ($G = 1$ K/m) nach RÖSLER;
LÖSCH (1977) dargestellt. Ein Vergleich beider Abbildungen zeigt deutlich
die stark verringerte Anomalienwirkung der Kugel. Der Verminderungs-
faktor beträgt direkt über dem Störkörper schon bei der geringen Tiefe
$h/R = 2$ bereits ≈ 9 und wächst dann rasch an.

Da der normale geothermische Gradient im Bereich von 0,03 K/m liegt,
ist nach Abb. 2.19a für einen zylindrischen Halbraum von 2 m Durchmesser bei nur 1 m Bedeckung mit Anomalien von 10^{-2} zu rechnen. Praktische Messungen lieferten Indikationen, die um Faktoren bis zu 100 größer
waren (Kap. 2.3.2.3.1.). Das läßt den Schluß zu, daß in diesen Fällen
durch Sekundäreffekte, wie z. B. konvektiven Wärmetransport, die Anomalienwirkung stark vergrößert wird.

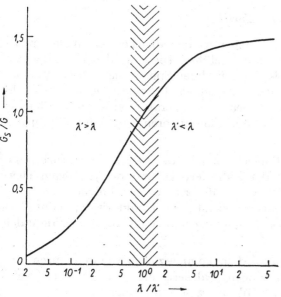

Abb. 2.18. Störung des vertikalen Temperaturgradienten durch eine kugelförmige Einlagerung der Wärmeleitfähigkeit λ' im Vollraum

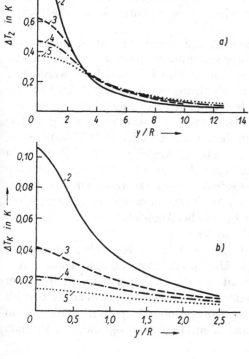

Abb. 2.19. Temperaturanomalie an der Oberfläche eines Halbraumes; Ursache

a) luftgefüllter horizontaler Zylinder
b) luftgefüllte Kugel
(umgezeichnet nach RÖSLER; LÖSCH, 1977)
Parameter: Normierte Mittelpunktstiefe h/R,
Abszisse: Normierte Entfernung y/R

2.3.1.2.   Apparatur und Meßmethodik

Oberflächennahe Temperaturmessungen werden allgemein mit Widerstandsthermometern (s. Kap. 2.2.2.) durchgeführt. Diese werden entweder mit
speziellen Ramm- bzw. Nadelsonden, in deren Spitzen sie eingelassen sind,
in den Boden eingebracht, oder sie sind als Bohrlochsonden für Flachbohrungen ausgebildet. Die nichtlinearen Temperatur-Widerstands-Charak-
teristiken der überwiegend benutzten Thermistoren bedingen zwei apparative Varianten:

— Widerstandsmessung und anschließende *indirekte* Temperaturbestim-
  mung entweder direkt aus der Kalibrierungskurve des jeweiligen Thermistors, mit Hilfe des Polynoms (2.40) bzw. anderer Polynome,
— Linearisierung der Temperatur-Widerstands-Charakteristik; dadurch ist
  die Möglichkeit einer *direkten* Messung und somit auch einer digitalen
  Anzeige gegeben.

Die letztgenannte Variante wird in kommerziellen Geräten durch verschiedene elektronische Schaltungen realisiert, die von einfachen Netz-
werken bis zur Anwendung von Mikroprozessoren reichen.

Die bei Feldmessungen verwendeten Apparaturen müssen tragbar, netz-
unabhängig und spritzwasserdicht sein. Ihre Meßgenauigkeit liegt bei
$\pm 0{,}01$ K. Die Meßmethodik hängt weitgehend vom Sondentyp ab. Bei
Benutzung von $1 \ldots 2$ m langen Rammsonden ist die Temperatur zunächst
durch das Einrammen gestört. Die ungestörte Bodentemperatur kann erst
nach dem endgültigen Abklingen der Störung gemessen werden. Mit diesen
Sonden befindet man sich außerhalb der Eindringtiefe der Tageswelle (s.
Tab. 2.6); somit sind an die ermittelten Temperaturen keine diesbezüg-
lichen Korrekturen anzubringen.

Bei der Anwendung von Nadelsonden, mit denen eine Meßtiefe nur bis
ca. 0,5 m zu erreichen ist, muß die eventuell noch wirkende Tagesvariation
über periodische Messungen an einem Basispunkt berücksichtigt werden.

Bei Temperaturmessungen in Flachbohrungen ist zunächst zu sichern,
daß die durch das Bohren bedingte Temperaturstörung abgeklungen ist.
Deshalb muß die Standzeit etwa das 10fache der Bohrzeit betragen. Die
ungestörte Gesteinstemperatur kann dann nach Angleichen des Temperatur-
fühlers gemessen werden. Die notwendigen Angleichszeiten hängen von
seiner Bauart ab. Sie sind ein wesentliches Hemmnis bei derartigen Messungen. Von PARASNIS (1971) wurde deshalb ein Algorithmus vorgeschlagen,
bei dem der exponentielle Verlauf des Angleichsvorganges ausgenutzt wird;
damit kann die Gesteinstemperatur bereits bei Angleichszeiten von nur etwa
fünf Minuten genügend genau bestimmt werden.

Der erste Schritt der Untersuchungen besteht in der Anlage des Bohr-
netzes. Ideal wäre ein regelmäßiger Meßpunktraster; aufgrund der Topographie und anderer Gegebenheiten ist er jedoch oft nicht einzuhalten. Der
Abstand der Bohrungen hängt von der Art und Tiefenlage des zu suchenden
Objektes ab und sollte z. B. bei hydrologischen Projekten wenige 10 m
nicht übersteigen. Wenn nur Messungen entlang von ausgewählten Profilen

möglich sind, sollten diese möglichst senkrecht zum Streichen des zu suchenden Strukturelementes verlaufen. Außerdem sollten die Bohrungen unter
möglichst gleichen Verhältnissen in der Oberflächenschicht stehen, so daß
sich Einflüsse der Topographie, von Vernässungszonen u. ä. nicht bemerkbar machen. Der Bohrlochdurchmesser sollte möglichst gering sein und den
Durchmesser der Sonde nur wenig übersteigen. Eine Kunststoffverrohrung,
die am oberen Ende verschließbar ist, wird empfohlen. Es ist günstig, vor
Beginn der eigentlichen Meßserie Temperaturmessungen in verschiedenen
Teufen einiger tieferer Testbohrungen durchzuführen. Die dann gewählte
einheitliche Meßtiefe muß auf alle Fälle unterhalb des Einflußbereiches
des täglichen Temperaturganges liegen. In trockenen quartären Schichten
hat sich die Meßtiefe von 2...5 m als zweckmäßig erwiesen. Bei hohem
Grundwasserstand ist wegen der Vergleichbarkeit der Resultate darauf zu
achten, daß alle Messungen im Grundwasserbereich erfolgen.

2.3.1.3. Anwendungen

Geothermische Messungen in Flachbohrungen sind geeignet, Aussagen zu
bestimmten geologischen Fragen, wie z. B. zu Struktursituationen, lithologischen Grenzen oder zum Auftreten von Brüchen, zu machen. Wenn die
Zahl der publizierten Anwendungsbeispiele relativ gering ist, so liegt dies
primär am erforderlichen Aufwand (Bohrungen) und den dadurch verursachten Kosten sowie daran, daß andere Verfahren für das jeweilige
Problem ein größeres Auflösungsvermögen besitzen. JAKOSKY (1950) stellt
ein Beispiel aus den USA dar, bei dem die Grenze Kalk/Granit durch geothermische Messungen unter einer Bedeckung von 12 m festgelegt werden
konnte. Die Temperaturerhöhung über dem Granit beträgt ca. 0,2 °C; die
Grenzfläche scheint steil einzufallen (Abb. 2.20).
Salzdome sind wegen der guten Wärmeleitfähigkeit von Steinsalz gegenüber den Nebengesteinen die Ursache von Temperaturanomalien. Ihre

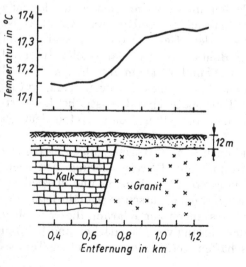

Abb. 2.20. Temperaturprofil über dem
Kontakt Granit/Kalk (nach JAKOSKY,
1950)

Amplitude hängt von der Mächtigkeit, der Tiefe der Salinarstruktur und den Oberflächenverhältnissen ab.

Auch Brüche können mit geothermischen Anomalien verknüpft sein, wenn die Bruchbildung zu entsprechenden Veränderungen der gesteins-physikalischen Verhältnisse geführt hat. Das sichere Auffinden dieser Temperaturanomalien durch Messungen in Flachbohrungen kann jedoch durch die Oberflächenverhältnisse, insbesondere durch die hydrogeologische Situation, beträchtlich erschwert werden.

Nach Modellrechnungen von GEERTSMA (1971) bildet sich eine Störungs-zone, die als geneigte dünne Schicht mit negativem Wärmeleitfähigkeits-kontrast modelliert wird, als Minimum ab. Im Falle einer ab- bzw. auf-geschobenen Schicht treten über den Hochschollen die dem Wärmeleit-fähigkeitsunterschied entsprechenden Anomalien auf (Defizit — Minimum; Überschuß — Maximum). Die entsprechenden Indikationen der Tief-scholle besitzen in Analogie zur Gravimetrie die umgekehrten Vorzeichen.

POLEY; VAN STEVENINCK (1970) fanden in einem mehrere Bruch-schollen umfassenden Gebiet in Holland kräftige, positive Temperatur-anomalien, die entlang der Profile ein charakteristisches Muster erkennen ließen. Die Übereinstimmung mit dem durch Seismik und Gravimetrie er-mittelten Störungsverlauf war ausgezeichnet. Ein vergleichbares, mittels IR-Oberflächen-Temperaturmessungen erzieltes Resultat ist aus Abb. 2.31 zu entnehmen.

Temperaturmessungen mit hoher Genauigkeit und großem Auflösungs-vermögen haben sich auch als wirkungsvolles Hilfsmittel zur lithologischen Gliederung einer Bohrung und zur Bestimmung des Poreninhaltes der durchteuften Schichten erwiesen. Dabei bietet die Verwendung des Tempe-raturgradienten erhebliche Vorteile gegenüber der absoluten Temperatur. Die Möglichkeit auch in verrohrten Bohrungen zu messen, erweitert das Spektrum der Logs. CONAWAY; BECK (1977) konnten überzeugend nachweisen, daß auf den Logs auch geringmächtige Schichten (0,5 m) klar zum Ausdruck kommen, wenn der thermische Kontrast $50 \ldots 100\%$ beträgt. Auch allmähliche, über längere Teufenintervalle anhaltende lithologische Änderungen sind im Gradientenlog deutlich erkennbar. Auf Abb. 2.21 ist das Gradientenlog einer Bohrung auf dem Gelände der Universität von Western Ontario zusammen mit der Bohrkernanalyse dargestellt (Intervall $410 \ldots 490$ m). Das Bohrloch ist 592 m tief und bis 411 m verrohrt. Auf Grund ihrer guten Wärmeleitfähigkeit und daher eines geringen Temperatur-gradienten sind die angetroffenen Karbonate charakteristische Leithori-zonte. Auch dünne Zwischenlagen, z. B. bei 443 m Teufe, treten deutlich hervor.

Aus ingenieurgeologischer Sicht können Temperaturmessungen im flachen Bereich nützliche Aussagen liefern und zur Beweissicherung beitragen. Dies gilt besonders bei der Erkundung von Rutschungen und speziell für den Nachweis zeitabhängiger Veränderungen rutschungsgefährdeter Be-eriche. Der Einsatz geothermischer Messungen zur Klärung dieser Proble-matik beruht auf der Überlegung, daß entlang von Gleitflächen und Klüften verstärkt Wasserwegsamkeiten geschaffen werden, die auch lokale Tempe-

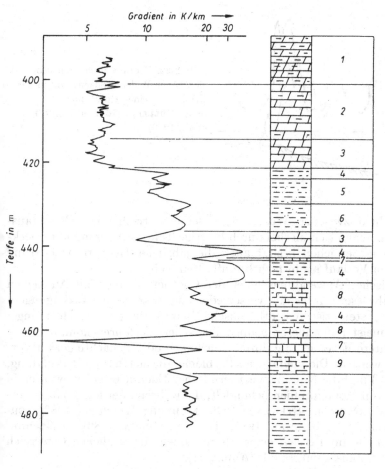

Abb. 2.21. Temperaturgradientenlog (nach CONAWAY; BECK, 1977)

1 — Dolomit mit Tonstein,
2 — Dolomit mit Tonstein (abnehmend),
3 — Dolomit,
4 — Tonstein,
5 — Tonstein (70%), Kalkstein (30%),

6 — Tonstein (80%), Kalkstein (20%),
7 — Kalkbank,
8 — Tonstein (50%) mit Kalkbänken,
9 — Tonstein (75%), Kalkstein (25%),
10 — Tonstein, schwach kalkig

raturanomalien im Gefolge haben. Am Beispiel der Abb. 2.22 wird gezeigt, daß die Ausbißlinie einer Rutschung deutlich durch Temperaturminima von ca. 1 °C und zusätzlich am oberen Abrißrand durch ein Widerstandsminimum gekennzeichnet ist.

Geothermische Messungen in Flachbohrungen eignen sich gut zur Überprüfung der Dichtheit von Staudämmen und Kanälen, sofern die Temperaturdifferenz zwischen dem austretenden Wasser und den oberflächennahen Bodenschichten genügend groß ist. In Mitteleuropa sind für diese Messungen die Wintermonate besonders geeignet, da während dieser Zeit infolge der geringen Wirkung der Sonnenstrahlung ein relativ großer Tempe-

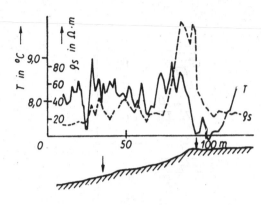

Abb. 2.22. Geothermische und geoelektrische Widerstandsmessungen zur
Erkundung einer Rutschung
(nach Müller, 1976; aus Militzer
et al., 1978)

raturunterschied zwischen Wasser und Boden herrscht. Die Wasseraus-
trittsstellen machen sich hierbei durch kräftige Temperaturminima bemerkbar. In diesen Bereichen besitzt auch die jährliche Temperaturänderung
einen anderen Verlauf als in nichtbeeinflußten Gebieten.

Ein klassisches Anwendungsgebiet der Geothermik liegt im Aufsuchen
von Thermalwässern unter den verschiedensten geologischen Bedingungen.
Durch eine systematische geothermische Bemusterung eines Hoffnungs-
gebietes — meist mit anderen geophysikalischen Verfahren kombiniert —
kann die weitere Erschließung durch Bohrungen oder Schächte gezielt vor-
angetrieben werden. Die vielfältigen Probleme, die sich auf die Erkundung,
den Aufschluß und die Nutzung geothermischer Energie beziehen, werden in
einer Reihe von Monographien behandelt, die während der letzten Jahre erschienen sind (RYBACH; STEGENA, 1979, RYBACH; MUFFLER, 1980, ČER-
MAK; HAENEL, 1982, HAENEL, 1982, HAENEL; GUPTA, 1983). — Nachfolgend werden die im Bereich einer Thermalquelle im südlichen Österreich
erhaltenen Ergebnisse dargestellt (Abb. 2.23).

Die geothermischen Messungen wurden in der Umgebung einer gefaßten
Thermalquelle durchgeführt und dienten dem Ziel, nähere Angaben über
die Wasserwegsamkeiten für nachfolgende Erschließungen zu erhalten; sie
erfolgten im Winter und in Bohrungen von meist 3 m Tiefe, vereinzelt zu
Testzwecken in 6 m tiefen Bohrlöchern. Nach geologischen Untersuchungen
war ein Zusammenhang zwischen dem Thermalwasseraufstieg und einer
Bruchzone wahrscheinlich; die Annahme konnte durch refraktionsseismi-
sche Messungen und Widerstandsprofilierungen untermauert werden. Die
Isothermenkarte vermittelt einen deutlichen Zusammenhang mit der
Bruchzone und einen Überblick über den Abfluß in der quartären Talfüllung. Ein Querprofil über das Meßgebiet zeigt ein Temperaturmaximum
im Bereich des Thermalwasseraufstiegs, das mit 28 °C um ca. 4 °C über der
Wassertemperatur der Quellfassung lag.

Die Suche und Erkundung von Erzvorkommen mittels geothermischer
Messungen in Flachbohrungen wird zwar nicht routinemäßig durchgeführt,
kann aber für sulfidische Paragenesen von Interesse sein. Die physikochemischen Voraussetzungen ergeben sich daraus, daß bei der Umwandlung
sulfidischer Erzkomponenten zu Sulfaten in Gegenwart von Sauerstoff und

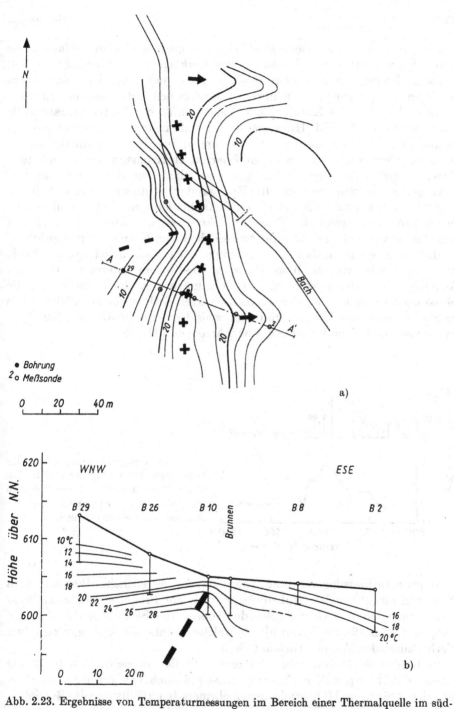

Abb. 2.23. Ergebnisse von Temperaturmessungen im Bereich einer Thermalquelle im südlichen Österreich (nach JANSCHEK, 1980)

a) Isothermen in °C,   b) vertikales Temperaturprofil (Isothérmen) $A-A'$

Wasser exotherme chemische Reaktionen in großem Umfang ablaufen, als deren Folge sich in der Umgebung des Erzkörpers ein Wärmehof bildet. Modellrechnungen lassen allerdings erkennen, daß große Erzvolumina in mäßigen Tiefen von den chemischen Reaktionen betroffen sein müssen, um an oder nahe der Erdoberfläche eine signifikante Temperaturanomalie hervorzurufen. Es gibt Hinweise dafür, daß rasche Veränderungen der Grundwasserverhältnisse diese Umsetzungen besonders begünstigen. Obwohl bei der Prospektion nach Sulfiderzen elektromagnetische und auch Eigenpotentialmessungen im allgemeinen überlegen und auch aussagekräftiger sind, kann der gezielte Einsatz der Geothermie bei der Interpretation elektromagnetischer oder SP-Anomalien von Vorteil sein — insbesondere dann, wenn die Frage zu klären ist, ob diese Anomalien auf sulfidische Vererzungen oder die Anwesenheit von Graphit zurückzuführen sind. Messungen auf sulfidische Kupfererze bei Tisová/Erzgebirge (KRČMAŘ, 1968) sind insofern von besonderem methodischem Interesse, als wegen fehlender Verwitterungsschicht auf Bohrungen verzichtet wurde und die Messungen im Winter an der schneebedeckten Erdoberfläche erfolgten. Es zeigte sich eine gute Übereinstimmung zwischen einer geothermischen Anomalie von ca. 2 K und geochemischen Analysen (Abb. 2.24).

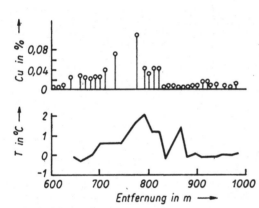

Abb. 2.24. Temperaturmessungen unter Schneebedeckung über der sulfidischen Kupferlagerstätte Tisová im Vergleich mit den Werten der geochemischen Analyse (nach KRČMAŘ, 1968)

Temperaturmessungen unter Tage können wesentliche Beiträge zum Nachweis zirkulierender Grubenwässer sowie zur Prognose möglicher Wassereinbrüche in das Grubengebäude liefern. Die Sicherheit der Aussage hängt dabei natürlich davon ab, in welchem Maße die hydrogeologischen Verhältnisse das Temperaturfeld stören.

Im Bleiberger Grubenrevier erfolgte beim Stollenvortrieb in ca. 650 m Teufe im Jahre 1951 ein plötzlicher Thermalwassereinbruch; er überflutete die untersten drei Abbaue und führte zu einem mehrmonatigen Stillstand des Betriebes. Später durchgeführte Temperaturmessungen ließen deutlich eine Anomalie erkennen, die einen Zusammenhang mit einem thermalwasserführenden Bereich wahrscheinlich machte. Die Temperaturmessungen (RIZZI, 1970) erfolgten in jeweils zwei Bohrlöchern mit einem Durchmesser von 48 mm und einer Teufe von 5 m. Die Ermittlung des wahren geothermischen

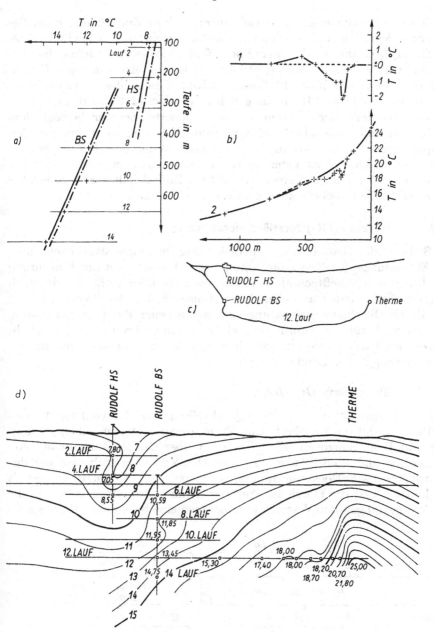

Abb. 2.25. Ergebnisse geothermischer Untersuchungen im Blei-Zink-Bergbau Bleiberg, Kärnten/Österreich (nach RIZZI, 1970)

a) Temperaturprofil im Rudolf-Hauptschacht (HS) und im Blindschacht (BS),
b) Temperaturprofil im 12. Lauf
  1 — Abweichungen vom Regionalverlauf,
  2 — Regionalverlauf,
c) Lageplan der Therme am 12. Lauf,
d) Vertikales Temperaturprofil (Isothermen)

Gradienten war schwierig, da die Bohrungen noch im Einflußbereich der Bewetterung liegen und zusätzlich an den Meßörtern eine unterschiedliche Was-
serführung herrscht. In den wenig beeinflußten Zonen schwanken die Gradienten zwischen 9 ... 16 K/km; gleichzeitig ist eine Abnahme von E nach
W festzustellen. – Auf der 12. Sohle des Rudolf-Schachtes steigt die Temperatur auf einer ca. 1100 m langen Strecke von 13,4 °C auf 24,5 °C bis
zur Austrittsstelle der Therme an; die Wassertemperatur beträgt dort
29,1 °C. Mit einem bis über 0,02 K/m gegen E ansteigenden horizontalen
Temperaturgradienten wäre die Therme durch vorausgehende Temperaturmessungen unschwer zu orten gewesen. Abweichungen vom regionalen
Trend um −2 °C sind auf einen verstärkten Zufluß kälterer Oberflächen-
wässer in den Bohrlöchern zurückzuführen (Abb. 2.25).

2.3.2.   Infrarot-(IR-)Oberflächenerkundung

Die Stellung der Geothermik, ihre Bedeutung im geophysikalischen Such-
und Erkundungsprozeß und ihre Ökonomie haben sich mit der Einführung
der IR-Strahlungsmeßtechnik in die angewandte Geophysik grundsätzlich
geändert. Neben den klassischen Anwendungsgebieten der Geothermik hat
sich die IR-Oberflächenerkundung eine Reihe neuer Bereiche erschlossen.
Dies gilt z. B. für den Störungs- und Hohlraumnachweis, die geologisch-
geotechnische Kartierung im Ingenieur- und Wasserbau sowie die Boden-
klassifizierung in der Landwirtschaft.

2.3.2.1.   Theoretische Grundlagen

Nach den in Kap. 2.1.1.3. aufgeführten physikalischen Gesetzen der Wärmestrahlung strahlt die Erdoberfläche Wärmeenergie unterschiedlicher Intensität und Wellenlänge ab. Eine Übersicht über den Zusammenhang von
Temperatur und Wellenlänge wird mit Abb. 2.26 vermittelt, auf der das
elektromagnetische Spektrum im Frequenzbereich 1 ... 10^{14} MHz dargestellt
ist. Zusätzlich ist die Durchlässigkeit der Atmosphäre mit eingetragen, die
bei Aeromessungen und Wärmebildaufnahmen eine bedeutende Rolle spielt.

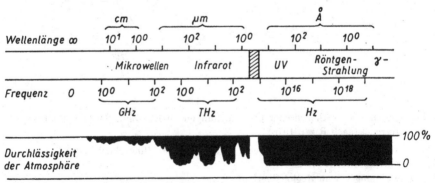

Abb. 2.26. Elektromagnetisches Spektrum und Durchlässigkeit der Atmosphäre

▨ – sichtbarer Bereich

Außer dem Fenster im Bereich des sichtbaren Lichtes ($\lambda \approx 380 \ldots 780$ nm) treten weitere im Infrarot zwischen $1,3 \ldots 3$ µm sowie $8 \ldots 12$ µm auf. Für Wellenlängen kleiner als $0,22$ µm ist die Atmosphäre praktisch undurchlässig.

Das mathematische Modell der Oberflächentemperaturmessung simuliert die Bestimmung der Temperatur am Rand eines Halbraumes, dessen Begrenzung periodisch aufgeheizt wird (tageszeitlicher Temperaturgang). Das Problem wurde von JAEGER (1953) und WATSON (1975) behandelt. Die Problematik bei der Lösung liegt darin, daß die Wärmeleitungsgleichung (2.9) mit der folgenden nichtlinearen Randbedingung 3. Art gelöst werden muß

$$-\lambda \frac{\partial T(0, t)}{\partial x} = -\varepsilon \sigma T^4 + I + H + Gs - R = S, \tag{2.57}$$

S — Strahlungsbilanz; $\varepsilon \sigma T^4$ — Ausstrahlung des Erdbodens; ε — Emissionskoeffizient; I — direkte Sonnenstrahlung; H — diffuse Himmelsstrahlung; R — kurzwellige Reflexstrahlung; Gs — atmosphärische Gegenstrahlung.

Nach ihren Wellenlängen können die genannten Komponenten eingeteilt werden in einen

— kurzwelligen Bereich ($0,2 \ldots 2,2$ µm); dazu gehören die direkte Sonnenstrahlung I, die diffuse Himmelsstrahlung H und die Reflexstrahlung R;
— langwelligen Bereich ($6,8 \ldots 100$ µm); dazu gehören die Ausstrahlung des Erdbodens ($\varepsilon \sigma T^4$) und die atmosphärische Gegenstrahlung Gs.

Die jeweiligen Anteile im Bereich $2,2 \ldots 6,8$ µm betragen $< 5\%$. Im langwelligen Bereich wird entsprechend (2.19) bei einer Bodentemperatur von $T = 15\,°C$ die Maximalenergie des Terms $\varepsilon \sigma T^4$ bei $L \sim 10$ µm abgestrahlt.

JAEGER (1953) benutzte zur Berücksichtigung der Randbedingung (2.57) die LAPLACE-Transformation, um durch Iteration eine Beziehung zwischen der Strahlungsbilanz S und der Oberflächentemperatur T_0 zu finden.

WATSON (1975) fand eine Lösung für die Oberflächentemperatur $T_0 = (0, t)$, indem die Randbedingung durch eine TAYLOR-Reihenentwicklung der Oberflächentemperatur um die Himmelstemperatur (T_H) linearisiert wurde (ohne quadratische Terme und Terme höherer Ordnung):

$$T(0, t) = T_H + \frac{q}{s} + (1 - A)\, \bar{k}W \sum_{n=0} \tilde{A}_n \frac{\cos(n\omega t - \varphi_n - \delta_n)}{\left(s + p\sqrt{n}\right)^2 + \left(p\sqrt{n}\right)^2}. \tag{2.58}$$

In Gleichung (2.58) bedeuten

$$s = 4\varepsilon \sigma T_H^3,$$

$$p = P\sqrt{\frac{\tau}{\pi}},$$

$$P = \frac{\lambda}{\sqrt{k}},$$

$$\tau = \frac{2\pi}{\omega},$$

$$\delta_n = \tan^{-1}\left(\frac{p\sqrt{n}}{s + p\sqrt{n}}\right);$$

T_H — Himmelstemperatur; A — Albedo des Bodens; W — Bewölkungsgrad $(0 \leqq W \leqq 1)$; $\check{k}$ — Solarkonstante; q — Wärmestrom im Boden; $\tilde{A}_n$, φ_n — Amplitude und Phase der n-ten Harmonischen der langwelligen Einstrahlung $(I + H + Gs)$; P — thermische Trägheit.

Die Integration von Gleichung (2.58) über die Tagesperiode ergibt die mittlere Oberflächen-Tagestemperatur $\bar{T}_0$

$$\bar{T}_0 = \frac{1}{\tau}\int_0^\tau T(0, t)\,\mathrm{d}t = T_H + \frac{q}{s} + (1 - A)\,\check{k}W\,\frac{\tilde{A}_0\cos\varphi_0}{s} \qquad (2.59\,\mathrm{a})$$

bzw. den Wärmestrom q:

$$q = s(\bar{T}_0 - T_H) - (1 - A)\,\check{k}W\tilde{A}_0\cos\varphi_0 \qquad (2.59\,\mathrm{b})$$

mit

$$\tilde{A}_0\cos\varphi_0 = \frac{\mathrm{i}}{\tau}\int_0^\tau H(t)\,\mathrm{d}t.$$

$H(t)$ ist die *lokale Einstrahlung*. Sie hat folgenden Wert:

$$H(t) = \begin{cases} M(Z)\cos Z' & \text{für} \quad -t_{\mathrm{SA}} \leqq t \leqq t_{\mathrm{SU}}, \\ 0 & \text{für} \quad t_{\mathrm{SU}} \leqq t \leqq t_{\mathrm{SA}}. \end{cases}$$

t_{SA} — Zeit bei Sonnenaufgang; t_{SU} — Zeit bei Sonnenuntergang;

$M(Z)$ ist die atmosphärische Durchlässigkeit, die eine Funktion des Zenitwinkels Z und des lokalen Zenitwinkels Z' ist. Z' wird von der geographischen Breite, der Sonnendeklination, der Neigung der Oberfläche und dem Azimut des Neigungswinkels bestimmt.

Mit Gleichung (2.59 b) kann der Wärmestrom aus dem Tagesmittel der Oberflächentemperatur errechnet werden, wenn die Albedo der Oberfläche und die topographischen Daten bekannt sind. Der petrophysikalische Untergrundparameter geothermische Trägheit geht in Gl. (2.59 b) nicht ein.

Die thermische Trägheit des homogenen Untergrundes kann aus der Tag-Nacht-Temperaturdifferenz T_{MM} für die Grundschwingung bestimmt werden:

$$P = \frac{\lambda}{\sqrt{k}} = \frac{\omega}{2}\left(4(1 - A^2)\,\check{k}^2W^2\,\frac{\tilde{A}_1\cos(\varphi_1 + \delta_1)}{T_{\mathrm{MM}}^2} - 4\varepsilon^2\sigma^2T_H^6\right)^{1/2}$$

$$- 2\varepsilon\sigma T_H^3\sqrt{\frac{2}{\omega}}. \qquad (2.60)$$

Bei Oberflächentemperaturmessungen im Zeitintervall $t_{SU} < t < t_{SA}$ über inhomogenem Untergrund bei homogener Oberfläche läßt sich für Zeitintervalle $\Delta t \ll \tau$ das letzte Glied von (2.58) als konstant ansehen. Damit ergibt sich für die Temperaturdifferenz zwischen zwei Meßpunkten

$$\Delta T \sim \frac{1}{s}\, \Delta q. \tag{2.61}$$

Ein entsprechendes Resultat wurde bereits von OELSNER (1969) erhalten, indem gezeigt wurde, daß sich geothermische Untergrundanomalien bis an die Oberfläche durchpausen.

2.3.2.2.   Allgemeine apparative und methodische Voraussetzungen

Für infrarotgeothermische Messungen werden Wärmestrahlungsdetektoren benutzt. Möglich ist die Anwendung von thermischen Empfängern oder von Photodetektoren. Sie unterscheiden sich prinzipiell hinsichtlich der zugrunde liegenden physikalischen Effekte. Zu den thermischen Empfängern zählen Strahlungsthermoelemente und Bolometer mit Empfindlichkeiten zwischen 10 V/W und 50 V/W. Die Empfindlichkeitscharakteristik ist nur von der Durchlässigkeit der benutzten Eintrittsfenster abhängig.

Photodetektoren sind Halbleiterwiderstände, bei denen der innere Photoeffekt ausgenutzt wird. Da der Photoeffekt auf Photonen einer bestimmten Wellenlänge begrenzt ist, die von der Aktivierungsenergie der Störterme abhängt, können Photodetektoren unterschiedlicher Empfindlichkeitscharakteristiken hergestellt werden. Photodetektoren besitzen gegenüber thermischen Strahlungsempfängern eine um 1 ... 2 Zehnerpotenzen höhere Empfindlichkeit. Ihre geringen Zeitkonstanten ($\leq 1\ \mu s$) erlauben die Anwendung in Scannern und Wärmebildkameras. Nachteilig sind niedrige Arbeitstemperaturen, die etwa zwischen 10 K und 70 K liegen und spezielle Kühleinrichtungen erfordern.

Da es sich bei Strahlungstemperaturmessungen stets um die Vermessung instationärer Temperaturfelder handelt, muß die Dauer der Messung klein gegenüber der Schwankung des zu vermessenden Temperaturfeldes sein. Bei Scannern und Wärmebildkameras ist diese Forderung immer erfüllt. Bei punkt- bzw. linienförmigen Aufnahmen mit Strahlungsthermometern muß durch eine geeignete Meßmethodik die zeitliche Veränderung des zu vermessenden Temperaturfeldes erfaßt werden.

2.3.2.3.   Punkt- bzw. Profilmessungen

2.3.2.3.1.   Meßprinzip und Apparaturen

Prinzipiell ist es günstig, IR-Oberflächen-Temperaturmessungen zwischen Sonnenuntergang und Sonnenaufgang durchzuführen, da während dieser Zeit die lokale Einstrahlung $H(t)$ Null ist. Weiter muß die Meßzeit klein gegenüber der Tagesperiode sein. Trotzdem noch verbleibende Störeinflüsse lassen sich durch Wiederholungsmessungen an einem oder mehreren Meßpunkten bestimmen. Dabei wird wie in der Gravimetrie bei der Bestimmung des Nullpunktganges nach der Schleifenmethode, der Step-Methode oder der Stern-Methode verfahren. Die benutzten Apparaturen bestehen mindestens aus einem Sensor sowie einem Verstärker und Anzeigeteil. Für linienförmige kontinuierliche Messungen bei analoger Registrierung wird zusätzlich ein Magnetband bzw. Festkörperspeicher (RAM) zur Datenspeicherung eingesetzt. Zwecks Wiedergabe und Lokalisierung von Indikationen ist es günstig, gleichzeitig eine Wegmarke mit aufzunehmen. Bei digitaler Registrierung können diese Wegmarken zum Triggern der diskreten Aufzeichnung benutzt werden. Die Sensoren sind mit optischen Filtern zwecks Beschränkung auf einen bestimmten Wellenlängenbereich und/bzw. mit einer Optik zur Veränderung der Apertur ausgerüstet. Verstärker- und Anzeigeteil erlauben bei Analogtechnik eine Messung nach dem Kompensationsprinzip. Heute hat sich die direkte Digitalanzeige durchgesetzt. Die Empfindlichkeit der Apparatur sollte mindestens 0,02 K betragen.

2.3.2.3.2. Darstellung der Meßergebnisse und Grundlagen der Auswertung

Die Meßdaten sind zunächst von Störeinflüssen zu befreien. Dazu ist aus den Wiederholungspunkten der Verlauf der Temperaturvariation zu bestimmen (Temperaturgang am Basispunkt). Nach Anbringen der Korrektur der Temperaturvariationen sind gegebenenfalls die Wirkungen unterschiedlicher Emissionskoeffizienten zu berücksichtigen. Dazu werden die Strahlungstemperaturen unmittelbar zu beiden Seiten der aneinandergrenzenden Oberflächen (z. B. Feldweg — Asphalt) gemessen. Die so korrigierten Meßdaten enthalten Anteile von kurzperiodischen und langperiodischen Einflüssen. Von Fall zu Fall ist deshalb eine Filterung der Meßdaten nötig, die z. B. digital realisiert wird durch:

$$T(x)_F = T(x) \divideontimes Op(x). \tag{2.62}$$

Die Meßdaten $T(x)$ werden durch Faltung mit dem Operator $Op(x)$ zu den gefilterten Daten $T(x)_F$. Die FOURIER-Transformierte des Operators $Op(x)$ ist gleich der Durchlaßkurve des benutzten Digitalfilters.

Die Darstellung der Meßergebnisse erfolgt üblicherweise in Profilform bzw. als Isolinien gleicher Oberflächen-Temperaturdifferenzen, bezogen auf einen willkürlich festgelegten Punkt (Prinzip von Relativmessungen).

2.3.2.3.3. Anwendungen

Das Ergebnis einer IR-Oberflächen-Temperaturmessung über einem Sulfiderzgang im Erzgebirge zeigt Abb. 2.27 (s. Kap. 2.3.1.3.).

Profil 1 (im NW) wurde auf einem Feldweg gemessen, Profil 2 auf gepflügtem Feld und Profil 3 im Wald. Der Erzgang hebt sich auf allen drei Profilen als markante positive Anomalie ab. Die Verbindungslinie der Anomalien streicht etwa WNW—ESE. Sie ist mit der eines Haldenzuges mittelalterlichen Bergbaus identisch.

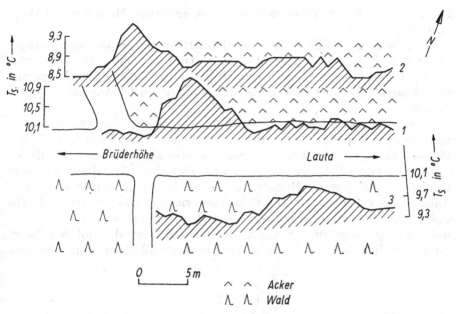

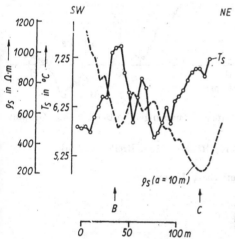

Abb. 2.27. Ergebnisse von Oberflächen-Temperaturmessungen über einem Sulfiderzgang

Abb. 2.28. Ergebnisse oberflächengeothermischer und geoelektrischer
Untersuchungen bei Freiberg

Die gute Korrelierbarkeit oberflächengeothermischer Meßergebnisse mit geoelektrischen Untersuchungsbefunden (Turam, Widerstandskartierung) wird in Abb. 2.28 erläutert. Die Temperaturwerte wurden einer kontinuierlichen Registrierung (vom Fahrzeug aus) jeweils im Abstand von 5 m entnommen. Die Maxima der Strahlungstemperatur T_s stimmen mit den Indikationen B und C einer Turam-Vermessung überein; daß es sich bei den Anomalien B und C um Sulfiderzgänge und nicht um Verwitterungszonen handelt, konnte nur über die geothermische Aufnahme entschieden werden. Die Ergebnisse der Widerstandskartierung ($a = 10$ m) korrelieren ebenfalls gut mit dem Temperaturprofil (Korrelation: Minimum (ϱ_s)-Maximum (T_s)).

Abb. 2.29 zeigt das Ergebnis von IR-Oberflächen-Temperaturmessungen im Bereich der Graphitlagerstätte St. Stefan/Steiermark. Dabei wurden teils bekannte, teils bisher noch nicht bekannt gewesene Graphitlinsen und eine Abbaustrecke übermessen. Sie treten als deutliche Anomalien in Erscheinung.

Nachfolgend sollen die über einem Verwerfungssystem erhaltenen Resultate erläutert werden. Es handelt sich um den Mitteldeutschen Hauptabbruch, der das Norddeutsche Sedimentationsbecken von der Mitteldeutschen Hauptscholle trennt. Abb. 2.30 zeigt einen Ausschnitt aus einer IR-Strahlungstemperatur-Registrierung. Die Aufnahme wurde von einem Fahrzeug aus durchgeführt; die Fahrtgeschwindigkeit betrug 60 km/h. Die untere Spur gibt Wegmarken im Abstand von 100 m wieder. Die kontinuierlich aufgenommenen analogen Registrierungen wurden mit dem Intervall 100 m digitalisiert und einer digitalen Tiefpaßfilterung unterworfen.

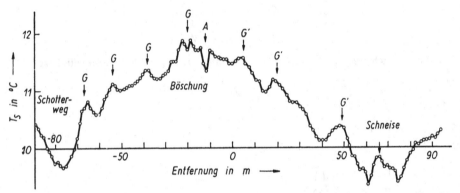

Abb. 2.29. Ergebnisse von IR-Oberflächen-Temperaturmessungen im Bereich einer Graphitlagerstätte (AIGNER, 1982)

G — bekannte Graphitlinsen (Teufe ca. 15 m; Höhe ca. 5 m, Breite ca. 2 m),

A — Abbaustrecke,

G' — als unbekannte Graphitlinsen interpretierbare Anomalien

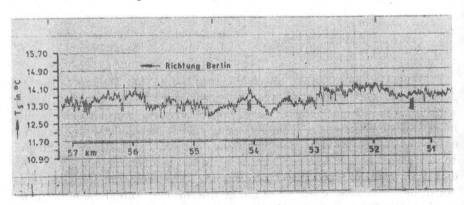

Abb. 2.30. Ausschnitt aus einer kontinuierlichen Oberflächen-Temperaturregistrierung

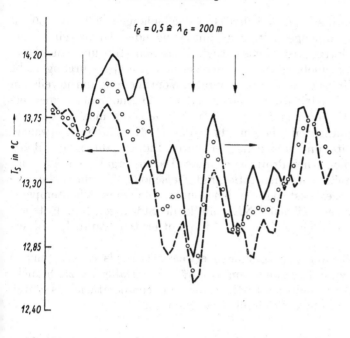

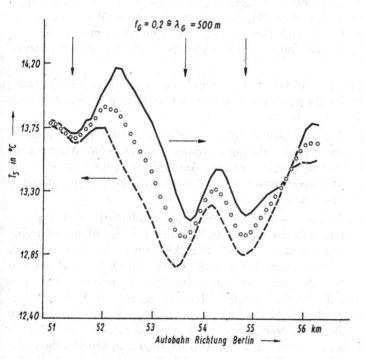

Abb. 2.31. Gefilterte Oberflächentemperaturen, jeweils Hin- und Rückfahrt (Pfeile) (die Mittelwerte sind durch Kreise markiert)

Die Filterungsergebnisse sind bei den Grenzwellenlängen 200 bzw. 500 m auf Abb. 2.31 zusammengestellt. Die mit steigender Grenzwellenlänge größer werdende Glättung ist offensichtlich. Zwischen Hin- und Rückfahrt tritt eine Niveauverschiebung auf, da der zeitliche Temperaturgang nicht korrigiert wurde. Ungeachtet der horizontalen Verschiebung um jeweils ein Abtastintervall in Fahrtrichtung bleiben jedoch die Anomalienformen erhalten. Die Lage der Minima stimmt etwa mit Gebieten maximaler horizontaler Schweregradienten überein, die BEIN (1961) durch Drehwaagemessungen feststellte und aus denen er unter Zuhilfenahme von Bohrergebnissen ein geologisches Profil berechnete. Daraus ergab sich eine Einteilung in Hochscholle, Zwischenstaffel und Tiefscholle, die durch die geothermischen Messungen bestätigt werden konnte. Die Oberflächentemperaturen weisen auf zwei steil nach NE einfallende Störungen hin. Entsprechende Resultate wurden auf einem 5 km entfernten Parallelprofil erhalten.

IR-Oberflächen-Temperaturmessungen erweisen sich als eine besonders günstige Methode zum Nachweis von Hohlräumen. Dabei ist zu berücksichtigen, daß Störungen des oberflächennahen Temperaturfeldes durch verschiedene Hohlraummodelle simuliert werden können:

— Der Hohlraum stellt eine Einlagerung verringerter Wärmeleitfähigkeit im Feld des terrestrischen Wärmestromes dar. Eine Modellierung als Zylinder bzw. Kugel und Berechnung der Anomalien ergibt Beträge, die bis zum Faktor 100 kleiner sind als die über Hohlräumen gemessenen Indikationen.

— Der Hohlraum ist belüftet, d. h., er hat Verbindung zu einem Luftstrom, dessen Temperatur nicht gleich der mittleren Temperatur im Meßniveau ist.

— Der Hohlraum befindet sich in relativ großer Nähe der Erdoberfläche, die intensiver Sonneneinstrahlung ausgesetzt ist. Infolge Wärmestaus am Hohlraum bildet sich eine positive Anomalie aus, die mittels Oberflächen-Temperaturmessungen besonders gut kurz nach Sonnenuntergang festgestellt werden kann.

— Der Hohlraum befindet sich im Bereich der Eindringtiefe einer periodisch wechselnden äußeren Umgebungstemperatur. Es bildet sich eine instationäre Anomalie aus, deren Vorzeichen wechselt. Dieser Effekt kann benutzt werden, um sicher zwischen einer durch einen Hohlraum verursachten Anomalie und einer durch eine Gesteinsinhomogenität verursachten Anomalie zu unterscheiden (OELSNER, 1976 b). Um den Vorzeichenwechsel zu beobachten, sind an mindestens zwei verschiedenen Zeitpunkten mit unterschiedlichen Außentemperaturen Oberflächen-Temperaturmessungen bzw. Temperaturmessungen in Oberflächennähe durchzuführen. Der zeitliche Abstand hängt von der Laufzeit der Temperaturwelle zum Hohlraum ab. Eine wesentliche Voraussetzung für den Erfolg eines solchen Vorgehens ist, daß die Wirkung dieses Effektes die Wirkung der erstgenannten Modelle übersteigt.

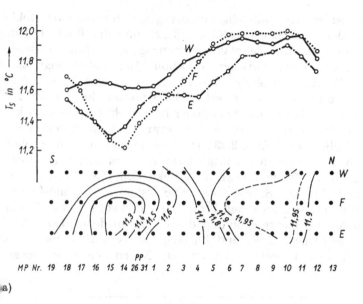

a)

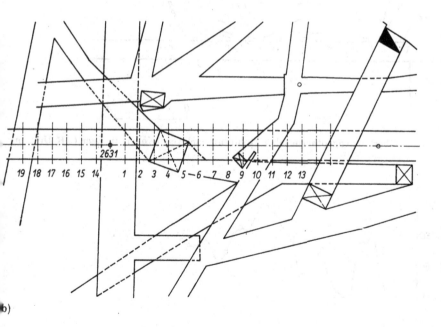

b)

Abb. 2.32. Geothermischer Hohlraumnachweis unter Tage
a) Meßergebnisse,
b) Grundriß der bergmännischen Situation

Auf Abb. 2.32a ist das Ergebnis einer untertägigen Messung zum Hohl-raumnachweis an den zwei Streckenstößen (W, E) und der Firste (F) in Profildarstellung und als Isolinienplan zusammengestellt. Ein Vergleich mit dem Grundriß der bergmännischen Situation (Abb. 2.32b) zeigt, daß das Minimum im Bereich der Meßpunkte 16...1 durch eine 12 m tiefer-liegende Strecke verursacht wird. Das schwache Maximum im Bereich der Meßpunkte 6...10 wird durch eine 20 m höher befindliche Strecke bewirkt.

Die Oberflächen-Temperaturanomalie eines etwa 10 m unter dem Meß-niveau gelegenen Kellers zeigt Abb. 2.33. Die Messungen erfolgten auf vier parallelen Profilen bei einem Meßpunktabstand von 1 m und einer mitt-leren Meßzeit je Meßpunkt von etwa acht Sekunden. Der Fußweg be-sitzt eine Asphaltdecke. Die Straße weist eine festgewalzte Sand-Lehm-Schotter-Decke auf. Da sich zwischen Straße und Fußweg ein etwa 50 cm breiter Rasenstreifen erstreckte, konnten die Unterschiede in den Emis-sionskoeffizienten zwischen Straße und Fußweg nicht ermittelt und dem-entsprechend auch nicht berücksichtigt werden. Neben einem deutlichen

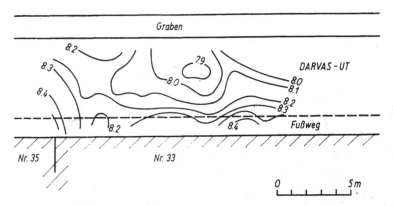

Abb. 2.33. Oberflächengeothermischer Hohlraumnachweis (Keller) in Eger (VR Ungarn)

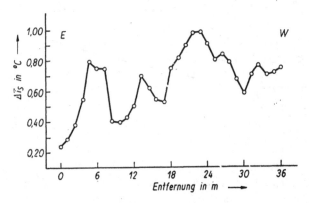

Abb. 2.34. Oberflächengeothermischer Hohlraumnachweis in Oberschöna bei Freiberg (DDR)

Minimum etwa in Straßenmitte macht sich im Isolinienbild zusätzlich eine Anomalienverschiebung in Richtung „Graben" bemerkbar, die durch die Wärmespeicherung der Mauer auf Grundstück Nr. 33 bedingt ist.

Auch seitlich eines Meßpunktes gelegene Hohlräume können sich auf das Temperaturfeld auswirken (Abb. 2.34). Das Meßprofil befand sich in der Mitte einer Asphaltstraße, die entlang eines nördlich von ihr gelegenen Abhanges verläuft. Dort befindet sich auf der Höhe des Profilmeters 6 ein alter bergmännischer Hohlraum mit einem Volumen von etwa 30 m³. Der Schwerpunkt dieses Hohlraumes ist von der Straßenmitte 25 m entfernt. Unmittelbar daneben verläuft parallel zur Straße in etwa 8 m Tiefe ein Stollen vom Querschnitt 2 m × 1,5 m, der sie beim Profilmeter 22 kreuzt. Am Profilmeter 15 zweigt vom Stollen ein Schrägschacht mit dem Querschnitt 1,5 m × 0,75 m ab. An den genannten Stellen treten im Oberflächentemperaturprofil deutlich positive Anomalien auf.

2.3.2.4. Wärmebildtechnik (Thermographie)

2.3.2.4.1. Meßprinzip und Apparaturen

Die Wärmebildtechnik gehört zu den abbildenden IR-Fernmeßverfahren; ihr Einsatz ist sowohl aus der Luft als auch auf der Erdoberfläche möglich. Als Meßgröße dient die remittierte bzw. emittierte Strahlungsdichte der Erdoberfläche, die — unter sonst gleichen äußeren Bedingungen — von Parametern des Untergrundes und der Erdoberfläche selbst beeinflußt wird. Bei Luftaufnahmen wird dabei genutzt, daß die Atmosphäre im mittleren Infrarot zwischen $\lambda = 2,5 \ldots 5 \, \mu m$ und $\lambda = 8 \ldots 13 \, \mu m$ Fenster besitzt und nur für diese Wellenlängen der elektromagnetischen Strahlung durchlässig ist (Abb. 2.26, Kap. 2.3.2.1.).

Hinsichtlich der bodenphysikalischen und meteorologischen Kenn- und Einflußgrößen gelten die Gleichungen (2.57)...(2.60). Aus ihnen geht hervor, daß die Boden- und Umweltfaktoren dazu beitragen, gesuchte Unter-

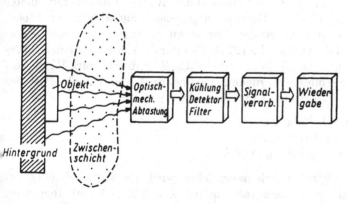

Abb. 2.35. Elemente eines Thermographiesystems mit optisch-mechanischer Abtastung (nach TAYLOR; STINGELIN, 1969; aus GEBHARDT, 1981)

grundinformationen hervorzuheben oder zu maskieren. Da die von einem
Objekt ausgehende IR-Strahlung ausschließlich an dessen Oberfläche gebunden ist, trägt deren Zustand wesentlich zum Erfolg einer Beobachtung
bei. Vorherrschende Störeinflüsse werden vor allem durch unterschiedliche
Orientierungen sowie abbau- und verwitterungsbedingte Oberflächen-
wirkungen (Verfestigung, lokale Nässezonen, Schattenzonen, Änderungen
in der Vegetationsdecke) hervorgerufen.

In gerätetechnischer Hinsicht kommen für Wärmebildaufnahmen vor-
wiegend Systeme mit optisch-mechanischer Abtastung der Objekte zum
Einsatz. Die betrachtete Objektfläche wird in zeitlich nacheinander ver-
arbeitbare Teilbereiche zerlegt, die von ihnen ausgehende Strahlung einem
Detektor zugeführt und aus den induzierten elektrischen Signalen schließlich das Bild zusammengesetzt. Abb. 2.35 zeigt die Elemente eines solchen
Thermographiesystems. Technisch wird die Abtastung durch verschiedenste
Kombinationen rotierender und schwingender Spiegel bzw. Prismen realisiert. Als Detektorelemente werden ausschließlich Halbleiterwiderstände
verwendet, deren Empfindlichkeit ausreicht, um noch Strahlungsleistungen
von 10^{-11} W nachzuweisen (BASTUSCHEK, 1970). Thermographiegeräte mit
optisch-mechanischer Abtastung werden als IR-Kameras und IR-Line-
Scanner verwendet.

Wärmebildkameras können von Hubschraubern oder von festen Stand-
orten aus eingesetzt werden. Geringe Flughöhe bzw. geringe Aufnahme-
entfernung sind erstrebenswert, damit die Absorption bzw. Eigenemission
der Luftschicht zwischen Objekt und Aufnahmegerät möglichst klein ist.
Vorteilhaft ist, daß Wärmebildaufnahmen in kurzer Zeit und ökonomisch
sehr günstig flächenhafte Beobachtungen auch solcher Gebiete zulassen,
die nicht begehbar sind und Änderungen der thermischen Verhältnisse an
der Erdoberfläche während der Zeit eines Bildaufbaus (wenige Minuten bis
Bruchteile von Sekunden, je nach verwendetem Gerätetyp) praktisch
keine Rolle spielen.

IR-Line-Scanner werden ausschließlich für Luftaufnahmen eingesetzt
(Abb. 2.36). Die Ausrüstung besteht im wesentlichen aus einem IR-Scanner
mit einer Bandbreite $\Delta\lambda = 8 \ldots 12$ μm und einem IR-Strahlungsradiometer
mit $\Delta\lambda = 8 \ldots 14$ μm. Das vom Detektor abgegebene Signal wird zur Steue-
rung eines Lichtstrahles verwendet, der einen synchron laufenden Film-
streifen belichtet (THOMAS et al., 1975). Die damit aufgenommenen Ther-
mographien werden visuell oder automatisch mit Schwarz-Weiß-Auf-
nahmen als Referenzbilder verglichen. Besondere Aufmerksamkeit ist der
Wahl der Aufnahmeparameter zu widmen. Dies gilt für

— den spektralen Arbeitsbereich,
— den Zeitpunkt der Messungen,
— die meteorologischen Bedingungen.

Bezüglich des spektralen Arbeitsbereiches wird der kurzwellige bevorzugt, wenn reflektierte Sonnenstrahlung (bis $\lambda = 3{,}5 \ldots 4{,}5$ μm) überwiegt.
Der langwellige Bereich um 12 μm bietet dann Vorteile, wenn die Messungen zu Zeiten maximaler Eigenemission der Erdoberfläche durchgeführt

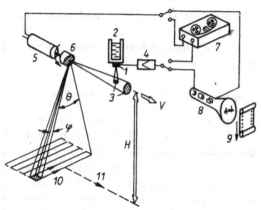

Abb. 2.36. Prinzip eines IR-Line-Scanners (nach Thomas et al., 1975)

1 — Detektor (Indium—Antimonid-Halbleiter, mit flüssigem Stickstoff gekühlt),
2 — Dewar-Gefäß mit flüssigem Stickstoff,
3 — Optik,
4 — Verstärker,
5 — Motor,
6 — Abtast- (Scanner-) Spiegel,
7 — Magnetbandrecorder,
8 — Katodenstrahloszillograph,
9 — Film,
H — Höhe über Boden,
10 — Abtastachse,
11 — Bewegungsrichtung,
θ — Schwenkwinkel,
φ — Auflösungswinkel,
V — Bewegungsgeschwindigkeit

werden sollen. Die thermische Auflösung, d. h. die kleinste, noch nachweisbare Temperaturdifferenz, beträgt z. Z. für handelsübliche Thermographiegeräte etwa 0,1 ... 0,2 K bei einer Objekttemperatur von 30 °C.

Die Wahl des Meßzeitpunktes richtet sich nach der Art der nachzuweisenden Anomalien. Zum Erfassen exogener Anomalien, das sind solche, die durch die Wirkung des zeitlich veränderlichen Einflusses einer äußeren Quelle induziert werden, ist die Zeit nach Sonnenuntergang günstig (maximaler Temperaturkontrast, keine verfälschenden Reflexionen, aber instabile Temperaturverhältnisse). Häufig werden wegen der besseren Temperaturstabilität die späten Nacht- bzw. frühen Morgenstunden vorgezogen, obgleich während dieser Zeit ein geringerer Temperaturkontrast vorhanden ist. Bei der Lokalisierung von Gebieten mit erhöhter Feuchte sind Aufnahmen im kurzwelligen Bereich nach Sonnenhöchststand am günstigsten, da während dieser Zeit geringe Oberflächentemperatur, reduziertes Remissionsvermögen und erhöhte Verdunstung in den Feuchtegebieten gleichsinnig auf die IR-Aufnahme wirken. — Für den Nachweis endogener Anomalien, das sind solche, die unabhängig von äußeren Einflüssen zustandekommen, Anomalien des terrestrischen Wärmestromes und des konvektiven Wärmetransportes darstellen bzw. auf das Vorhandensein von Wärmequellen und -senken zurückzuführen sind, bestehen die besten Bedingungen vor Sonnenaufgang. Zu dieser Zeit ist die tagsüber gespeicherte Energie weitestgehend abgestrahlt, und die Temperaturverhältnisse sind stabil (Gebhardt, 1981).

Bei Messungen in den frühen Morgenstunden ist auf Kaltlufteinflüsse und starke Änderungen der meteorologischen Bedingungen zu achten. Niederschläge gleichen Unterschiede der Oberflächentemperatur aus und haben z. T. eine längere Nachwirkung.

2.3.2.4.2. Darstellung der Meßergebnisse und Grundlagen der Auswertung

Üblicherweise werden Wärmebildaufnahmen als Grautonbilder wiedergegeben. Dabei erscheinen in der Normalwiedergabe Gebiete hoher Strahldichte hell, in der inversen Wiedergabe dunkel. Das Thermogramm ist in Kontrast und Helligkeit regelbar. Gestattet es der Gerätetyp, frei wählbare Isolinien gleicher Strahldichte in das Thermogramm einzublenden, so kann das Thermogramm mit einem Thermoprofil kombiniert werden. Die Speicherung der Thermogramme erfolgt vorwiegend auf Photomaterial und für Spezialaufgaben auf Magnetband. Zur Aufbereitung des Bildmaterials wird es durch Äquidensitendarstellungen (Abb. 2.37), Kontrastregulierungen und andere Verfahren der Bildbearbeitung ergänzt, wie sie beispielsweise aus der Multispektralphotographie bekannt sind. Zunehmend gewinnt auch die rechnerische Bearbeitung elektronisch gespeicherter Thermogramme an Bedeutung zur Verbesserung des Auswerteprozesses.

2.3.2.4.3. Anwendungen

Die Wärmebildtechnik kann erfolgreich für geophysikalische Übersichts-messungen zur strukturellen und substantiellen Erkundung des oberflächennahen Bereiches sowie bei der Lösung spezieller Probleme des

a)

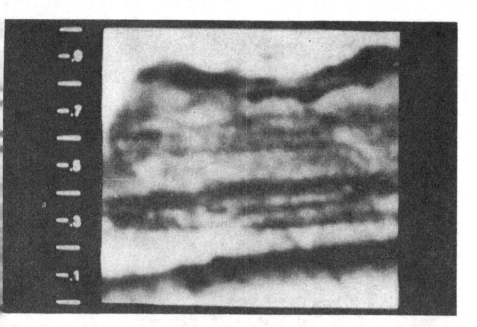

b)

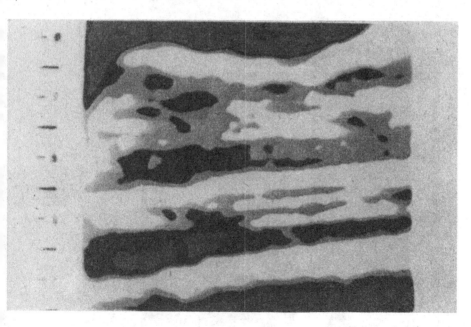

c)

Abb. 2.37. Anschnitt einer Böschung — schluffiger Sand (nach MILITZER; GEBHARDT, 1980)

a) VIS-Photographie,
b) Tagesthermogramm (Strahlungseinfluß ungefiltert); dunkel: Querstrukturen erhöhter Feuchte und Kiesschicht im Hangenden,
c) Äquidensitendarstellung des Thermogramms 2.37b (Klassenbreite willkürlich)

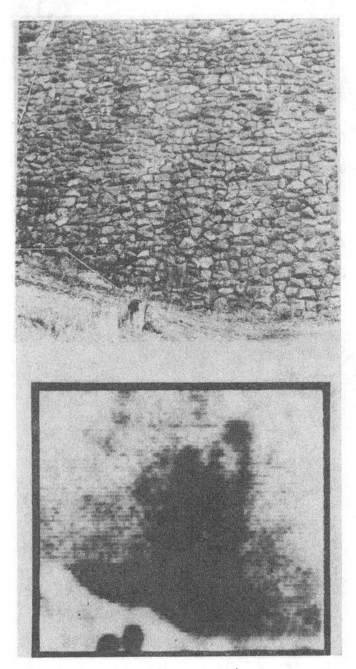

Abb. 2.38. Luftseitige Ansicht eines Staumauerbereiches (nach, MILITZER; GEBHARDT, 1982)
a) VIS-Photographie,
b) Tagesthermogramm, dunkel: Gebiet mit sickerungsbedingtem Wasserfilm

Ingenieur- und Bergbaus eingesetzt werden. Insbesondere bezieht sich dies auf

— Untersuchungen vulkanisch und geothermisch aktiver Gebiete (Lokalisierung endogener Anomalien),
— lithologisch-stratigraphische Untersuchungen, speziell zur Abgrenzung lithologischer Einheiten z. B. mit unterschiedlicher thermischer Trägheit infolge verschiedener mineralischer Zusammensetzung oder Porositäten (Bimssteinkartierung, Differenzierung zwischen nichtporösem Festgestein und unverfestigtem Lockermaterial; RJABUCHIN, 1973),
— Arbeiten zur regionalen Strukturerkundung — speziell, wenn es sich um Struktursituationen handelt, die durch unterschiedliche thermische Trägheit gekennzeichnet oder mit Störungen der Migration des Grundwassers, mit Grundwasserhochständen bzw. dem Auftreten von Quellen verbunden sind. Wirksam werden vor allem Anomalien im hydrogeologischen Regime des Oberflächenbereiches.
— Arbeiten im Nahbereich, z. B. zur Lokalisierung wasserstauender Horizonte in Böschungen (Abb. 2.37), von Naßstellen im Vorfeld und auf Arbeitsebenen von Braunkohlentagebauen, zur Naherkundung und Überwachung radioaktiver oder chemisch wärmeproduzierender Erze und Industrieprodukte, zur Unterläufigkeits- und Dichtigkeitskontrolle von Staubauwerken (Talsperren, Dämme, Deiche) (Abb. 2.38) sowie zur Abgrenzung von Lösern und Gebirgsauflockerungen (GEBHARDT, 1981).

Abb. 2.37 ist ein Beispiel der thermographischen Böschungsbeobachtung zu entnehmen. Es handelt sich um einen Deckgebirgsanschnitt, der im wesentlichen durch schluffige Feinsande und eine Kieslage im Hangenden gekennzeichnet ist. In der Vergangenheit war dieser Anschnitt durch intensive Wasseraustritte gekennzeichnet, die aber witterungsbedingt ihre Aktivität eingestellt hatten. Zur Klärung der Frage, ob sich im Gebirge noch Horizonte mit erhöhter Restfeuchte befinden, wurde das wiedergegebene Thermogramm aufgenommen. Es zeigt eine Reihe von Querstrukturen, die im Visuellen nicht mit Sicherheit ausgehalten werden können und als Bereiche erhöhter Feuchtigkeit interpretiert werden müssen.

Abb. 2.38 bestätigt die Leistungsfähigkeit der Thermographie bei der Kontrolle von Staubauwerken auf Dichtigkeit. Durch- bzw. Umläufigkeiten der Abschlußbauwerke von Stauanlagen führen luftseitig zu Wasseraustritten. Dabei bleiben im Falle ausreichend hoher Sickergeschwindigkeiten zwischen Wasser und Mauer bestehende Temperaturkontraste weitgehend erhalten. Die in Abb. 2.38 dargestellte Staumauer weist nur eine geringe Durchsickerung auf, durch die sich luftseitig ein Wasserfilm bildet, der verdunstungsbedingt im Thermogramm dunkel erscheint.

Weitere geowissenschaftliche Anwendungsgebiete für thermographische Arbeiten sind in

— der Glaziologie
zur Erkundung von Schelfeisgebieten,
zur Lokalisierung von Rissen und Eisspalten unter Schneebedeckung,
zur Ermittlung und Abgrenzung von Wasserflächen in Eisgebieten,

— der Hydrogeologie und Meereskunde
zur Strukturerkundung in marinen Bereichen,
zur hydrogeologischen Differenzierung des Uferbereiches,
zur Festlegung der aktuellen Land-Wasser-Grenze,
zur Erfassung von Meeresströmungen,
— der Klimatologie und Meteorologie
zur Untersuchung des Wärmehaushaltes ausgewählter Gebiete,
zur Analyse mikroklimatischer Situationen.

2.4.   Literatur

AIGNER, H.: unveröffentlichter Bericht, Inst. f. Geophysik der Montanuniv. Leoben/Österreich, 1982.

ARAKAWA, S.: The quick thermal conductivity meter Shoterm QTM. Vortrag Symp. Geothermik u. geoth. Energiegewinnung; Budapest 1980.

BASTUSCHEK, C. P.: Ground temperature and thermal infrared. Photogram. Eng., Washington 36 (1970) 10, S. 1064—1071.

BECK, A. E.: A steady state method of rapid measurement of the thermal conductivity of rocks. J. of Sci. Instrum., London 34 (1957), S. 186—189.

BECK, A. E.: Techniques of measuring heat flow on land. In: LEE, H. K. (ed): Terrestrial heat flow, AGU Geoph. Mon. Ser., Washington 8 (1965), Kap. 3.

BECK, A. E.; JAEGER, J. C.; NEWSTEAD, G. N.: The measurement of the thermal conductivity of rocks by observations in boreholes. Australian J. Phys., Melbourne 9 (1956), S. 280—296.

BEHRENS, J.; ROTERS, B.; VILLINGER, H.: In situ determination of thermal conductivity in cased drill holes. In: STRUB, A. S.; UNGEMACH, P. (eds.): Advances in European Geothermal Research. Proc. 2-nd Int. Sem. Strasbourg 1982, Reidel Publ. Comp., Dordrecht—Boston—London, S. 525—534.

BEIN, E.: Ergebnisse von Drehwaagemessungen an der Mitteldeutschen Hauptlinie (Abbruch von Wittenberg). Z. f. Angew. Geol., Berlin 7 (1961), S. 396—403.

BENFIELD, A. E.: Terrestrial heat flow in Great Britain. Proc. Roy. Soc., London, A 173 (1939), S. 428—450.

BIRCH, F.: Heat from radioactivity. In: FAUL, H. (ed): Nuclear Geology. Wiley and Sons, New York, 1954, S. 148—174.

BIRCH, F.: Thermal considerations in deep disposal of radioactive wastes. Nat. Acad. Sci. Nat. Res. Counc. Publ., New York 588 (1958) 21.

BULLARD, E. C.: The disturbance of the temperature gradient in the earth's crust by inequalities of height. Mon. Not. Roy. Astr. Soc., Geoph. Suppl., London 4 (1940), S. 360—362.

BULLARD, E. C.: The time nessecary for a borehole to attain temperature equilibrium. Mon. Not. Roy. Astr. Soc., Geoph. Suppl., London 5 (1947), S. 127—130.

BULLARD, E. C.: The flow of heat through the floor of the Atlantic Ocean. Proc. Roy. Soc., London A 222 (1954), S. 408—429.

BUNTEBARTH, G.: Geophysikalische Untersuchungen über die Verteilung von Uran, Thorium und Kalium in der Erdkruste sowie deren Anwendung auf Temperaturberechnungen für verschiedene Krustentypen. Dissertation TU Clausthal, Clausthal-Zellerfeld 1975.

BUNTEBARTH, G.: Geothermie. Springer-Verlag, Berlin(W)—Heidelberg—New York 1980, 150 S.

CARSLAW, H. S.; JAEGER, J. C.: Conduction of heat in solids. 2nd. ed., Clarendon press, Oxford 1959, 510 S.

ČERMAK, V.: Heat flow map of Europe. In: ČERMAK, V.; RYBACH, L. (eds.): Terrestrial heat flow in Europe. Springer-Verlag, Berlin(W)—Heidelberg—New York 1979, S. 3—40.

ČERMAK, V.; HAENEL, R. (Hrsg.): Geothermics and Geothermal Energy. E. Schweizerbart-sche Verlagsbuchhandlung, Stuttgart 1982, 229 S.

ČERMAK, V.; HURTIG, E.: Heat flow map of Europe. Beilage zu: ČERMAK, V.; RY-BACH, L. (eds.): Terrestrial heat flow in Europe. Springer-Verlag. Berlin(W)—Heidel-berg—New York 1979.

CHAPMAN, D. S.; POLLACK, H. N.: Global heat flow: a new look. Earth Planet. Sci. Lett., Amsterdam 28 (1975), S. 23—32.

CHAPMAN, D. S.; POLLACK, H. N.; ČERMAK, V.: Global heat flow with the special reference to the region of Europe. In: ČERMAK, V.; RYBACH, L. (eds.): Terrestrial heat flow in Europe. Springer-Verlag, Berlin(W)—Heidelberg—New York, 1979, S. 41—48.

CONAWAY, J. G.; BECK, A. E.: Fine-scale relation between temperature gradient logs and lithology. Geophysics, Tulsa 42 (1977) 7, S. 662—681.

DE BREMAECKER, J. C.: Temperatures in a convecting upper mantle. Tectonophysics, Am-sterdam 21 (1974), S. 1—13.

DELISLE, G.: Berechnungen zur raumzeitlichen Entwicklung des Temperaturfeldes um ein Endlager für mittel- und hochaktive Abfälle in einer Salzformation. Z. dt. geol. Ges., Stuttgart 131 (1980) 2, S. 461—482.

FERTL, W. H.; WICHMANN, P. A.: How to determine static BHT from well log data. World Oil, Houston/Texas (1977) Jan., S. 105—106.

GEBHARDT, A.: Thermographie — Anwendung bei der geophysikalischen Naherkundung. Freiberger Forschungshefte C 367, Leipzig (1981) 84 S.

GEBRANDE, H.: Ein Beitrag zur Theorie thermischer Konvektion im Erdmantel mit besonderer Berücksichtigung der Möglichkeit eines Nachweises mit Methoden der Seismologie. Dissertation, München 1975.

GEERTSMA, I.: Finite-element analysis of shallow temperature anomalies. Geoph. Prosp., The Hague 19 (1971) 4, S. 662—681.

HAENEL, R.: Heat flow measurements in Ionian Sea with a new heat flow probe. Meteor Forschungsergebnisse, Berlin (BW) C 11 (1972), S. 105—108.

HAENEL, R.: A critical review of heat flow measurements in sea and lake bottom sediments. In: ČERMAK, V.; RYBACH, L. (eds.): Terrestrial heat flow in Europe. Springer-Verlag, Berlin(W)—Heidelberg—New York 1979, S. 49—73.

HAENEL, R. (Hrsg.): The Urach Geothermal Projekt (Svabian Alb-Germany). E. Schweizer-bart'sche Verlagsbuchhandlung, Stuttgart 1982, 419 S.

HAENEL, R.; GUPTA, M. (Hrsg.): Results of the first Workshop on Standards in Geother-mics. E. Schweizerbart'sche Verlagsbuchhandlung, Stuttgart 1983, 184 S.

INGERSOLL, L. R.; ZOBEL, O. J.: An introduction to the mathematical theory of heat conduction. Ginn + Co, Boston 1913.

JAEGER, J. C.: Pulsed surface heating of a semi-infinite solid. Quart. Appl. Math. Provinced USA (1953), S. 132—137.

JAKOSKY, J. C.: Exploration geophysics. Trija Publ. Comp, Los Angeles 1950, S. 976.

JANSCHEK, H.: unveröffentlichter Bericht, Inst. f. Geophysik der Montanuniv. Leoben/ Österreich, 1980.

JEFFREYS, H.: The disturbance of the temperature gradient in the earth's crust by in-equalities of height. Mon. Not. Roy. Astron. Soc., Geophys. Suppl., London 4 (1940), S. 309—312.

JESSOP, A. M.; HOBART, M. A.; SCLATER, J. G.: The world heat flow data collection 1975. Geothermal Service of Canada, Geotherm. Ser. 5 (1976) 125.

KAPPELMEYER, O.: The use of near surface temperature measurements for discovering anomalies due to causes at depth. Geophys. Prosp., The Hague 5 (1957) 3, S. 239—258.

KAPPELMEYER, O.: Implication of heat flow studies for geothermal energy prospects. In: ČERMAK, V.; RYBACH, L. (eds.): Terrestrial heat flow in Europe. Springer-Verlag Berlin (W)—Heidelberg—New York 1979, S. 126—135.

KAPPELMEYER, O.; HAENEL, R.: Geothermics with special reference to application. Gebr. Bornträger, Berlin—Stuttgart 1974.

KRČMAŘ, B.: Anwendungen der Geothermie bei der geologischen Prospektion. Freiberger Forschungshefte C 238, Leipzig (1968), S. 45—53.

KRISCHER, O.; ESDORN, H.: Die Wärmeübertragung in feuchten, porigen Stoffen verschiedener Struktur. Forsch. a. d. Gebiet d. Ingenieurwesens, Berlin, Düsseldorf 22 (1956) 1, S. 1—8.

KUTAS, R. I.: Pole teplovych potokov i termičeskaja model' zemnoj kory. Naukova dumka, Kiev 1978.

LACHENBRUCH, A. H.; BREWER, M. C.: Dissipation of the temperature effect of drilling a well in Arctic Alasca. U.S. Geol. Surv. Bull., Washington 1083 C (1959), S. 73—109.

LACHMAYER, K.: Temperaturen aus Tiefbohrungen im Wiener Becken. Erdöl-Erdgas-Zeitschr., Wien, Hamburg 92 (1976) 9, S. 287—290.

LANGSETH, M. G.: Techniques of measuring heat flow through the ocean floor. In: LEE, W. H. K. (ed.): Terrestrial heat flow. AGU Geoph. Mon. Ser., Washington 8 (1965), S. 58—77.

LEBLANC, Y.; PASCOE, L. J.; JONES, F. W.: The temperature stabilization of a borehole. Geophysics, Tulsa 46 (1981) 9, S. 1301—1303.

LEE, W. H. K.; UYEDA, S.: Review of heat flow data. In: LEE, W. H. K. (ed.): Terrestrial heat flow. AGU Geoph. Mon. Ser., Washington 8 (1965), S. 87—190.

LEYST, E.: Untersuchungen über die Bodentemperatur in Königsberg. Schr. d. phys.-ökonom. Ges. Königsberg 33 (1892), S. 1—67.

LISTER, C. R. B.: Measurements of in situ sediments conductivity by means of a Bullard-type probe. Geoph. J. Roy. Astron. Soc., Oxford u. a. 19 (1970), S. 521—532.

LUBIMOVA, E. A.; ALEKSANDROV, A. L.; DUČKOV, A. D.: Metodika izučenija teplovych potokov čerez dno okeanov. Izd. „Nauka", Moskva, 1973.

McDONALD, W. J.: Steady state and transient wellbore temperatures during drilling. U.S. Dept. of Energy TID-28777 (1976), 33 S.

McKENZIE, D. P.; ROBERTS, J. M.; WEISS, N. O.: Numerical models of convection in the Earth's mantle. Tectonophysics, Amsterdam 19 (1973), S. 89—103.

McKENZIE, D. P.; ROBERTS, J. M.; WEISS, N. O.: Convection in the Earth's mantle: towards a numerical simulation. J. Fluid Mech., London 62 (1974), S. 465—538.

MIDDLETON, M. F.: A model for bottom — hole temperature stabilisation. Geophysics, Tulsa 44 (1979) 8, S. 1458—1462.

MILITZER, H.; GEBHARDT, A.: Ergebnisse und Probleme des Einsatzes der Thermographie bei der geophysikalischen Erkundung des Nahbereiches im Ingenieur- und Bergbau. Freiberger Forschungshefte, C 368, Leipzig (1982) S. 79—99.

MILITZER, H.; GEBHARDT, A.: Thermographie in der geophysikalischen Naherkundung. Neue Bergbautechnik, Leipzig 10 (1980) 1, S. 5—8.

MILITZER, H.; SCHÖN, J.; STÖTZNER, U.; STOLL, R.: Angewandte Geophysik im Ingenieur- und Bergbau. VEB Dt. Verl. f. Grundstoffind., Leipzig, 1978, 318 S.

MUFTI, I.: Theoretische Untersuchungen zur Änderung des geothermischen Feldes bei der Einlagerung radioaktiver Abfälle im Salzgebirge. Dissertation, Techn. Univ. Clausthal—Zellerfeld (1966).

MUNDRY, E.: Über die Abkühlung magmatischer Körper. Geol. Jb., Hannover 85 (1968), S. 755—766.

NAFE, J. E.; DRAKE, C. C.: In: TALWANI, M.; SUTTON, G. H.; WORZEL, J.: A crustal section across the Puerto Rico Trench, J. Geoph. Res., Washington 64 (1959), S. 1548.

OELSNER, CHR.: Geothermische Oberflächenprospektion mittels IR-Strahlungstemperaturen. Habilitationsschrift, Bergakademie Freiberg 1969, unveröff.

OELSNER, CHR.: Verfahren und Anordnung zur geothermischen Prospektion, insbesondere an der Erdoberfläche. DDR-Patentschrift 75584 (1970).

OELSNER, CHR.: Possibilities and limitations of infrared surface geothermics. In: ADAM, A. (ed.): Geoelectric and Geothermal Studies (East Central Europe, Sovet Asia). Akademiai Kiado, Budapest (1976a), S. 25—37.

OELSNER, CHR.: Verfahren zum Nachweis und zur Lokalisierung von Hohlräumen in Gesteinsformationen. DDR-Patentschrift 119881 (1976b).

OELSNER, CHR.: Infrarotgeothermie — Eine neue effektive geophysikalische Erkundungsmethode. Publ. Inst. Geophys. Pol. Acad. Sci., Warszawa A-3 (103) (1977), S. 57—69.

OELSNER, CHR.: Anwendung der Infrarotoberflächengeothermie zur Erkundung von Hohlräumen. Freiberger Forschungshefte C 341, Leipzig (1979), S. 155—178.

OELSNER, CHR.: Grundlagen der Geothermik. Bergakademie Freiberg, 1982, 243 S.

OELSNER, CHR.; LEISCHNER, H.; PISCHEL, S.: Eine kalibervariable Sonde für Wärmeleitfähigkeitsmessungen in situ. Freiberger Forschungshefte C 232, Leipzig (1968), S. 119 bis 120.

OELSNER, CHR.; NEUBER, J.; WUNDERLICH, A.: Geothermischer Nachweis bergmännischer Hohlräume. Neue Bergbautechnik, Leipzig 7 (1977), S. 95—99.

OELSNER, CHR.; RÖSLER, R.: Vorrichtung und Verfahren zur geothermischen Bohrlochmessung. DDR-Patentschrift 204672 (1979).

OELSNER, CHR.; SIPPEL, V.: Wärmeleitfähigkeitsmessungen in situ. Neue Bergbautechnik, Leipzig 1 (1971) 9, S. 661—664.

OXBURGH, E. R.; RICHARDSON, S. W.; TURCOTTE, D. L.; HSUI, A.: Equilibrium bore hole temperatures from observation of thermal transients during drilling. Earth Planet. Sci. Let. 14 (1972), S. 47—49.

PARASNIS, D. S.: Temperature extrapolation to infinite time in geothermal measurements. Geoph. Prosp., The Hague 19 (1971) 4, S. 612—614.

PAUL, M.: Erfahrungen mit einem neuen geothermischen Aufschlußverfahren. Z. f. Geophysik, Würzburg 15 (1939), S. 88—93.

PHILIP, J. R.: The theory of heat flux meters. J. Geoph. Res., Washington 66 (1961) 2, S. 571—579.

POLEY, J. PH.; VAN STEVENINCK, I.: Geothermal prospecting — Delineation of shallow salt domes and surface faults by temperature measurements at a depth of approximate 2 metres. Geoph. Prosp., The Hague 18 (1970), S. 666—700.

POLJAK, B. G.; SMIRNOV, JA. B.: Svjaz glubinogo teplovogo potoka s tektoničeskim stroeniem kontinentov. Geotektonika, Moskva (1968) 4, S. 48—52.

RAWSON, D. E. et al.: Heat flow transducer for thermal surveys. US-Patentschr. 3808889 (1974).

RAYLEIGH, J. W. S.: On convection currents in a horizontal layer of fluid, when the higher temperature is on the under side. Philos. Mag., London VI Ser. 32 (1916), S. 529—546.

RICHTER, F. M.: Dynamical models for sea floor spreading. Rev. Geoph. Space Phys., Washington 11 (1973), S. 232—287.

RIZZI, P.: Geothermische Messungen im Bleiberger Grubenrevier — Kärnten. Carinthia II, Klagenfurt 160/80 (1970), S. 45—54.

RJABUCHIN, A. G.: Special'nye metody distancionnogo izučenija zemli dlja geologičeskich celej. Izv. vysš. uč. zav., geol. zazv. (1973) 7, S. 140—149.

RÖSLER, R.; LÖSCH, W.: Die Temperaturanomalie an der Oberfläche eines Halbraumes mit eingelagertem zylindrischen und kugelförmigen Störkörper. Acta Geod. Geophys. et Montanist. Acad. Sci. Hung., Tomus 12(4) (1977), S. 437—450.

RYBACH, L.: Wärmeproduktionsbestimmungen an Gesteinen der Schweizer Alpen. Beitr. 7. Geol. d. Schweiz. Geotechn. Serie, Lieferung 51, Zürich (1973), 43 S.

RYBACH, L.; MUFFLER, L. J. P. (Hrsg.): Geothermal Systems: Principles and Case Histories. John Wiley and Sons, Chichester, New York, Brisbane and Toronto 1980, 336 S.

RYBACH, L.; STEGENA, L. (Hrsg.): Geothermics and Geothermal Energy. Birkhäuser-Verlag, Basel und Stuttgart 1979, 341 S.

RZEVSKIJ, V. V.; NOVIK, G. J.: Osnovy fiziki gornych porod. Izdat. „Nedra", Moskva 1973, 285 S.

SCHMIDT, A.: Theoretische Verwertung der Königsberger Bodentemperaturbeobachtungen. Schr. d. phys.-ökonom. Ges. Königsberg 32 (1891), S. 97—168.

SCHÖN, J.: Ein Beitrag zur Klassifizierung und Systematik petrophysikalischer Parameter. Neue Bergbautechnik, Leipzig 1 (1971) 1, S. 2—10.

SCHÖN, J.: Ein Gesteinsmodell zur Berechnung petrophysikalischer Parameter. Freiberger Forschungshefte C 299, Leipzig (1974), 60 S.

SCHÖN, J.: Petrophysik — Physikalische Eigenschaften von Gesteinen und Mineralen. Akademie Verlag, Berlin 1983, 405 S.

SCHUSTER, K.: Methodische und apparative Entwicklungen geothermischer Verfahren für Anwendungen im Bergbau und in der Tiefenerkundung. Freiberger Forschungshefte C 232, Leipzig (1968), S. 1—45.

SCLATER, J. G.; FRANCHETEAU, J.: The implications of terrestrial heat flow observations on current tectonic and geochemical models of the crust and the upper mantle of the Earth. Geoph. J. Roy. Astr. Soc., London 20 (1970), 5, S. 509—542.

SCOTT, R. W.; FOUNTAIN, A. J.; WEST, E. A.: A comparison of two transient methods of measuring thermal conductivity of particulate samples. Rev. Sci. Instr., New York 44 (1973) 8, S. 1058—1063.

STEINHARDT, J. S.; LINEHART, S. Z.: Calibration curves for thermistors. Deep-sea Research, London 15 (1968) 4, S. 497—503.

TAYLOR, J. I.; STINGELIN, R. W.: Infrared imagery to water resources studies. J. Hydraul. Div. A.S.C.E., New York 95 (1969) 1, S. 175—189.

THOMAS, J.; PEDEUX, I. P.; ARNAUD, C.: Thermal Infra-Red Technique applied to modern Investigation. Geoph. Prosp., The Hague 23 (1975) 3, S. 513—525.

TORRANCE, K. E.; TURCOTTE, D. L.: Thermal convection with large viscosity variations. J. Fluid. Mech., London, New York 47 (1971), S. 113—125.

VON HERZEN, R.; MAXWELL, A. E.: The measurement of thermal conductivity of deep sea sediments by a needle-probe method. J. Geoph. Res., Washington 10 (1959), S. 1557 bis 1563.

VON HERZEN, R.; UYEDA, S.: Heat flow through the Eastern Pacific Ocean floor. J. Geophys. Res., Washington 68 (1963) 14, S. 4219—4250.

WATSON, K.: Geologic applications of thermal infrared images. Proc. IEEE, Washington 63 (1975) 1, S. 128—137.

WOODSIDE, M.; MESSMER, R.: Thermal conductivity of porous media. I: unconsol. sands, II: consolidated rocks. J. Appl. Phys., Lancaster 32 (1961) 9, S. 1688—1699.

3.   Radiometrie und Kerngeophysik

K. Köhler

Die *radiometrischen Verfahren* beruhen auf der *natürlichen Radioaktivität* der Gesteine und deren Unterschieden, aus denen

— Gesteinsgrenzen,
— tektonische Störungen und Bewegungen,
— Vorkommen von radioaktiven Elementen

ermittelt werden können.

Die *kerngeophysikalischen Verfahren* beruhen auf der *Wechselwirkung* von Kernstrahlungen mit Gesteinen. Je nach ihren physikalischen oder chemischen Eigenschaften geben die Gesteine bei der Bestrahlung unterschiedliche Antworten, aus denen

— Gesteinsgrenzen,
— physikalische Eigenschaften (z. B. Dichte, Wassergehalt),
— Vorkommen von bestimmten chemischen Elementen

ermittelt werden können.

Die radiometrischen Verfahren können sehr vielseitig eingesetzt werden — bei der Analyse von Proben wie bei der allgemeinen Kartierung, bei tektonischen Untersuchungen wie bei ingenieurgeologischen Aufgaben, bei der Erkundung von radioaktiven wie von nicht-radioaktiven Rohstoffen. Die wichtigsten Anstöße zur Entwicklung der radiometrischen Verfahren gab die Kernenergiewirtschaft. Die Anwendung der radiometrischen Verfahren im Uranium-Bergbau — von der Kartierung und Suche über die Erkundung bis zur Gewinnung und Verarbeitung — hat einen hohen Stand erreicht. Sie ist das Vorbild für die weitere Entwicklung und breitere Einführung der kerngeophysikalischen Verfahren, die gegenwärtig noch vorwiegend in der Bohrlochmessung angewandt werden. Erst seit wenigen Jahren gibt es Versuche, auch im Bergbau auf nicht-radioaktive Erze und Nichterze die kerngeophysikalischen Verfahren durchgehend zu nutzen.

In der vorliegenden Darstellung werden die radiometrischen Verfahren etwas ausführlicher erläutert (Kap. 3.1. bis 3.5.). Zum Abschluß wird ein Überblick über die kerngeophysikalischen Verfahren (Kap. 3.6.) gegeben, wobei die Anwendungen außerhalb der Bohrlochmessung hervorgehoben werden.

3.1.   Physikalische Grundlagen

3.1.1.   Radioaktive Strahlung

Als *Radioaktivität* wird die spontane Umwandlung von Atomkernen unter
Aussendung von energiereicher Strahlung bezeichnet. Im Ergebnis entsteht
— manchmal erst über viele Zwischenstufen — ein stabiler Kern.

α-Strahlen

Bei der *α-Umwandlung* wird ein α-Teilchen (Heliumkern, $^4_2$He) ausgesandt.
Das Tochternuklid Y unterscheidet sich vom Mutternuklid X in der Ordnungszahl Z um 2 Einheiten und in der Massenzahl A um 4 Einheiten:

$$^A_Z X \to {}^{A-4}_{Z-2} Y + \alpha + E_{kin}. \tag{3.1}$$

α-Strahlen breiten sich in Stoff nahezu geradlinig aus. Durch Stöße mit
den Molekülen des Stoffes verlieren sie ihre kinetische Energie. Die Reichweite hängt von der Dichte und dem Bremsvermögen des Stoffes und von
der Energie der α-Teilchen ab. In Luft beträgt die Reichweite einige Zenti-
meter (Tab. 3.1), in festen Stoffen weniger als 0,1 mm (Tab. 3.1 und 3.2).

β-Strahlen

Bei der β⁻-Umwandlung werden ein β⁻-Teilchen (negatives Elektron) und
ein Antineutrino $\tilde{\nu}$ ausgesandt. Das Tochternuklid Y unterscheidet sich vom
Mutternuklid X in der Ordnungszahl Z um 1 Einheit; die Massenzahl A
bleibt unverändert:

$$^A_Z X \to {}^A_{Z+1} Y + \beta^- + \tilde{\nu} + E_{kin}. \tag{3.2}$$

β-Teilchen werden beim Durchgang durch Stoff häufig abgelenkt. Die
Reichweite kann deshalb nicht so gut definiert werden wie für α-Teilchen
(Tab. 3.3).
    Die Absorption von β-Teilchen kann näherungsweise durch eine Expo-
nentialfunktion beschrieben werden:

$$I = I_0\, e^{-\mu x}. \tag{3.3}$$

Dabei sind I_0 und I die Intensitäten vor und hinter dem Absorber, x die
Dicke des Absorbers und μ der lineare Absorptionskoeffizient. Die Schichtdicke wird zweckmäßig durch die Flächenmasse d ausgedrückt; sie ist das
Produkt $d = x\varrho$ aus Schichtdicke x und Dichte ϱ. Dann lautet das Absorptionsgesetz:

$$I = I_0\, e^{-\frac{\mu}{\varrho} d}. \tag{3.4}$$

Hierbei ist μ/ϱ der Massenabsorptionskoeffizient (Tab. 3.4).
    Mit Hilfe der Absorptionskoeffizienten können die Halbwertsdicken
definiert werden, von denen die einfallende Strahlung zur Hälfte absorbiert

wird:

$$x_{1/2} = \ln 2/\mu = 0{,}693/\mu;\tag{3.5}$$

$$d_{1/2} = \ln 2/(\mu/\varrho) = 0{,}693/(\mu/\varrho).\tag{3.6}$$

Tabelle 3.1. Reichweite von α-Teilchen in Luft und in Aluminium (nach PRUTKINA; ŠAŠKIN, 1975)

Energie MeV	Reichweite		Energie MeV	Reichweite	
	Luft cm	Al µm		Luft cm	Al µm
4,0	2,5	16	7,5	6,6	43
4,5	3,0	20	8,0	7,4	48
5,0	3,5	23	8,5	8,1	53
5,5	4,0	26	9,0	8,9	58
6,0	4,6	30	9,5	9,8	64
6,5	5,2	34	10,0	10,6	69
7,0	5,9	38			

Tabelle 3.2. Reichweite von α-Teilchen in Mineralen (nach BARANOV, 1957)

Mineral	Dichte g/cm³	Reichweite µm
Uraninit	9,0	19,1
Pechblende	7,0	22,8
Carnotit	4,1	31,6
Torbernit	3,5	36,5
SiO_2	2,65	38,3
$CaCO_3$	2,71	39,7
$BaSO_4$	4,50	42,7

Bei radioaktiven Mineralen beziehen sich die Reichweiten auf die vorherr-schenden Gruppen der α-Strahlen. Bei nicht-radioaktiven Mineralen sind die Reichweiten für die α-Strahlung von ^{214}Po (Radium C') berechnet.

Tabelle 3.3. Reichweite von monoenergetischen Elektronen (nach PRUTKINA; ŠAŠKIN, 1975)

Energie MeV	Reichweite		
	in Luft m	in Wasser mm	in Al mm
0,10	0,13	0,14	0,07
0,50	1,60	1,77	0,84
1,0	3,94	4,38	2,06
2,0	8,73	9,84	4,59
3,0	13,41	15,30	7,74

Tabelle 3.4. Massenabsorptionskoeffizienten für β-Strahlen
in Aluminium (nach PRUTKINA; ŠAŠKIN, 1975)

Nuklid	Energie in MeV	μ/ϱ in cm²/g
^{234}Th	0,100; 0,191	170
^{234m}Pa	0,982 ... 2,404	6,7
^{234}Pa	0,230 ... 1,020	100
^{214}Pb	0,590 ... 1,030	29
^{210}Pb	0,017; 0,063	2034
^{210}Bi	1,16	17

γ-Strahlen

Wenn der Tochterkern in einem angeregten Zustand entsteht, gelangt er durch einen γ-*Übergang* in den Grundzustand. Bei der Aussendung von γ-Quanten bleiben Ordnungszahl und Massenzahl unverändert.

Die Wechselwirkung von γ-Quanten (mit Energien bis 3 MeV) mit Stoff kann durch drei Prozesse erfolgen: Streuung an Elektronen (insbesondere COMPTON-Effekt), fotoelektrische Absorption (Foto-Effekt) und Paarbildung.

Die Schwächung von γ-Strahlen *in schmalen (kollimierten) Bündeln* wird durch ein Exponentialgesetz beschrieben:

$$I = I_0 \, e^{-\mu x}. \tag{3.7}$$

Die Symbole haben dieselbe Bedeutung wie in (3.3). Der Betrag des linearen Absorptionskoeffizienten μ hängt von der Energie der γ-Quanten und von dem Material des Absorbers ab. Wenn die Dicke des Absorbers durch die Flächenmasse $d = x\varrho$ ausgedrückt wird, lautet das Absorptionsgesetz

$$I = I_0 \, e^{-\frac{\mu}{\varrho} d}. \tag{3.8}$$

Der Massenabsorptionskoeffizient μ/ϱ hängt vorwiegend von der Energie der γ-Quanten und weniger von dem Material des Absorbers ab (Tab. 3.5 und 3.6).

Tabelle 3.5. Massenschwächungskoeffizienten für γ-Strahlung in Wasser (nach PRUTKINA; ŠAŠKIN, 1975)

Energie MeV	μ/ϱ cm²/g	Energie MeV	μ/ϱ cm²/g
0,10	0,167	0,80	0,079
0,20	0,136	1,0	0,071
0,30	0,118	1,5	0,058
0,40	0,106	2,0	0,049
0,50	0,097	3,0	0,040
0,60	0,090		

Bei den Zahlenwerten ist die kohärente Streuung nicht berücksichtigt.

Tabelle 3.6. Massenschwächungskoeffizienten für γ-Strahlung in Beton (nach PRUTKINA; ŠAŠKIN, 1975)

Energie MeV	μ/ϱ cm²/g	Energie MeV	μ/ϱ cm²/g
0,10	0,169	0,80	0,071
0,20	0,124	1,0	0,064
0,30	0,107	1,5	0,052
0,40	0,095	2,0	0,044
0,50	0,087	3,0	0,036
0,60	0,080		

Dichte des Betons 2,35 g/cm³.

Die Schwächung von γ-Strahlen *in breiten Bündeln* erfolgt wegen der Streuung der Quanten weniger schnell als nach dem einfachen Exponentialgesetz. In diesem Fall lautet das Absorptionsgesetz:

$$I = BI_0\, e^{-\mu d}. \tag{3.9}$$

Dabei ist B der Aufbau- oder Zuwachsfaktor (build-up-factor), der den Einfluß der Streuung berücksichtigt. Er ist größer als Eins. Der Betrag des Zuwachsfaktors hängt in komplizierter Weise von der Energie der γ-Quanten, von dem Stoff des Absorbers und von den geometrischen Verhältnissen der Messung ab (Zahlenwerte z. B. bei PRUTKINA; ŠAŠKIN, 1975).

Tabelle 3.7. Schwächung von γ-Strahlen in breiten Bündeln (nach BARANOV, 1957)

Energie MeV	Stoff	Schichtdicke (in cm) zur Schwächung der Strahlung auf $1/n$				
		$n = 2$	$n = 10$	$n = 100$	$n = 10^3$	$n = 10^6$
1	Luft	$1,44 \cdot 10^4$	$4,18 \cdot 10^4$	$7,70 \cdot 10^4$	$1,10 \cdot 10^5$	$2,05 \cdot 10^5$
	Wasser	16,7	48,6	89,5	128	239
	Beton	8,1	23,6	43,4	62,2	116
	Eisen	2,49	7,22	13,31	19,08	35,63
	Blei	1,40	4,23	8,11	11,91	23,12
2	Luft	$2,37 \cdot 10^4$	$7,12 \cdot 10^4$	$1,33 \cdot 10^5$	$1,92 \cdot 10^5$	$3,63 \cdot 10^5$
	Wasser	27,6	82,8	155	224	423
	Beton	13,4	40,3	75,5	109	206
	Eisen	3,61	11,11	21,0	30,46	57,68
	Blei	2,15	6,88	13,27	19,45	37,26
3	Luft	$3,08 \cdot 10^4$	$9,45 \cdot 10^4$	$1,79 \cdot 10^5$	$2,61 \cdot 10^5$	$4,96 \cdot 10^5$
	Wasser	35,9	110	209	304	578
	Beton	17,3	53,3	101	147	279
	Eisen	3,77	12,14	23,54	34,52	66,08
	Blei	1,76	5,98	12,19	18,35	36,13

Die Angaben beziehen sich auf Luft bei Normaldruck, auf Wasser bei 2°C und auf Beton mit der Dichte 2,3 g/cm³.

Einige Zahlenwerte für die Schwächung der γ-Strahlung in breiten Bündeln sind in Tab. **3.7** angegeben.

Die Schwächung der γ-Strahlung der Uranium-Familie in breiten Bündeln ist in Abb. **3.1** dargestellt. Aus dem Diagramm kann für den Massenabsorptionskoeffizienten der Näherungswert $\mu/\varrho = (0{,}030 \pm 0{,}003)$ cm²/g abgelesen werden.

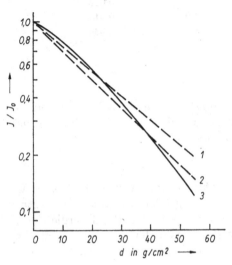

Abb. 3.1. Schwächung von γ-Strahlung in breiten Bündeln (nach ALEKSEEV, 1957)

1, 2 — Exponentialfunktionen mit $\mu/\varrho = 0{,}030$ cm²/g und $\mu/\varrho = 0{,}035$ cm²/g
3 — experimentelle Ergebnisse

3.1.2. Strahlungsmessung

Bei dem Durchgang durch Stoff bewirken radioaktive Strahlen hauptsächlich eine *Ionisierung* und *Anregung*. Diese Wirkungen können zum Nachweis und zur Messung der Strahlen ausgenutzt werden.

In der geophysikalischen Erkundung sind Strahlungsmeßgeräte mit Auslösezählrohren oder Szintillationszählern am meisten verbreitet. *Auslösezählrohre* sind relativ billig; die Hochspannung erfordert keine besonders gute Stabilisierung. Das Ansprechvermögen für α- und β-Teilchen ist nahezu 100%. Für γ-Strahlung beträgt es nur 1...3%. *Szintillationszähler* zeichnen sich durch ein wesentlich größeres Ansprechvermögen für γ-Strahlung aus; es hängt von der Größe des Kristalls und der Energie der einfallenden Strahlung ab und kann schon bei kleinen Kristallen 50% und mehr betragen. Dadurch ist bei γ-Aufnahmen eine beträchtliche Verkürzung der Meßzeiten bei gleicher Genauigkeit möglich. Die Höhe des Spannungsimpulses am Ausgang des Sekundärelektronenvervielfachers (SEV) ist proportional der im Kristall absorbierten Energie des Teilchens. Szintillationszähler eignen sich deshalb auch für die Spektrometrie. Nachteile der Szintillationszähler sind die Empfindlichkeit von Kristall und SEV gegen mechanische Beanspruchung und die erforderliche gute Stabilisierung der Hochspannung.

Halbleiter-Detektoren werden besonders für die γ-Spektrometrie benutzt. Sie erreichen ein energetisches Auflösevermögen von 1...0,5%, während Szintillationszähler nur etwa 10% aufweisen. Nachteile des Halbleiter-Detektors sind die notwendige Kühlung und (wegen der Kleinheit der Kristalle) das geringe Ansprechvermögen. Trotz dieser Einschränkungen werden Halbleiter-Detektoren bereits in tragbaren Geräten und in Bohrloch-meßgeräten eingesetzt.

Bis in die jüngste Zeit haben *Ionisationskammern* eine große Rolle gespielt. Sie dienen vor allem zur Messung des Radongehaltes der Bodenluft (α-Aufnahme, Emanometrie). Ihre Vorteile sind die einfache Handhabung und die hohe mechanische und elektrische Stabilität. Für die α-Aufnahme verwendet man seit einiger Zeit *Festkörper-Spurdetektoren*. Ihre Handhabung im Gelände ist recht einfach. Die Behandlung nach der Exposition (Ätzen, Auszählen der Ätzspuren) ist umständlich, kann aber weitgehend mechanisiert und automatisiert werden. Auch Halbleiter-Detektoren werden für α-Messungen verwendet.

Die *Meßgrößen* im physikalischen Sinne sind die Teilchenflußdichte, die Energieflußdichte, das Energiespektrum, die Aktivität oder andere Größen. In der geophysikalischen Erkundung führt man häufig die Messungen so durch, daß eine bestimmte Strahlung (z. B. γ-Strahlung) unter gleichbleibenden Bedingungen im Gelände gemessen und das Meßergebnis auf eine bestimmte Basis (z. B. die γ-Strahlung des Halbraumes mit bekanntem Uraniumgehalt oder die γ-Strahlung eines Radium-Präparates) bezogen wird. Daher wird zwischen den Meßgrößen nicht streng unterschieden, sondern meistens vereinfachend von der *Intensität* der Strahlung gesprochen. Diese Vereinfachung ist kein Mangel, solange die Meßbedingungen definiert und reproduzierbar sind und die Anzeigen verschiedener Geräte durch *Kalibrierung* (s. Kap. 3.5.1.2.) untereinander verglichen werden können.

In der Geophysik wird oftmals die Intensität der γ-Strahlung in Einheiten der Expositionsleistung ausgedrückt. Die Expositionsleistung ist durch die ionisierende Wirkung der γ-Strahlung definiert und kann deshalb mit solchen Detektoren wie Zählrohren oder Szintillatoren eigentlich gar nicht oder nur näherungsweise gemessen werden. Hierüber muß man sich klar sein. Die SI-Einheit der Expositionsleistung ist das Ampère je Kilogramm. Zu der SI-fremden Einheit Mikroröntgen je Stunde besteht die Beziehung

$$1 \ \mu R/h = 0{,}72 \cdot 10^{-13} \ A/kg.$$

Über die Technik der Messung von ionisierender Strahlung gibt es eine reiche Literatur, so daß hier auf weitere Darlegungen verzichtet werden kann (KMENT; KUHN, 1960; HERTZ, 1966; HARTMANN, 1969; STOLZ, 976/78; HERFORTH et al., 1981; LEONHARDT, 1982).

3.1.3.   Kinetik

3.1.3.1.   Ein Nuklid

Die Intensität I der Strahlung eines radioaktiven Nuklids nimmt mit der Zeit t exponentiell ab:

$$I = I_0 e^{-\lambda t} \quad \text{mit} \quad I_0 = I(t = 0). \tag{3.10}$$

Entsprechend nimmt die Zahl der Atome N ab:

$$N = N_0 e^{-\lambda t} \quad \text{mit} \quad N_0 = N(t = 0). \tag{3.11}$$

Diese Beziehung heißt *Umwandlungsgesetz* oder *kinetische Gleichung*.

Die Konstante λ ist für jedes Nuklid charakteristisch und heißt *Umwandlungskonstante* (früher: Zerfallskonstante).

Die Umwandlungsrate dN/dt (Umwandlungsgeschwindigkeit)

$$\frac{dN}{dt} = -\lambda N_0\, e^{-\lambda t} = -\lambda N \tag{3.12}$$

ist proportional der Zahl der vorhandenen Atome.

Der reziproke Wert von λ ist die *mittlere Lebensdauer* τ. Sie ist die Zeitspanne, nach deren Ablauf das Verhältnis N/N_0 auf $1/e \approx 0{,}37$ abgeklungen ist.

Die *Halbwertszeit* $T = (\ln 2)/\lambda = 0{,}693/\lambda$ ist die Zeitspanne, nach deren Ablauf das Verhältnis N/N_0 auf $1/2$ abgeklungen ist.

Zwischen λ, τ und T besteht die Beziehung:

$$\lambda = 1/\tau = \ln 2/T. \tag{3.13}$$

Die Umwandlungskonstante ist von äußeren Bedingungen unabhängig, d. h., die Geschwindigkeit der radioaktiven Umwandlungen kann durch äußere Einwirkungen nicht beeinflußt werden. Hieraus ergibt sich die Möglichkeit der *absoluten Altersbestimmung* (RÖSLER; LANGE, 1975).

Der absolute Betrag der Umwandlungsrate (Umwandlungsgeschwindigkeit) wird als *Aktivität* A bezeichnet:

$$A = \left| \frac{dN}{dt} \right| = \left| \frac{\Delta N}{\Delta t} \right| = \lambda N. \tag{3.14}$$

Auch die Aktivität nimmt mit der Zeit exponentiell ab:

$$A = A_0\, e^{-\lambda t} \quad \text{mit} \quad A_0 = A(t = 0). \tag{3.15}$$

Einheit der Aktivität ist das Eins je Sekunde ($1/s$ oder s^{-1}) mit dem eigenen Namen *Becquerel* (Bq) und der Definition: das Becquerel ist die Aktivität, bei der sich in der Zeit von 1 Sekunde im Mittel 1 Atomkern eines radioaktiven Nuklids umwandelt;

$$1\ \text{Becquerel} = 1\ \text{Bq} = 1\ s^{-1}.$$

Die Schreibweise tps (transmutations per second) sollte vermieden werden. Ebenso ist richtig min^{-1} statt tpm zu schreiben usw.

In der Literatur wird noch häufig die SI-fremde Einheit Curie gebraucht. Es ist:

$$1 \text{ Curie} = 1 \text{ Ci} = 3{,}7 \cdot 10^{10} \text{ s}^{-1} = 37 \text{ GBq}.$$

Die Aktivität von Flüssigkeiten oder Gasen wird zweckmäßig auf das Volumen bezogen. Einheit ist das Becquerel je Kubikmeter oder je Liter. In der Geophysik sind die Konzentrationen des Radons lange Zeit in den Einheiten

$$1 \text{ Eman} = 1 \text{ Em} = 10^{-10} \text{ Ci/l} = 3{,}7 \text{ Bq/l}$$

und

$$1 \text{ Mache-Einheit} = 1 \text{ ME} = 3{,}64 \text{ Em} = 13{,}5 \text{ Bq/l}$$

angegeben worden.

Die Aktivität läßt sich berechnen, wenn die chemische Zusammensetzung, die Masse und die Umwandlungskonstante (Halbwertszeit) bekannt sind. Für ein reines Nuklid ist

$$A = \lambda N = \frac{\lambda m L}{A_r} = \frac{\lambda m}{A_r m_u}. \tag{3.16}$$

Dabei ist m die Masse des Nuklids in g, A_r die relative Atommasse, m_u die atomare Masseneinheit ($1{,}66 \cdot 10^{-24}$ g), L die LOSCHMIDTsche Zahl ($6{,}02 \times 10^{23}$ mol^{-1}).

Beispielsweise ist die Aktivität von $m = 1$ g Radium ($^{226}_{88}$Ra)

$$A = (36{,}6 \mp 0{,}7) \text{ GBq} \approx 1 \text{ Ci},$$

wenn die Halbwertszeit mit $T = (1\,600 \pm 30)$ a angesetzt wird.

3.1.3.2. Zwei Nuklide

Es mögen zwei Nuklide genetisch miteinander zusammenhängen (Mutternuklid: Index 1, Konstante λ_1; Tochternuklid: Index 2, Konstante λ_2). Dann bestehen die Differentialgleichungen

$$\frac{\mathrm{d}N_1}{\mathrm{d}t} = -\lambda_1 N_1, \tag{3.17}$$

$$\frac{\mathrm{d}N_2}{\mathrm{d}t} = -\lambda_2 N_2 + \lambda_1 N_1. \tag{3.18}$$

Die erste Gleichung hat die bekannte Lösung

$$N_1 = N_{1;0} \, \mathrm{e}^{-\lambda_1 t}. \tag{3.19}$$

Die zweite Gleichung hat die Lösung

$$N_2 = N_{2;0} \, \mathrm{e}^{-\lambda_2 t} + N_{10} \frac{\lambda_1}{\lambda_2 - \lambda_1} (\mathrm{e}^{-\lambda_1 t} - \mathrm{e}^{-\lambda_2 t}) = N_{2;2} + N_{2;1}. \tag{3.20}$$

Der erste Term der rechten Seite drückt die einfache Umwandlung der ursprünglich vorhandenen Menge $N_{2;0}$ des Tochternuklids aus. Der zweite

Term beschreibt die Zahl der Atome des Tochternuklids, die durch die Umwandlung des Mutternuklids gebildet (nachgeliefert) werden. Die Funktion der Nachlieferung

$$N_{2;1} = N_{1;0} \frac{\lambda_1}{\lambda_2 - \lambda_1} (e^{-\lambda_1 t} - e^{-\lambda_2 t})$$

(3.21)

hat ein Maximum und einen Wendepunkt.

Als Beispiel ist in Abb. 3.2 die Umwandlung von Blei-214 (Radium B) in Bismut-214 (Radium C) für die Bedingungen $N_{1;0} = 135$ und $N_{2;0} = 100$ dargestellt (Kinetik der Atomzahlen).

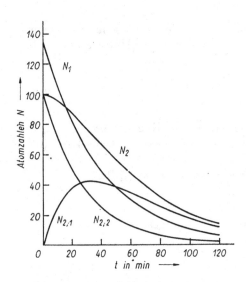

Abb. 3.2. Umwandlung von Blei-214 in Bismut-214. Kinetik der Atomzahlen

Entsprechend zeigt Abb. 3.3 die Kinetik der Aktivitäten. Die Anfangsaktivitäten sind $A_{1;0} = \lambda_1 N_{1;0} = 3{,}47 \text{ min}^{-1}$ und $A_{2;0} = \lambda_2 N_{2;0} = 3{,}47 \text{ min}^{-1}$. Zum Zeitpunkt $t = 0$ sind also in diesem Beispiel die Aktivitäten von Mutter- und Tochternuklid einander gleich (Abscheidung der Folgenuklide des Radons auf einem Blech, das in einer radonhaltigen Atmosphäre hängt).

Wenn sich das Mutternuklid wesentlich langsamer umwandelt als das Tochternuklid ($\lambda_1 < \lambda_2$), werden beide Nuklide nebeneinander bestehen, bis sie gänzlich umgewandelt sind (in das „Enkel"-Nuklid usw.). Wenn anfangs nur das Mutternuklid vorhanden ist ($N_{2;0} = 0$), ergibt sich für das Verhältnis N_2/N_1 nach hinreichend langer Zeit der Grenzwert:

$$\frac{N_2}{N_1} = \frac{\lambda_1}{\lambda_2 - \lambda_1} = \frac{T_2}{T_1 - T_2} = \text{const.}$$

(3.22)

Entsprechend erreicht das Aktivitätsverhältnis A_2/A_1 den Grenzwert:

$$\frac{A_2}{A_1} = \frac{\lambda_2}{\lambda_2 - \lambda_1} = \frac{T_1}{T_1 - T_2} = \text{const.}$$

(3.23)

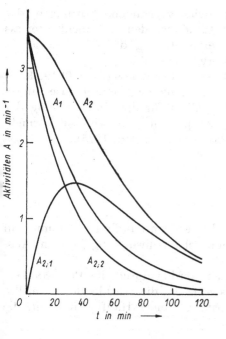

Abb. 3.3. Umwandlung von Blei-214 in Bismut-214. Kinetik der Aktivitäten

Die Aktivitäten von Mutter- und Tochternuklid stehen nach hinreichend langer Zeit — obwohl sie ständig abnehmen — in einem festen Verhältnis. Dieser Zustand wird *laufendes radioaktives Gleichgewicht* genannt. Er stellt sich nach einer Zeit ein, die von der Halbwertszeit des Tochternuklids bestimmt wird.

Wenn sich das Mutternuklid sehr langsam umwandelt ($\lambda_1 \ll \lambda_2$), so folgen die Grenzwerte

$$\frac{N_2}{N_1} = \frac{\lambda_1}{\lambda_2} = \frac{T_2}{T_1} = \text{const}. \qquad (3.24)$$

und

$$\frac{A_2}{A_1} = \text{const} = 1; \qquad (3.25)$$

also

$$A_1 = \lambda_1 N_1 = A_2 = \lambda_2 N_2. \qquad (3.26)$$

Dieser Zustand wird *ewiges* (säkulares, stationäres) *radioaktives Gleichgewicht* genannt.

Wenn Minerale nach ihrer Entstehung nicht durch geochemische Vorgänge angegriffen oder umgewandelt werden, befinden sich in ihnen die Nuklide der Umwandlungsfamilien im ewigen Gleichgewicht.

Das ewige Gleichgewicht stellt sich nach 5 bis 10 Halbwertszeiten des Tochternuklids mit der größten Halbwertszeit ein. Zwischen Thorium-230 (Ionium) und Radium-226 ($T = 1\,600$ a) ist nach $8\,000\ldots16\,000$ a Gleichgewicht vorhanden. Zwischen Uranium-238 und Thorium-230 ($T = 80\,000$ a) ist nach 400 000···800 000 a Gleichgewicht vorhanden. Störungen des Gleichgewichtes zwischen ^{230}Th und ^{226}Ra können demnach nicht älter als etwa 16 000 a sein. Entsprechend ist eine Störung des Gleichgewichtes zwischen ^{238}U und ^{230}Th nicht älter als etwa $0,8 \cdot 10^6$ a.

Die Differentialgleichungen (3.17, 3.18) und ihre Lösungen (3.19, 3.20) können auf den Fall erweitert werden, daß n Nuklide genetisch auseinander hervorgehen. Diese Erweiterung ist vor allem für die Untersuchung der kurzlebigen Niederschläge der Radon-Isotope von Interesse. Die Formeln sind in der Literatur zu finden (z. B. PRUTKINA; ŠAŠKIN, 1975).

3.1.4.   Statistik

Der statistische Charakter der radioaktiven Umwandlungen kommt in Schwankungserscheinungen (SCHWEIDLERsche Schwankungen) zum Ausdruck (MEYER; SCHWEIDLER, 1927).

Die SCHWEIDLERschen Schwankungen werden durch die POISSON-Verteilung beschrieben. Das Meßergebnis x (z. B. die Anzahl der Szintillationen in einer konstanten Meßzeit) tritt mit einer Häufigkeit f auf, die durch die Beziehung

$$f(x; \mu) = \frac{\mu^x \, e^{-\mu}}{x!} \quad \text{mit} \quad x = 0, 1, 2, \ldots \tag{3.27}$$

gegeben ist. Dabei ist μ der Mittelwert; er braucht keine ganze Zahl zu sein. Zwischen Mittelwert μ und Varianz σ^2 der POISSON-Verteilung besteht die Beziehung

$$\sigma^2 = \mu. \tag{3.28}$$

Bei größeren Beträgen des Mittelwertes (etwa ab $\mu = 20$) geht die POISSON-Verteilung in die GAUSS-Verteilung über. Die Wahrscheinlichkeitsdichte $f(x)$ für das Auftreten eines Meßwertes x ist durch die Gleichung

$$f(x) = \frac{1}{\sigma \sqrt{2\pi}} \, e^{-\frac{(x-\mu)^2}{2\sigma^2}} \tag{3.29}$$

gegeben. Dabei sind wieder μ der Mittelwert und σ die Standardabweichung. In dem hier betrachteten Fall der radioaktiven Umwandlungen besteht wegen der Herleitung aus der POISSON-Verteilung zwischen Mittelwert und Standardabweichung die Beziehung

$$\sigma = \sqrt{\mu}. \tag{3.30}$$

Die SCHWEIDLERschen Schwankungen beeinflussen die *Genauigkeit* der Ergebnisse von Strahlungsschwankungen (statistischer Zählfehler, Impulsstatistik).

Wenn in einer bestimmten Zeit μ Impulse gezählt worden sind, so ist wegen (3.30) die Standardabweichung des Meßergebnisses näherungsweise durch $\sqrt{\mu}$ gegeben. Das vollständige Meßergebnis lautet dann:

$$\mu \pm \sqrt{\mu} = \mu \left(1 \pm \frac{1}{\sqrt{\mu}}\right). \tag{3.31}$$

Bei häufiger Wiederholung des Experimentes unter gleichen Bedingungen müssen entsprechend der GAUSS-Verteilung rund 2/3 aller Ergebnisse in das Intervall

$$\mu - \sqrt{\mu} \ldots \mu \ldots \mu + \sqrt{\mu}$$

fallen.

Die Standardabweichung wird als Unsicherheit der Messung oder als *zufälliger Fehler* aufgefaßt. Beispielsweise ist bei einem Meßergebnis $\mu = 100$ eine Standardabweichung $\sigma = \pm 10$ zu erwarten. Der relative Fehler der Messung ist dann $\sigma/\mu = \pm 0{,}10 \triangleq \pm 10\%$.

Wenn die Unsicherheit der Messung einen bestimmten Betrag nicht überschreiten soll, kann die notwendige Impulszahl berechnet werden (*Impulsvorwahl*). Wenn zum Beispiel der zufällige Fehler nicht größer als 1% sein soll, dann folgt aus $\sigma/\mu = 1/\sqrt{\mu} \leqq 0{,}01$ sofort $\sqrt{\mu} \geqq 100$ und damit $\mu \geqq 10\,000$. Es sind also mindestens 10 000 Impulse abzuzählen, um den geforderten zufälligen Fehler einzuhalten.

In entsprechender Weise läßt sich abschätzen, mit welcher Unsicherheit die Summe (oder Differenz) von zwei Strahlungen, die sich überlagern, ermittelt werden kann (HERFORTH et al., 1981).

3.2. Petrophysikalische (geochemische) Grundlagen

3.2.1. Natürlich radioaktive Nuklide

3.2.1.1. Urnuklide

Gegenwärtig sind etwa 1 300 Atomarten bekannt. Die meisten (etwa 1 000) sind instabil. In der Natur kommen etwa 270 stabile und 70 radioaktive Nuklide vor.

Einige natürlich radioaktive Nuklide weisen Halbwertszeiten auf, die von der gleichen Größenordnung sind wie das Alter der Erde. Sie werden *Urnuklide* genannt. Die Urnuklide Thorium-232, Uranium-235 und Uranium-238 sind die Mutternuklide von *Umwandlungsfamilien*. Einige Urnuklide bilden keine Umwandlungsfamilien, sondern wandeln sich in einem einzigen Schritt in stabile Nuklide um. Von diesen Nukliden ist vor allem das Kalium-40 für die geophysikalische Erkundung von Bedeutung.

Das natürliche *Uranium* ist ein Gemisch von drei Isotopen (Tab. 3.8). Das Isotop 235 wird von langsamen Neutronen gespalten und ist gegenwärtig der eigentliche Brennstoff für die Erzeugung von Kernenergie. Das wesentlich häufigere Isotop 238 kann nur mit schnellen Neutronen gespalten werden. Die Isotope 238 und 235 sind die Mutternuklide von Umwandlungsfamilien. Das Isotop 234 ist ein Mitglied der Familie des Uraniums-

Tabelle 3.8. Isotope des Uraniums

Isotop	Häufigkeit		Halbwertszeit in a	
	Atom-%	Massen-%	α	f_{sp}
^{238}U	99,276	99,285	$4,5 \cdot 10^9$	$8,0 \cdot 10^{15}$
^{234}U	0,005	0,005	$2,5 \cdot 10^5$	$1,6 \cdot 10^{16}$
^{235}U	0,719	0,710	$7,1 \cdot 10^8$	$1,9 \cdot 10^{17}$

238. Neben der α-Umwandlung weist das Uranium auch die Eigenschaft der spontanen Spaltung auf. Die Halbwertszeiten für spontane Spaltung f_{sp} sind sehr groß (Tab. 3.8). In 1 g Uranium findet in 1 min etwa 1 spontane Spaltung statt.

Aus *Thorium* (^{232}Th) kann durch Bestrahlung mit Neutronen ^{233}U hergestellt werden, das seinerseits mit langsamen Neutronen gespalten werden kann. Hierauf beruht die mögliche Verwendung des Thoriums als Kernbrennstoff. Thorium weist α-Umwandlung mit der Halbwertszeit $1,4 \cdot 10^9$ a auf. Die Halbwertszeit für spontane Spaltung beträgt etwa 10^{20} a.

Das Element *Kalium* ist ein Gemisch von Isotopen mit den Massenzahlen 39, 40 und 41. Das radioaktive Isotop $^{40}_{19}K$ ist mit einer Häufigkeit von 0,012 Atomprozent darin enthalten. Seine Halbwertszeit ist $1,3 \cdot 10^9$ a. Durch β-Umwandlung geht es in $^{40}_{20}Ca$ oder durch E-Einfang in $^{40}_{18}Ar$ über (Bild 3.4). Auf der Bildung von Argon beruht ein Verfahren der absoluten Altersbestimmung (RÖSLER; LANGE, 1975). Da Kalium in vielen gesteinsbildenden Mineralen in beträchtlichen Mengen auftritt, trägt es — trotz der Seltenheit des Isotops ^{40}K — wesentlich zur radioaktiven Strahlung der Gesteine bei. Für die geophysikalische Erkundung sind sowohl die γ- als auch die β-Strahlung des Kaliums von Bedeutung.

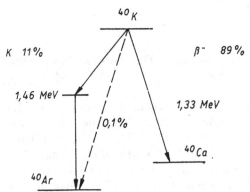

Abb. 3.4. Umwandlungsschema des Kaliums-40

3.2.1.2.   Die Familie des Uraniums-238

Die Familie ist in Abb. 3.5 dargestellt. Die wichtigsten Eigenschaften der Nuklide dieser Familie sind in Tab. 3.9 und 3.10 zusammengefaßt.

Die Nuklide ^{238}U bis ^{234}U stehen — wegen der kurzen Halbwertszeiten von UX_1, UX_2 und UZ — in Mineralen oder Gesteinen meistens im radioaktiven Gleichgewicht. Die Häufigkeit von ^{234}U im natürlichen Isotopengemisch in Mineralen oder Gesteinen ist nahezu konstant. Feinste Verschiebungen des Gleichgewichtszustandes zwischen UII und UI werden mitunter bei oberflächennahen Verwitterungsvorgängen beobachtet. Sie können Hinweise auf geochemische Veränderungen in Gesteinen, Mineralen oder Erzen geben.

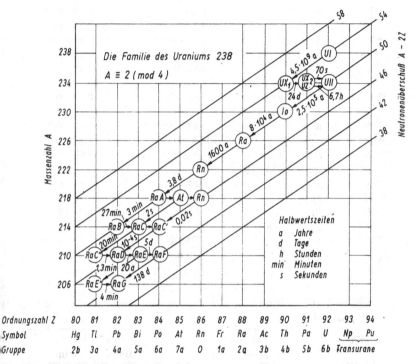

Ordnungszahl Z	80	81	82	83	84	85	86	87	88	89	90	91	92	93	94
Symbol	Hg	Tl	Pb	Bi	Po	At	Rn	Fr	Ra	Ac	Th	Pa	U	Np	Pu
Gruppe	2b	3a	4a	5a	6a	7a	0	1a	2a	3b	4b	5b	6b	Transurane	

Abb. 3.5. Die Familie des Uraniums-238

Thorium-230 (Ionium) verhält sich chemisch anders als das Uranium und kann deshalb (und wegen seiner großen Halbwertszeit) bei der Störung und Wiedereinstellung des Gleichgewichtes in der Uranium-Familie eine wichtige Rolle spielen.

Das *Radium* (^{226}Ra) ist ein Erdalkalimetall und kann durch geochemische Vorgänge leicht von seinen Vorgängern (Uranium I bis Ionium) getrennt werden.

Das *Radon* (^{222}Rn) ist ein Isotop des Edelgases Radon. Wegen seines chemischen Charakters ist es im Kristallgitter nicht fest gebunden und vermag ziemlich leicht in die Umgebung überzutreten. Dieser Vorgang, der als *Emanieren* bezeichnet wird, hängt empfindlich von dem physikalischen Zustand des festen Körpers und seinen Änderungen ab. Das Emanieren kann zu starken Störungen des Gleichgewichtes zwischen Radon und seinen Vorgängern wie auch seinen Nachfolgern führen. Diese Störungen sind für die geophysikalische Erkundung wichtig, weil die β-Strah-

Tabelle 3.9. Die Familie des Uraniums-238 (nach Prutkina; Šaškin, 1975)

Nuklid	Umwandlung		Halbwertszeit	Umwandlungs-konstante in s^{-1}
^{238}U	α; γ		$4{,}51 \cdot 10^9$ a	$4{,}88 \cdot 10^{-18}$
^{234}U	α		$2{,}48 \cdot 10^5$ a	$8{,}88 \cdot 10^{-14}$
^{234m}Pa	β; γ		1,14 min	$1{,}01 \cdot 10^{-2}$
^{234}Pa	β; γ		6,66 h	$2{,}89 \cdot 10^{-5}$
^{234}Th	β; γ		24,1 d	$3{,}33 \cdot 10^{-7}$
^{230}Th	α; γ		$7{,}52 \cdot 10^4$ a	$2{,}92 \cdot 10^{-13}$
^{226}Ra	α; γ		$1{,}62 \cdot 10^3$ a	$1{,}36 \cdot 10^{-11}$
^{222}Rn	α		3,82 d	$2{,}10 \cdot 10^{-6}$
^{218}Rn	α; γ		0,02 s	34,7
^{218}Po	α	(99,96%)	3,05 min	$3{,}79 \cdot 10^{-3}$
	β	(0,04%)		
^{214}Po	α; γ		$1{,}64 \cdot 10^{-4}$ s	$4{,}23 \cdot 10^3$
^{210}Po	α; γ		138,4 d	$5{,}80 \cdot 10^{-8}$
^{214}Bi	α	(0,02%)	19,8 min	$5{,}83 \cdot 10^{-4}$
	β	(99,98%)		
^{210}Bi	β		5,01 d	$1{,}60 \cdot 10^{-4}$
^{214}Pb	β; γ		26,8 min	$4{,}31 \cdot 10^{-4}$
^{210}Pb	β; γ		21,0 a	$1{,}0 \cdot 10^{-9}$
^{206}Pb	stabil			
^{210}Tl	β		1,32 min	$8{,}75 \cdot 10^{-3}$
^{206}Tl	β		4,19 min	$4{,}84 \cdot 10^{-2}$
^{218}At	α		1,3 s	0,53

Tabelle 3.10. Die γ-Strahlung der Familie des Uraniums-238 (vereinfacht) (nach IAEA, 1979)

Nuklid	Energie MeV	Quanten je 100 Umwandlungen
^{214}Pb	0,2952	17,9
^{214}Pb	0,3520	35,0
^{214}Bi	0,6094	43,0
^{214}Bi	1,1204	14,5
^{214}Bi	1,2382	5,6
^{214}Bi	1,3778	4,6
^{214}Bi	1,7647	14,7
^{214}Bi	2,2045	4,7
^{214}Bi	2,4480	1,5

lung der Uranium-Familie zur Hälfte und die γ-Strahlung zu mehr als 9/10 von den kurzlebigen Folgenukliden des Radons herrühren (Tab. 3.10).

Auf das Radon folgt der *kurzlebige Niederschlag* mit den Nukliden Polonium-218 bis Thallium-210 (Radium A bis Radium C''). In ungestörten Mineralen, Gesteinen oder Erzen besteht gewöhnlich Gleichgewicht zwischen Radium, Radon und dem kurzlebigen Niederschlag. Störungen des Gleichgewichtes entstehen durch physikalische Vorgänge (z. B. geodynamische

Bewegungen; Zerkleinern des Gesteines bei Sprengarbeiten und bei der Aufbereitung) und durch chemische Einwirkungen (z. B. chemische Verwitterung, hydrometallurgische Verarbeitung).

Die Nuklide ^{214}Pb, ^{214}Bi und ^{214}Po sind die stärksten γ-Strahler der Uranium-Familie (Tab. 3.10). Für die Deutung von γ-Aufnahmen ist es deshalb unerläßlich, den Stand des Gleichgewichtes zwischen Uranium einerseits und Radium, Radon und dem kurzlebigen Niederschlag andererseits zu kennen (s. Kap. 3.3.4).

Auf den kurzlebigen Niederschlag folgt der *langlebige Niederschlag* mit den Nukliden Blei-210 bis Thallium-206 (Radium D bis Radium E'').

Die Familie endet mit dem stabilen Nuklid Blei-206.

Bei der vollständigen Umwandlung eines Atoms ^{238}U entstehen ein Atom ^{206}Pb und acht Atome ^{4}He (α-Teilchen). Hierauf beruht ein Verfahren zur absoluten Altersbestimmung.

3.2.1.3. Die Familie des Uraniums-235

Die Familie ist in Abb. 3.6 dargestellt. Die wichtigsten Eigenschaften der Nuklide dieser Familie sind in Tab. 3.11 zusammengefaßt. Wegen der geringen Häufigkeit des ^{235}U im natürlichen Isotopengemisch trägt die Familie wenig zur radioaktiven Strahlung der Minerale oder Gesteine bei, so daß wir sie nicht ausführlich beschreiben müssen.

Bemerkenswert ist das *Actinon* (^{219}Rn). Auf das Actinon folgen einige kurzlebige Nuklide, unter denen sich die stärksten γ-Strahler der Familie befinden.

Die Familie endet mit dem stabilen Nuklid Blei-207 (Actinium D).

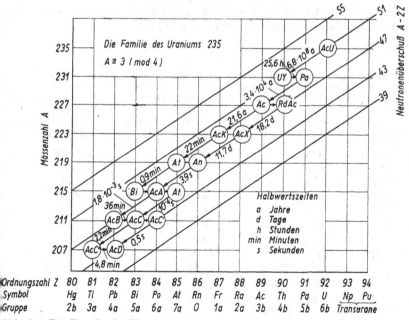

Abb. 3.6. Die Familie des Uraniums-235

Tabelle 3.11. Die Familie des Uraniums-235 (nach PRUTKINA; ŠAŠKIN, 1975)

Nuklid	Umwandlung		Halbwertszeit	Umwandlungs-konstante in s^{-1}
^{235}U	$\alpha; \gamma$		$6,84 \cdot 10^8$ a	$3,21 \cdot 10^{-17}$
^{231}Pa	$\alpha; \gamma$		$3,43 \cdot 10^4$ a	$6,40 \cdot 10^{-13}$
^{231}Th	$\beta; \gamma$		25,64 h	$7,51 \cdot 10^{-6}$
^{227}Th	$\alpha; \gamma$		18,17 d	$4,42 \cdot 10^{-7}$
^{227}Ac	α	(1,25%)	21,6 a	$1,01 \cdot 10^{-9}$
	β	(98,75%)		
^{223}Ra	$\alpha; \gamma$		11,68 d	$6,87 \cdot 10^{-7}$
^{223}Fr	β (α)		22 min	$5,25 \cdot 10^{-4}$
^{219}Rn	α		3,92 s	0,177
^{219}At	$\alpha; \beta$		0,9 min	0,0128
^{215}At	α		$\approx 10^{-4}$ s	$\approx 7 \cdot 10^3$
^{215}Po	α (β)		$1,83 \cdot 10^{-3}$ s	$3,79 \cdot 10^2$
^{211}Po	α		0,52 s	1,33
^{215}Bi	β		8 min	$1,44 \cdot 10^{-3}$
^{211}Bi	α	(99,73%)	2,16 min	$5,35 \cdot 10^{-3}$
	β	(0,27%)		
^{211}Pb	$\beta; \gamma$		36,1 min	$3,20 \cdot 10^{-4}$
^{207}Pb	stabil			
^{207}Tl	$\beta; \gamma$		4,79 min	$2,41 \cdot 10^{-4}$

3.2.1.4.   Die Familie des Thoriums

Die Familie ist in Abb. 3.7 dargestellt. Die wichtigsten Eigenschaften der Nuklide dieser Familie sind in Tab. 3.12 und 3.13 zusammengefaßt. Der Gang der Umwandlungen ähnelt den anderen Familien.

Tabelle 3.12. Die Familie des Thoriums-232 (nach PRUTKINA; ŠAŠKIN, 1975)

Nuklid	Umwandlung		Halbwertszeit	Umwandlungs-konstante in s^{-1}
^{232}Th	$\alpha; \gamma$		$1,4 \cdot 10^{10}$ a	$1,6 \cdot 10^{-18}$
^{228}Th	$\alpha; \gamma$		1,91 a	$1,15 \cdot 10^{-8}$
^{228}Ac	$\beta; \gamma$		6,13 h	$3,14 \cdot 10^{-5}$
^{228}Ra	$\beta; \gamma$		6,7 a	$3,28 \cdot 10^{-9}$
^{224}Ra	$\alpha; \gamma$		3,65 d	$2,20 \cdot 10^{-6}$
^{220}Rn	α		54,5 s	$1,27 \cdot 10^{-2}$
^{216}At	α		$\approx 3 \cdot 10^{-4}$ s	$\approx 2 \cdot 10^3$
^{216}Po	α		0,158 s	4,39
^{212}Po	α		$3,05 \cdot 10^{-7}$ s	$2,27 \cdot 10^6$
^{212}Bi	α	(36,0%)	60,54 min	$1,91 \cdot 10^{-4}$
	β	(64,0%)		
^{212}Pb	$\beta; \gamma$		10,64 h	$1,81 \cdot 10^{-5}$
^{208}Pb	stabil			
^{208}Tl	$\beta; \gamma$		3,1 min	$3,73 \cdot 10^{-3}$

Auf das Radium-224 (Thorium X) folgt das *Thoron* (^{220}Rn). Auf das Thoron folgen einige kurzlebige Nuklide, unter denen sich die stärksten γ-Strahler der Familie befinden.

In thoriumhaltigen Mineralen gibt es praktisch keine Störungen des radioaktiven Gleichgewichtes. Wenn das Gleichgewicht zwischen ^{232}Th und ^{228}Ra gestört wird, heilt die Störung nach fünf bis zehn Halbwertszeiten des ^{228}Ra, also nach 35 bis 70 Jahren, aus. Diese Zeitspanne ist so kurz, daß sie für geologische Vorgänge keine Rolle spielt.

Die Familie endet mit dem stabilen Nuklid Blei-208 (Thorium D).

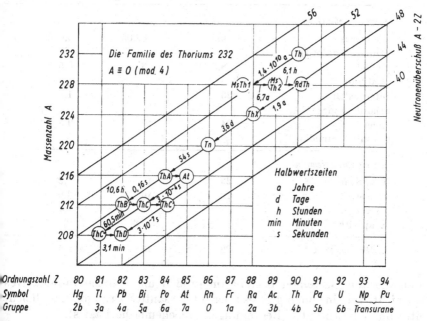

Abb. 3.7. Die Familie des Thoriums

Tabelle 3.13. Die γ-Strahlung der Familie des Thoriums-232 (vereinfacht) (nach IAEA, 1979)

Nuklid	Energie MeV	Quanten je 100 Umwandlungen
^{212}Pb	0,2386	45,0
^{228}Ac	0,3385	12,3
^{208}Tl	0,5107	9,0
^{208}Tl	0,5831	30,0
^{212}Bi	0,7272	7,0
^{228}Ac	0,9111	29,0
^{228}Ac	0,9667	23,0
^{228}Ac	1,5881	4,6
^{208}Tl	2,6147	35,9

3.2.2. Die Verteilung der Radionuklide in der Erdkruste

Die radioaktiven Elemente (Kalium, Thorium, Uranium) treten in den verschiedenen Gesteinen mit unterschiedlichen Gehalten (Konzentrationen) auf (Tab. 3.14).

Tabelle 3.14. Mittlere Gehalte der radioaktiven Elemente (nach PRUTKINA; ŠAŠKIN, 1975)

Gesteinsklasse	mittlere Gehalte		
	K in kg/t	Th in g/t	U in g/t
magmatische Gesteine			
ultrabasisch	0,3	0,005	0,003
(Dunit, Peridotit)			
basisch	8,5	3	0,5
(Gabbro)			
intermediär	23	7	1,8
(Diorit, Andesit)			
sauer	34	18	3,5
(Granit, Granodiorit)			
sedimentäre Gesteine			
Ton, Schiefer	23	11	3,2
Sandstein	12	10	3,0
Kalkstein	3	2	1,4
Evaporite	1	0,4	0,1
Erdkruste, Mittel	25	13	2,5

In den meisten Gesteinen besteht im großen und ganzen radioaktives Gleichgewicht. Im einzelnen gibt es aber interessante Störungen des Gleichgewichtes unter bestimmten Bedingungen (geochemische Fazies).

So enthalten die oberen Schichten der Schlämme am Boden der Tiefsee wesentlich mehr Thorium-230 (Ionium), als dem Uraniumgehalt entspricht; das Aktivitätsverhältnis $^{230}Th/^{238}U$ erreicht Werte bis 10. Ebenso ist das Aktivitätsverhältnis $^{231}Pa/^{235}U$ wesentlich größer als 1. Das Verhältnis $^{234}U/^{238}U$ liegt in den oberen Schichten der Tiefseeschlämme etwa bei 1,15; dieser Wert gilt annähernd auch für das Wasser der Ozeane.

Auch in kontinentalen biogenen Sedimenten (z. B. Torf, Schlämme) ist häufig das Gleichgewicht zwischen Uranium und seinen Folgenukliden gestört. Meistens ist hier Uranium in beträchtlichem Überschuß zu Ionium oder Radium vorhanden, und das Verhältnis $^{234}U/^{238}U$ ist ebenfalls größer als 1.

In der Nähe der Erdoberfläche, im Bereich der chemischen Verwitterung, ist das radioaktive Gleichgewicht nicht selten im Sinne eines Uranium-Mangels gestört. Für die geophysikalische Erkundung sind Störungen des Gleichgewichtes zwischen Radium und Radon besonders wichtig (Emanieren).

Wenn von den globalen Aussagen der Tab. 3.14 zu regionalen oder lokalen Untersuchungen übergegangen wird, differenziert sich das Bild weiter, so daß sich auch Gesteine unterscheiden lassen, die in Tab. 3.14 zur gleichen Klasse gehören. Als Beispiel werden in Tab. 3.15 die Uraniumgehalte von einigen granitoiden Gesteinen aus Sachsen und Thüringen angeführt (RÖSLER; LANGE, 1975).

Tabelle 3.15. Uraniumgehalte in granitoiden Gesteinen Sachsens und Thüringens (nach RÖSLER; LANGE, 1975)

Granitoid	U in g/t
Markersbach	5,8
Altenberg	32,3
Schellerhau	84
Schwarzenberg	4,8
Eibenstock	6,1···6,8
Kirchberg	7,7···9,8
Bergen	18,4···62,8
Henneberg	5,4
Ruhla	2,4

So wie die radioaktiven Gleichgewichte zwischen bestimmten Nukliden der Familien ^{238}U und ^{235}U können auch die Verhältnisse der radioaktiven Urnuklide untereinander Auskunft über die geochemischen Verhältnisse geben. Diese Verhältnisse können beispielsweise aus γ-spektrometrischen Aufnahmen abgeleitet werden. Als Beispiel werden in Tab. 3.16 einige Angaben aus einer Untersuchung in der Provinz Quebec angeführt (CHARBONNEAU et. al., 1976).

Tabelle 3.16. Gehalte der radioaktiven Elemente in Gesteinen der Provinz Quebec/Kanada (nach CHARBONNEAU et. al., 1976)

Gestein	K in %	U in g/t	Th in g/t	U/Th	U/K	Th/K
Pegmatit	4,4	44,9	61,1	0,7	10,2	13,9
Granit	3,7	6,0	28,6	0,2	1,6	7,8
Migmatit	3,4	5,6	16,4	0,3	1,6	4,8
Paragneis	3,1	4,4	11,3	0,4	1,4	3,7
Granulit	3,1	3,0	6,2	0,5	1,0	2,0

3.3. Radiometrische Analyse

3.3.1. Allgemeine Grundlagen

Die radiometrische Analyse dient zur Bestimmung des Gehaltes der radioaktiven Elemente in Proben von Gesteinen (und Erzen). Die radioaktive Strahlung der *Probe* wird mit der Strahlung eines *Standards* verglichen, dessen Zusammensetzung gut bekannt ist.

Mit I werden die Intensitäten der Strahlungen und mit c die Gehalte bezeichnet. Wenn Probe und Standard *unter völlig gleichen Bedingungen* gemessen werden, gilt im einfachsten Fall die Beziehung:

$$\frac{c_p}{c_s} = \frac{I_p}{I_s}.$$

(3.32)

Hieraus ist bereits ersichtlich, daß sich die radiometrische Analyse vor anderen Verfahren (chemische Analyse) durch Einfachheit, Schnelligkeit und Billigkeit auszeichnet.

Die gemessenen Intensitäten sind jeweils die Summe des Nulleffektes (Index 0) und der Strahlung des Präparates (Index p). (3.32) lautet dann:

$$\frac{c_p}{c_s} = \frac{I_{p+0} - I_0}{I_{s+0} - I_0}.$$

(3.33)

Nicht immer lassen sich die Messungen so einrichten, daß Probe und Standard unter streng gleichen Bedingungen gemessen werden. Die Abweichungen werden durch eine Korrektur-Funktion F berücksichtigt:

$$\frac{c_p}{c_s} = \frac{I_{p+0} - I_0}{I_{s+0} - I_0} F.$$

(3.34)

F ist für die jeweilige Meßanordnung zu ermitteln.

Der gesuchte Gehalt c_p ist damit durch folgende Gleichung gegeben:

$$c_p = \frac{I_{p+0} - I_0}{I_{s+0} - I_0} F c_s.$$

(3.35)

Bei der radiometrischen Analyse sind die nachstehenden *Bedingungen* besonders zu beachten.

Die Probensubstanz wird auf eine Korngröße von $0,2\cdots0,1$ mm aufgemahlen (chemische Analysen erfordern feinere Aufmahlung) und vergleichmäßigt. Die zur Analyse benötigte Menge (Einwaage) muß so entnommen werden, daß eine Bevorzugung bestimmter Teile des aufgemahlenen Gutes ausgeschlossen ist. Damit die Fläche (oder das Volumen), von der die Strahlung ausgeht, für Probe und Standard gleich ist, werden einheitliche Schalen (Küvetten, Behälter) für die Aufnahme der Substanzen benutzt. Die Gleichheit von Fläche und Volumen bedeutet noch nicht die Gleichheit der Einwaage (und umgekehrt), weil sich die Schüttdichten ziemlich stark unterscheiden können.

Die Intensität der Strahlung eines Präparates hängt — unter sonst gleichen Bedingungen — wesentlich von der *Schichtdicke* ab. Die Intensität nimmt mit der Schichtdicke zu, bis schließlich infolge der Selbstabsorption eine Sättigung erreicht wird (Abb. 3.8 und 3.9).

Zunächst wächst die Intensität linear mit der Schichtdicke (*dünne Schicht*). Dabei ist die Intensität proportional der Aktivität (z. B. in Becquerel) des strahlenden Nuklids oder seiner Masse (z. B. in Gramm). Für

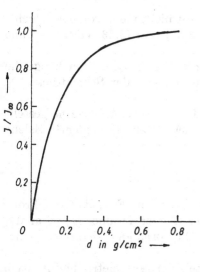

Abb. 3.8. Sättigungsfunktion für die β-Strahlung der Uranium-Familie. Über der strahlenden Schicht das Zählrohr (nach NOVIKOV; KAPKOV, 1965)

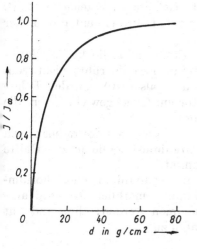

Abb. 3.9. Sättigungsfunktion für die γ-Strahlung der Uranium-Familie. Auf der strahlenden Schicht das Filter (Aluminium, 3 mm) und darüber das Zählrohr (Kupferkatode) (nach NOVIKOV; KAPKOV, 1965)

dünne Schichten gilt die Beziehung

$$\frac{c_p m_p}{c_s m_s} = \frac{I_{p+0} - I_0}{I_{s+0} - I_0} \tag{3.36}$$

oder

$$c_p = \frac{I_{p+0} - I_0 m_s}{I_{s+0} - I_0 m_p} c_s . \tag{3.37}$$

Dabei ist m die Masse (Einwaage) des Präparates. Die Korrektur-Funktion F für dünne Schichten ist also:

$$F = \frac{m_s}{m_p} . \tag{3.38}$$

Bei *gesättigten Schichten* hängt die Intensität nicht mehr von der Schichtdicke ab, sondern nur noch vom Gehalt. (3.32) und (3.33) gelten — ohne jede Korrektur — für gesättigte Schichten.

In dem Bereich zwischen dünnen und gesättigten Schichten hängt die Strahlung in komplizierter Weise (nicht linear) von der Schichtdicke ab. Es ist am besten, diesen Bereich zu meiden.

Die Präparate, die im Labor für die radiometrische Analyse hergestellt werden, haben gewöhnlich eine Schichtdicke von $1 \cdots 3$ g/cm². Solche Schichten sind γ-dünn und β-gesättigt.

3.3.2.   Analyse auf ein Nuklid

Die bisher angegebenen Gleichungen gelten für den Fall, daß die Probe nur auf eine einzige Komponente (entweder U oder Th oder K) zu analysieren ist und daß andere Komponenten nicht vorhanden sind oder wenigstens die Analyse nicht wesentlich stören.

Es ist zweckmäßig, die Gehalte, die mittels der radiometrischen Analyse bestimmt werden, als strahlungsäquivalente Gehalte zu bezeichnen (z. B. als γ-äquivalenten Gehalt). An die Zeichen c und I wird ein entsprechender oberer Index angefügt.

Die γ-Analyse liefert richtige Uraniumgehalte, wenn radioaktives Gleichgewicht besteht. Die γ-Strahlung der Uranium-Familie rührt nicht vom Uranium her, sondern zum größten Teil (mehr als 9/10) von den Folgenukliden des gebundenen Radons. Bei gestörtem Gleichgewicht liefert die γ-Analyse den Gehalt des gebundenen Radons.

Die β-Analyse ist weniger empfindlich gegen Störungen des radioaktiven Gleichgewichts, weil die β-Strahlung der Uranium-Familie je zur Hälfte von Nukliden vor und nach dem Radon stammt.

Bei Messungen an β-gesättigten Schichten von uranium- oder thoriumhaltigen Proben ist der Einfluß der γ-Strahlung merklich. Er wird ausgeschaltet, indem zwei Messungen vorgenommen werden: ohne und mit β-Filter. Dadurch ergeben sich die Intensitäten zu

$I^{\beta+\gamma}$ ohne Filter,

$I^{\gamma'}$ mit Filter.

Für die reine β-Intensität folgt daraus

$$I^{\beta} = I^{\beta+\gamma} - F I^{\gamma'}. \tag{3.39}$$

Der Faktor F berücksichtigt die Tatsache, daß das Filter nicht nur die β-Strahlen, sondern zu einem Teil auch die γ-Strahlen zurückhält. Das Filter (Aluminium) hat eine Dicke von $1,2 \cdots 1,5$ g/cm². Der Faktor F ist dann $F \approx 1,1$.

3.3.3.   Meßanordnungen

Eine typische Meßanordnung mit Zählrohren ist in Abb. 3.10 dargestellt (NOVIKOV; KAPKOV, 1965). Die oberen Zählrohre erfassen die $(\beta + \gamma)$-Strahlung, die unteren Zählrohre nur die γ-Strahlung. Mit solchen Anordnungen können bei der Analyse von Erzen folgende Leistungen erreicht werden:

Einwaage   100 g,
Nulleffekt   100···200 min⁻¹,
Meßzeit   10 min,
Nachweisgrenze
für Uranium   20···25 g/t.

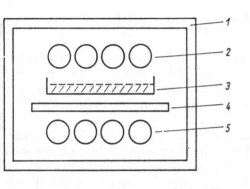

Abb. 3.10. Meßanordnung für die
β-γ-Analyse (nach NOVIKOV;
KAPKOV, 1965)
1 — Abschirmkammer (Blei);
2 — Zählrohre ($\beta + \gamma$);
3 — Präparat;
4 — Filter;
5 — Zählrohre (γ)

Eine Meßanordnung mit einem kombinierten Szintillator für β- und γ-Strahlung ist in Abb. 3.11 dargestellt (SHARLAND et. al., 1980). Der Kristall zur Messung der β-Strahlung besteht aus $CaF_2(Eu)$ und ist 0,25 mm dick. Der anschließende Quarzkristall hält die energiereicheren β-Teilchen zurück. Dadurch gelangen nur γ-Quanten in den 63 mm dicken Kristall aus NaI(Tl). Die Lichtblitze klingen in den Kristallen verschieden schnell ab, so daß sie elektronisch unterschieden werden können. Mit dieser Meßanordnung können die folgenden Leistungen erreicht werden:

Einwaage   50···100 g,
Meßzeit   1 min,
β-Nulleffekt   10 min⁻¹,
γ-Nulleffekt   300 min⁻¹,
Nachweisgrenze
für Uranium   20 g/t.

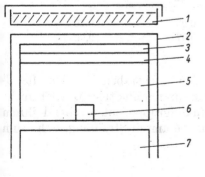

Abb. 3.11. Meßanordnung für die β-γ-Analyse
(nach SHARLAND et al., 1980)
1 — Präparat;
2 — Fenster (Aluminium);
3 — β-Detektor;
4 — Filter (Quarz);
5 — γ-Detektor;
6 — Quelle zur Kalibrierung;
7 — SEV

3.3.4.   Analyse auf zwei oder mehr Nuklide

In der Uranium-Familie wirken sich Störungen des radioaktiven Gleichgewichtes so aus, daß zwischen bestimmten *Gruppen von Nukliden* das
Gleichgewicht gestört ist, während die Nuklide innerhalb einer Gruppe
untereinander im Gleichgewicht sind.

Die Uranium-Familie gliedert sich (vereinfacht) in zwei solche Gruppen:

die Gruppe des Uraniums (mit den Nukliden von ^{238}U bis ^{230}Th)
und
die Gruppe des (gebundenen) Radons (mit den Nukliden ^{222}Rn bis ^{214}Po
und ^{210}Tl).

Obwohl alle Nuklide der Uranium-Familie durch die radioaktive Umwandlung auseinander hervorgehen und miteinander verbunden sind, verhalten
sich die beiden Gruppen gegenüber chemischen und physikalischen Einwirkungen beinahe wie selbständige Komponenten, die voneinander unabhängig sind.

Ein uraniumhaltiges Gestein, das sich nicht im Gleichgewicht befindet,
ist folglich durch die Angabe des Uraniumgehaltes noch nicht ausreichend
gekennzeichnet. Zur vollständigen Beschreibung ist die Angabe der Gehalte
c_{U-238} und c_{Rn} notwendig. Dabei ist c_{U-238} der Uraniumgehalt selbst, der
einfacher mit c_U bezeichnet wird. c_{Rn} ist der Gehalt des (gebundenen)
Radons.

Der Anteil der Strahlung einer Nuklidgruppe an der Strahlung der
Uranium-Familie wird als das *Uranium-Äquivalent* bezeichnet. Beispielsweise ist das Uranium-Äquivalent der Radon-Gruppe in der γ-Strahlung
etwa 0,9; d. h., etwa 9/10 der γ-Strahlung der Uranium-Familie stammen
von der Radon-Gruppe.

Der Betrag der Uranium-Äquivalente hängt von den Meßbedingungen
ab, insbesondere von der Filterung der Strahlung und der Art des Strah-
lungswandlers. Eine vereinfachte Übersicht gibt die Tab. 3.17. In der
Literatur gibt es zahlreiche weitere Angaben (PRUTKINA; ŠAŠKIN, 1975).

Tabelle 3.17. Uranium-Äquivalente für β- und γ-Strahlung (nach PRUTKINA;
ŠAŠKIN, 1975)

Nuklid-	β-Strahlung	γ-Strahlung	
gruppe	Zählrohr	Zählrohr	Szintillator
U	0,52	0,03	0,10
Rn	0,48	0,97	0,90

Die Uranium-Äquivalente werden mit den Buchstaben b und g (für β-
und γ-Strahlung) bezeichnet. Wenn sich ein uraniumhaltiges Gestein nicht
im Gleichgewicht befindet, trägt jede Nuklidgruppe entsprechend ihrem
Gehalt und ihrem Uranium-Äquivalent zur gesamten Strahlung, d. h. zum
strahlungsäquivalenten Gehalt, bei.

Für β-Strahlung gilt:

$$c^\beta = b_U c_U + b_{Rn} c_{Rn}. \tag{3.40}$$

Für γ-Strahlung gilt:

$$c^\gamma = g_U c_U + g_{Rn} c_{Rn}. \tag{3.41}$$

Wenn in einer Probe, die auf Uranium analysiert werden soll, das Gleichgewicht zwischen Uranium und Radon gestört oder unbekannt ist, führt man zweckmäßig eine *kombinierte β-γ-Analyse* aus. Damit entsteht aus (3.40) und (3.41) ein System von zwei linearen Gleichungen mit den bekannten (gemessenen) Größen c^β und c^γ und den beiden Unbekannten c_U und c_{Rn}. Das Gleichungssystem kann nach bekannten Regeln aufgelöst werden. Die Bestimmungsgleichungen für c_U und c_{Rn} lauten dann:

$$c_U = \begin{vmatrix} c^\beta & b_{Rn} \\ c^\gamma & g_{Rn} \end{vmatrix} : \begin{vmatrix} b_U & b_{Rn} \\ g_U & g_{Rn} \end{vmatrix}$$

$$c_{Rn} = \begin{vmatrix} b_U & c^\beta \\ g_U & c^\gamma \end{vmatrix} : \begin{vmatrix} b_U & b_{Rn} \\ g_U & g_{Rn} \end{vmatrix}. \tag{3.42}$$

Die kombinierte β-γ-Analyse ist zur Standardmethode der radiometrischen Analyse geworden.

In entsprechender Weise ist vorzugehen, wenn eine Probe auf Uranium (im Gleichgewicht) und Thorium analysiert werden soll. Die Uranium-Äquivalente des Thoriums betragen:

für β-Strahlung $\quad b_{Th} = 0{,}19$;
für γ-Strahlung $\quad g_{Th} = 0{,}40$.

Damit ergeben sich für die strahlungsäquivalenten Gehalte die Gleichungen:

$$c^\beta = c_U + b_{Th} c_{Th};$$

$$c^\gamma = c_U + g_{Th} c_{Th}. \tag{3.43}$$

Hieraus können c_U und c_{Th} bestimmt werden.

Wenn eine Probe auch noch auf ein drittes Nuklid − Kalium − zu analysieren ist, so sind drei unabhängige Größen (Strahlungen) zu messen, aus denen auf die drei Gehalte geschlossen werden kann. Da sich die Spektren der γ-Strahlung von Uranium, Thorium und Kalium ziemlich deutlich unterscheiden, wird zu diesem Zweck die γ-Strahlung in drei verschiedenen Energiebereichen (,,Fenstern") gemessen. Damit entsteht das folgende Gleichungssystem:

$$c_1^\gamma = g_{U1} c_U + g_{Th1} c_{Th} + g_{K1} c_K;$$

$$c_2^\gamma = g_{U2} c_U + g_{Th2} c_{Th} + g_{K2} c_K;$$

$$c_3^\gamma = g_{U3} c_U + g_{Th3} c_{Th} + g_{K3} c_K. \tag{3.44}$$

Die Größen g sind die Uranium-Äquivalente der drei Elemente in den drei Energiebereichen.

Die folgenden Fenster werden empfohlen:

1   2,41...2,81 MeV Thorium;

2   1,66...1,86 MeV Uranium;

3   1,37...1,57 MeV Kalium.

Im ersten Energiebereich liefern Uranium und Kalium keinen Beitrag zur gesamten γ-Strahlung. Es ist also

$$g_{U1} = 0 \quad \text{und} \quad g_{K1} = 0.$$

Im zweiten Bereich liefert Kalium noch keinen Beitrag zur γ-Strahlung, so daß

$$g_{K2} = 0$$

ist. Auf diese Weise vereinfacht sich das Gleichungssystem (3.44).

Die Uranium-Äquivalente hängen von den konkreten Meßbedingungen ab. Sie werden durch Analyse von Standardproben ermittelt. Einige Zahlenwerte sind in der Literatur mitgeteilt (PRUTKINA; ŠAŠKIN, 1975).

Die γ-Spektren enthalten — vor allem im Bereich niedriger Energie — weitere Informationen, die mit gut auflösenden Meßanordnungen ausgenutzt werden können. Damit kann auch die Aufgabe gelöst werden, auf vier unabhängige Nuklide — U, Rn, Th und K — zu analysieren. In diesem Fall entsteht ein Gleichungssystem mit vier Unbekannten:

$$c_1{}^\gamma = g_{U1}c_U + g_{Rn1}c_{Rn} + g_{Th1}c_{Th} + g_{K1}c_K;$$

$$c_2{}^\gamma = g_{U2}c_U + g_{Rn2}c_{Rn} + g_{Th2}c_{Th} + g_{K2}c_K;$$

$$c_3{}^\gamma = g_{U3}c_U + g_{Rn3}c_{Rn} + g_{Th3}c_{Th} + g_{K3}c_K;$$

$$c_4{}^\gamma = g_{U4}c_U + g_{Rn4}c_{Rn} + g_{Th4}c_{Th} + g_{K4}c_K.$$

(3.45)

Durch passende Wahl der Energiebereiche und durch Verwendung von hochauflösenden Detektoren (Halbleiter) kann die γ-spektrometrische Analyse auf drei oder vier Nuklide heutzutage zum Routineverfahren ausgebildet werden (PRUTKINA; ŠAŠKIN, 1975; IAEA, 1981).

3.3.5.   Güte der Meßergebnisse

Die Güte der Meßergebnisse wird durch bestimmte Maßnahmen gesichert. Die zur Analyse dienenden *Standards* müssen zuverlässig definiert sein und in ihren Eigenschaften (Dichte, mineralische Zusammensetzung, wirksame Ordnungszahl) den zu untersuchenden Proben entsprechen. Wenn die Gehalte der Proben über einen weiten Bereich schwanken, wird zweckmäßig ein Satz von Standards mit passenden Gehalten benutzt, damit an den Meßergebnissen nicht zu große Korrekturen angebracht werden müssen (besonders wegen der Totzeit der Meßanordnung). Die Standards werden regelmäßig (z. B. täglich) gemessen, um die Empfindlichkeit der Meßanordnung zu überwachen.

Der *Nulleffekt* wird in jeder Arbeitsschicht mehrere Male kontrolliert, indem er an Präparaten aus nichtradioaktivem Material gemessen wird. Der Mittelwert geht in die Berechnungen ein.

Zur *inneren Kontrolle* wird eine bestimmte Anzahl von Proben am gleichen Tag noch einmal analysiert. Außerdem werden einige Proben (unter neuen Bezeichnungen) an einem anderen Tag, aber unter gleichartigen Bedingungen, analysiert. Durch die innere Kontrolle werden grobe Fehler (z. B. Verwechslungen, falsche Aufschreibungen) weitgehend vermieden und das Ausmaß der zufälligen Fehler ermittelt.

Die *äußere Kontrolle* dient der Ermittlung von regelmäßigen (systematischen) Fehlern. Hierzu wird eine bestimmte Anzahl von Proben in einem anderen, höher qualifizierten Labor radiometrisch, radiochemisch oder chemisch analysiert.

Die Ergebnisse der inneren und äußeren Kontrolle werden gewöhnlich nach den bekannten Formeln der Fehler- oder Ausgleichsrechnung ausgewertet. Dabei ist die Wahl der mathematischen Modelle nicht so selbstverständlich, wie gemeinhin angenommen wird, sondern verlangt von dem Bearbeiter gründliche Kenntnis des experimentellen Sachverhaltes. Hierauf hat unlängst WEISSE (1982) hingewiesen.

3.3.6.   Weitere Analyseverfahren

Für die geophysikalische Erkundung, vor allem für die Deutung von γ-Messungen, ist die Kenntnis des Emanierens unerläßlich. Das *Emanieren von Proben* kann auf die folgende Weise analysiert werden. Die Probe wird aufgemahlen, getrocknet, vergleichmäßigt und in den Präparate-Träger eingefüllt. Drei Stunden nach dem Einfüllen ist das Gleichgewicht zwischen dem gebundenen Radon und dem kurzlebigen (γ-strahlenden) Niederschlag vorhanden. Zu diesem Zeitpunkt wird die γ-Strahlung der Probe gemessen (I_0). Sie ist ein Maß für die Aktivität des gebundenen Radons. Dann wird das Präparat gasdicht verschlossen. In der Probe laufen zwei Vorgänge ab: der Zerfall des anfänglich vorhandenen (gebundenen) Radons und die Neubildung von Radon aus Radium. Nach Ablauf der Zeit t ergibt die Messung der γ-Strahlung den Wert I_t. Die Differenz $I_t - I_0$ ist ein Maß für die Aktivität des freien Radons. Das freie Radon ist derjenige Anteil, der im Festkörper nicht gebunden ist und deshalb aus dem unverschlossenen Präparat entweichen kann.

Aus den gemessenen Werten I_0 und I_t und der Zeitspanne t ergibt sich das Emanieren e nach der folgenden Gleichung:

$$e = A_{\mathrm{Rn,frei}}/A_{\mathrm{Rn,gesamt}}$$

$$= A_{\mathrm{Rn,frei}}/(A_{\mathrm{Rn,frei}} + A_{\mathrm{Rn,gebunden}}) \tag{3.46}$$

$$= \frac{I_t - I_0}{I_t - I_0 e^{-\lambda t}}.$$

Dabei ist λ die Umwandlungskonstante des Radons ($T = 3,8$ d ergibt $\lambda = 0,18$ d^{-1}).

Es gibt eine große Zahl von weiteren *Analysenverfahren*, die *für besondere Zwecke* entwickelt wurden. Dazu gehören u. a.:

— Analyse des Radons und seiner Isotope in Festkörpern, Flüssigkeiten und in der Luft;
— Analyse des kurzlebigen Niederschlages des Radons;
— Analyse des Isotopenverhältnisses ^{234}U/^{238}U (UII/UI);
— Analyse der Isotopen-Zusammensetzung des Uraniums;
— Analyse des Verhältnisses ^{230}Th/^{238}U (Io/UI).

Die Verfahren sind in der Literatur eingehend geschildert (PRUTKINA; ŠAŠKIN, 1975).

Vorteilhaft sind auch *radiochemische Verfahren*. Das zu analysierende Element wird durch einfache chemische Operationen angereichert oder abgetrennt und anschließend durch Messung seiner radioaktiven Strahlung bestimmt.

So wird zum Beispiel Radium vorwiegend auf radiochemischem Wege analysiert. Die Probe wird aufgeschlossen, das Radium in Lösung gebracht und zusammen mit schwerlöslichen Bariumsalzen ausgefällt. Dann wird das Radium radiometrisch bestimmt.

3.3.7. Vorbereitung der Proben

Die Vorbereitung der Proben zur radiometrischen Analyse erfordert einen bedeutend geringeren Aufwand, als er für chemische Analysen notwendig ist.

Für chemische Analysen wird meistens eine feine *Aufmahlung* verlangt; die Korngröße soll nicht mehr als $100 \cdots 70$ µm betragen. Hingegen genügt für die radiometrische Analyse eine Aufmahlung von $200 \cdots 100$ µm.

Die *Einwaage* beträgt bei chemischen Analysen nicht mehr als einige Gramm, oft noch weniger. Deshalb ist es notwendig, die Substanz vor der Entnahme der Einwaage sorgfältig zu vergleichmäßigen. Für die radiometrische Analyse werden Einwaagen in der Größenordnung von $50 \cdots 150$ g verwendet. Die Fläche der Präparate, deren Strahlung erfaßt wird, beträgt etwa 100 cm². Aus diesen Gründen ist die Vergleichmäßigung der Analysensubstanz nicht so kritisch wie bei der chemischen Analyse.

Während bei der chemischen Analyse die Substanz verbraucht wird, bleibt bei der radiometrischen Analyse das Gut erhalten und steht für Kontrollen oder weitere Untersuchungen zur Verfügung.

3.3.8. Analyse von unvorbereiteten Proben

Auch unvorbereitete Proben (z. B. Handstücke, Bohrkerne) können radiometrisch analysiert werden. In diesem Fall sind die geometrischen Verhältnisse der Messung nicht gut definiert, so daß die Meßergebnisse als halbquantitativ zu bewerten sind. Für eine erste Übersicht sind solche Messungen sehr vorteilhaft, um aus der Vielzahl der anfallenden Handstücke oder Bohrkerne diejenigen auszusondern, deren genauere Analyse sich nicht lohnt.

3.4.   Radiometrische Aufnahme

Die radiometrische Aufnahme dient dazu, solche geologischen Elemente wie Gesteine, Gesteinsgrenzen und tektonische Störungen zu kartieren. Dabei wird die Tatsache ausgenutzt, daß die radioaktiven Nuklide in den Gesteinen in unterschiedlichen Konzentrationen auftreten (s. Kap. 3.2.2.). Die radiometrische Aufnahme entstand schon wenige Jahre nach der Entdeckung der Radioaktivität (MEYER; SCHWEIDLER, 1927; MEISSER, 1943; RICHTER, 1952; AECKERLEIN; VOGT, 1963). Je nach der Aufgabenstellung kann die radiometrische Aufnahme in verschiedenen Formen ausgeführt werden. Im folgenden werden die petrophysikalische Aufnahme, die Radon-Aufnahme und die γ-Aufnahme beschrieben.

3.4.1.   Petrophysikalische Aufnahme

Bei der petrophysikalischen Aufnahme werden in dem Untersuchungsgebiet planmäßig Gesteinsproben gesammelt und unmittelbar im Gelände oder im Labor auf ihre Radioaktivität untersucht. Die Vorteile der petrophysikalischen Aufnahme bestehen darin, daß die Kosten für das Sammeln der Proben nicht so hoch sind wie für eine vollständige Aufnahme des Untersuchungsgebietes und daß durch die Nutzung von Laboreinrichtungen genauere und vielseitigere Informationen gewonnen werden können.

Die petrophysikalische Aufnahme verbindet damit die radiometrische Analyse mit der radiometrischen Aufnahme (im engeren Sinne). Bei der petrophysikalischen Aufnahme werden an den Proben zweckmäßig nicht nur die Gehalte der radioaktiven Elemente, sondern auch andere Eigenschaften analysiert (z. B. Dichte, Suszeptibilität).

Es ist schon lange bekannt, daß sich *tektonische Störungen* durch radiometrische Anomalien abbilden. In der Gegenwart haben vor allem LAUTERBACH und seine Schüler derartige Untersuchungen wieder aufgenommen, indem sie an Gesteinsproben die Konzentration des Bismut-214 (Radium C) durch γ-Spektrometrie halbquantitativ analysierten (LAUTERBACH, 1968). Im Ergebnis konnte festgestellt werden, daß über Bruchzonen deutliche Anomalien des Bismut-214 auftreten (Abb. 3.12). Die Anomalien waren schärfer ausgeprägt als bei integralen Messungen der γ-Strahlung. Es lassen sich auch Brüche nachweisen, die bis in Tiefen von 2000 m reichen oder durch jüngere Deckschichten teilweise verhüllt sind.

In der Erkundung von *Braunkohlen* ist die petrophysikalische Aufnahme ebenfalls mit Erfolg eingesetzt worden, um den Zusammenhang zwischen der Intensität der γ-Strahlung und dem Aschegehalt der Kohlen zu erfassen (RÖSLER; ZSCHERPE, 1971). Für eine Gruppe von Lagerstätten hängt

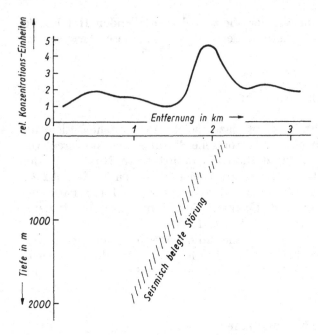

Abb. 3.12. Verlauf der Konzentration von Bismut-214 (Radium C) über einer seismisch nachgewiesenen Störung (nach LAUTERBACH, 1968)

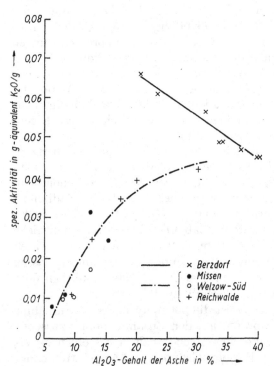

Abb. 3.13. Intensität der γ-Strahlung von Aschemischproben in Abhängigkeit vom Al_2O_3-Gehalt der Asche (nach RÖSLER; ZSCHERPE, 1971)

die Intensität der γ-Strahlung in bestimmter Weise von dem Al_2O_3-Gehalt der Aschen ab (Abb. 3.13, untere Kurve). Hingegen liegt für eine andere Lagerstätte eine andere Abhängigkeit vor (Abb. 3.13, obere Kurve). In dieser Lagerstätte sind die radioaktiven Elemente offenbar nicht an die Tonminerale der Aschebildner gebunden, sondern gehören zum Bestand der Eigenasche. Petrophysikalische Aufnahmen dieser Art tragen wesentlich zur quantitativen Interpretation von Braunkohlen-Bohrlochmessungen bei (FÖRSTER et al., 1982; CHRISTALLE et al., 1982).

Petrophysikalische Aufnahmen werden häufig bei der Suche von Uranium- oder Thorium-Lagerstätten angewandt (s. Kap. 3.5.1.). Die Verbindung einer γ-Aufnahme mit radiometrischen Analysen beschreiben ŠUMILIN; KALJAKIN (1962).

Die *Umweltforschung* stellt besonders hohe Anforderungen an die Methodik und Technik der petrophysikalischen Aufnahme. Einerseits sind die von der Natur gegebenen Gehalte im Bereich der CLARKE-Werte und ihre Schwankungen zu bestimmen. Andererseits sind die von der menschlichen Gesellschaft bewirkten Einflüsse samt ihren zeitlichen Änderungen zu erfassen und zu überwachen, deren Beträge oftmals noch unterhalb der CLARKE-Werte liegen. Auch für diese Zwecke haben sich radiometrische und kerngeophysikalische Analysen- und Aufnahmeverfahren bewährt (IAEA, 1981). So kann beispielsweise Plutonium-239 bis herab zu 10 Femtocurie ($\approx 4 \cdot 10^8$ Atome) mit einem γ-spektrometrischen Verfahren und bis herab zu 4 Femtocurie mit Spaltungs-Spurdetektoren nachgewiesen werden (PEUSER et al., 1981). In Grundwasser kann Uranium bis herab zu 10^{-12} Mol (entsprechende Konzentration: $2,5 \cdot 10^{-13}$) nachgewiesen werden, indem das Uranium abgetrennt und mit einem Laser zur Fluoreszenz angeregt wird (PERRY et al., 1981).

Ein wichtiges Anwendungsgebiet für petrophysikalische und radiometrische Aufnahmen ist die Behandlung und Verwahrung der Rückstände des Uranium-Bergbaus (IAEA, 1982).

3.4.2.   Radon-Aufnahme

Bei der Radon-Aufnahme wird der Radongehalt der Bodenluft gemessen. Aus den Meßergebnissen werden Rückschlüsse auf die Konzentration der radioaktiven Nuklide im Gestein, auf Gesteinsgrenzen oder auf tektonische Störungen gezogen (BARANOW, 1959; GAST et al., 1980).

Der Radongehalt der Bodenluft wird gemessen, indem aus der obersten Bodenschicht Luft angesaugt und in eine Meßkammer gebracht wird. In der Kammer wird der Ionisationsstrom, den die α-Strahlung des Radons bewirkt, mit einem Elektrometer gemessen, oder es werden die Szintillationen der α-Teilchen auf den Wänden der Kammer gezählt. Sehr niedrige Radongehalte können dadurch gemessen werden, daß die Bodenluft über Aktivkohle geleitet wird, um das Radon anzureichern, bevor es zur Messung gebracht wird.

Nach entsprechender Kalibrierung kann aus der Intensität der α-Strahlung der Radongehalt berechnet werden. Meßgeräte und Meßverfahren werden in der Literatur eingehend beschrieben (PRUTKINA; ŠAŠKIN, 1975).

Die Bodenluft muß aus einer Tiefe von $1/2 \cdots 1$ m entnommen werden, weil in geringerer Tiefe der Austausch mit der atmosphärischen Luft beträchtlich ist. Um die notwendige Tiefe zu erreichen, werden kurze Sonden (Stahlrohre, unterer Teil perforiert) in den Boden getrieben.

Der Radongehalt der Bodenluft c_{Rn} hängt (bei radioaktivem Gleichgewicht) zunächst vom Radiumgehalt des Gesteins c_{Ra} und außerdem von der Dichte des Gesteins ϱ, dem Emaniervermögen e und der Porosität Φ ab (BARANOW, 1959):

$$c_{Rn} = c_{Ra} \frac{\varrho e}{\Phi}. \tag{3.47}$$

Das Emaniervermögen wiederum reagiert empfindlich auf den physikalischen Zustand des Gesteins und seine Änderungen (z. B. Korngrößenzusammensetzung, Klüftigkeit, Durchfeuchtung, Temperatur) und kann deshalb — für das gleiche Gestein — in weiten Grenzen schwanken ŠAŠKIN; (PRUTKINA, 1979; EDWARDS et al., 1980; STRONG et al., 1982). Der Einfluß des Wetters ist ausgeprägt und seit langem bekannt (MEYER; SCHWEIDLER, 1927; BARANOW, 1959; GAST; STOLZ, 1982). Wegen dieser zahlreichen Einflüsse spiegeln sich in den Ergebnissen der Radon-Aufnahme neben den unterschiedlichen Radiumgehalten (Uraniumgehalten) der Gesteine auch geodynamische Bewegungen und Wetterbedingungen wider, wodurch die Deutung der Ergebnisse erschwert werden kann.

Die Radon-Aufnahme dient vorzugsweise zur Suche von tektonisch gestörten Zonen und zur Abgrenzung von Gebieten mit erhöhter geodynamischer Aktivität. Schon seit langem wird die Radon-Aufnahme auch zur Suche von wasserführenden Spaltensystemen im Untergrund angewandt (MEISSER, 1943). Ein überzeugendes Anwendungsbeispiel legen FÜRST; BANDELOW (1983) dar. In dem Untersuchungsgebiet sind durch Auswertung von Luftaufnahmen Schollenränder festgestellt worden, die im Kilometerbereich wie ein Mosaik das Gebiet einheitlich überziehen, ohne Rücksicht auf lithologische Einheiten. An einer Vielzahl von Stellen konnten die fotogeologisch ermittelten Schollenränder durch Radon-Messungen bestätigt werden. Die Gestalt der Radon-Anomalien (Amplitude, Breite) läßt Schlüsse auf den Tiefgang der Schollengrenzen oder auf Mineralisationen zu. Der Radon-Gehalt der Bodenluft wurde mit einer α-Szintillationskammer nach einem Verfahren gemessen, das MÜLLER (1980) entwickelt hat.

Bemerkenswert ist auch die Mikro-Aufnahme von kleinen Testflächen zur Untersuchung von Vorzugsrichtungen in Locker- und Festgesteinen (LAUTERBACH, 1953/54).

Die Tatsache, daß über tiefreichenden tektonischen Störungen starke Radon-Anomalien (oft auch Helium-Anomalien) auftreten, hat verschiedenartige *Erklärungsversuche* veranlaßt. Die Annahme, das Radon könne über so große Strecken wandern, ist natürlich irrig (Halbwertszeit von Radon-222 knapp vier Tage). Auch Radium-226 (Halbwertszeit 1600 Jahre) kommt für eine Wanderung über große Entfernungen kaum in Frage. Die Erklärung ist darin zu suchen, daß auch alte tektonische Störungen heute noch geodynamisch aktiv sind (zumindest in differentiellen Bewegungen unter dem Einfluß der Gezeiten der festen Erde) und daß durch die damit verbundenen mechanischen Wirkungen die Migration der chemischen Elemente (in diesem Zusammenhang vor allem der Elemente der Uranium-Familie *vor* dem Radon) begünstigt und auf vorgezeichneten Bahnen gesammelt wird (Analogie zur mechanischen Aktivierung in der Festkörperphysik und Verfahrenstechnik). Dabei können sich tiefliegende Störungen auch in hangende Deckschichten fortsetzen, die äußerlich undurchlässig oder homogen erscheinen. In entsprechender Weise lassen sich auch bestimmte Ergebnisse der Fernerkundung (Satelliten-Aufnahmen) erklären.

In diesem Zusammenhang sind auch die Beobachtungen einzuordnen, wonach in geodynamisch aktiven Gebieten die Radonabgabe des Bodens erhöht ist (RJABOŠTAN; GORBUŠINA, 1972; TYMINSKIJ, 1979). Besonderes Interesse verdient die Zunahme des Radongehaltes der Bodenluft und von Quellwässern vor Erdbeben (LUČIN, 1967; TRIBUTSCH, 1981; FLEISCHER et al., 1982). Endogene Grubenbrände können sich durch erhöhte Radonabgabe der Gesteine an die Grubenwetter ankündigen.

Wie bereits erwähnt, hängt der Radongehalt der Bodenluft stark vom Zeitpunkt der Probenahme ab. So kann die Radon-Aufnahme eines Gebietes bei warmer, trockener Witterung ein anderes Bild ergeben als bei kühlem Wetter nach anhaltendem Regen. Diese Abhängigkeit des momentanen Wertes des Radongehaltes von den Wetterbedingungen ist ein Nachteil der Radon-Aufnahme in der klassischen Ausführungsform. Einen Ausweg eröffnen die *integrierenden Meßverfahren*, bei denen ein *Festkörperspur-Detektor* über längere Zeit (Tage bis Wochen) exponiert wird (FLEISCHER et al., 1975; KÄPPLER, 1983). Durch die lange Exposition wird zugleich die Empfindlichkeit (untere Nachweisgrenze) der Radon-Aufnahme verbessert. Ähnliche Vorteile verspricht die Verwendung von *Halbleiter-Detektoren* für α-Strahlung (Alpha-Nuclear, 1977; STOLZ et al., 1983).

Die Leistungsfähigkeit der integrierenden Radon-Messungen darf freilich nicht überschätzt werden. Wenn auch kurzfristige Schwankungen des Radon-Austrittes in die Bodenluft geglättet werden, bleiben doch langfristige Schwankungen in den Meßergebnissen enthalten, so daß die Ergebnisse von Radon-Aufnahmen zu verschiedenen Jahreszeiten nicht völlig vergleichbar sind.

3.4.3. γ-Aufnahme

Die γ-Aufnahme ist gegenwärtig das vorherrschende Verfahren der radiometrischen Aufnahme. Die Empfindlichkeit der Meßgeräte (vorwiegend mit Szintillationszählern) ist so gut, daß Gesteine mit CLARKE-Gehalten unterschieden werden können. Die hohe Empfindlichkeit führt auch zu kurzen Meßzeiten bei ausreichender Genauigkeit, so daß bei γ-Aufnahmen beträchtliche Meßleistungen erreicht werden können (PRUTKINA; ŠAŠKIN, 1975).

Am einfachsten kann die γ-Aufnahme in der Weise ausgeführt werden, daß der Detektor in geringer Höhe (0,2···1 m) über der *Erdoberfläche* gehalten wird und an vorbestimmten Punkten (Marschrouten, Profile, Netze) die Anzeigen des Meßgerätes aufgezeichnet werden. Da die obersten Bodenschichten sich oftmals in ihrer stofflichen Zusammensetzung von dem unterlagernden Gestein unterscheiden, ist in solchen Fällen die Messung in Grabelöchern (Tiefe ein Spatenstich) oder in kurzen Bohrlöchern (Tiefe 1/2...1 m) zu empfehlen.

Für die Suche von tiefliegenden Körpern wird die *Tiefen-γ-Aufnahme* angewandt, bei der mit besonderen Maschinen Löcher von 5...20 m Tiefe in den Boden gedrückt oder gebohrt werden (EREMEEV; SOLOVOV, 1968).

Die Empfindlichkeit der Meßgeräte kann (durch Verwendung von vielen Zählrohren oder von Szintillationskristallen mit großem Volumen) so weit gesteigert werden, daß die γ-Aufnahme *in Bewegung* (Flugzeug, Fahrzeug) erfolgen kann. Dadurch können große Gebiete schnell und billig aufgenommen werden. Die Kosten der Fahrzeug- oder Flugzeug-γ-Aufnahme, bezogen auf die Fläche des untersuchten Gebietes, betragen ein Viertel bis ein Zehntel der Kosten einer Aufnahme „zu Fuß". Wegen der begrenzten Reichweite der γ-Strahlung in Luft kann die Flughöhe nicht mehr als 100 bis 120 m betragen.

Ein wichtiger Anwendungsbereich der γ-Aufnahme ist die *Bohrlochmessung*. Sie dient hier — meistens kombiniert mit anderen geophysikalischen Verfahren — zur Korrelation von Schichten mit typischem Verhalten und zur Identifizierung von bestimmten Horizonten (LEHNERT; ROTHE, 1962). LEHNERT; JUST (1979) beobachten, daß sich in Fördersonden an bestimmten Stellen die Intensität der γ-Strahlung in kurzer Zeit beträchtlich erhöhen kann. Solche sekundären Anomalien werden damit erklärt, daß infolge der Fördertätigkeit eine Umverteilung der radioaktiven Elemente in Bohrlochnähe stattfindet. Dabei ist die Ausfällung von Radium aus dem Schichtwasser als hauptsächliche Ursache anzusehen.

Wenn zwischen bestimmten Rohstoffen (Erzen, Steinen, Erden), die selbst *nicht radioaktiv* sind, und der Radioaktivität der Mutter- oder Nebengesteine eine (positive oder negative) Korrelation besteht, kann die γ-Aufnahme mit Erfolg zur Suche von Lagerstätten solcher Rohstoffe angewandt werden. So wird beispielsweise über die Suche von Pegmatitgängen, Phosphat-Brekzien oder von Bauxit mit Hilfe von γ-Messungen berichtet (TROMMER, 1966).

Tektonische Störungen können sich — wie bei der Radon-Aufnahme — auch in γ-Messungen widerspiegeln. Es wird ein Fall berichtet, daß die Lage einer Verwerfung unter einem Gebäude durch eine γ-Aufnahme in diesem Gebäude bestimmt werden konnte (KOCH et al., 1982). Allerdings sind die gemessenen Intensitätsunterschiede gering und die Ergebnisse der Deutung deshalb nicht völlig überzeugend.

Um die Information, die in der γ-Strahlung enthalten ist, besser auszuschöpfen, werden in jüngster Zeit immer mehr *spektrometrische γ-Aufnahmen* ausgeführt. Sie ermöglichen Aussagen über die Gehalte von Kalium, Thorium und Uranium im einzelnen. Entsprechende Geräte werden von der Industrie in verschiedenen Typen angeboten. Besonders hoch entwickelt ist die Technik und Methodik der spektrometrischen Flugzeug-γ-Aufnahme. Moderne Apparaturen registrieren nicht nur die Intensitäten, sondern führen die notwendige Bearbeitung der Meßergebnisse aus: Anbringung von Korrekturen an den Meßergebnissen, Berechnung der äquivalenten Gehalte der drei Elemente und Berechnung der Verhältnisse der Gehalte K/U, Th/U und K/Th. Dadurch können wichtige geochemische Informationen gewonnen werden (CHARBONNEAU et al., 1976).

Auch am *Meeresboden* werden γ-spektrometrische Aufnahmen ausgeführt (ŠACOV, 1977). Mit Hilfe der γ-Aufnahme können Antiklinal-Strukturen, rezente küstennahe Seifen, Phosphorite und Eisen-Mangan-Konkretionen gesucht werden. Eine wichtige Ergänzung der γ-spektrometrischen Messungen ist die *aktivierungsanalytische Aufnahme*, wobei solche Neutronenquellen wie Californium-252 bevorzugt angewendet werden (SENFTLE et al., 1976).

Für die Untersuchung der *Umwelt* können γ-spektrometrische Aufnahmen ebenfalls eingesetzt werden. PINGLOT; POURCHET (1981) beschreiben eine hochempfindliche γ-spektrometrische Bohrlochmessung, mit der Leithorizonte in mächtigen Schneeschichten vermessen wurden. In den Leithorizonten haben sich typische Spaltprodukte (z. B. Caesium-137) von den Versuchen mit Wasserstoffbomben gesammelt. Aus den Meßergebnissen kann sowohl die Gesamtmenge des abgelagerten Caesium-137 als auch die mittlere jährliche Schneemenge abgeschätzt werden. Über γ-spektrometrische Untersuchungen an atmosphärischem Schwebestaub berichten JUST; WINTER (1978).

3.5. Radiometrische Verfahren im Bergbau auf radioaktive Erze

Der zunehmende Bedarf an Rohstoffen für die Gewinnung von Kernenergie erfordert die Erschließung immer neuer Vorkommen von Uranium-erzen. In allen Stufen des Uranium-Bergbaus — von der Suche, Erkundung und Gewinnung bis zur Anreicherung und Verarbeitung — sind radiometrische Messungen unentbehrlich (PETROV et al., 1960; PUCHAL'SKIJ; ŠUMILIN, 1977; BOURAYNE, 1982).

3.5.1. Suche

Über die Lagerstätten des Uraniums gibt es viele Veröffentlichungen, in denen die Mineralogie, Geochemie und Metallogenie des Uraniums und die Methoden der Suche und Erkundung dargelegt werden (IAEA, 1970; 1980; 1981). Aus den gesammelten Erfahrungen sind verschiedene Klassifizierungen der Lagerstätten-Typen und ihrer Bildungsbedingungen abgeleitet worden. Neben genetischen Merkmalen werden auch morphologische und technologische Eigenschaften der Erzkörper bzw. Erze zur Klassifizierung benutzt (PUCHAL'SKIJ, 1983). Aus der regelmäßigen Bindung von Lagerstätten an bestimmte geologische *Bedingungen* (Fazies) sind Suchkriterien und Merkmale für die Bewertung der Höffigkeit von bestimmten geologischen Formationen abgeleitet worden, die für regionale bis lokale Maßstäbe angewandt werden können.

Geophysikalische Verfahren zur Suche von Lagerstätten werden als direkte und als indirekte Verfahren klassifiziert. Die radiometrischen Verfahren sind *direkte Verfahren*, da mit ihrer Hilfe Gebiete erhöhter Radioaktivität und Mineralisationen oder Vererzungen unmittelbar nachgewiesen werden. Die nicht-radiometrischen Verfahren sind *indirekte Verfahren*; mit ihnen wird der geologische Aufbau eines Gebietes geklärt und das Vorhandensein von begünstigenden Bedingungen für eine Vererzung (z. B. tektonische Störungen einer bestimmten Richtung) nachgewiesen. Bei der Suche von Uraniumlagerstätten in geologisch wenig bekannten Gebieten spielen die indirekten Verfahren eine wichtige Rolle. Sobald Anzeichen für eine Vererzung gefunden sind, werden zunehmend die direkten Verfahren eingesetzt.

Damit die verfügbaren Mittel mit möglichst geringem Wagnis verwendet werden, beginnt man die Sucharbeiten mit regionalen Übersichtsaufnahmen (kleiner Maßstab) und geht schrittweise zu größeren Maßstäben (d. h. zu dichteren Netzen) über; dabei sind jeweils die nicht-höffigen Gebiete auszusondern, bis sich die Sucharbeiten in lokalem (großem) Maßstab auf den höffigsten Teil der ursprünglichen Fläche konzentrieren lassen.

Das Ziel der *Sucharbeiten* ist:

— Klärung des geologischen Baus des Untersuchungsgebietes;
— Nachweis von Gebieten, in denen die Bedingungen für die Bildung von Lagerstätten vorhanden sind;
— Auffinden von radioaktiven Anomalien und ihre Bewertung mit Hilfe der allgemeinen Suchkriterien.

3.5.1.1.   Radon- und Helium-Aufnahme

Der Radongehalt der Bodenluft beträgt gewöhnlich $5\cdots100\,Bq/l$ $(1\cdots25$ Eman). Niedrige Werte werden in reinen Kalksteinen, in alluvialen Sanden und in ähnlichen radiumarmen Gesteinen beobachtet. Hohe Werte treten in tonigen Böden und in Gesteinen auf, die mechanisch stark beansprucht und verändert sind.

Für die Radon-Aufnahme sind Gebiete günstig, in denen autochthone Lockerschichten mit einheitlicher Zusammensetzung und mäßiger Mächtigkeit $(1\cdots3\,m)$ entwickelt sind. Ungünstig sind Gebiete mit fehlender oder geringmächtiger Verwitterungsdecke, Blockmeere, Steinmoränen, Sümpfe und Dauerfrostgebiete.

Für die Suche von Uranium-Lagerstätten sind erhöhte Werte des Radongehaltes besonders interessant. Solche Anomalien müssen nicht unbedingt durch Vererzungen im Untergrund verursacht sein. Auch lokale Erhöhungen des Radiumgehaltes, der Porosität oder der Permeabilität bewirken eine erhöhte Abgabe des Radons in die Bodenluft (s. Kap. 3.4.2. und (3.47)).

Solche *uneigentlichen Anomalien* treten sehr viel häufiger auf als die *eigentlichen Anomalien*, die mit einer Vererzung zusammenhängen. Deshalb wurden besondere Kriterien für die Klassifizierung und Bewertung von Radon-Anomalien ausgearbeitet. Eines davon ist die Änderung des Radongehaltes mit der Tiefe (Abb. 3.14). Weitere Kriterien sind: die Amplitude der Anomalien, ihre Ausdehnung über größere Flächen, das Vorhandensein erhöhter Uraniumgehalte im Boden und im unterlagernden Gestein, das geochemische Milieu.

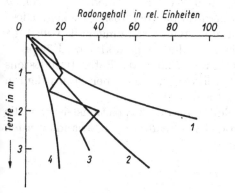

Abb. 3.14. Radongehalt der Bodenluft als Funktion der Teufe
1 — Erzkörper in geringer Teufe, *2* — Erzkörper in größerer Teufe, *3* — Gestein mit ungleichmäßig verteilter Radioaktivität, *4* — Lockergestein
(nach MELKOV; PUCHAL'SKIJ, 1957)

Eine besondere Variante ist die *Thoron-Aufnahme*, bei der das Isotop ^{220}Rn (Halbwertszeit 1 Minute) untersucht wird.

Die Ergebnisse von Radon-Aufnahmen werden stark von den meteorologischen Verhältnissen beeinflußt; deshalb wird seit einiger Zeit auch hier versucht, mit integrierenden Detektoren (s. Kap. 3.4.2.) zu besseren Ergebnissen zu gelangen (SOMOGYI et al., 1978; KRISTIANSSON et al., 1982).

Sehr interessant ist die *Helium-Aufnahme*. Die Bodenluft in oder über Gesteinen mit erhöhten Uranium- oder Thoriumgehalten weist auch deutliche Helium-Anomalien auf. Da Helium stabil ist, kann es — im Gegensatz zu Radon — über sehr große Entfernungen wandern. Die Helium-Aufnahme dient deshalb weniger zur Uranium-Suche als vielmehr zur Kartierung von tiefreichenden tektonischen Störungen (CLARKE; KUGLER, 1973; EREMEEV; JANICKIJ, 1975; JANICKIJ, 1979).

Es gibt auch Versuche, das Isotopenverhältnis ^{3}He/^{4}He für geochemische Untersuchungen nutzbar zu machen.

3.5.1.2. γ-Aufnahme

Die γ-Aufnahme ist dasjenige direkte Verfahren, das am meisten angewandt wird. Sie dient zur Gewinnung einer ersten Übersicht über wenig erforschte Gebiete (Flugzeug-γ-Aufnahme) ebenso wie zu lokalen Untersuchungen in großem Maßstab (s. Kap. 4.2.).

Eine wichtige Aufgabe ist die *Kalibrierung* der Meßgeräte. Die Anzeige der γ-Meßgeräte (mit Zählrohren oder Szintillatoren) hängt von der spektralen Zusammensetzung der einfallenden Strahlung und von der spektralen Empfindlichkeit der Strahlungsdetektoren ab. Deshalb können sich die Impulsdichten, die von verschiedenen Geräten am selben Objekt angezeigt werden, beträchtlich unterscheiden. Durch eine geeignete Methode der Kalibrierung müssen die Anzeigen der Geräte *vergleichbar* gemacht werden.

In der westlichen Literatur (IAEA, 1976) wird empfohlen, die Anzeigen in der Einheit *unit of radioelement concentration* (ur) auszudrücken. Diese Einheit wird durch einen Halbraum mit dem Uraniumgehalt von 1 g/t verkörpert (Uranium im Gleichgewicht mit allen Folgenukliden). Für praktische Zwecke wird der Halbraum durch eine Platte aus Beton (mindestens 2 m Durchmesser und 0,5 m Dicke) verkörpert, die einen äquivalenten Uraniumgehalt zwischen 50 und 500 g/t aufweist.

Zwischen der Einheit ur und den Einheiten der Expositionsleistung, die in der Geophysik als Maß der Intensität der γ-Strahlung angewandt werden (Kap. 3.1.3.), bestehen die Beziehungen:

$$1 \text{ ur} \approx 0,4 \cdot 10^{-13} \text{ A/kg}$$

$$\approx 0,6 \text{ μR/h}.$$

In der sowjetischen Literatur (PRUTKINA; ŠASKIN, 1975) wird ein anderes Vorgehen empfohlen. Da die Herstellung von Modellen des unendlichen Halbraumes umständlich und aufwendig ist, wird der Zusammenhang zwischen der Anzeige des Meßgerätes und dem äquivalenten Uraniumgehalt durch eine Zwischengröße hergestellt, die bequemer zu verkörpern ist. Hierzu dient die γ-Strahlung eines *Radium-Standardpräparates*. Der Standard wird in verschiedenen Entfernungen vom Detektor angebracht, so daß die Anzeige des Gerätes bei verschiedenen Intensitäten (Expositionsleistungen) aufgenommen werden kann. Bei der Graduierung muß der Einfluß der gestreuten γ-Strahlung ausgeschlossen werden. Als nächster Schritt ist die Beziehung zwischen der Expositionsleistung I und dem Uraniumgehalt c zu ermitteln. Im Ergebnis erhält man das Verhältnis I/c, das als Verknüpfungsgröße bezeichnet wird. Die Verknüpfungsgröße hängt stark von den Meßbedingungen ab (CHROMOV, 1974; PRUTKINA; ŠASKIN, 1975).

Die Ergebnisse der γ-Aufnahme werden in Profilen oder in Karten (Isolinien der γ-Intensität) grafisch dargestellt. Bei der *Auswertung* ist nicht nur auf positive Anomalien (erhöhte Werte der γ-Strahlung), sondern auch auf Minima und auf das Normalfeld zu achten.

Das *Normalfeld* der Strahlung kann aus den durchschnittlichen Gehalten von U, Th und K in den Gesteinen (Tab. 3.14 bis 3.16) berechnet werden. Bei γ-Aufnahmen in begrenzten Gebieten wird das Normalfeld als Mittelwert der γ-Strahlung über einem (offensichtlich oder vermutlich) gleichartigen Gesteinskörper definiert. Meßwerte, die vom Mittelwert um mehr als die doppelte oder dreifache Standardabweichung entfernt sind, werden als *Anomalien* betrachtet.

Wie bei der Radon-Aufnahme, ist auch bei der γ-Aufnahme die *Deutung der Anomalien* ein spezielles Problem. Die Ergebnisse von γ-Aufnahmen können nur dann geologisch gedeutet werden, wenn gewisse Kenntnisse der geologischen Situation bereits vorhanden sind. Während in den ersten Jahren nach dem Zweiten Weltkrieg vorwiegend Lagerstätten gesucht und auch gefunden wurden, die an die Erdoberfläche ausstreichen, richtet sich nunmehr die Suche auf tiefliegende, verborgene Lagerstätten, die an der Erdoberfläche höchstens schwache γ-Anomalien erzeugen. Deshalb werden γ-Aufnahmen in wenig erforschten Gebieten stets durch andere geophysikalische und geochemische Untersuchungen ergänzt (EREMEEV; SOLOVOV, 1968).

Die Untersuchung der *Isotopenverhältnisse des Bleis* oder des Blei-Uranium-Verhältnisses kann dazu dienen, junge hypergene Uranium-Ansammlungen, die gewöhnlich lokal begrenzt und industriell nicht verwertbar sind, von alten Mineralisationen zu unterscheiden. In ähnlicher Weise liefert das Verhältnis U/Pa in oberflächennahen Anomalien einen Aufschluß über die tieferen Teile (Wurzeln) der Anomalien. Auch das *Isotopenverhältnis* $^{234}U/^{238}U$, das durch hypergene Vorgänge beeinflußt wird, kann zur Deutung von Anomalien beitragen. Dieses Verhältnis läßt sich durch α-spektrometrische Messungen an Proben bestimmen. Eine wichtige Rolle spielen bestimmte chemische Elemente (z. B. Mo, Pb, Sb) als *Indikator-Elemente* für hydrothermale Vererzungen. In sedimentären Lagerstätten sind Anomalien dieser Elemente wesentlich schwächer ausgeprägt.

Die Flut der Meßergebnisse, die bei geophysikalischen und geochemischen Aufnahmen anfallen, erfordert mehr und mehr die Nutzung der EDV zur Bearbeitung und Darstellung der Daten. *Klassifizierungs- und Erkennungsprogramme* werden häufig angewandt (ČUMAČENKO et al., 1980). Obwohl damit große Fortschritte erreicht werden konnten, muß vor einem formalen Herangehen gewarnt und der Vorrang der fachlichen Aufgabenstellung betont werden.

3.5.2. Erkundung

Nachdem durch die Sucharbeiten eine Lagerstätte (Erzkörper, sichtbare Mineralisation) gefunden wurde, hat die *Erkundung* die Aufgabe, die Ausdehnung der Lagerstätte, die Gestalt und Mächtigkeit der Erzkörper und die Verteilung der Gehalte im einzelnen zu untersuchen. Die Erkundung liefert die notwendigen Daten für die Vorratsberechnung.

Ein wesentlicher Teil dieser Daten wird durch quantitative Messungen gewonnen, d. h. durch Messungen, deren Ergebnisse quantitativ ausgewertet werden. Aus den Messungen werden die Lage (Teufe) von Erzdurchörterungen, ihre Mächtigkeit und ihr Gehalt ermittelt. Hierzu dienen die γ-Bohrlochmessung und die γ-Probenahme.

3.5.2.1.   γ-Bohrlochmessung

Die γ-Bohrlochmessung ist — neben der γ-spektrometrischen Aufnahme —
das radiometrische Verfahren, das am weitesten entwickelt ist (ALEKSEEV,
1957; TROMMER, 1963; CHROMOV, 1974; CHAJKOVIČ; ŠAŠKIN, 1982; IAEA,
1982). Beispielsweise wurde schon um das Jahr 1960 in den USA etwa die
Hälfte der Uranium-Vorräte auf Grund von γ-Bohrlochmessungen berechnet.

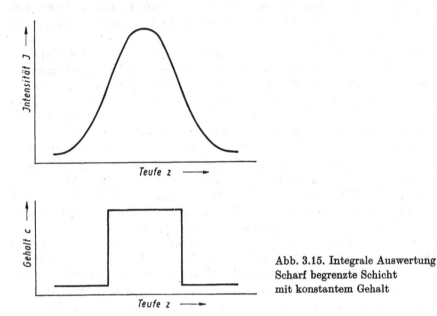

Abb. 3.15. Integrale Auswertung
Scharf begrenzte Schicht
mit konstantem Gehalt

Die Meßergebnisse müssen korrigiert werden, um folgende Einflüsse zu
berücksichtigen:

— Absorption der γ-Strahlung in der Spülungsflüssigkeit und in der Ver-
  rohrung;
— Stand des radioaktiven Gleichgewichtes zwischen Uranium, Radium
  und Radon;
— Auftreten von Thorium;
— Feuchte des Gesteins;
— Dichteunterschiede.

Für diese Korrekturen gibt es Zahlentafeln und Nomogramme (CHROMOV,
1974).

Für die quantitative Auswertung stehen integrale und differentielle Verfahren zur Verfügung.

Den *integralen Verfahren* liegt die Vorstellung zugrunde, daß die γ-
Anomalie durch eine vererzte Schicht verursacht wird, die gegen das
Nebengestein scharf begrenzt ist und in sich einen konstanten Gehalt auf-
weist (Abb. 3.15). Diese Vorstellung ist geologisch sehr einleuchtend.

Die Halbwertsbreite $b_{1/2}$ der Anomalie (Abb. 3.16) ist eine Funktion der Mächtigkeit der Schicht. Für diese Funktion gibt es Nomogramme (CHAJKOVIČ; ŠAŠKIN, 1982; CHROMOV, 1974). Wenn die Mächtigkeit der Schicht mindestens gleich der doppelten Reichweite der γ-Strahlung im Gestein ist, geben die Halbwertspunkte unmittelbar die Grenzen der vererzten Schicht an (und damit auch die Mächtigkeit).

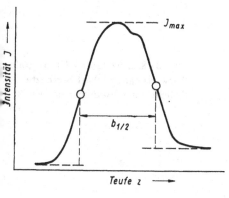

Abb. 3.16. Bestimmung der Halbwertsbreite $b_{1/2}$

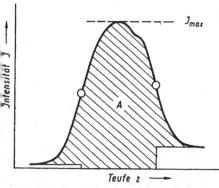

Abb. 3.17. Abgrenzung der Fläche unter der Anomalie

Nachdem die Schichtgrenzen und die Mächtigkeit gefunden wurden, wird der Uraniumgehalt der Schicht bestimmt. Die Fläche A unter der Anomalie ist proportional dem Produkt aus Gehalt c und Mächtigkeit h:

$$A = \int I(z)\,dz = Mch. \tag{3.48}$$

Das Integral wird nur über die Anomalie erstreckt (Abb. 3.17). Der Faktor M vermittelt die Proportionalität (Verknüpfungsgröße). Der Gehalt der Schicht ist damit durch die Gleichung

$$c = A/(Mh) \tag{3.49}$$

gegeben.

Die getroffenen Voraussetzungen (Abb. 3.15) sind recht starke Vereinfachungen, nach denen sich die Natur nicht immer richtet. Häufig besitzen die γ-Anomalien eine verwickeltere Gestalt, so daß die Voraussetzungen abgeschwächt und unscharfe Grenzen der Vererzung gegen das

Nebengestein und Schwankungen des Gehaltes innerhalb der Schicht zu-
gelassen werden müssen (Abb. 3.18). Auch für solche Fälle sind entsprechende Auswerteverfahren entwickelt worden, deren Handhabung aber un-
bequem werden kann (ALEKSEEV, 1957).

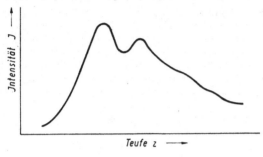

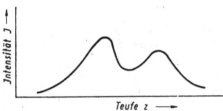

Abb. 3.18. Erweiterung der integralen
Auswertung. Unscharf begrenzte
Schicht mit schwankendem Gehalt

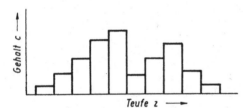

Abb. 3.19. Differentielle Auswertung

Einen völlig neuen Zugang eröffnen die *differentiellen Verfahren* (SCOTT,
1963; RÖSLER, 1965, 1969). Ihnen liegt die Vorstellung zugrunde, daß das
Gebirge aus *elementaren Schichten* zusammengesetzt ist, die alle die gleiche
Mächtigkeit haben. Auch die anderen Eigenschaften (Absorptionskoeffizient, Dichte) sollen in allen Schichten gleich sein. Lediglich der Gehalt des
strahlenden Stoffes soll sich von Schicht zu Schicht unterscheiden (Abb. 3.19).
Die Schichten mögen durch den Index i numeriert sein. Die Intensität
in der Mitte der Schicht i ist durch den Gehalt in dieser Schicht und durch
die Gehalte in den benachbarten Schichten gegeben:

$$I_i = \sum_{m=0}^{\infty} a_m c_{i \pm m}. \tag{3.50}$$

Die Faktoren a_m hängen von den Meßbedingungen und dem Index m ab.
Wegen der begrenzten Reichweite der γ-Strahlung im Gestein nehmen die
Faktoren a_m schnell mit dem Index m ab, so daß die Summe nur über
wenige Glieder zu erstrecken ist.

Es ist umgekehrt auch möglich, den Gehalt in der Schicht c_i als Funktion der Intensität darzustellen:

$$c_i = \sum_{m=0}^{\infty} b_m I_{i \pm m}. \tag{3.51}$$

Nach dieser Gleichung wird jeder elementaren Schicht ein Gehalt zugeordnet. Die Faktoren b_m sind für bestimmte Meßbedingungen tabelliert (CHROMOV, 1974).

Die differentielle Auswertung liefert eine Aussage über die Verteilung der Gehalte von einer elementaren Schicht zur nächsten, d. h. in kleinen (differentiellen) Schritten. Dadurch kann die Veränderlichkeit oder Absätzigkeit der Gehalte sichtbar gemacht werden. Bereits bei der Auswertung der γ-Bohrlochmessung können Anhaltspunkte über die Aufbereitbarkeit der Erze gewonnen werden (KIRPIŠČIKOV, 1972; PUCHAL'SKIJ, 1983).

Als Mächtigkeit der elementaren Schicht nimmt man gewöhnlich 20 cm, 15 cm oder 10 cm an. Geringere Mächtigkeiten verbessern kaum das Auflösungsvermögen, können aber das Verfahren numerisch bösartig (ill-conditioned) werden lassen. Bei größeren Mächtigkeiten als 30 cm beginnen die Unterschiede zwischen den differentiellen und den integralen Auswerteverfahren zu verschwinden.

Die Gehalte, die den elementaren Schichten im einzelnen zugeordnet werden, sind so richtig oder real, wie die angenommene Vorstellung den natürlichen Verhältnissen entspricht. Für einzelne elementare Schichten können sich *negative zugeordnete Gehalte* ergeben. Sie treten vor allem dort auf, wo der Gradient oder die 2. Ableitung der γ-Strahlung sehr groß ist. Ihr Auftreten folgt aus den Voraussetzungen, auf denen das Rechenverfahren beruht. Häufiges Auftreten von negativen Gehalten deutet darauf hin, daß die Voraussetzungen für das differentielle Verfahren in der Natur nicht genügend genau gegeben sind (DAVYDOV, 1970).

Über die *Zusammenfassung der elementaren Schichten* zu geologisch identifizierbaren (wirklichen) Schichten sagen die differentiellen Verfahren nichts aus. Diese Zusammenfassung muß der Bearbeiter anschließend vollziehen, wobei ihm zusätzliche geologische Kriterien oder Regeln gegeben sein müssen.

Die *Güte der Meßergebnisse* muß durch entsprechende Maßnahmen gesichert werden. Dazu gehören vor allem die Kalibrierung des Meßgerätes und der Vergleich mit geologischen Proben. Die *Kalibrierung* des Meßgerätes (in Strahlungs- oder Gehalts-Einheiten) ist periodisch zu wiederholen. Die Empfindlichkeit ist täglich mit einem Prüfstrahler oder an einem Kontrollbohrloch zu prüfen. Anomalien der γ-Strahlung oder Erzdurchörterungen sind zweimal zu messen (innere Kontrolle). Bei Geräten, die eine genügende Stabilität der Funktion aufweisen, kann die innere Kontrolle eingeschränkt werden oder gänzlich entfallen. Zur äußeren Kontrolle ist ein bestimmter Anteil der Bohrlöcher (Anomalien, Durchörterungen) mit einem anderen Gerät und von anderem Personal nochmals zu vermessen. Für die Abweichungen, die bei der täglichen Empfindlichkeitskontrolle des Gerätes und bei der inneren und äußeren Kontrolle auftreten, sind bestimmte Toleranzen festgesetzt (CHROMOV, 1974).

Die Ergebnisse der γ-Messungen werden regelmäßig mit Analysen von *Bohrkernproben* verglichen. Dabei ist eine Beschränkung auf formale statistische Betrachtungen zu meiden. Es ist zu beachten, daß eine Probe des Bohrkerns ein kleines räumliches Gebiet verkörpert, während die γ-Messung einen wesentlich größeren Raum erfaßt. Deshalb kann aus der Übereinstimmung beider Verfahren eindeutig die Güte der γ-Messung nachgewiesen werden, während aus der Nichtübereinstimmung noch nicht eindeutig auf mangelnde Güte der γ-Bohrlochmessung geschlossen werden kann. In diesem Fall müssen zusätzliche Untersuchungen angestellt werden (CZUBEK, 1976).

Wie jedes γ-Verfahren erfaßt die γ-Bohrlochmessung eigentlich nur die Tochternuklide des (gebundenen) Radons. Es gibt deshalb zahlreiche Versuche, die Abhängigkeit der Meßergebnisse vom *Gleichgewicht zwischen Uranium, Radium und Radon* zu vermindern oder zu beseitigen.

Die γ-Bohrlochmessung kann stark verfälscht werden, wenn sich in dem Bohrloch größere Mengen von *Radon* ansammeln und ausbreiten. Dieser Fall tritt ein, wenn das Bohrloch stark emanierende Gesteine (z. B. poröse oder zerklüftete Kalksteine) durchteuft oder wenn radium- oder radonhaltige Wässer in das Bohrloch zusitzen. Es wurde eine *α-Bohrlochmessung* vorgeschlagen und erprobt, um das Radon nachzuweisen und seinen Einfluß zu berücksichtigen (TANNER, 1958). Einfacher ist es, das kontaminierte Bohrloch vor der γ-Messung gründlich mit Wasser oder Druckluft zu spülen (SCHEIBE, 1963).

In der Literatur ist die *kombinierte β-γ-Bohrlochmessung* diskutiert worden (DAVYDOV, 1966). Sie entspricht der β-γ-Analyse von vorbereiteten Proben. Hierfür kommen nur saubere und trockene Bohrlöcher in Betracht. Schon eine dünne Schicht von Schlamm oder Staub an der Bohrlochwand oder auf dem Fenster der Bohrlochsonde kann die β-Strahlung völlig verfälschen.

Auch die Ausnutzung der *spontanen Spaltung* des Uraniums ist vorgeschlagen worden (DAVYDOV, 1971). Die geringe Wahrscheinlichkeit der spontanen Spaltung führt zu sehr großen Meßzeiten, die für die praktische Erkundung nicht annehmbar sind.

Seit einiger Zeit wird versucht, die *induzierte Spaltung* des Uraniums für die geophysikalische Erkundung nutzbar zu machen (CZUBEK, 1972; STEINMAN et al., 1980). Dieser Gedanke ist physikalisch sehr verlockend und in seinen Grundlagen bereits geklärt. Die Technik stellt heute genügend starke Neutronenquellen zur Verfügung, die in einer Bohrlochsonde untergebracht werden können (Neutronengeneratoren mit der Möglichkeit des Impulsbetriebes; Quellen mit dem spontan spaltenden Nuklid Californium-252).

Auch die *Röntgenfluoreszenz-Analyse* (RFA) ist für die Bohrlochmessung erprobt worden. Die charakteristische Röntgenstrahlung des Uraniums wird mit Cobalt-57 angeregt und mit einem Halbleiterdetektor gemessen. Mit der entwickelten Bohrlochsonde können Uraniumgehalte von 0,002% (20 g/t) bis 7% gemessen werden (LUBECKI; WOLF, 1978).

3.5.2.2.   γ-Probenahme

Die γ-Probenahme dient — ebenso wie die γ-Bohrlochmessung — zur Detailerkundung der Lagerstätte (PUCHAL'SKIJ; ŠUMILIN, 1977).

Zunächst wird in den Grubenbauen eine *γ-Aufnahme* durchgeführt, um Bereiche mit normalen Werten der γ-Strahlung von anomalen (vererzten) Bereichen abzugrenzen. Anschließend wird in den anomalen Bereichen die *γ-Probenahme* ausgeführt. In einem bestimmten Punktnetz wird an den Stoßflächen des Grubenbaus die γ-Strahlung gemessen. Die Ergebnisse werden nach ähnlichen Verfahren wie bei der γ-Bohrlochmessung quantitativ ausgewertet.

Der γ-Strahlung von dem untersuchten Stoß überlagern sich die Strahlung des gegenüberliegenden Stoßes und die Strahlung der Folgenuklide des Radons in der Grubenluft. Dadurch können die Meßergebnisse stark verfälscht werden. Diese Einflüsse können mit verschiedenen Verfahren vermindert werden (PUCHAL'SKIJ; ŠUMILIN, 1977; CHAJKOVIČ; ŠAŠKIN, 1982).

Auch bei der γ-Probenahme muß die Güte der Meßergebnisse durch regelmäßige Kontrolle der Meßgeräte und durch Vergleiche mit geologischen Proben gesichert werden.

3.5.3.   Gewinnung und Anreicherung

Bei der Gewinnung der Erze dienen radiometrische Messungen zur operativen (kurzfristigen bis mittelfristigen) Planung und Lenkung der Abbauarbeiten (PUCHAL'SKIJ, 1983).

Das Ziel ist die Gewinnung der Vorräte mit möglichst geringen Verlusten oder Verdünnungen. In Lagerstätten mit absätziger, wechselhafter Vererzung werden radiometrische Messungen in dichtem Netz ausgeführt, um taube Bereiche rechtzeitig zu erkennen und auszuhalten.

Die wichtigsten Verfahren zur Lösung dieser Aufgaben sind die γ-Aufnahme der Grubenbaue, die γ-Probenahme (in den Abbauorten) und die γ-Bohrlochmessung (in Sprengbohrlöchern); diese Verfahren wurden bereits beschrieben. Sehr nützlich sind die γ-Analyse und die γ-Anreicherung des Fördergutes.

3.5.3.1.   γ-Analyse des Fördergutes

An den Gefäßen (Förderwagen, Skips, LKW, Eisenbahnwagen), die mit Fördererz beladen sind, wird die γ-Strahlung gemessen. Das Ergebnis der Messung ist dem Uraniumgehalt proportional (γ-gesättigte Schichten). Damit ist ständig eine Übersicht über die Menge (Tonnage) und den Gehalt des Fördergutes gegeben, das von den einzelnen Abbauorten oder Förderschächten kommt.

Die γ-Analyse dient nicht nur zur *Bilanzierung*, sondern auch zur *Sortierung* des Fördergutes. Gefäßladungen mit taubem Gestein können ausgehalten und zur Bergehalde geleitet werden. Dadurch wird die nächstfolgende Verarbeitungsstufe vom Durchsatz tauben Gesteins entlastet. Gleichzeitig können die Gefäßladungen entsprechend der γ-Strahlung (d. h. entsprechend ihren Uraniumgehalten) verschiedenen Sorten zugeordnet und entsprechenden Bunkern, Zwischenlagern oder Mischbetten zugeleitet werden. Dadurch kann der Verarbeitung ein mehr oder weniger gleichmäßiges Aufgabegut angeboten werden (TEMNIKOV, 1980).

In entsprechender Weise kann auch das Gut auf Förderbändern analysiert und bilanziert werden (PUCHAL'SKIJ; ŠUMILIN, 1977; PUCHAL'SKIJ, 1983).

3.5.3.2. γ-Anreicherung des Fördergutes

Die γ-Strahlung des Erzes kann zur Anreicherung des Fördergutes ausgenutzt werden. Das Gut wird an einem empfindlichen Strahlungswandler vorbeigeführt. Wenn die Intensität der Strahlung eine vorgegebene Schwelle überschreitet, wird die betreffende Portion des Gutes oder das Einzelkorn als „aktiv" erkannt und durch eine Klappe oder einen Luftstrahl abgeschieden. Die γ-Anreicherung (auch als radiometrische oder elektronische Klaubung bezeichnet) wurde Ende der 40er Jahre erfunden und hat einen hohen technischen Stand erreicht. Sie dient sowohl zur Herstellung von Konzentraten als auch zur Abscheidung von taubem oder geringhaltigem Gestein (KÖHLER, 1963; TEMNIKOV, 1980; PUCHAL'SKIJ, 1983). Die γ-Anreicherung wurde zum Vorbild für die Entwicklung von anderen kerngeophysikalischen Anreicherungsverfahren (TATARNIKOV, 1974).

3.5.4.   Verarbeitung

Bei der hydrometallurgischen Verarbeitung der Erze wird das radioaktive Gleichgewicht zerstört, so daß die üblichen radiometrischen Verfahren, insbesondere die einfache Messung der γ-Strahlung, nicht angewandt werden können. Man hat verschiedene Sonderverfahren entwickelt, um die Verarbeitungsprodukte analysieren zu können. Zum Beispiel wird die γ-Linie des Uraniums-235 bei 186 keV zur Bestimmung des Uraniumgehaltes benutzt. Dabei wird stillschweigend vorausgesetzt, daß die Isotopenzusammensetzung des Uraniums konstant ist. Für die Analyse von Lösungen wird die Spektrometrie der α-Strahlung vorgeschlagen (4,18 MeV für ^{238}U; 4,76 MeV für ^{234}U; 4,68 MeV für ^{230}Th) (EICHHOLZ, 1960).

3.5.5.   Radiometrische Verfahren im Kalibergbau

Im Bergbau auf Kalisalze dienen radiometrische Messungen ähnlichen Zwecken wie im Uranium-Bergbau: Analyse von Proben der Fördersalze und der Verarbeitungsprodukte; Bohrlochmessung zur Erkundung und zur Präzisierung der Abbauplanung; Überwachung der technologischen Verarbeitung (SCHNABEL, 1966; SCHNABEL; TRAPP, 1966; WINTER, 1983).

3.6. Kerngeophysik

3.6.1. Allgemeine Grundlagen

Schon kurze Zeit nach der Entdeckung der künstlichen Radioaktivität wurde ihre Nutzung für wissenschaftliche Untersuchungen erprobt. In der Gegenwart gibt es vielfältige Anwendungen in den Naturwissenschaften, in der Medizin und in der Technik. Die kerngeophysikalischen Verfahren stehen in enger Beziehung zu solchen Anwendungsgebieten wie Stoffanalyse, Werkstoffkunde und Betriebskontrolle.

Allen kerngeophysikalischen Verfahren ist gemeinsam, daß sie auf der *Wechselwirkung* von Strahlung und Stoff beruhen. Die folgenden Wechselwirkungen werden vorwiegend ausgenutzt:

- Schwächung, Streuung und Bremsung von Strahlung bei ihrer Ausbreitung im Gestein;
- Anregung von spezifischen Sekundärstrahlungen.

Diese Wechselwirkungen hängen in starkem Maße sowohl von der Art der Strahlung (Quanten; geladene Teilchen, ungeladene Teilchen; Energiespektrum) als auch von den physikalischen und chemischen Eigenschaften des Gesteins (Dichte, Ordnungszahl, Auftreten bestimmter Elemente oder Verbindungen) ab. Die Einzelheiten können hier nicht dargelegt werden, sondern sind in der physikalisch und meßtechnisch orientierten Literatur nachzulesen (HART, 1962; HARTMANN, 1969; STOLZ, 1976/78; HERFORTH et al., 1981).

Neben den genannten Wechselwirkungen kommt auch die Markierung mit radioaktiven Nukliden (Tracern) zur Anwendung.

Es gibt noch keine befriedigende Klassifizierung der kerngeophysikalischen Verfahren. Neben der Einteilung nach den Arten der Wechselwirkung, die oben genannt wurde, ist eine Einteilung verbreitet, die von der Art der verwendeten Strahlen ausgeht:

- Gamma-Verfahren:
  Absorption,
  Streuung,
  MÖSSBAUER-Effekt;
- Neutronen-Verfahren:
  Neutron-Gamma,
  Neutron-Neutron,
  Aktivierung.

Diese Gliederung geht zwar von äußerlichen Merkmalen aus, ist aber für den Praktiker recht brauchbar.

Einen kurzen, aber inhaltsreichen Überblick über kerngeophysikalische Verfahren geben HÜBNER; LÖTZSCH (1980). Einige zusammenfassende Darstellungen mit größerem Umfang, die auch als Nachschlagewerke dienen können, sind in russischer Sprache erschienen (FILIPPOV, 1973; GORBUŠINA et al., 1974; ZAPOROŽEC, 1977, 1978).

3.6.2.   Kernphysikalische Stoffanalyse

Wie bei den radiometrischen Verfahren kann die Analyse der stofflichen
Eigenschaften von Proben unter Laborbedingungen als das erste Anwendungsgebiet betrachtet werden, aus dem sich die anderen Anwendungsfälle
ableiten lassen. Allerdings wird dieses Gebiet gewöhnlich zur Analytik gerechnet und dort auch mehr oder weniger eingehend behandelt (DOERFFEL;
GEYER, 1981).

Für die Analyse von Mineralen, Gesteinen und Erzen spielt die *Röntgen-
Fluoreszenz-Analyse* (RFA) eine große Rolle (THÜMMEL, 1975; EHRHARDT,
1981; JAKUBOVIČ et al., 1982).

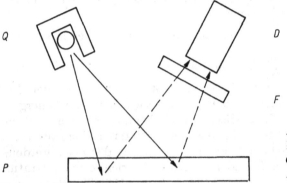

Abb. 3.20. Meßanordnung zur
Röntgen-Fluoreszenz-Analyse
Q — Quelle; P — Probe;
F — Filter; D — Detektor

Energiereiche Strahlung einer Quelle Q (Röntgenröhre oder Radionuklid)
gelangt auf die Analysenprobe P und erzeugt in dieser die charakteristischen
Röntgenstrahlungen der einzelnen Komponenten (Abb. 3.20). Die sekundäre Röntgenstrahlung wird in dem Detektor D gemessen, nachdem sie
ggf. eine Filteranordnung F passiert hat. Der Detektor wird oft als Spektrometer ausgebildet. Die Intensität der sekundären Strahlung ist ein Maß
für den Gehalt des betreffenden Elementes in der Probensubstanz.

Die Intensität der sekundären Röntgenstrahlung hängt wegen der geringen *Eindringtiefe* (Reichweite) der primären Strahlung ($10^{-1} \ldots 10^0$ mm)
stark von der *Homogenität* der Probe ab. Pulverförmige Proben müssen
deshalb genügend fein aufgemahlen und vergleichmäßigt sein. Bei festen
Proben beeinflußt die *Korngrößenverteilung* das Meßergebnis. Die *Matrix*,
d. h. die allgemeine chemische Zusammensetzung der Probe, führt zu einer
Überlagerung der sekundären Strahlung und der Streustrahlung und
führt damit zu einer Verfälschung der Intensität für das zu analysierende
Element. Der Matrix-Einfluß kann durch Kalibrierung mit Proben von
bekannter Zusammensetzung weitgehend beseitigt werden, falls die Zusammensetzung der Matrix nicht zu stark schwankt.

Die RFA hat eine Reihe von Vorzügen vor klassischen Analysenverfahren. Dazu gehören die einfache Vorbereitung der Proben, die hohe Meß-
leistung, die annehmbaren Nachweisgrenzen ($10^2 \ldots 10^0$ g/t), die gute Genauigkeit (relativer Fehler $0{,}5 \ldots 0{,}1\%$) (EHRHARDT, 1981).

Die Geräte für die RFA können sehr verschieden ausgeführt sein. Für Betriebslaboratorien werden Apparaturen bevorzugt, bei denen die anregende Strahlung mit einer Röntgenröhre erzeugt wird. Die sekundäre Strahlung wird wellenlängendispersiv registriert. Die Auswertung ist weitgehend automatisiert.

In tragbaren Geräten, die in Feldlabors oder bei Messungen von Proben und Handstücken im Gelände oder für Bohrlochmessungen eingesetzt werden, erfolgt die Anregung mit kleinen Röntgenröhren oder mit Radionukliden. Moderne Geräte führen die Bearbeitung der Meßwerte automatisch durch und zeigen unmittelbar die Konzentrationen an.

Die lesenswerte Übersicht von THÜMMEL (1975) schildert neben den physikalisch-meßtechnischen Grundlagen ausführlich den Aufbau und Einsatz von tragbaren Analysatoren und Bohrloch-Sonden.

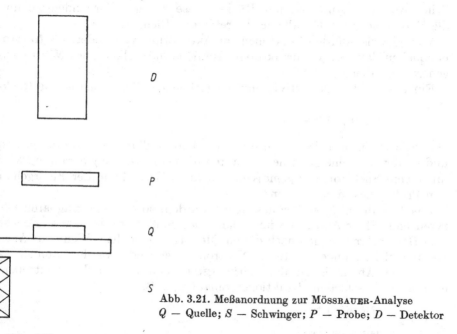

Abb. 3.21. Meßanordnung zur MÖSSBAUER-Analyse

Q — Quelle; S — Schwinger; P — Probe; D — Detektor

Die MÖSSBAUER-*Analyse* nutzt die Absorption der γ-Strahlung aus, die bei bestimmten Nukliden oder Verbindungen beobachtet werden kann. Während für die meisten dieser Stoffe der MÖSSBAUER-Effekt nur bei tiefen Temperaturen auftritt, zeigt der Zinnstein (Kassiterit, SnO_2) diesen Effekt schon bei gewöhnlicher Temperatur. Eine Anordnung zur MÖSSBAUER-Analyse von Zinnstein ist in Abb. 3.21 schematisch dargestellt. Unter der Probe P befindet sich die Strahlenquelle Q, die Quanten der Energie 23,8 keV aussendet. Genau bei dieser Energie tritt Resonanzabsorption ein, d. h., der Zinnstein in der Probe absorbiert die Strahlung maximal (Zählrate n_0). Wenn die Strahlenquelle durch den Schwinger S bewegt wird, ändert sich die Energie der Quanten infolge des DOPPLER-Effektes. Die Schwinggeschwindigkeit liegt in der Größenordnung mm/s; die Änderung der Energie beträgt also weniger als 10^{-6} eV. Diese winzige

Änderung reicht aus, daß keine Resonanzabsorption eintritt. Die Strahlung wird durch den Zinnstein in der Probe wenig absorbiert (Zählrate n_∞). Das Verhältnis $(n_\infty - n_0)/n_\infty$ ist ein Maß für den Gehalt des Zinnsteins in der Probe. Da nur das Oxid des Isotops ^{119}Sn den MÖSSBAUER-Effekt (bei normaler Temperatur) zeigt, wird eigentlich der Gehalt von ^{119}SnO$_2$ gemessen. Der Schluß auf SnO$_2$ ist zulässig, weil das Isotop ^{119}Sn im natürlichen Isotopengemisch mit konstanter Häufigkeit auftritt. Die MÖSSBAUER-Analyse erfaßt in dieser Ausführungsform nur den Zinnstein, keine anderen Minerale oder Verbindungen des Zinns.

Die *Aktivierungsanalyse* beruht darauf, daß bestimmte Elemente, die in der Probensubstanz enthalten sind, durch Bestrahlung aktiviert werden; das heißt, es werden radioaktive Nuklide erzeugt. Die Strahlung dieser neu gebildeten Nuklide wird analysiert (Art und Energie der Strahlen; zeitliches Abklingen) und erlaubt Rückschlüsse auf das Vorhandensein und die Menge (oder den Gehalt) der betreffenden Elemente.

Vorzugsweise werden Neutronen zur Aktivierung verwendet. Als Neutronenquellen können Kernreaktoren, Radionuklidquellen und Neutronengeneratoren dienen.

Ein Beispiel für die Aktivierung mit (schnellen) Neutronen ist die Reaktion

$$^{19}\text{F (n, } \alpha) \ ^{16}\text{N}.$$

Das Stickstoffisotop ^{16}N ist instabil (β^--Umwandlung, Halbwertszeit 7 s) und sendet monoenergetische γ-Quanten (6 MeV) aus. Die γ-Strahlung wird mit einem Spektrometer gemessen. Auf diese Weise kann der Fluorgehalt von Proben bestimmt werden.

Das Verfahren ist weiter ausgebaut worden, so daß mit tragbaren Geräten eine Fluor-Aufnahme im Gelände ausgeführt werden kann. Ebenso sind Bohrlochmessungen nach diesem Meßprinzip möglich. Wenn zur Aktivierung nicht monoenergetische Neutronen verwendet werden, können — wegen der Abhängigkeit der Wirkungsquerschnitte von der Neutronenenergie — verschiedene Reaktionen ablaufen, z. B.

$$^{19}\text{F } (n, \gamma) \ ^{20}\text{F}$$

und

$$^{19}\text{F } (n, p) \ ^{19}\text{O}.$$

Die Gesamtheit dieser Reaktionen kann, wenn die Störungen durch Aktivierung von Begleitelementen nicht zu groß sind, auch zur Anreicherung von Fluoriterzen ausgenutzt werden. Damit besteht ein Analogon zur γ-Analyse und γ-Anreicherung von Uraniumerzen (s. Kap. 3.5.3.) (TATARNIKOV, 1974).

Manche Nuklide lassen sich leicht mit geladenen Teilchen (z. B. Protonen, α-Teilchen) oder mit Quanten aktivieren. Ein Beispiel für die Aktivierung mit Quanten ist die Reaktion

$$^{9}\text{Be } (\gamma, n) \ ^{8}\text{Be},$$

die zur Analyse von Beryllium in Gesteinsproben genutzt wird. Auch dieses Verfahren ist so weit entwickelt worden, daß mit tragbaren oder kleinen

Geräten Beryllium-Aufnahmen im Gelände ausgeführt werden können (GOREV et al., 1972). Wie im vorigen Beispiel wird diese Kernreaktion auch zur Anreicherung genutzt (KÖHLER, 1963; MOKROUSOV; LILEEV, 1979).

Die Aktivierungsanalyse zeichnet sich durch hohe Empfindlichkeit aus; sie gehört zu den empfindlichsten Analysenverfahren. Wegen der Einzelheiten wird auf die Literatur verwiesen (LEONHARDT, 1969; HOLZHEY, 1975; DOERFFEL; GEYER, 1981; HERFORTH et al., 1981).

3.6.3.   Anwendungen in der Ingenieurgeologie

Am bekanntesten und am weitesten verbreitet sind die Bestimmungen von *Dichte, Porosität* und *Wassergehalt* der Gesteine mit γ- und n-Verfahren. Sie werden vorwiegend in der geophysikalischen Bohrlochmessung eingesetzt und in der Literatur dieses Gebietes eingehend beschrieben (LEHNERT; ROTHE, 1962; ZAPOROŽEC, 1978). Im folgenden soll kurz ihre Anwendung in der Ingenieurgeologie erläutert werden; weitere Einzelheiten sind in der Darstellung von MILITZER et al. (1978) zu finden. Einige neue Meßsonden für das Bauwesen beschreiben GANSS (1982a, b, c) und RÖNICKE; GANSS (1982).

Die *Dichte* von Gesteinen kann aus der *Absorption* der γ-Strahlung bestimmt werden. Wenn die Dichte von Lockergesteinen (Böden, Aufschüttungen) gemessen werden soll, können Meßanordnungen nach Abb. 3.22 verwendet werden. Die Anordnungen gewährleisten einen konstanten Abstand zwischen Quelle Q und Detektor D, so daß die Schwächung der γ-Strahlung nach (3.6) nur von der durchstrahlten Flächenmasse abhängt, d. h. von der (mittleren) Dichte der Bodenschicht zwischen Quelle und Detektor. Das Verfahren wird durch Messungen an bekannten Objekten (Modellen) kalibriert.

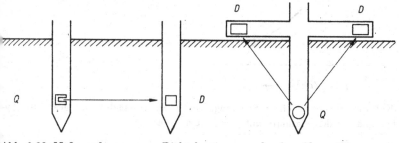

Abb. 3.22. Meßanordnungen zur Dichtebestimmung durch γ-Absorption
Q — Quelle; D — Detektor

Auch die Dichte von Festgesteinen kann nach diesem Verfahren ermittelt werden, indem zwei kurze Löcher parallel zueinander in das Gestein gebohrt werden, in denen Quelle und Detektor angebracht werden (ARCYBAŠEV, 1963). Wenn die Bohrlöcher nicht genau parallel sind (Kontrolle durch markscheiderische Einmessung), müssen an den Meßergebnissen entsprechende Korrekturen angebracht werden.

Häufig wird die *Streuung* der γ-Strahlung zur Dichtebestimmung benutzt, sie beruht auf der Streuung der Quanten an den Elektronen des Mediums (COMPTON-Effekt). Eine Anordnung für Messungen an der Erdoberfläche zeigt Abb. 3.23. Von der Strahlenquelle Q gehen Quanten aus, die im Gestein gestreut und im Detektor D erfaßt werden. Zwischen Quelle und Detektor ist eine Abschirmung A angebracht, so daß keine Strahlung direkt auf den Detektor trifft. Die Streuung hängt maßgeblich von der Elektronendichte des Mediums ab, d. h. von dem Verhältnis der Ordnungszahl zur relativen Atommasse. Dieses Verhältnis ist für alle chemischen Elemente nahezu konstant ($\approx 0{,}5$; Ausnahme Wasserstoff), so daß die Elektronendichte proportional zur Dichte ist. Die Wahrscheinlichkeit für den COMPTON-Effekt nimmt deshalb mit der Dichte zu, ebenso die Inten-

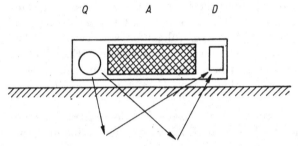

Abb. 3.23. Meßanordnung zur Dichtebestimmung durch γ-Streuung
Q — Quelle; A — Abschirmung; D — Detektor

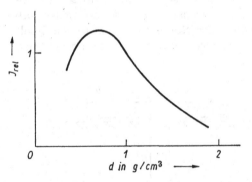

Abb. 3.24. Kalibrierungskurve für γ-Streuung. Ordinate: Intensität der gestreuten γ-Strahlung, bezogen auf den Standard mit $\varrho = 1$ g/cm³ (Wasser)

sität der im Detektor empfangenen Streustrahlung. Da aber mit zunehmender Dichte die gestreuten Quanten auch wiederum stärker absorbiert werden, zeigt die Kalibrierungskurve ein Maximum bei Dichten um ≈ 1 g/cm³ (Abb. 3.24). Bei Dichten von mehr als $\approx 2{,}3$ g/cm³ nimmt das Auflösungsvermögen der Methode stark ab. Die Form der Kalibrierungskurve hängt von der Sondenlänge (Abstand von Quelle und Detektor) ab, so daß jeder Sondentyp einer Kalibrierung bedarf. Im Ergebnis kann die Dichte mit einer relativen Unsicherheit von $2...3\%$ bestimmt werden.

Bei porösen Gesteinen besteht ein Zusammenhang zwischen Dichte und Porosität (SCHÖN, 1983), so daß aus der Intensität der gestreuten γ-Strahlung bei sonst gleichen Bedingungen die Porosität ermittelt werden kann.
Das *Wassergehalt* von Gesteinen wird mit Neutronen-Verfahren bestimmt. Die von einer Quelle ausgesandten schnellen Neutronen werden im Gestein auf thermische Energien abgebremst. Die thermischen Neutronen werden von Atomkernen eingefangen, wobei der neu gebildete, angeregte Kern unter Aussendung von γ-Strahlung in den Grundzustand übergeht. Die Flußdichte der thermischen Neutronen ist ein Maß für den Wassergehalt (genauer: Wasserstoffgehalt) des Mediums (n-n-Messung). Wenn das Gestein keine Elemente mit besonders großem Einfangquerschnitt enthält, ist auch die Intensität der Einfang-γ-Strahlung als Maß für den Wassergehalt (Wasserstoffgehalt) geeignet (n-γ-Messung).
Bei porösen Gesteinen ist der Wasserstoffgehalt proportional der Porosität, so daß aus den Neutronen-Messungen — bei sonst gleichen Bedingungen — auch die Porosität ermittelt werden kann.
Unter der Voraussetzung, daß die Trockenrohdichte des Gesteins oder Bodens konstant ist, kann der Wassergehalt auch mit Hilfe der γ-Absorption gemessen werden (TITTELBACH, 1979).

3.6.4.   Anwendungen im Bergbau

Die kernphysikalische Stoffanalyse (Kap. 3.6.2.) kann vom Labor unmittelbar in das Gelände, das Bohrloch oder den Grubenbau übertragen werden, wenn die technische Ausführung entsprechend angepaßt wird. Damit wird der Übergang zu den kerngeophysikalischen Verfahren vollzogen, die im Bergbau (als der Gesamtheit der Kartierung, Suche, Erkundung, Gewinnung und Verarbeitung) auf Rohstoffe der verschiedensten Art angewandt werden können. Als Beispiel wurden bereits die Fluor- und die Beryllium-Bestimmung genannt (Kap. 3.6.2.). Für eine Vielzahl von chemischen Elementen oder Verbindungen gibt es ähnliche Verfahren, die hier nicht aufgezählt werden können und in der Literatur nachzulesen sind (IAEA, 1973, 1974, 1977; SCHWARZLOSE; HOLZHEY, 1978).
In den meisten Fällen handelt es sich um Anwendungen in der einen oder anderen Stufe des Bergbaus, je nach den meßtechnischen Möglichkeiten und wirtschaftlichen Erfordernissen. Durchgehende Lösungen, die — wie die radiometrischen Verfahren im Uraniumbergbau — alle Stufen des Bergbaus erfassen und deren weitere Rationalisierung ermöglichen, sind erst in jüngster Zeit erreicht worden. Als Beispiel dient der Bergbau auf Zinnerz (BALDIN et al., 1979; PUCHAL'SKIJ, 1983).
Entsprechend den kernphysikalischen Eigenschaften des Zinns und den praktischen Erfordernissen werden zwei Verfahren angewandt: die Röntgen-Fluoreszenz-Analyse (Anregung mit Radionuklid) und die MÖSSBAUER-Analyse. Letztere dient zur Bestimmung des Zinns in Form von Zinnstein (Kassiterit) und zur Phasenanalyse der Zinn- und Eisenverbindungen. Bei der Suche und Erkundung dienen beide Verfahren zur Beprobung von Bohrkernen und von anstehenden Erzen sowie zur Bohrlochmessung. Da-

durch werden höffige Bereiche von nichthöffigen unterschieden und ,die notwendigen Daten für die Vorratsberechnung (Vorerkundung) gewonnen. In den als höffig erkannten Bereichen wird die Erkundung fortgesetzt (Detailerkundung, Abbauerkundung) und anschließend die Gewinnung projektiert und durchgeführt. Auch in diesen Etappen liefern die beiden Verfahren die Daten zur Präzisierung der Vorräte, zur Optimierung der Gewinnung (Entscheidung über selektive oder nicht-selektive Gewinnung) und zur Senkung der Verdünnungen und Verluste durch Abtrennung von taubem Gestein bei der Analyse der Förderwagen und bei der Anreicherung des Fördergutes (Abb. 3.25, A).

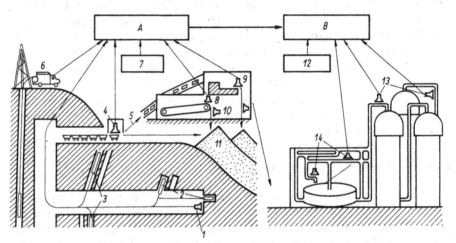

Abb. 3.25. Kerngeophysikalische Verfahren im Zinnbergbau (nach BALDIN et al., 1979)
A — Bergbau (Erkundung, Gewinnung, Klaubung); *B* — Verarbeitung; *1* — Probenahme; *2, 3* — Bohrlochmessung untertage (Sprengbohrlöcher, Erkundungsbohrlöcher); *4* — Analyse des Fördergutes in Förderwagen; *5* — Sortierung; *6* — Bohrlochmessung übertage; *7* — Laboranalyse von Proben; *8, 9* — Klaubung (portionsweise und kornweise); *10* — Analyse der Klaubungsprodukte; *11* — Berge; *12* — Laboranalyse von Proben; *13, 14* — Prozeßanalyse (Lösungen, Trüben)

In der Erzverarbeitung werden die RFA und die MÖSSBAUER-Analyse eingesetzt, um den Zinngehalt des Erzes auf den Förderbändern zu bilanzieren und den Zinngehalt der Trüben und Lösungen zu bestimmen. Im Ergebnis wird der Gehalt des Zinns (und anderer Elemente) in den Erzen und Verarbeitungsprodukten ausgewiesen (Abb. 3.25, B).

Infolge der geringen Eindringtiefe (Reichweite) der anregenden wie der angeregten Strahlung wird bei allen diesen Messungen nur eine dünne Schicht des Gutes erfaßt. Deshalb ist zu prüfen, in welchem Maße der Zinngehalt einer dünnen Schicht an der Oberfläche des Gesteins oder Haufwerks dem mittleren Gehalt eines größeren Volumens entspricht. Diese Frage tritt zuerst bei der Probenahme des Anstehenden auf. Wenn die Ergebnisse der Probenahme mittels RFA und der klassischen Schlitzprobenahme verglichen werden, so liegt die relative Standardabweichung der Bestimmung des Zinngehaltes zwischen $\pm 0{,}32 \triangleq 32\%$ (für Gehalte unter 0,1%) und $\pm 0,13 \triangleq 13\%$ (für Gehalte über 0,5%). Derartige Ergebnisse sind durchaus befriedigend. Wichtig ist die Feststellung, daß die klassische Schlitzprobenahme selbst nicht besser als mit $\pm(40\% \cdots 60\%)$ reproduzierbar ist. Ähnliche Werte gelten für die Bohrlochmessung im Vergleich mit der Analyse des Bohrkernes. Zu gleichartigen Ergebnissen gelangt GEORGE (1983).

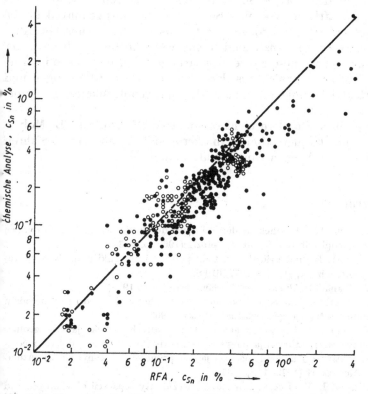

Abb. 3.26. Zinngehalt des Fördergutes in Förderwagen — Vergleich der Analysenmethoden (nach BALDIN et al., 1979)

● Skarn-Erz,
○ Schiefer-Erz

Besonders aufschlußreich sind die Untersuchungen über die RFA des Haufwerkes in Förderwagen. Hier ist von der Messung des Zinngehaltes in einem kleinen Teil der Oberfläche des Haufwerkes auf den Zinngehalt der ganzen Wagenladung (etwa 1 t) zu schließen. Eine große Zahl von Wagenladungen (mehr als 500) wurden einzeln als Proben verarbeitet und letztlich chemisch analysiert. Der Vergleich bestätigt, daß der Schluß vom Gehalt an der Oberfläche auf den mittleren Gehalt eines großen Volumens in der Tat berechtigt ist, wobei die relative Standardabweichung der Einzelmessung mit etwa $\pm 30\%$ durchaus annehmbar ist (Abb. 3.26).

Damit ist die Brauchbarkeit der kerngeophysikalischen Methoden für den vorliegenden Fall ausreichend nachgewiesen.

Die RFA wird auch zur Anreicherung der gewonnenen Zinnerze eingesetzt. Die Verarbeitung von mehreren technologischen Proben zeigt, daß bei der Klaubung von kleinen Portionen oder einzelnen Körnern etwa 20 bis 40% des Haufwerks als Berge mit einem verbleibenden Zinngehalt von 0,06···0,08% abgeschieden werden können (BALDIN et al., 1981).

Die Anwendung der kerngeophysikalischen Verfahren erzeugt außerordentliche wirtschaftliche Vorteile. So kostet die kerngeophysikalische Analyse von pulverförmigen Proben nur 1/6 bis 1/8 der chemischen Analyse; die Probenahme des Anstehenden mit RFA kostet 1/5 bis 1/6 der Schlitzprobenahme usw. Diese Kosteneinsparungen sind noch klein im Vergleich zu dem Nutzen, der sich aus der Senkung von Verdünnungen und Verlusten durch die komplexe Nutzung der kerngeophysikalischen Informationen ergibt.

Auch im Bergbau auf andere nicht-radioaktive Rohstoffe (z. B. Molybdän, Wolfram, Zink, Kupfer) können die kerngeophysikalischen Verfahren in ähnlicher Weise durchgehend angewandt werden.

3.7. Literatur

AECKERLEIN, G.; VOGT, W.: Einblick in die Tektonik durch Radioaktivitätsmessungen bei Bohrungen. Geophysik und Geologie, Leipzig (1963) 5, S. 3—13.

ALEKSEEV, V. V. (Red.): Radiometričeskie metody poiskov i razvedki uranovych mestoroždenij. Gosgeoltechizdat, Moskva 1957, 610 S.

ALPHANUCLEAR (Canada): Alphameter (Firmenschrift, etwa 1977).

ARCYBAŠEV, V. A.: Kratkoe rukovodstvo po opredeleniju plotnosti porod i rud metodom oslablenija gamma-lučej. Gosgeoltechizdat, Moskva 1963, 59 S.

BALDIN, S. A.; VOLOŠČUK, S. N.; EGIAZAROV, B. G.; et al.: Kompleks jaderno-geofizičeskich metodov i apparatury dlja povyšenija effektivnosti razvedki, dobyči i pererabotki neradioaktivnogo mineral'nogo syr'ja (na primere olovjannych rud). Atomnaja energija, Moskva 47 (1979) 1, S. 3—7.

BALDIN, S. A.; ZERNOV, L. V.; LUČIN, I. A.; u. a.: Rezul'taty separacii olovjannych rud rentgenoradiometričeskim metodom. Cvetnye metally, Moskva (1981) 12, S. 99—101.

BARANOV, V. I. (Red.): Spravočnik po radiometrii dlja geofizikov i geologov. Gosgeoltechizdat, Moskva 1957, 199 S.

BARANOW, W. I.: Radiometrie. B. G. Teubner, Leipzig 1959, VII, 422 S.

DE BOURAYNE, A. M.: L'emploi des techniques nucleaires dans la prospection, l'extraction et le traitement du minerai d' uranium. Industrial application of radioisotopes and radiation technology; International Atomic Energy Agency, Vienna 1982; S. 69—89.

CHAJKOVIČ, I. M.; ŠAŠKIN, V. L.: Oprobovanie radioaktivnych rud po gamma-izlučeniju. Energoatomizdat, Moskva 1982, 160 S.

CHARBONNEAU, B. W.; KILLEEN, P. G.; CARSON, J. M. et al.: Significance of radioelement concentration measurements made by airborne gamma-ray spectrometry over the Canadian shield. Exploration for uranium ore deposits; International Atomic Energy Agency, Vienna 1976; S. 35—53.

CHRISTALLE, H.; STEINBRECHER, D.: Abschätzung von Qualitätsparametern der Braunkohle durch geophysikalische Bohrlochmessungen. Neue Bergbautechnik, Leipzig 12 (1982) 12, S. 693—695.

CHROMOV, JU. V. (Red.): Instrukcija po gamma-karotažu pri poiskach i razvedke urano-vych mestoroždenij. Min. Geologii SSSR, Moskva 1974, 108 S., 1 Beilage.

CLARKE, W. B.; KUGLER, G.: Dissolved helium in groundwater — a possible method for uranium and thorium prospecting. Economic Geology, Lancaster 68 (1973) 2, S. 243 bis 251.

ČUMAČENKO, B. A.; VLASOV, E. P.; MARČENKO, V. V.: Sistemnyj analiz pri geologičeskoj ocenke perspektiv rudonosnosti territorij. Izd-vo Nedra, Moskva 1980, 246 S.

CZUBEK, J. A.: Pulsed neutron method for uranium logging. Geophysics, Tulsa 37 (1972) 1, S. 160—173.

CZUBEK, J. A.: Comparison of nuclear well logging data with the results of core analysis. Nuclear techniques in geochemistry and geophysics; International Atomic Energy Agency, Vienna 1976; S. 93—106.

DAVYDOV, JU. B.: Opredelenie koncentracii urana v neravnovesnych uranovych rudach po dannym kompleksa beta- i gamma-izmerenij v suchich skvažinach. Gornyj žurnal, Moskva (1966) 8, S. 8—13.

DAVYDOV, JU. B.: Odnomernaja obratnaja zadača gamma-karotaža skvažin. Geologija i razvedka, Moskva (1970) 2, S. 105—109.

DAVYDOV, JU. B.: Raspredelenie estestvennogo nejtronnogo polja v sredach s proizvol'nym odnomernym orudeneniem. Gornyj žurnal, Moskva (1971) 3, S. 6—12.

DOERFFEL, K.; GEYER, R. (Red.): Analytikum (Methoden der analytischen Chemie und ihre theoretischen Grundlagen). 5. Aufl. VEB Deutscher Verlag für Grundstoff-industrie. Leipzig 1981, 615 S.

EDWARDS, J. C.; BATES, R. C.: Theoretical evaluation of radon emanation under a variety of conditions. Health Physics, New York—London 39 (1980), S. 263—274.

EHRHARDT, H. (Red.): Röntgenfluoreszenzanalyse — Anwendung im Betriebslaborato-rium. VEB Deutscher Verlag für Grundstoffindustrie, Leipzig 1981, 336 S.

EICHHOLZ, G. G.: Continuous monitoring of uranium leach solutions. Nucl. Instr. Meth., Amsterdam 8 (1960), S. 320—326.

EREMEEV, A. N.; JANICKIJ, I. N.: Gelij raskryvaet tajny zemnych nedr. Priroda, Moskva (1975) 1, S. 23—33.

EREMEEV, A. N.; SOLOVOV, A. P. (Red.): Glubinnye poiski rudnych mestoroždenij (vypusk 2). Min. Geologii SSSR, Moskva 1968, 335 S.

FILIPPOV, E. M.: Jadernaja geofizika. Izd-vo Nauka, Sib. otd., Novosibirsk 1973; Bd. 1: 514 S., Bd. 2: 400 S.

FLEISCHER, R. L.; MOGRO-CAMPERO, A.: Radon transport in the earth: a tool for uranium exploration and earthquake prediction. In: FOWLER, CLAPHAM (Eds.): Solid state nuclear track detectors. Oxford 1982, S. 501—512.

FLEISCHER, R. L.; PRICE, P. B.; WALKER, R. M.: Nuclear tracks in solids. Univ. of Cali-fornia Press, Berkeley—Los Angeles—London 1975; XXII, 605 S.

FÖRSTER, K.; SCHLOSSER, P.; WIPPER, R. et al.: Die tragbare Bohrlochapparatur KAT-150 — ein Mittel zur Rationalisierung der Braunkohlenerkundung. Neue Bergbau-technik, Leipzig 12 (1982) 12, S. 686—692.

FÜRST, M.; BANDELOW, F.-K.: Der Nachweis von photogeologisch ermittelten Schollen-rändern durch Emanationsmessungen, aufgezeigt an Beispielen aus der Oberpfalz. Geolog. Rundschau, Stuttgart 72 (1983) 1, S. 301—316.

GANSS, E.-D.: Feuchtemeßgerät Neutronenoberflächensonde NOS 3. Bauinformation Wiss. und Technik, Berlin 25 (1982a) 1, S. 19—20.

GANSS, E.-D.: Feuchtemeßgerät Neutronenoberflächensonde NOS 4. Bauinformation Wiss. und Technik, Berlin 25 (1982b) 2, S. 21—22.

GANSS, E.-D.: Feuchtemeßgerät Neutronentauchsonde NTS 2. Bauinformation Wiss. und Technik, Berlin 25 (1982c) 3, S. 5—6.

GAST, H.; FRÖHLICH, K.; STOLZ, W.: Geophysikalisch-montanwissenschaftliche Anwendungen der Radonexhalation des Bodens. Neue Bergbautechnik, Leipzig 10 (1980) 11, S. 640—643.

GAST, H.; STOLZ, W.: Beziehungen zwischen meteorologischen Bedingungen und der Radonkonzentration von Bodenluft. Isotopenpraxis, Berlin 18 (1982) 7, S. 250—253.

GEORGE, R.: Röntgenradiometrische Bestimmung des Zinngehaltes am Anstehenden und in Bohrlöchern. Z. f. angewandte Geologie, Berlin 29 (1983) 6, S. 286—290; 7, S. 330 bis 334.

GORBUŠINA, L. V.; ZIMIN, D. F.; NAGLJA, V. V. et al.: Radiometrija i jadernaja geofizika. Izd-vo Nedra, Moskva 1974, 304 S.

GOREV, A. V.; SUVOROV, A. D.; MOLOČNOVA, V. A. et al.: Fotonejtronnoe oprobovanie berillievych rud v estestvennom zaleganii. VIRG, Leningrad 1972, 75 S.

HART, H.: Radioaktive Isotope in der Betriebsmeßtechnik. 2. Aufl. VEB Verlag Technik, Berlin 1962, 560 S.

HARTMANN, W. (Hrsg.): Meßverfahren unter Anwendung ionisierender Strahlung. (Handbuch der Meßtechnik in der Betriebskontrolle, Bd. 5). Akad. Verlagsges., Leipzig 1969, 1143 S.

HERFORTH, L.; HÜBNER, K.; KOCH, H.: Praktikum der Radioaktivität und der Radiochemie. VEB Deutscher Verlag der Wissenschaften, Berlin 1981, 567 S.

HERTZ, G. (Hrsg.): Lehrbuch der Kernphysik; Bd. 1: Experimentelle Verfahren. 2. Aufl. B. G. Teubner, Leipzig 1966, 728 S.

HOLZHEY, J.: Aktivierungsanalyse — Anwendung in der Metallurgie. VEB Deutscher Verlag für Grundstoffindustrie, Leipzig 1975, 216 S.

HÜBNER, H.; LÖTZSCH, W.: Nukleare Analysemethoden in der Geochemie und Geophysik. Isotopenpraxis, Berlin 16 (1980) 2, S. 37—51.

IAEA: Uranium exploration geology. International Atomic Energy Agency, Vienna 1970, 384 S.

IAEA: Nuclear techniques in the basic metal industries. International Atomic Energy Agency, Vienna 1973, 634 S.

IAEA: Recommended instrumentation for uranium and thorium exploration. International Atomic Energy Agency, Vienna 1974, 93 S.

IAEA: Radiometric reporting methods and calibration in uranium exploration. International Atomic Energy Agency, Vienna 1976, 57 S.

IAEA: Nuclear techniques in geochemistry and geophysics. International Atomic Energy Agency, Vienna 1976, 271 S.

IAEA: Nuclear techniques and mineral resources 1977. International Atomic Energy Agency, Vienna 1977, 654 S.

IAEA: Gamma-ray surveys in uranium exploration. International Atomic Energy Agency, Vienna 1979, 90 S.

IAEA: Uranium evaluation and mining techniques. International Atomic Energy Agency, Vienna 1980, 551 S.

IAEA: Methods of low-level counting and spectrometry. International Atomic Energy Agency, Vienna 1981, 558 S.

IAEA: Uranium exploration case histories. International Atomic Energy Agency, Vienna 1981, 407 S.

IAEA: Borehole logging for uranium exploration (A manual). International Atomic Energy Agency, Vienna 1982, 278 S.

IAEA: Management of wastes from uranium mining and milling. International Atomic Energy Agency, Vienna 1982, 735 S.

JAKUBOVIČ, A. L.; ZAJCEV, E. J.; PRŽIALGOVSKIJ, S. M.: Jadernofiziceskie metody analiza gornych porod. 3. Aufl. Energoizdat, Moskva 1982, 264 S.

JANICKIJ, I. N.: Gelievaja s-emka. Izd-vo Nedra, Moskva 1979, 96 S.

JUST, G.; WINTER, G.: Gammaspektrometrische Untersuchungen an atmosphärischem Schwebestaub. Geophysik und Geologie, Berlin 1 (1978) 4, S. 67—77.

KÄPPLER, R.: Integrierende Radonmessungen mittels Festkörperspurdetektoren für die Lösung ausgewählter ingenieurgeologischer Probleme. Freiberger Forschungshefte C 392, Leipzig (1984), 129 S.

KIRPIŠČIKOV, S. P.: Ocenka technologičeskich pokazatelej radiometričeskogo obogaščenija v ob-eme rudnych zaležej po dannym differencial'noj interpretacii gamma-karotaža i gamma-oprobovanija. Trudy Irkutskogo politechn. instituta; serija fizičeskaja, vypusk 71; Irkutsk 1972, S. 70—79.

KMENT, V.; KUHN, A.: Technik des Messens radioaktiver Strahlung. Akad. Verlagsges., Leipzig 1960; XIV, 602 S.

KOCH, R. A.; LAUTERBACH, J.; STAMMLER, L.: Radiometrische und mikromagnetische Meßergebnisse in Baudenkmälern. Z. f. geol. Wiss., Berlin 10 (1982) 9, S. 1229—1239.

KÖHLER, K.: Radiometrisches Klauben von Uranerzen und anderen Rohstoffen des Bergbaus. VEB Deutscher Verlag für Grundstoffindustrie, Leipzig 1963, 181 S.

KRISTIANSSON, K.; MALMQUIST, L.: Evidence for nondiffusive transport of $^{222}_{86}$Rn in the ground and a new physical model for the transport. Geophysics, Tulsa 47 (1982) 10, S. 1444—1452.

LAUTERBACH, R.: Zur Frage tektonischer Untersuchungen mit Hilfe emanometrischer Messungen. Wiss. Z. Karl-Marx-Univ. Leipzig, math.-nat. Reihe 3 (1953/54) 3, S. 291—292.

LAUTERBACH, R.: Radium-Metallometrie zum Nachweis verdeckter tektonischer Brüche. Geophysik und Geologie, Berlin (1968) 13; S. 80—83.

LEHNERT, K.; JUST, G.: Sekundäre Gammastrahlungsanomalien in Erdgasfördersonden. Z. f. geol. Wiss., Berlin 7 (1979) 4, S. 503—511.

LEHNERT, K.; ROTHE, K.: Geophysikalische Bohrlochmessungen. Akademie-Verlag, Berlin 1962; XII, 300 S.

LEONHARDT, J. (Hrsg.): Radioaktivität. VEB Bibliographisches Institut, Leipzig 1982, 344 S., 14 Tafeln.

LEONHARDT, W.: Aktivierungsanalyse. In: W. HARTMANN (Hrsg.), Meßverfahren unter Anwendung ionisierender Strahlung. Akad. Verlagsges., Leipzig 1969, S. 649—736.

LUBECKI, A.; WOLF, R.: Status report about the development of a XRF borehole probe in uranium determination. NEA/IAEA Workshop "Borehole logging for uranium"; Grand Junction, CO (USA); February 14—16, 1978.

LUČIN, I. A.: Sposob predskazanija vremeni zemletrjasenija v sejsmoaktivnom rajone. UdSSR-Patent 284331 vom 26. 7. 1967; Int. Kl. G 01 V1/00.

MEISSER, O.: Praktische Geophysik. Th. Steinkopff, Dresden—Leipzig 1943; XII, 368 S.

MELKOV, V. G.; PUCHAL'SKIJ, L. Č.: Poiski mestoroždenij urana. Gosgeoltechizdat, Moskva 1957, 219 S.

MEYER, S.; SCHWEIDLER, E.: Radioaktivität. 2. Aufl. B. G. Teubner, Leipzig—Berlin 1927; X, 721 S.

MILITZER, H.; SCHÖN, J.; STÖTZNER, U. et al.: Angewandte Geophysik im Ingenieur- und Bergbau. VEB Deutscher Verlag für Grundstoffindustrie, Leipzig 1978, 318 S.

MOKROUSOV, V. A.; LILEEV, V. A.: Radiometričeskoe obogaščenie neradioaktivnych rud. Izd-vo Nedra, Moskva 1979, 192 S.

MÜLLER, R.: Linearanalytische und radiometrische Untersuchungen an Bruchzonen in der nördlichen Oberpfalz. Universität Mainz, Dissertation 1980, 330 S.

NOVIKOV, G. F.; KAPKOV, J. N.: Radioaktivnye metody razvedki. Izd-vo Nedra, Leningr. otd., Leningrad 1965, 759 S.

PERRY, D. L.; KLAINER, S. M.; BOWMAN, H. R. et al.: Use of combined co-precipitation/ laser-induced fluorescence techniques to detect trace quantities in aqueous media.

Methods of low-level counting and spectrometry; International Atomic Energy Agency, Vienna 1981, S. 241—255.

PETROV, G. I.; KUTENKOV, M. V.; TENENBAUM, I. M. et al.: Metody geologo-geofizičeskogo obsluživanija uranovych rudnikov. Atomizdat, Moskva 1960, 217 S.

PEUSER, P.; GABELMANN, H.; LERCH, M. et al.: Detection methods for trace amounts of plutonium. Methods of low-level counting and spectrometry; International Atomic Energy Agency, Vienna 1981, S. 257—262.

PINGLOT, J. F.; POURCHET, M.: Gamma-ray bore-hole logging for determining radioactive fallout layers in snow. Methods of low-level counting and spectrometry; International Atomic Energy Agency, Vienna 1981, S. 161—172.

PRUTKINA, M. I.; ŠAŠKIN, V. L.: Spravočnik po radiometričeskoj razvedke i radiometričeskomu analizu. Atomizdat, Moskva 1975, 247 S.

PUCHAL'SKIJ, L. Č.: Rudničnaja geofizika. Energoatomizdat, Moskva 1983, 120 S.

PUCHAL'SKIJ, L. Č.; ŠUMILIN, M. V.: Razvedka i oprobovanie uranovych mestoroždenij. Izd-vo Nedra, Moskva 1977, 247 S.

RICHTER, W.: Das Zählrohr und seine Anwendungen bei geologischen Aufschlußarbeiten und im Bergbau. Freiberger Forschungshefte, Berlin (1952) 8 (C3); S. 86—95.

RJABOŠTAN', JU. S.; GORBUŠINA, L. V.: Sposob vyjavlenija sovremennych geodinamičeskich dviženij v tektoničeskich strukturach. UdSSR-Patent 396659 vom 12. 6. 1972 (Int. Kl. G 01 V5/00).

RÖNICKE, H.-J.; GANSS, E.-D.: Dichtemeßgerät Gammadurchstrahlungssonde GDS 1. Bauinformation Wiss. und Technik, Berlin 25 (1982) 4, S. 11—12.

RÖSLER, H. J.; LANGE, H.: Geochemische Tabellen. 2. Aufl. VEB Deutscher Verlag für Grundstoffindustrie, Leipzig 1975, 675 S.

RÖSLER, R.: Ein neues Auswerteverfahren für radiometrische Bohrlochmessungen unter besonderer Berücksichtigung der K_2O-Bestimmung aus Messungen der natürlichen Gammastrahlung in Bohrlöchern. Freiberger Forschungshefte C 180, Leipzig (1965) 119 S.

RÖSLER, R.: Die Auswertung radiometrischer Bohrlochmessungen mit Hilfe numerischer Filterverfahren. Z. f. angew. Geologie, Berlin 15 (1969) 8, S. 437—439.

RÖSLER, R.; ZSCHERPE, G.: Die Bestimmung der natürlichen Radioaktivität von Braunkohlen in der DDR. Neue Bergbautechnik, Leipzig 1 (1971) 5, S. 340—345.

ŠACOV, A. N.: Gammametrija morskogo dna pri poiskach poleznych iskopaemych. Izd-vo Nedra, Moskva 1977, 168 S.

ŠAŠKIN, V. L.; PRUTKINA, M. I.: Emanirovanie radioaktivnych rud i mineralov. Atomizdat, Moskva 1979, 111 S.

SCHEIBE, R.: Der Einfluß des Radons auf Gamma-Bohrlochmessungen. Bergakademie, Berlin 15 (1963) 4, S. 289—301.

SCHNABEL, H.: Möglichkeiten der radiometrischen K_2O-Bestimmung unter Auswertung der β-Eigenstrahlung des ^{40}K. Bergakademie, Berlin 18 (1966) 9, S. 533—537.

SCHNABEL, H.; TRAPP, W.: Anwendungsbereich radiometrischer K_2O-Bestimmungen unter Auswertung der γ-Eigenstrahlung des Kalium 40. Bergakademie, Berlin 18 (1966) 5, S. 296—302.

SCHÖN, J.: Petrophysik. Akademie-Verlag, Berlin 1983, 405 S.

SCHWARZLOSE, J.; HOLZHEY, J.: Stand der Isotopenanwendungen im Bergbau und in der Aufbereitung. Isotopenpraxis, Berlin 14 (1978) 4, S. 113—120.

SCOTT, J. H.: Computer analysis of gamma-ray logs. Geophysics, Tulsa 28 (1963) 3, S. 457 bis 465.

SENFTLE, F. E.; TANNER, A. B.; PHILBIN, P. W. et al.: In-situ capture gamma-ray analyses for seabed exploration. Nuclear techniques in geochemistry and geophysics; International Atomic Energy Agency, Vienna 1976, S. 75—91.

SHARLAND, C. J.; ROBERTSON, M. E. A.; BRANDT, P. J.: High-precision automated beta-gamma technique for uranium ore analysis. Uranium evaluation and mining techniques; International Atomic Energy Agency, Vienna 1980, S. 309—319.

SOMOGYI, G.; MEDVECZKY, L.; VARGA, Zs. et al.: Field macroradiography measuring radon exhalation. Isotopenpraxis, Berlin 14 (1978) 10, S. 343—347.

STEINMAN, D. K.; STOKES, J.; ADAMS, J. A. et al.: ^{252}Cf-based direct uranium logging system. IRT Corp., San Diego, CA (USA); GJ BX-254 (1980), 122 S.

STOLZ, W.: Radioaktivität. B. G. Teubner, Leipzig 1976/78. Teil 1: Grundlagen, 163 S.; Teil 2: Messung und Anwendung, 188 S.

STOLZ, W.; HENSCHEL, S.; GAST, H.: Si(Li)-Detektorsonde zur integrierenden Messung von Radon in der Bodenluft. Isotopenpraxis, Berlin 19 (1983) 3, S. 61.

STRONG, K. P.; LEVINS, D. M.: Effect of moisture content on radon emanation from uranium ore and tailings. Health Physics, New York—London 42 (1982) 1, S. 27—32.

ŠUMILIN, I. P.; KALJAKIN, N. I.: K voprosu o primenenii γ-s-emki i radiometričeskich analizov pri poiskach oreolov rassejanija urana. Voprosy rudnoj radiometrii (Sb. st.); Gosatomizdat, Moskva 1962, S. 166—174.

TANNER, A. B.: Increasing the efficiency of exploration drilling for uranium by measurement of radon in drill holes. Second UN Internat. Conf. Peaceful Uses of Atomic Energy, Geneva 1958, vol. 3, S. 42—45 (Paper P/1908).

TATARNIKOV, A. P.: Jadernofizičeskie metody obogaščenija poleznych iskopaemych. Atomizdat, Moskva 1974, 145 S.

TEMNIKOV, M. A.: Facilities and technology for uranium ore quality control during extraction and initial processing. Uranium evaluation and mining techniques; International Atomic Energy Agency, Vienna 1980, S. 241—252.

THÜMMEL, H.-W.: Physikalische Analysenverfahren mit Radionukliden. Varianten der energiedispersiven Röntgenemissionsanalyse. Isotopenpraxis, Berlin 11 (1975), 1—12, 41—49, 87—98, 117—125, 172—180.

TITTELBACH, F.: Zur Messung der Bodenfeuchte im Feld mit Hilfe der Gamma-Absorption. Isotopenpraxis, Berlin 14 (1979) 4, S. 124—127.

TRIBUTSCH, H.: Gibt es vor Erdbeben Aerosolanomalien? Wissenschaft und Fortschritt, Berlin 31 (1981) 8, S. 316—319.

TROMMER, R.: Die quantitative Auswertung von Gamma-Bohrlochmessungen. VEB Deutscher Verlag für Grundstoffindustrie, Leipzig 1963, 42 S., 1 Beilage.

TROMMER, R.: Die Anwendung radiometrischer Methoden bei der Suche und Erkundung von Lagerstätten nichtradioaktiver Elemente und bei der geologischen Kartierung. Bergakademie, Berlin 18 (1966) 6, S. 331—336.

TYMINSKIJ, V.: Emanationen — nützlich für das Bauwesen. Wissenschaft und Fortschritt, Berlin 29 (1979) 6, S. 228—229.

WEISSE, U.: Die beste Gerade — ein Problem? Wissenschaft und Fortschritt, Berlin 32 (1982) 11, S. 432—436; 33 (1983) 1, S. 44.

WINTER, U.: Beitrag zur angewandten Geophysik im Salzbergbau. Freiberger Forschungshefte C 385, Leipzig (1983), 133 S.

ZAPOROŽEC, V. M. (Red.): Razvedočnaja jadernaja geofizika (Spravočnik). Izd-vo Nedra, Moskva 1977, 296 S.

ZAPOROŽEC, V. M. (Red.): Skvažinnaja jadernaja geofizika (Spravočnik geofizika). Izd-vo Nedra, Moskva 1978, 247 S.

4. Ausgewählte Kapitel der Aerogeophysik

W. Seiberl

4.1. Aero-elektromagnetische Meßmethoden

4.1.1. Allgemeines und Einsatzgrundsätze

Die physikalischen Grundlagen sind für die aero-elektromagnetischen Methoden (abgek. AEM) dieselben wie für die entsprechenden Meßverfahren am Boden. Trotzdem erscheint es sinnvoll, die AEM-Methoden in einem eigenen Abschnitt zu behandeln, weil sie sich durch gewisse apparative Eigenheiten auszeichnen. Außerdem werden wegen der bei den Meßflügen anfallenden großen Datenmengen meist halb- bzw. vollautomatische Auswerteverfahren bei der Datenbearbeitung verwendet.

Da der Betrieb von AEM-Meßsystemen relativ kostspielig ist, werden diese nach wie vor zu einem großen Teil für ganz spezifische Fragestellungen aus der Bergbauindustrie eingesetzt. Mit einem AEM-Meßsystem sollen in möglichst kurzer Zeit gute elektrische Leiter in den obersten Bereichen (bis 200 m Tiefe) eines bestimmten Vermessungsgebietes festgestellt werden; sie können unter Umständen Ausdruck von Vererzungszonen sein. In den meisten Fällen liegt aber ihre Ursache bei Graphitschiefern, Scherzonen, Bruchsystemen, Sümpfen etc. Aero-elektromagnetische Karten zeichnen sich daher durch eine Vielzahl von Anomalien aus. Durch entsprechende integrierte Interpretationsmethoden können aber die gesuchten Zielgebiete (Mineralisierungszonen) i. allg. sehr eingeengt werden.

Entsprechend den Ausführungen in Kap. 1.3.2.2. und 1.3.2.3. muß auch bei den AEM-Meßverfahren zwischen den Messungen im Frequenzbereich (stationäre Felder) und im Zeitbereich (nichtstationäre Felder) unterschieden werden. In der gegenwärtigen Meßpraxis wird meist den Messungen im Frequenzbereich der Vorzug gegeben, weil für diese sowohl billigere Fluggeräte eingesetzt werden können, als auch — bei der Verwendung von Hubschraubern — ein höheres Auflösungsvermögen erreicht wird.

Bei den AEM-Methoden ist i. allg. der Abstand zwischen der Primärquelle und den gesuchten Leitfähigkeitszonen viel größer als bei vergleichbaren Messungen am Boden. Folglich sind die Nutzsignale sehr klein und die Anforderungen an die Genauigkeit der AEM-Meßgeräte entsprechend größer. So ist z. B. die Meßgenauigkeit bei der Schleppkörpermethode um ca. drei Zehnerpotenzen besser als bei der in der Tab. 1.13 erwähnten Slingram-Methode. Entsprechend hoch sind daher die Anforderung an die Entwicklung, Konstruktion und den Betrieb spezieller AEM-Meßsysteme. Eine gute Übersicht über diese Problematik wird von Ward (1967) gegeben.

Wie bei allen aerogeophysikalischen Methoden versucht man auch beim aero-elektromagnetischen Meßverfahren das Untersuchungsgebiet in einem Raster mit parallelen Meßprofilen zu überfliegen. Die Anlage der Profile erfolgt so weit als möglich senkrecht zum allgemeinen geologischen Streichen der zu vermessenden Struktur. Der Profilabstand liegt bei den hochauflösenden Methoden (Schleppkörpermethode, Meßverfahren mit Festinstallation von Sender und Empfänger am Fluggerät; Kap. 4.1.2.1. und 4.1.2.2.) bei etwa 200 m. Bei der Phasenverschiebungsmethode (Kap. 4.1.2.3.) und bei den Zeitbereichsmessungen (Kap. 4.1.3.) wird i. allg. ein Profilabstand von 400 m gewählt. Ein Überblick über die Flugwegnavigation bzw. die Flugwegrekonstruktion wurde im Band I dieses Lehrbuches gebracht.

4.1.2. Aero-elektromagnetische Meßverfahren im Frequenzbereich

Bei diesen Meßverfahren lassen sich grundsätzlich fünf Entwicklungsrichtungen feststellen:

- Schleppkörpermethode,
- Meßverfahren mit Festinstallation von Sender und Empfänger am Fluggerät,
- Phasenverschiebungsmethode,
- AEM-Methoden mit großen Stromschleifen,
- VLF-Methoden.

4.1.2.1. Schleppkörpermethode

4.1.2.1.1. Meßprinzip

Die Schleppkörpermethode entspricht dem in der Tab. 1.13 angeführten Slingram-Meßverfahren. Dabei schleppt ein Hubschrauber eine 6...10 m lange Sonde an einem 20...30 m langen Kabel (Abb. 4.1). An einem Ende der Sonde befindet sich die Sendeeinrichtung, am anderen die Empfangseinrichtung. Es werden dabei meist zwei bis drei verschiedene Spulensysteme sowohl in koaxialer als auch in horizontaler koplanarer Anordnung verwendet, so daß ein simultaner Betrieb mit 2 bzw. 3 Frequenzen möglich ist; sie liegen im Bereich zwischen 300...8000 Hz.

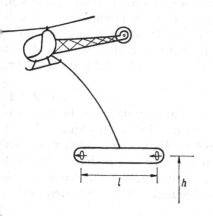

Abb. 4.1. Schleppkörpermethode
Länge $l \simeq 6...10$ m,
Höhe über Grund $h \simeq 30...50$ m

Alle derzeit verfügbaren Schleppkörpersysteme verwenden die im Kap. 1.3.1.6. über die Leiterkreistheorie abgeleiteten Verhältnisse H_{23}/H_{13} bzw. U_{23}/U_{13} als Meßgröße ((3.111); (3.114)). An der Empfangsspule wird immer das sich aus dem Primärfeld (H_{13}) und dem Sekundärfeld (H_{23}) ergebende resultierende Feld beobachtet. Um das Sekundärfeld für sich darstellen zu können, wird zwischen Sender und Empfänger eine gegenläufig zur Empfangsspule gewickelte Kompensationsspule so angebracht, daß die Wirkung des Primärfeldes an der Empfangsspule gerade Null ist. In der Praxis werden heute maximal gekoppelte Spulensysteme benutzt, so daß man nur bestimmte Feldkomponenten bei den Messungen verwendet. So z. B. wird bei den koaxialen Systemen die X-Komponente (X-Achse in Flugrichtung) und bei den horizontal koplanaren Systemen die Z-Komponente des Sekundärfeldes in einer Wechselstrombrückenschaltung auf ihre Real- und Imaginäranteile untersucht. Die Registrierung der Real- und Imaginäranteile erfolgt sowohl in analoger als auch in digitaler Form. In regelmäßigen Abständen wird während der Meßflüge ein Eichimpuls mitregistriert, damit bei der Datenbearbeitung die gemessenen Spannungen in ppm (parts per million) umgerechnet werden können. Dabei wird vorausgesetzt, daß an der Empfangsspule ein Primärfeld von 1 Meßeinheit herrscht.

Moderne Schleppkörpermeßsysteme zeigen unter normalen Flugbedingungen ein Gesamtinstrumentenrauschen von 1...2 ppm. In Meßgebieten mit schwierigen topographischen Verhältnissen und großen Höhenunterschieden können temperaturbedingte Driften von 5...10 ppm/15 min auftreten. Man muß aber bedenken, daß dabei Temperaturdifferenzen von 10...15 °C zwischen den Tallagen und den Hochgebirgsregionen auftreten können.

Detaillierte Informationen über verschiedene Schleppkörpersysteme können den Publikationen von PEMBERTON (1962), WARD (1967), WARD (1970), FRASER (1972, 1979) und BECKER (1979) entnommen werden.

4.1.2.1.2. Darstellung der Meßergebnisse und Grundlagen der Auswertung

Da es sich bei den Messungen vom Flugzeug aus um eine Profilierung handelt, können ähnliche Darstellungen der Meßdaten gewählt werden, wie sie schon besprochen wurden. So können z. B. Isolinienpläne des Real- und des Imaginärteils gezeichnet werden. Weiter lassen sich die Anomalienmaxima der Real- bzw. Imaginärteile flächenmäßig darstellen und mit Hilfe von ARGAND-Diagrammen (Abb. 1.71, Kap. 1.3.2.2.2.; WIEDUWILT, 1962) bewerten.

Wegen der großen Datenmengen, die bei der Anwendung von AEM-Methoden anfallen, sind die genannten Darstellungsverfahren sehr personal- und kostenintensiv, so daß beim Vorliegen der Daten in digitaler Form eine halb- bzw. vollautomatische Datendarstellung durchgeführt werden kann. Um die erforderlichen Rechnerzeiten in Grenzen zu halten, bedient man sich dabei bestimmter Näherungsverfahren unter der Verwendung einfacher geometrischer Modelle. Exakte Lösungen sind nur in den wenig-

sten Fällen möglich. Man kann dabei zwei Wege beschreiten:
— Darstellung und Bewertung der Extremwerte von Anomalien,
— flächenmäßige Darstellung von Widerstandswerten.

Beim ersten Verfahren benutzt man die vertikale Halbebene zur Simu-
lierung von steil stehenden Erzgängen. Mit Hilfe von maßstabgerechten
Modellversuchen (Abb. 4.2; s. Kap. 1.3.2.2.2., Abb. 1.70) gewinnt man eine
empirische Beziehung zwischen den gemessenen Real-(R-) und Imaginär-(I-)
Teilen und dem dimensionslosen Responseparameter Q (s. Tab. 1.14,
Kap. 1.3.1.6.) sowie dem Realteil A der Responsefunktion (Abb. 1.58)

$$Q = \omega\mu\sigma hs, \tag{4.1}$$

$$A = R\left[\frac{h}{l}\right]^3. \tag{4.2}$$

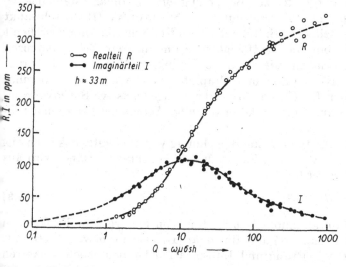

Abb. 4.2. Verlauf der Real- und Imaginärteile über einer vertikalen Halbebene ($h = $ Höhe
der Meßsonde über der Halbebene) (nach Ghosh, 1972)

Die Bedeutung der Symbole wurde schon im Kap. 1.3.1.6. und 1.3.2.2.
gebracht. Bekannt sind die Kreisfrequenz ω über die Frequenz des Primär-
signals und der Abstand l zwischen Sender und Empfänger. Die Permeabilität μ ist bekannt, so daß als Unbekannte die Tiefe h zur Oberkante des
Störkörpers und das Produkt σs (Leitfähigkeit × Mächtigkeit) übrig bleiben. Die beiden letzteren lassen sich aber, wenn Q und A aus den empirischen Funktionen bestimmt sind, leicht berechnen (in der englischsprachi-
gen Literatur wird häufig als Einheit für die Größe σs das mho verwendet;

$$\sigma s] = \frac{m}{\Omega\cdot m} = \frac{1}{\Omega} = mho).$$ Mit diesem einfachen Verfahren kann man fol-

gende Parameter des Störkörpers bestimmen:

Lage   — Koordinaten der Maxima der Real- und Imaginärteile, gemessen mit Hilfe eines koaxialen AEM-Systems; Koordinaten der Minima der Real- und Imaginärteile, gemessen
          mit Hilfe eines horizontalen, koplanaren AEM-Systems.

Streichen — Lage der Extrema auf verschiedenen benachbarten Profilen.

Tiefe   — ergibt sich aus dem Realteil A der Responsefunktion. Aus
          der bekannten Höhe über Grund der Sonde folgt die Tiefenlage unter der Erdoberfläche.

σs-Produkt — errechnet sich aus dem Responseparameter Q und der
          Tiefe h.

Aus den Registrierungen der Real- und Imaginärteile, gemessen mit einem
koplanaren AEM-System, ist es möglich, auch auf das Einfallen des Störkörpers zu schließen.

Den wichtigsten Parameter zur Bewertung einer Anomalie stellt das σs-
Produkt dar. Nach einer Untersuchung von STRANGWAY (1966) schwankt
dieses z. B. für eine Reihe von Sulfiderzkörpern Nordamerikas nur zwischen 1
und 300 Mhos, obwohl die Leitfähigkeit σ um mehrere Zehnerpotenzen
variieren kann. Anomalien mit einem σs-Produkt > 50 mhos sind charakteristisch für massive Sulfide und Graphite. Solche mit $\sigma s > 20$ mhos
sind ein Kennzeichen für Graphit bzw. für weniger massive Sulfidvorkommen. Tonhorizonte und Sümpfe können i. allg. Anomalien bis 10 mhos erzeugen.

Eine eingehende Darstellung zur Berechnung von Widerstandskarten aus
AEM-Registrierungen wird von SENGPIEL (1983) gebracht. Dabei wird aus
dem Responseparameter Q

$$Q = \omega\mu\sigma(l^2 + h^2) \tag{4.3}$$

des homogenen Halbraummodells mit Hilfe von empirischen Funktionen
aus den gemessenen Real- (R) und Imaginär-(I-) Teilen σ bzw. ϱ bestimmt.
Nach entsprechender Glättung und Interpolation können Isoohmenkarten
hergestellt werden.

4.1.2.2.   *Meßverfahren mit Festinstallation von Sonde und Empfänger*
             am Fluggerät

4.1.2.2.1.   Meßprinzip

Wie in den Abb. 4.3 und 4.4 gezeigt, werden bei diesen Meßverfahren
sowohl die Sende- als auch die Empfangseinrichtungen fest am Fluggerät
befestigt. Heute werden dazu nur Flächenflugzeuge benutzt, weil es sich
in der Vergangenheit gezeigt hat, daß sich Hubschrauber für Festinstallationen schlecht eignen (WARD, 1967; BOSSCHART et al., 1969). Die Gründe
dafür liegen hauptsächlich bei der Flugsicherheit und der Unterdrükkung des Instrumentenrauschens.

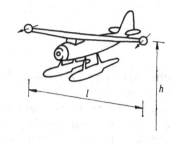

Abb. 4.3. Meßverfahren mit Festinstallation
von Sender und Empfänger am Fluggerät —
vertikal koplanar
Abstand Sender—Empfänger $l \simeq 20$ m;
Höhe über Grund $h \simeq 30\cdots50$ m

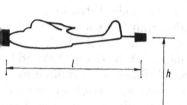

Abb. 4.4. Meßverfahren mit Festinstallation
von Sender und Empfänger am Fluggerät —
vertikal koaxial
Abstand Sender—Empfänger $l \simeq 25$ m;
Höhe über Grund $h \simeq 50$ m

In der Praxis haben sich zwei verschiedene Spulenanordnungen durchgesetzt, und zwar die, welche an den Tragflächenenden bzw. am Bug und
am Heck des Flugzeuges anzubringen sind. Im ersten Fall handelt es sich
um ein vertikal koplanares Meßsystem, im zweiten Fall um ein koaxiales.
Es ist auch bei diesen AEM-Meßverfahren üblich, mindestens zwei oder
drei verschiedene Spulensysteme zu verwenden, damit ein Multifrequenz-
betrieb möglich ist. Es werden dabei, ähnlich wie bei den unter Kap.
4.1.2.2.1. besprochenen Systemen, Frequenzen zwischen 300...8000 Hz
verwendet. Das Gesamtinstrumentenrauschen liegt bei den derzeit verfügbaren Ausrüstungen zwischen 20...40 ppm. Der geringere Tiefen-
aufschluß, der sich dadurch gegenüber den Schleppkörpersystemen ergibt,
wird durch den größeren Abstand zwischen den Sende- und Empfangsspulen etwas verbessert. Außerdem versucht man mit diesen Geräten tiefer
(ca. 30 m über Grund) als bei den Schleppkörpermethoden zu fliegen. Daher können solche Systeme nur in topographisch sehr einfachen Gebieten
eingesetzt werden. Spezielle Angaben über Meßverfahren mit Festinstallationen von Sender und Empfänger können den Publikationen PEMBERTON
(1962), WARD (1967), SEIGEL; PITCHER (1976; 1978) und PITCHER et al.
(1980) entnommen werden.

4.1.2.2.2. Darstellung der Meßergebnisse und Grundlagen der Auswertung

Da es sich bei AEM-Methoden mit Festinstallation von Sender und Empfänger im Prinzip um dieselben Meßanordnungen wie bei der Schleppkörpermethode handelt, können bei ihnen gleiche Darstellungs- und Auswerteverfahren, wie sie in Kap. 4.1.2.1.2. erwähnt wurden, zur Anwendung
kommen. Ein solches digitales Auswerteverfahren wurde von SEIGEL; PIT-
CHER (1978) beschrieben.

4.1.2.3.   Phasenverschiebungsmethode

4.1.2.3.1. Meßprinzip

Um mit Hilfe eines AEM-Meßsystems sowohl den Real- als auch den Imaginärteil einer bestimmten Feldkomponente messen zu können, ist gerade für die Messung des ersteren ein großer instrumenteller Aufwand notwendig. Insbesondere muß dabei der Abstand zwischen Sende- und Empfangsspule möglichst konstant gehalten werden. Dieser Schwierigkeit kann man aus dem Weg gehen, wenn man nur die Phasenverschiebung zwischen dem Primärfeld und dem resultierenden Feld betrachtet; diese ist weitgehend unabhängig von der Lage des Empfängers zum Sender. Außerdem kann sie für kleine Phasenwinkel, wie sie bei AEM-Systemen beobachtet werden, gleich den Imaginärkomponenten B des Sekundärfeldes gesetzt werden (WARD, 1967). Man kann bei diesem Verfahren auch von einer Imaginärkomponentenmethode sprechen. Wie man aber den Abbildungen 1.70 und 1.58 entnehmen kann, erlaubt die Messung der Imaginärkomponente mit nur einer Frequenz keine eindeutige Bestimmung des Produktes σs (Leitfähigkeit × Mächtigkeit). Daher mißt man die Phasenverschiebung bei zwei oder mehr Frequenzen (Abb. 4.5).

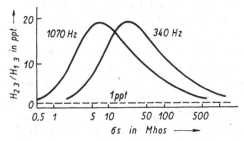

Abb. 4.5. Verlauf der Imaginärkomponenten für das F-400 Phasenverschiebungsmeßsystem in Abhängigkeit vom Produkt Leitfähigkeit × Mächtigkeit (σs); vertikale Halbebene $h = 130$ m
(SEIBERL, 1975)

Wie man der Abb. 4.6 entnehmen kann, wird von einem Flugzeug bzw. einem Hubschrauber die Meßsonde an einem etwa 130 m langen Kabel nachgeschleppt. Das Primärfeld wird entweder durch eine horizontale Spule erzeugt, die um das Flugzeug gespannt ist, oder von Ferritkernspulen, die unter den Tragflächen bzw. an den Landekufen eines Hubschraubers montiert sind. Die Flughöhe wird bei der Phasenverschiebungsmethode mit etwa 130 m gewählt. Obwohl mit modernen Geräten dieser Art bis zu fünf verschiedene Frequenzen verwendet werden können, ist die Phasenverschiebungsmethode wegen der beschränkten Interpretierbarkeit und ihrer großen Empfindlichkeit gegen Effekte von gutleitenden Überlagerungen heute etwas in den Hintergrund getreten. Spezielle Angaben

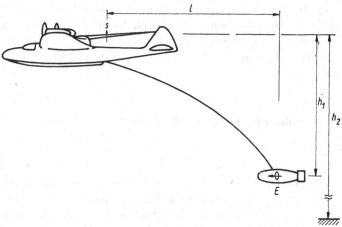

Abb. 4.6. Phasenverschiebungsmethode
S — Sender; E — Empfänger; $l = 110$ m; $h_1 = 75$ m; $h_2 = 130$ m

über verschiedene Phasenverschiebungsmeßsysteme sind bei PATERSON
(1961), PEMBERTON (1962), WARD (1967); (1969), SEIBERL (1975) und
McPHAR (1979) zu finden.

4.1.2.3.2. Darstellung der Meßergebnisse und Grundlagen der Auswertung

Da die Phasenverschiebungsmethode in den letzten Jahren wenig zum Einsatz kam, sind bis heute keine halb- bzw. vollautomatischen Auswerteverfahren entwickelt bzw. bekannt geworden. Man begnügt sich nach wie
vor mit der Auswertung von Einzelanomalien. Dabei werden mit Hilfe
von ARGAND-Diagrammen (Abb. 4.7) über die gemessenen Maximalampli-
tuden der Imaginärkomponenten B_{NF}/B_{HF} bei mindestens zwei verschiedenen Frequenzen die Tiefe zum Störkörper unter dem Flugzeug und das
σs-Produkt bestimmt. Nach der Klassifizierung der Anomalien in Abhängigkeit von ihrem σs-Produkt werden diese entsprechend ihrer Lage

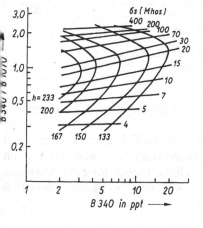

Abb. 4.7. Auswertediagramm für das F-400
Phasenverschiebungsmeßsystem;
vertikale Halbebene
h in m — Höhe über dem Störkörper
(SEIBERL, 1975)

in Karten eingetragen. In der Vergangenheit ist auch manchmal versucht worden, das Verhältnis B_{NF}/B_{HF} flächenmäßig durch Isolinien darzustellen (PATERSON, 1966). Die Zahlenangaben der Imaginärkomponenten erfolgen unter einer ähnlichen Konvention wie bei der Schleppkörpermethode in ppt (parts per thousand).

4.1.2.4.   Aero-elektromagnetische Methode mit großen Stromschleifen

4.1.2.4.1. Meßprinzip

Bei diesem AEM-Verfahren handelt es sich eigentlich um eine Methode, bei der nur die Empfangsanlage in einem Hubschrauber montiert ist (Abb. 4.8). Als Primärquelle dient eine große Schleife mit einer Dimension von 3 km × 3 km bzw. 3 km × 5 km. Die Schleife wird vor den Messungen vom Hubschrauber ausgelegt. Mit Hilfe eines Generators wird ein Primärfeld mit einer Frequenz zwischen 200…800 Hz erzeugt. Der Hubschrauber schleppt eine 3…10 m lange Sonde (Sondenhöhe 30…50 m über Grund) nach, in der zwei vertikale Empfangsspulen montiert sind, so daß man wie bei dem in der Tab. 1.12 erwähnten Turam-Verfahren das Amplitudenverhältnis und die Phasendifferenz der beiden Spulenausgänge messen kann. Gemessen wird die Vertikalkomponente des resultierenden Feldes.

Dieses AEM-Verfahren ist sehr kostenintensiv. Weil es aber eine ausgezeichnete Tiefenauflösung mit über 200 m unter der Geländeoberkante besitzt, ist es durchaus sinnvoll, es bei speziellen Bergbau-Explorationsvorhaben einzusetzen.

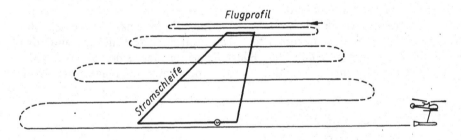

Abb. 4.8. AEM-Methoden mit großen Stromschleifen — Flugprofilanlage

4.1.2.4.2. Darstellung der Meßergebnisse und Grundlagen der Auswertung

Nach den für das Turam-Verfahren üblichen Reduktionsverfahren können Karten mit Isolinien gleicher Amplitudenverhältnisse bzw. der Phasendifferenzen hergestellt werden. Eine ausführliche Darstellung der Auswertegrundlagen für das Turam-Verfahren wird in einer Publikation von BOSSCHART (1964) gebracht.

4.1.2.5.   VLF-Methode

4.1.2.5.1.   Meßprinzip

Der Einsatz der VLF-Methode vom Flugzeug aus erfolgt häufig in Kombination mit anderen AEM-Messungen. Obwohl die theoretischen Grundlagen die gleichen sind, wie in Kap. 1.4.2. besprochen, läßt sich das bei Bodenmessungen gehandhabte Meßprinzip im Flugzeug nicht verwirklichen. Vielmehr verwendet man zum Ausmessen des bei Vorhandensein eines Leiters im Untergrunde existierenden elliptisch polarisierten Feldes entweder ein orthogonales Spulensystem, das um 45° gegen den Horizont geneigt ist, oder ein kardanisch gelagertes, das sich nach der Schwerkraft einrichtet. Im ersten Fall erzeugt ein horizontal polarisiertes Feld gleich große Spannungen in den beiden Spulen, vorausgesetzt das Flugzeug fliegt horizontal. Feldänderungen über einem elektrischen Leiter verursachen ungleiche Spulenausgangsspannungen, die nun zur Messung der Neigung der Vektorebene und der relativen Feldstärkeänderung herangezogen werden. Beim kardanisch montierten Meßspulensystem dient das Signal in der horizontalen Spule als Phasenreferenz für die Messung der relativen Real- und Imaginäranteile des Signals in der vertikalen Spule.

4.1.2.5.2.   Darstellung der Meßergebnisse und Grundlagen der Auswertung

Bei der Datendarstellung von in analoger Form vorliegenden Meßergebnissen werden meist die Wendepunkte den gemessenen Kippwinkel- (°) bzw. Realteile-Anomalien (%) entnommen und entlang der verschiedenen Meßprofile kartenmäßig dargestellt. Man erhält dadurch eine Aussage über das Streichen der Störkörper, da die jeweiligen Wendepunkte direkt über ihnen liegen. Außerdem lassen sich die relativen Feldstärkewerte in Form von Isolinienplänen wiedergeben. Liegen die Daten digital vor, so empfiehlt sich vor der Datendarstellung die Anwendung von numerischen Bandpaßfiltern (FRASER, 1969). In der Folge können die gefilterten Werte mit Hilfe eines automatischen Kontourierungsprogrammes flächenmäßig dargestellt werden.

Eine quantitative Auswertung der Meßergebnisse, insbesondere eine Bestimmung des σs-Produkts ist schwierig, da die VLF-Messungen wegen der höheren Frequenzen und der großen Abstände zwischen Sender und Empfänger im Induktionssättigungsbereich durchgeführt werden. Verschiedentlich sind in der Literatur Modellkurven publiziert worden (VOZOFF; MADDEN, 1971).

4.1.3.   Aero-elektromagnetische Messungen im Zeitbereich

4.1.3.1.   Meßprinzip

Bei den AEM-Messungen im Zeitbereich wird für eine kurze Zeit ein Primärimpuls — meist in Form einer halben Sinuswelle — vom Sender ausgesandt. Nach einer gewissen Zeit wird dieser Puls mit umgekehrter Polarität wiederholt. In jenem Zeitintervall, in dem der Sender abgeschaltet ist, wird die Sekundärspannung, welche die Information über die Leitfähigkeitsunterschiede des Untergrundes trägt, zu bestimmten Zeitpunkten gemessen. Man spricht dabei von Kanälen (Abb. 4.9).

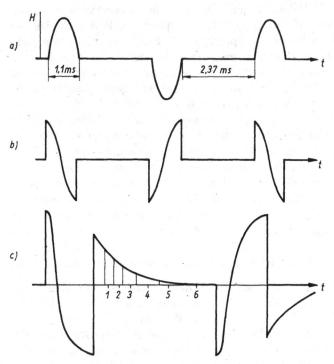

Abb. 4.9. Meßprinzip des INPUT-Systems (PALACKY, 1972)
a) primärer Magnetfeldimpuls, b) dem Primärfeld entsprechend in der Empfangsspule induzierte Spannung, c) Sekundärspannung wird zu sechs verschiedenen Zeiten (0,26, 0,48, 0,75, 1,1, 1,57, und 2,1 ms) nach dem Abschalten des Primärimpulses gemessen

Das bedeutendste dieser Systeme ist unter dem Namen INPUT weltweit bekannt geworden. Ein ähnliches Meßgerät ist vom National Geophysical Research Institute of India (GUPTA SARMA et al., 1976) gebaut worden. Derzeit sind sowohl in Nordamerika (HOOD, 1981) als auch in der UdSSR (BUSELLI, 1980) Untersuchungen im Gange, die für Flächenflugzeuge konzipierten Zeitbereichssysteme für Hubschrauber zu adaptieren.

Um eine möglichst hohe Sendeleistung zu erzeugen, besteht beim INPUT-System die Sendespule aus einer großen horizontalen Kabelschleife, die vom Bug des Flugzeuges über die Tragflächenenden bis zum Heck reicht. Die Empfängerspule, deren Achse horizontal gerichtet ist, wird an einem ca. 170 m langen Kabel nachgeschleppt. Diese Meßanordnung entspricht daher der in Abb. 4.6 gezeigten Sender-Empfänger-Konfiguration des Phasenverschiebungssystems. Die Meßsonde befindet sich ca. 70 m über Grund.

4.1.3.2. Darstellung der Meßergebnisse und Grundlagen der Auswertung

Ursprünglich wurde die Qualität einer INPUT-Anomalie nur nach der Anzahl der die Anomalie anzeigenden Analogkanäle beurteilt, d. h. eine Einkanal-Anomalie stammt von einem schlechten Leiter, hingegen eine Sechskanal-Anomalie von einem sehr guten Leiter. Nach dieser Bewertung wurden die Anomalien entlang der georteten Flugprofile mit verschiedenen Symbolen flächenmäßig dargestellt.

Neuere Entwicklungen des INPUT-Systems (HOOD, 1981) erlauben neben der Aufzeichnung von 12 Analogkanälen die digitale Registrierung von sechs Kanälen; dadurch ist eine automatische Bearbeitung der Meßdaten durchführbar (PALACKY, 1972). Dabei wird, ähnlich dem in Kap. 4.1.2. vorgestellten Verfahren, über einfache Körper wie z. B. Halbraum, steilstehende Platte die Tiefe zu den Störkörpern und deren σs-Produkt bestimmt. Anschließend werden die Ergebnisse flächenmäßig dargestellt (Abb. 4.10).

4.1.4. Anwendungen

Der Anwendungsschwerpunkt der AEM-Methoden liegt nach wie vor bei der Suche nach gutleitenden Vererzungen. Dazu zählen hauptsächlich Kupfer- und Eisensulfide. Graphit und graphitische Gesteine stellen häufig einen Störfaktor dar, weil die entsprechenden Leitfähigkeitsanomalien jene überdecken können, die von sulfidischen Vererzungen herrühren. Seit den ersten Meßflügen mit AEM-Systemen Mitte der fünfziger Jahre sind bis heute — vor allem in Nordamerika — zahlreiche Erzkörper gefunden worden. Über entsprechende Ergebnisse berichten z. B. PATERSON (1966), TELFORD; BECKER (1979), WEBSTER; SKEY (1979) und FRASER(1978).

In der Abb. 4.11 sind die Ergebnisse von drei verschiedenen AEM-Meßsystemen (Schleppkörper-, VLF- und Phasenverschiebungs-Methode) über dem Whistle-Erzkörper zusammengefaßt. Dieser Erzkörper liegt im Bereich der nordöstlichen Begrenzung des Sudbury-Komplexes (Kanada) und besteht hauptsächlich aus verschiedenen Eisen- und Buntmetallvererzungen. Wegen des geringeren Abstands zwischen dem Sender und dem Empfänger sowie der geringeren Flughöhe bei der Schleppkörpermethode im Vergleich zur Phasenverschiebungsmethode ist das Auflösungsvermögen des erstgenannten Meßverfahrens viel größer. Daher ergeben sich für beide Systeme unterschiedliche σs-Produkte über ein- und demselben Erzkörper, weil sich bei der Phasenverschiebungsmethode auch die nähere Umgebung des Erzkörpers wegen ihrer geringeren Leitfähigkeit in den Messungen wiederspiegelt. So ergibt sich z. B. aus den Anomalienamplituden in der Abb. 4.11 ein σs-Produkt des Whistle-Erzkörpers von 98 Mhos für die Schleppkörpermethode und von 13 Mhos für die Phasenverschiebungsmethode. Beide Werte sind typisch für gute bis sehr gute elektrische Leiter, wie sie sich bei AEM-Messungen in den alten Schilden Nordamerikas und Nordeuropas ergeben. In der Abb. 4.11 sind außerdem die relative Feldstärkeänderung und der Kippwinkelverlauf des VLF-Feldes über dem Whistle-

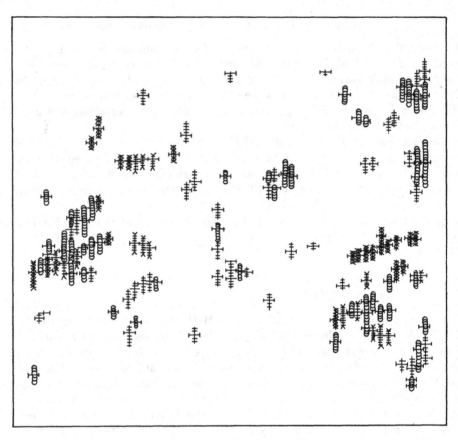

MANITOBA

SOUTHERN INDIAN LAKE

N

Maßstab

0   2,5   5 km

δs (Produkt Leitfähigkeit
x Mächtigkeit)

┼┼┼┼┼┼   < 1 mho
ᅟᅟᅟᅟᅟ   1 < δs < 5 mhos
ᅟᅟᅟᅟᅟ   5 < δs < 25 mhos
ᅟᅟᅟᅟᅟ   25 < δs

Abb. 4.10. Beispiel einer automatischen Datendarstellung von AEM-Messungen im Zeitbereich (PALACKY, 1972)

Erzkörper wiedergegeben. Der Maximalwert der Feldstärkeänderung und
der Wendepunkt im Verlauf des Kippwinkels koinzidieren sehr gut mit den
anderen AEM-Meßergebnissen.

Das Beispiel einer Widerstandskartierung unter Zuhilfenahme eines
homogenen Halbraummodells zeigt Abb. 4.12. Dabei handelt es sich um
die Darstellung der Widerstandswerte über einem Graphitkörper, der sich
ca. 90 m unter der Geländeoberkante befindet. Die geraden Linien stellen
die Flugprofile mit einem mittleren Abstand von 100 m dar. Sehr deutlich
hebt sich der Störkörper mit einem Widerstand von 16 $\Omega\cdot$m von seiner
Umgebung ab, deren Widerstand ca. 2000 bis 3000 $\Omega\cdot$m beträgt.

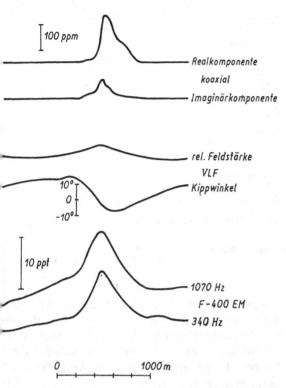

Abb. 4.11. Meßprofile dreier verschiedener AEM-Meßsysteme (Schleppkörper-, VLF- und Phasenverschiebungs-Methode) über dem Whistle-Erzkörper (Sudbury, Kanada) Die Höhe des Schleppkörpers über Grund betrug 40 m. Bei den Phasenverschiebungs-messungen befand sich das Meßflugzeug in einer Höhe von 140 m

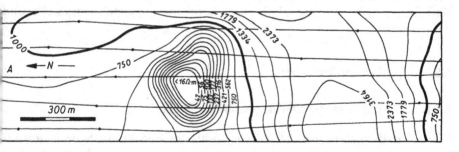

Abb. 4.12. Isoohmenkarte über dem Night-Hawk-Graphitvorkommen (Timmins, Ontario/Kanada); Beispiel einer Widerstandskartierung mit Hilfe eines AEM-Systems (DIGHEM Ltd., Toronto/Kanada)

Der Iso-Erzkörper im Noranda District (NW-Quebec/Kanada) wurde 1972 im Rahmen eines AEM-Vermessungsprogrammes mit Hilfe des INPUT-Systems gefunden. In der Abb. 4.13 ist die beim Entdeckungsflug registrierte Analogaufzeichnung wiedergegeben. Der Erzkörper zeichnet

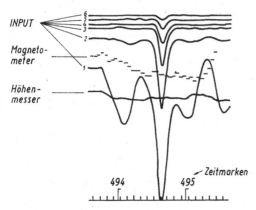

Abb. 4.13. INPUT-Sechskanal-Anomalie über dem Iso-Erzkörper
(Hébécourt, Quebec/Kanada)
Das σs-Produkt des Erzkörpers beträgt 12 Mhos
(TELFORD; BECKER, 1979)

sich durch eine deutliche Sechskanal-Anomalie aus, was einem sehr guten
Leiter entspricht. Die starken Amplitudenänderungen im ersten Kanal spiegeln die gutleitenden und in ihrer Mächtigkeit schwankenden Überlagerungs-
horizonte wieder. Weitere Ergebnisse über verschiedene Erzkörperpara-
meter, die mit dem INPUT-System bestimmt wurden, sind von PALACKY
(1978) in einer Publikation zusammengefaßt worden.

In den letzten Jahren ist die Anwendung der AEM-Methoden auf die
Suche von Massenrohstoffen (FRASER; HOEKSTRA, 1976), die Grund-
wasserforschung und in den USA auf die Erkundung von geothermischen
Feldern (CHRISTOPHERSON; HOOVER, 1981) erweitert worden. Dabei
werden Karten des elektrischen Widerstandes mit Hilfe verschiedener
Modelle (z. B. homogener Halbraum, horizontale Platte) hergestellt und
interpretiert.

4.2.   Aeroradiometrie

4.2.1.   Allgemeines, Einsatzgrundsätze, Meßprinzip

Die Aeroradiometrie erlaubt im Gegensatz zu den äquivalenten Messungen am Boden eine rasche und daher eine meist auch kostengünstige
Untersuchung eines Gebietes auf das Vorhandensein bestimmter radioaktiver Isotope. Dabei wird bei den Messungen vom Flugzeug bzw.
vom Hubschrauber aus ein i. allg. größerer instrumenteller Aufwand betrieben, so daß man bei aeroradiometrischen Messungen sowohl quantitativ
als auch qualitativ bessere Ergebnisse im Vergleich zu den üblichen Messungen am Boden erwarten kann. Die Einsatzgrundsätze der Aeroradiometrie entsprechen jenen der Messungen am Boden. Dabei muß aber be-
dacht werden, daß sich wegen des größeren Abstandes zwischen den radioakti-

ven Quellen und dem Detektor nur größere Konzentrationen radioaktiver Nuklide bemerkbar machen. Die Flugprofile werden soweit als möglich senkrecht zum allgemeinen geologischen Streichen des Untersuchungsgebietes angelegt, und die Flughöhe über Grund sollte 120 m nicht überschreiten. Der Profilabstand wird je nach Aufgabenstellung zwischen 200 m und 1...2 km gewählt.

Derzeit stehen wegen der größeren Reichweite der γ-Strahlung ausschließlich Aeromeßsysteme in Verwendung, die auf diese Art von radioaktiver Strahlung ansprechen. Man verwendet dabei Natriumjodidkristalle, deren Volumen bei den hochauflösenden Systemen für Flächenflugzeuge von 4 l...50 l reichen kann. Es gilt generell, je rascher das Luftfahrzeug fliegt und je größer seine Höhe über Grund ist, um so größer müssen die Detektoren sein. In der heutigen Meßpraxis werden fast ausschließlich Szintillationszähler benutzt, welche die Spannungsstöße, die vom Photoverstärker erzeugt werden, entsprechend der Energie der einfallenden γ-Strahlungsquanten analysieren (Kap. 3.1.2.; Kap. 3.4.3.). Mit γ-Strahlenspektrometern ist man daher in der Lage, das Energiespektrum für einen bestimmten Bereich in Form von diskreten Kanälen aufzuzeichnen. Meist liegt dieser Bereich zwischen 0,2...3,0 MeV; die Aufzeichnung erfolgt in 256 Kanälen. Es sind in der Vergangenheit aber auch schon Apparaturen mit einer größeren Anzahl von Kanälen gebaut worden. Ein Beispiel einer γ-Strahlenspektrometer-Aufzeichnung wird in der Abb. 4.14. gebracht. In dieser sind auch drei Fensterbereiche eingetragen, die gerade bei der Erkundung eine große Rolle spielen; sie erlauben die Unterscheidung von Kalium (^{40}K), Uranium (^{214}Bi) und Thorium (^{208}Tl).

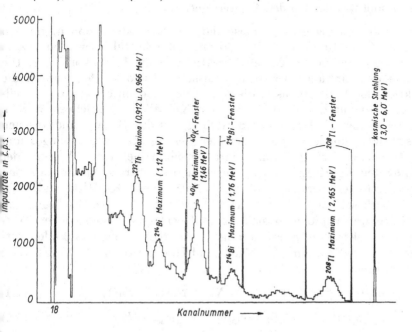

Abb. 4.14. Darstellung des Spektrums einer Kalium-, Uranium- und Thoriumprobe

Bei den aeroradiometrischen Messungen müssen verschiedene Fehlerquellen berücksichtigt werden. Dazu zählen vor allem klimatische Faktoren. So können verschieden starke Regenfälle bzw. Durchfeuchtungsgrade des Bodens und ebenso unterschiedliche Schneebedeckungen zu erheblichen Meßergebnisveränderungen führen. Besonders störend machen sich atmosphärische Inversionen bemerkbar, weil dadurch Radon unterhalb der Sperrschicht angereichert wird. Beim Durchfliegen solcher Zonen kann es zu sehr fehlerhaften Meßresultaten kommen. Um diese teilweise zu reduzieren, werden zusätzlich durch Bleiplatten nach unten abgeschirmte Natriumjodidkristalle verwendet. Sie erlauben es, nur die aus der Atmosphäre stammende Gammastrahlenenergie aufzuzeichnen. Außerdem läßt sich der Einfluß des Radons in der Lufthülle durch Extrapolation von Meßflugergebnissen in großen Höhen ($\approx 1\,000$ m über Grund) bzw. über Wasserflächen (Seen, Meeresküsten) reduzieren.

Die Aufzeichnung der Daten erfolgt i. allg. sowohl in digitaler als auch in analoger Form, wobei die Zählrate (c.p.s. = counts per second) als Meßeinheit dient. Üblich ist es bei aeroradiometrischen γ-Spektrometermessungen, jede Sekunde das Spektrum, die aufsummierte Gesamtenergie, die Energiesummen in den drei Fenstern für ^{40}K, ^{214}Bi, ^{208}Tl, die Energie der kosmischen Strahlung ($3{,}0\ldots6{,}0$ MeV), den Luftdruck sowie die Flughöhe über Grund digital zu registrieren. Die Analogregistrierungen dienen meist nur der Funktionsüberprüfung der Meßgeräte während der Meßflüge.

4.2.2.   Darstellung der Meßergebnisse und Grundlagen der Auswertung

Ehe die Daten in geeigneter Weise dargestellt werden können, müssen bestimmte Korrekturen und Reduktionen durchgeführt werden. Dazu zählen unter anderem die Totzeitkorrektur und die Höhenkorrektur. Die Reduktion des Einflußes des atmosphärischen Radons erfolgt durch die Subtraktion der Meßergebnisse, die mit Hilfe der oben erwähnten — teilweise durch Bleiplatten — abgeschirmten Kristalle aufgezeichnet werden. Außerdem werden die kosmische Strahlung und das Hintergrundrauschen berücksichtigt. Zum letzteren zählen der Beitrag des Luftfahrzeuges und seiner Instrumentierung zum γ-Strahlenenergiespektrum. Wegen der COMPTON-Streuung (Kap. 3.1.1.) höher energetischer γ-Quanten in den niederenergetischen Bereich muß ihr Einfluß in den ^{40}K-, ^{214}Bi- und ^{208}Tl-Fenstern berücksichtigt werden. Des weiteren können bei Vorliegen geeigneter Eichwerte, die man sich durch Überfliegen verschiedener Teststreifen mit bekannten Anreicherungen von radioaktiven Nukliden verschaffen kann, die Kalium-, Uranium- und Thorium-Äquivalente (Gehalte) berechnet werden:

$$c_{\text{Th}}\,(\text{ppm}) = m_{\text{Th}}(N_{\text{Th}} - S_1 N_{\text{U}} - S_2 N_{\cos} - b_{\text{Th}}), \qquad (4.4)$$

$$c_{\text{U}}\,(\text{ppm}) = m_{\text{U}}(N_{\text{U}} - S_3 N_{\text{Th}} - S_4 N_{\cos} - b_{\text{U}}), \qquad (4.5)$$

$$c_{\text{K}}\,(\%) = m_{\text{K}}(N_{\text{K}} - S_5 N_{\text{Th}} - S_6 N_{\text{U}} - S_7 N_{\cos} - b_{\text{K}}). \qquad (4.6)$$

c_{Th}, c_U und c_K stellen die Gehalte, m_{Th}, m_U und m_K die Eichwerte und N_{Th}, N_U und N_K die Gesamtzählraten in den oben erwähnten Energiefenstern dar. N_{cos}, b_{Th}, b_U und b_K sind Beiträge zum γ-Strahlenenergiespektrum, die von der Höhenstrahlung und dem Hintergrundrauschen herrühren. Die COMPTON-Streuungskoeffizienten S_1 bis S_7 werden experimentell bei Testflügen gewonnen.

Im Anschluß an diese Korrekturen und Reduktionen und vor der eigentlichen Datendarstellung werden die Daten einem numerischen Filterprozeß unterworfen. Die Datendarstellung erfolgt häufig in Form von Stapelprofilen oder Karten. Die Herstellung von Anomalienkarten kann mit Schwierigkeiten verbunden sein, weil die Absorption der γ-Strahlenquanten sehr stark von den lokalen Oberflächenbedingungen (z. B. Verwitterung, Vegetation) abhängig ist. Dadurch ist eine Korrelation von Flugprofil zu Flugprofil manchmal unmöglich. Bei der Auswertung haben sich Karten (bzw. Stapelprofile) verschiedener Verhältnisse der oben erwähnten Energiefenster (z. B. $^{214}Bi/^{40}K$, $^{214}B/^{208}Tl$) sehr bewährt. Eine gute Übersicht über die Auswertemethodik wird von KILLEEN (1979) gebracht.

4.3. Literatur

BECKER, A.: Airborne electromagnetic methods. Econ. Geol. Rep. 31, Geol. Surv. Can.; Ottawa (1979), S. 33—43.

BOSSCHART, R. A.: Analytical interpretation of fixed source electromagnetic prospecting data. Waltman, Delft, 1964.

BOSSCHART, R. A.; PEMBERTON, R. H.: Applications and limitations of airborne electromagnetic systems in mineral exploration. Mining in Canada (1969).

BUSELLI, G.: Electrical geophysics in the U.S.S.R. Geophysics, Tulsa 45 (1980), S. 1551 bis 1562.

CHRISTOPHERSON, K. R.; HOOVER, D. B.: Reconnaissance resistivity mapping of geothermal regions using multicoil airborne electromagnetic systems. 51st Annual International SEG Meeting, Los Angeles 1981.

FRASER, D. C.: Contouring of VLF-EM data. Geophysics, Tulsa 34 (1969), S. 958—967.

FRASER, D. C.: A new multicoil aerial electromagnetic system. Geophysics, Tulsa 37 (1972), S. 518—537.

FRASER, D. C.: Geophysics of the Montcalm Township coppernickel discovery. Can. Min. and Met. Bull., Montreal (1978), S. 99—104.

FRASER, D. C.: The multicoil II airborne electromagnetic system. Geophysics, Tulsa 44 (1979), S. 1367—1394.

FRASER, D. C.; HOEKSTRA, P.: Permafrost and gravel delineation using airborne resistivity maps from a multicoil electromagnetic system. 46th Annual International SEG Meeting, Houston 1976.

GHOSH, M. K.: Interpretation of airborne EM measurements based on thin sheet models. Ph. D. thesis, Univ. Toronto (1972).

GUPTA SARMA, D.; MARU, V. M.; VARADARAJAN, G.: An improved pulse transient airborne electromagnetic system for locating good conductors. Geophysics, Tulsa 41 (1976), S. 287—299.

HOOD, P.: Mineral exploration trends and developments in 1980. Can. Min. J., Gardenvale 102 (1981), S. 22—60.

KILLEEN, P. G.: Gamma ray spectrometric methods in uranium exploration — application and interpretation. Econ. Geol. Report Nr. 31, Geol. Surv. Can.; Ottawa 1979, S. 163 bis 229.

McPHAR: Quadrem. Technische Aussendung, McPhar, Willowdale, Kanada 1979.

PALACKY, G. J.: Computer assisted interpretation of multichannel airborne electromagnetic measurements. Ph. D. Thesis, University of Toronto 1972.

PALACKY, G. J.: Selection of a suitable model for quantitative interpretation of towed-bird AEM measurements. Geophysics, Tulsa 43 (1978), S. 576—587.

PATERSON, N. R.: Experimental and field data for the dualfrequency phase-shift method of airborne electromagnetic prospecting. Geophysics, Tulsa 26 (1961), S. 601—617.

PATERSON, N. R.: Mattagami Lake Mines — a discovery by geophysics. Mining Geophysics, Tulsa I (1966), SEG.

PEMBERTON, R. H.: Airborne electromagnetics in review. Geophysics, Tulsa 27 (1962), S. 691—713.

PITCHER, D. H.; BARLOW, R. B.; LEWIS, M.: Tridem airborne conductivity mapping as a lignite exploration method. CIM Bulletin, May (1980).

PODOLSKY, G.; SLANKIS, J.: Izok Lake Deposit, North-West Territories, Canada: A geophysical case history. Econ. Geol. Report 31, Geol. Surv. Can.; Ottawa (1979), S. 641 bis 652.

SEIBERL, W.: The F-400 series quadrature component airborne electromagnetic system. Geoexploration, Trondheim 13 (1975), S. 99—115.

SEIGEL, H. O.; PITCHER, D. H.: The Tridem Airborne Electromagnetic System. A multipurpose, natural resource mapping tool. appl. brief 76-3, Scintrex, Toronto 1976.

SEIGEL, H. O.; PITCHER, D. H.: Mapping earth conductivities using a multifrequency airborne electromagnetic system. Geophysics, Tulsa 43 (1978), S. 563—575.

SENGPIEL, K. P.: Resistivity/depth mapping with airborne electromagnetic survey data. Geophysics, Tulsa 48 (1983), S. 181—196.

STRANGWAY, D. W.: Electromagnetic parameters of some sulfide ore bodies. Mining Geophysics, Tulsa I (1966), SEG.

TELFORD, W. M.; BECKER, A.: Exploration case histories of the Iso and New Insco orebodies. Econ. Geol. Report 31, Geol. Surv. Can.; Ottawa (1979), S. 605—629.

VOZOFF, K.; MADDEN, T. R.: VLF model suite. Private edition, Lexington, Massachusetts 1971.

WARD, S. H.: The electromagnetic method. Mining Geophysics, Tulsa II (1967), SEG.

WARD, S. H.: A model study of the McPhar F-400 airborne electromagnetic method. 39th Annual International SEG Meeting, Calgary 1969.

WARD, S. H.: Airborne electromagnetic methods. Econ. Geol. Rep. 26, Geol. Surv. Can.; Ottawa (1970), S. 81—108.

WEBSTER, S. S.; SKEY, E. H.: Geophysical and geochemical case history of the Que River Deposit, Tasmania, Australia. Econ. Geol. Report 31, Geol. Surv. Can.; Ottawa (1979), S. 697—720.

WIEDUWILT, W. G.: Interpretation techniques for a single frequency airborne electromagnetic device. Geophysics, Tulsa 27 (1962), S. 496—506.

Sachverzeichnis

Printed in the United States
By Bookmasters